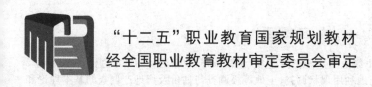

"十二五"职业教育国家规划教材

经全国职业教育教材审定委员会审定

地籍调查与测量

（第2版）

主　编　邓　军

副主编　冯大福

重庆大学出版社

内 容 提 要

本书共分6个学习情境,学习情境1绪论部分,介绍了地籍、地籍调查、地籍测量的基本理论;学习情境2地籍调查部分,阐述了土地权属调查、土地利用现状调查、土地等级调查与估价及房地产调查的基本理论和方法;学习情境3地籍测量部分,阐述了地籍控制测量、界址测量、地籍图测绘、房产图测绘、土地面积统计的理论和方法;学习情境4变更地籍调查与测量部分,阐述了变更地籍调查与测量的内容和方法,重点介绍了"3S"集成技术在土地利用变更调查中的应用、遥感土地利用动态监测,日常地籍测量与建设项目用地勘测定界;学习情境5数字地籍成图软件的应用部分,以南方 CASS 软件为例,介绍了地籍图的绘制、宗地图的编制等内容;学习情境6地籍调查与测量项目实训;附录部分有3个内容,包括中华人民共和国土地管理法、土地登记代理人职业资格制度暂行规定及地籍调查技术设计书编写示范。

本书可作为高等职业院校工程测量技术专业的教材,也可作为地籍测绘与土地管理信息技术、地理信息系统与地图制图技术、摄影测量与遥感技术、国土资源调查及其他成人高校相应专业的教材,也可作为业内相关人士的专业参考书。

图书在版编目(CIP)数据

地籍调查与测量/邓军主编. —2版. —重庆:
重庆大学出版社,2015.1(2024.12 重印)
工程测量技术专业及专业群教材
ISBN 978-7-5624-5189-1

Ⅰ.①地… Ⅱ.①邓… Ⅲ.①地籍调查—职业教育—
教材②地籍测量—职业教育—教材 Ⅳ.①P27

中国版本图书馆 CIP 数据核字(2015)第 003161 号

地籍调查与测量
(第2版)

主 编 邓 军
副主编 冯大福

责任编辑:曾令维 李定群　　版式设计:曾令维
责任校对:秦巴达　　　　　　责任印制:张 策

*

重庆大学出版社出版发行
出版人:陈晓阳
社址:重庆市沙坪坝区大学城西路21号
邮编:401331
电话:(023) 88617190　88617185(中小学)
传真:(023) 88617186　88617166
网址:http://www.cqup.com.cn
邮箱:fxk@cqup.com.cn(营销中心)
全国新华书店经销
重庆正文印务有限公司印刷

*

开本:787mm×1092mm　1/16　印张:24　字数:599 千
2015 年 1 月第 2 版　　2024 年 12 月第 11 次印刷
ISBN 978-7-5624-5189-1 定价:59.00 元

编写委员会

编委会主任 张亚杭

编委会副主任 李海燕

编委会委员 唐继红 黄福盛 吴再生 李天和 游普元 韩治华 陈光海 宁望辅 粟俊江 冯明伟 兰玲 庞成

序

　　本套系列教材，是重庆工程职业技术学院国家示范高职院校专业建设的系列成果之一。根据《教育部 财政部关于实施国家示范性高等职业院校建设计划 加快高等职业教育改革与发展的意见》（教高［2006］14 号）和《教育部关于全面提高高等职业教育教学质量的若干意见》（教高［2006］16 号）文件精神，重庆工程职业技术学院以专业建设大力推进"校企合作、工学结合"的人才培养模式改革，在重构以能力为本位的课程体系的基础上，配套建设了重点建设专业和专业群的系列教材。

　　本套系列教材主要包括重庆工程职业技术学院五个重点建设专业及专业群的核心课程教材，涵盖了煤矿开采技术、工程测量技术、机电一体化技术、建筑工程技术和计算机网络技术专业及专业群的最新改革成果。系列教材的主要特色是：与行业企业密切合作，制定了突出专业职业能力培养的课程标准，课程教材反映了行业新规范、新方法和新工艺；教材的编写打破了传统的学科体系教材编写模式，以工作过程为导向系统设计课程的内容，融"教、学、做"为一体，体现了高职教育"工学结合"的特色，对高职院校专业课程改革进行了有益尝试。

　　我们希望这套系列教材的出版，能够推动高职院校的课程改革，为高职专业建设工作作出我们的贡献。

重庆工程职业技术学院示范建设教材编写委员会

2009 年 10 月

前　言

根据国家示范性高职院校重点建设专业——工程测量技术专业的人才培养模式;项目导向的工学结合人才培养模式,通过市场调研,专家论证,确定了52个测绘工作任务,将这些工作任务归纳为8个典型测绘工程项目。地形地籍测量为8个典型测绘工程项目之一,为满足工程测量技术专业高等职业教育发展的要求,由重庆工程职业技术学院、重庆测绘行业与重庆大学出版社联合组织了《地籍调查与测量》教材的编著工作。《地籍调查与测量》是工程测量技术专业的重要专业课程之一。

本书的特点是按《地籍调查与测量》的课程标准,基于工作对象构建教材的学习情境,将教材分为绪论、地籍调查、地籍测量、变更地籍调查与测量、数字地籍成图软件的应用、地籍调查与测量项目实训6个学习情境,打破按传统的知识体系构建教材内容的模式;学生在教师指导下,完成项目的理论教学后,进行技能训练,培养职业能力,体现高等职业教育的特色与人才培养目标。

本书由重庆工程职业技术学院邓军主编,冯大福副主编。具体完成情况如下:学习情境1、学习情境2、学习情境3、学习情境4、学习情境6、附录由邓军编写;学习情境5由冯大福编写。初稿完成后,由邓军统稿。

在本书的编写过程中,得到重庆市勘测院、国家测绘局重庆测绘院、长江水利委员会第八勘测院、四川省第一测绘院四分院各级领导的大力支持与帮助,得到重庆大学出版社的大力支持,在此表示衷心感谢!

编写过程中参考了大量文献资料,借鉴和吸纳了国内外众多专家、学者的研究成果,在此,对他们的辛勤劳动深表敬意和衷心感谢!

由于教材改革力度大,编者理论水平与实践经验有限,编写时间紧,任务重,书中有不妥和错误之处,恳请专家、读者指正。

编　者
2014年9月

目录

学习情境1　绪论 ……………………………………………………… 1

　　一、地籍与地籍测量概述 ………………………………………… 1

　　二、地籍与地籍测量的历史 ……………………………………… 5

　　知识能力训练 ……………………………………………………… 11

学习情境2　地籍调查 ………………………………………………… 12

　子情境1　土地权属调查 ………………………………………… 12

　　一、土地权属确认 ………………………………………………… 12

　　二、地籍调查单元的划分与编号 ………………………………… 15

　　三、土地权属调查与地籍调查表的填写 ………………………… 21

　技能训练1　绘制宗地草图与填写地籍调查表 ………………… 37

　子情境2　土地利用现状调查 …………………………………… 38

　　一、土地利用现状分类 …………………………………………… 38

　　二、土地利用现状调查 …………………………………………… 81

　　三、耕地坡度等级与田坎系数测算 ……………………………… 104

　子情境3　土地等级调查与估价 ………………………………… 109

　　一、土地等级调查 ………………………………………………… 109

　　二、土地定级估价 ………………………………………………… 112

　子情境4　房地产调查 …………………………………………… 142

　　一、房地产调查概述 ……………………………………………… 142

　　二、房地产调查实施 ……………………………………………… 146

　　三、房地产面积测算 ……………………………………………… 153

　技能训练2　房屋面积调查 ……………………………………… 158

　　知识能力训练 …………………………………………………… 158

学习情境3　地籍测量 ………………………………………………… 161

　子情境1　地籍控制测量 ………………………………………… 161

　　一、概述 …………………………………………………………… 161

　　二、地籍基本平面控制测量 ……………………………………… 164

　　三、地籍图根平面控制测量 ················· 173

　　四、GPS 在地籍控制测量中的应用 ············· 176

子情境 2　界址测量 ····················· 194

　一、界址点的测量 ····················· 194

技能训练 3　解析法测定界址点 ··············· 200

　二、勘界测绘 ······················· 201

子情境 3　地籍图测绘 ···················· 204

　一、地籍图的测绘 ····················· 204

　二、宗地图测绘 ······················ 216

　三、土地利用现状图和农村地籍测绘 ··········· 217

子情境 4　房产图测绘 ···················· 221

　一、房产图的基本知识 ··················· 222

　二、房产分幅图测绘 ···················· 223

　三、房产分丘图的测绘 ··················· 227

　四、房产分层分户图的测绘 ················· 228

子情境 5　土地面积量算 ··················· 230

　一、面积量算概述 ····················· 230

　二、土地面积量算方法 ··················· 231

　三、面积量算成果处理 ··················· 237

　四、土地面积测算与汇总统计 ··············· 240

知识能力训练 ······················· 247

学习情境 4　变更地籍调查与测量 ············· 249

子情境 1　城镇地籍变更地籍调查与测量 ·········· 249

　一、变更地籍调查与测量概述 ··············· 249

　二、变更权属调查 ····················· 251

　三、变更地籍测量 ····················· 253

　四、土地分割测量 ····················· 257

子情境 2　"3S" 集成技术与土地利用变更调查 ······ 263

　一、"3S" 集成技术及其模式 ··············· 264

　二、基于"3S"集成技术的土地利用变更调查技术 ··· 268

　三、土地利用动态监测 ··················· 285

子情境 3　日常地籍测量与建设项目勘测定界 ········ 289

　一、日常地籍测量工作 ··················· 289

　二、土地勘测定界 ····················· 293

技能训练 4　土地勘测定界 ················· 305

知识能力训练 ······················· 306

学习情境 5　数字地籍成图软件的应用 ··········· 307

子情境 1　绘制地籍图 ··················· 307

一、数据通讯 …………………………………… 307

二、内业展点 …………………………………… 311

三、图形绘制 …………………………………… 313

技能训练 5　CASS 软件的学习和使用 ………… 317

子情境 2　宗地图编绘与界址点成果输出 ……… 318

一、宗地图编绘 ………………………………… 318

二、界址点成果输出 …………………………… 319

技能训练 6　CASS 软件生成宗地图 …………… 321

知识能力训练 …………………………………… 322

学习情境 6　地籍调查与测量项目实训 ………… 323

一、实训目的 …………………………………… 323

二、实训任务 …………………………………… 323

三、实训组织 …………………………………… 323

四、仪器和工具 ………………………………… 324

五、实训时间及计划 …………………………… 324

六、实训注意事项 ……………………………… 324

七、实训步骤和要求 …………………………… 325

八、实训总结报告 ……………………………… 327

九、实训成果资料 ……………………………… 327

十、实训成绩评定 ……………………………… 328

附录 1　中华人民共和国土地管理法 …………… 329

附录 2　土地登记代理人职业资格制度暂行规定 ……… 340

附录 3　地籍调查(城镇)技术设计书示范 ………… 344

参考文献 ………………………………………… 371

学习情境 1

绪 论

 知识目标

能正确陈述地籍、地籍调查、地籍测量的概念;能基本正确陈述国内外地籍与地籍测量发展历程;能基本正确陈述现代测绘技术在地籍测量中的应用。

 技能目标

能正确使用测绘仪器和测绘软件为地籍调查和地籍测量服务。

一、地籍与地籍测量概述

1. 地籍

地籍一词在我国古代就已出现,是中国历代王朝(或政府)登记田亩地产作为征收赋税的根据。汉语的"籍"具有簿册、登记、税收之意。地籍就是记载每宗地的位置、四至、界址、面积、质量、权属、利用现状或用途等基本情况的簿册。简单地讲,地籍就是土地的户籍。随着社会、经济和科学技术的发展,测绘、地籍管理、土地管理、城市管理等各个学科之间相互渗透、相互配合,地籍的内涵和外延更加丰富,使得单一的地籍产生了飞跃,发展成为多用途地籍,也可称为现代地籍。其目的不仅为税收和产权服务,而且为城市规划、土地利用、住房改革、交通、管线建设等多方面提供信息和基础资料,为广泛的现代化经济建设服务。多用途地籍或现代地籍(以下简称地籍)是指由国家监管的、以土地的权属为核心、以地块为基础的土地及其附着物的权属、位置、数量、质量和利用现状等,并用包括数据、表册、文字和图等各种形式表示出来的土地信息系统。其含义如下:

1)地籍是由国家建立和管理的。地籍自出现至今,都是国家为解决土地税收或保护土地产权的目的而建立的。尤其是 19 世纪以来,地籍更明显地带有国家权力性。在国外,各国对地籍测绘也称为官方测绘。在我国的漫长历史中,历次地籍的建立都是由朝廷或政府下令进行的,其目的是为了保证政府对土地税收的收取并兼有保护个人土地产权的作用。现阶段我国进行的地籍工作,其根本目的是保护土地,合理利用土地,以及保护土地所有者和土地使用

1

者的合法权益。

2)地籍的核心是土地权属。地籍定义中强调了"以土地权属为核心",即地籍是以土地权属为核心对土地诸要素隶属关系的综合表达,这种表述毫无遗漏地针对国家的每一块土地及其附着物。不管是所有权还是使用权,是合法还是违法的,是农村的还是城镇的,是企事业单位、机关、个人使用的还是国家和公众使用的(如道路、水域),是正在进行利用的还是尚未利用的或不能利用的土地及其附着物,地籍都是以土地权属为核心进行记载的,都应有地籍档案。

3)地籍是以地块为基础建立的。一个区域的土地根据被占有、使用等原因而分割成具有边界的、空间连续的许多地块,每一块土地即称为地块。地籍的内涵之一就是以土地的空间位置为依托,对每一块地所具有的自然属性和经济属性进行准确的描述和记录,由此所得到的信息成为地籍信息。

4)地籍在记载地块的状况时,还要记载地块内附着物(建筑物、构筑物等)的状况。地面上的附着物和土地是人类生存与发展的物质基础,是促进经济发展、维护社会稳定的重要保障,是社会经济发展的重要基础资源和保障条件,可以说人类的一切生产、开发、经营、工作、生活等社会活动都离不开地面上的附着物和土地。地面上附着物根植于土地上,土地是地面附着物的载体;土地的价值是通过附着在地面上的建筑物内所进行的各种活动来实现的,建筑物和构筑物的用途是对土地用途进行分类的重要标志。土地和附着物是不可分离的,它们各自的权利和价值相互作用、相互影响。历史上早期的地籍只对土地进行描述和记载,并没有涉及地面上的建筑物和构筑物,但随着社会和经济的发展,尤其是产生房地产交易市场后,由于房、地所具有的内在联系,地籍必须对土地上的建筑物和构筑物进行记载和描述。图1.1表达了土地、地块、附着物与地籍的关系。

5)地籍是土地基本信息的集合。它包括土地调查册、土地登记册和土地统计册,用图、数、表的形式描述了土地及其附着物的权属、位置、数量和利用状况。图、数、表之间通过特殊的标示符(关键字)相互连接,这个标示符就是人们经常所说的地块号(宗地号或地号)。

地籍图:它主要是用图的形式来表达地籍信息,即用图的形式直观地描述土地和附着物之间的相互位置关系,它包括地籍图、专题地籍图、宗地图等。

地籍数据:它主要是用数字的形式来描述土地及附着物的位置、数量、质量、利用现状等要素,如面积册、界址点坐标册、房地产评估数据等。

地籍簿册:它主要使用表册的形式对土地及其附着物的位置、法律状态、利用现状等基本状况进行文字描述,如地籍调查表和各种相关文件等。

2. 地籍调查

地籍调查是依照国家法律规定,采取行政、法律、科技手段,对土地使用者和土地所有者的土地及其附着物位置、权属、界线、面积和用途等基本情况的调查。它包括土地权属调查和地籍测量两个方面。

1)地籍调查的目的

地籍调查是土地登记法律行为的重要程序,是建立地籍管理制度的必要手段。地籍调查的目的就是要依照有关法律程序对申请登记的宗地进行现场调查,以核实宗地的权属和确认宗地界址的实地位置并掌握土地利用现状、宗地性状及其面积的准确数据,从而为土地登记、核发证书做好技术准备。

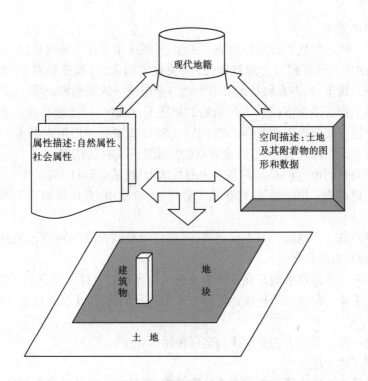

图 1.1 土地、地块、附着物与地籍之间的关系示意图

2）地籍调查的类型

地籍调查按照调查的时间和内容划分,可以划分为初始地籍调查和变更地籍调查,前者是指在初始登记前进行的区域第一次普遍调查,后者是指在土地变更登记前对变更宗地的调查。通过初始地籍调查和变更地籍调查使所获资料始终与现状保持一致,即保持地籍的现势性。

地籍调查按调查区域划分,可分为城镇地籍调查和农村地籍调查。目前,我国开展的城镇地籍调查是在城市、建制镇、独立工矿区进行的,同时也包括集镇和村庄。农村地籍调查是在土地利用现状调查中,结合进行土地权属界线调查完成的。

3）地籍调查的内容

由于建立地籍的目的、地籍制度的不同,地籍调查的内容也不同。

以财政目的为主的税收地籍,地籍调查主要解决以下两个问题:一是向谁收税,即纳税人的情况,包括姓名、单位名称和地址等。二是收多少税,即需要纳税人的土地面积和土地等级等。

以法律为目的的产权地籍,除了为税收服务之外,它还具有更重要的功能,即保护土地所有者和使用者的合法权益。因此,产权地籍调查应以土地权属调查为核心内容,同时调查土地利用状况和其他要素。

以多种功能为目的的多用途地籍(现代地籍),对地籍图、簿册等资料的要求是多方面的,除作为财政税收的依据、法律权属的依据外,还为土地规划、管线、通讯设施、建设规划、交通道路规划及其他各种经济建设规划服务。因此,地籍调查的内容也相应增多,不仅需要调查土地权属状况(包括土地所有者、土地使用者状况、土地的位置、界址等),还需要调查土地等级和土地利用等状况。同时对作为地籍调查成果的图件精度要求也较高,并附有高程、地形等图示资料。

4）地籍调查的要求

地籍调查是一项政策性和技术性很强的工作,开展这项工作必须满足以下基本要求:

①必须以《中华人民共和国土地管理法》有关规定制定的《城镇地籍调查规程》为依据。各地方制定的补充规定,其内容和技术要求不能与全国统一的规程相矛盾。

②地籍调查工作必须在市(县)人民政府的领导下,由市(县)土地行政主管部门负责组织实施。尤其是土地权属调查工作必须由市(县)土地行政主管部门组织开展。对涉及土地权源、权属、地界等方面的调查,必须以政府确认的权属证明文件为依据。

③开展地籍调查的市(县)必须具备一定的技术力量、基础资料、调查经费等条件。

为了确保地籍调查工作的质量,维护法律尊严、政府威望,对地籍调查工作的质量又做出如下要求:

④法律程序完备。即地籍调查不仅严格按《城镇地籍调查规程》进行,而且其成果要能够反映整个过程,做到有凭有据。

⑤表图填制齐全。即要求地籍调查中涉及的一切表格的项目题写齐全,做到不重不漏。

⑥调查记录正规。即要求严格按地籍调查要求进行记录,防止乱涂乱改、随意记录或事后追记等。

⑦数字准确可靠。即要求调查结果与实际使用面积一致。

5）地籍调查工作程序

地籍调查可分为初始地籍调查和变更地籍调查,两种调查虽各有各自的特点,但工作程序和方法基本是相同的。地籍调查的工作程序一般可分为4个阶段和若干个步骤,第一阶段准备工作,第二阶段权属调查,第三阶段地籍测量,第四阶段总结验收,地籍调查的工作程序和内容见图1.2。

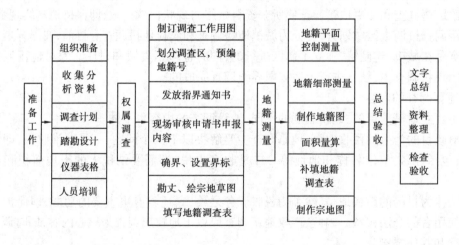

图1.2 地籍调查工作程序框图

3.地籍测量

地籍测量是为获取和表达地籍信息所进行的测绘工作,主要是测定每宗地的位置、面积大小,查清其类型、利用状况,记录其价值和权属,绘制地籍图,据此建立土地档案或地籍信息系统,供实施土地管理工作和合理使用土地时参考。地籍测量又称为不动产测量和法律测量。地籍图是地籍测量的主要成果之一,一般来说地籍图的内容包括控制点、必要的地形要素、全部地籍要素和文字、数字注记。平坦地区的地籍图可不测绘等高线;起伏较大的地区或有特殊要求时,也可测绘等高线或计曲线。在测量之前必须进行地籍调查和权属界线的实地勘丈,为土地登记确权和发放土地证提供依据。通过颁发土地证和建立土地登记卡,地籍测量资料成为具有法律效率的文件。地籍测量与城市测量有着密切的联系,只不过城市测量偏重于城市土地的整体利用与城市规划,而地籍测量偏重于城镇宗地单元的权属和界址。因此,地籍测量和一般的测量工作一样,必须遵循测量工作的基本原则,即先控制后碎部,从高级到低级,由整体到局部,方能得到精确、合格的地籍成果。

1)地籍测量的特点

地籍测量与基础测绘和专业测量有明显的不同,专业测量一般只注重技术手段和测量精度,而地籍测量则是测量技术与土地法学的综合应用,即涉及土地及附着物权利的测量。地籍测量具体特点如下:

①地籍测量是一项基础性的具有政府行为的测绘工作,是政府行使土地行政管理职能的具有法律意义的行政性技术行为。

②地籍测量为土地管理提供了准确、可靠的地理参考系统。

③地籍测量是在地籍调查的基础上进行的。经过地籍调查后,可以选择不同的地籍测量技术和方法。

④地籍测量具有勘验取证的法律特征。

⑤地籍测量的技术标准必须符合土地法律要求。

⑥地籍测量工作具有很强的现势性。

⑦地籍测量技术与方法是对当今测绘技术和方法的应用集成。

⑧从事地籍测量的技术人员,不仅具备丰富的测绘知识,还应具有不动产法律知识和地籍管理方面的知识。

2)地籍测量的内容

地籍测量应有以下 5 个方面的内容:

①进行地籍控制测量、测定地籍基本控制点和地籍图根控制点。

②测定行政区划界线、土地权属界线及界址点坐标。

③测绘地籍图、测算地块和宗地面积。

④进行土地信息的动态监测、进行地籍变更测量,包括地籍图的修侧、重测和地籍簿册的修编,以保证地籍成果的现势性与正确性。

⑤根据土地调整整治、开发与规划的要求,进行有关地籍测量工作。

二、地籍与地籍测量的历史

1. 地籍的分类

随着地籍使用范围的不断扩大,其内容也越来越充实,类别划分也更趋合理。地籍按其发展阶段、对象、目的和内容的不同,可以划分为不同的类别体系。

1)按地籍的用途划分,地籍可分为税收地籍、产权地籍和多用途地籍

税收地籍是指仅为税收服务的地籍,即专门为土地课税服务的土地清册。因此,税收地籍的主要内容是纳税人的姓名、地址和纳税人的土地面积以及土地等级等。建立税收地籍所需要的主要工作是测量地块的面积,以及按土壤质量、土地的产出及收益等因素来评定土地

等级。

产权地籍也称法律地籍。随着经济的发展和社会结构的复杂化,土地交易日益频繁和公开化,因而促使地籍不但要用于税收,还要用于产权保护。产权地籍是国家为维护土地所有制度、鼓励土地交易、防止土地投机、保护土地买卖双方的权益而建立的土地清册。凡经登记的土地,其产权证明具有法律效率。产权地籍最重要的任务是保障土地所有者、使用者的合法权益和防止土地投机。因此,产权地籍必须以反映宗地的界线和界址点的精确位置以及准确的土地面积等为主要内容。

多用途地籍,也称现代地籍,是税收地籍和产权地籍的进一步发展,其目的不仅是为课税或保护产权服务,更重要的是为土地利用、保护和科学管理土地提供基础资料。经济的快速发展和社会结构复杂化的加剧为地籍的应用领域扩张提供了动力,而科学技术的发展,则为地籍内容的深化和扩张提供了强有力的技术支撑,从而使地籍突破税收地籍和产权地籍的局限,具有多用途的功能,与此同时,建立、维护和管理地籍的手段也逐步被信息技术、现代测量技术等新技术所代替。

2)按地籍的特点和任务划分,可分为初始地籍和日常地籍

初始地籍是指在某一时期内,对其行政辖区内全部土地进行全面调查后,最初建立的地籍簿册,而不是指历史上第一本地籍簿册。

日常地籍是指针对土地数量、质量、权属和利用、使用情景的变化,并以初始地籍为基础进行修正、补充和更正的地籍。

初始地籍和日常地籍是不可分割的完整体系。初始地籍是基础,日常地籍是对初始地籍的补充、修正和更新。如果只有初始地籍而没有日常地籍,地籍逐步陈旧,缺乏现实性,失去其实用价值。相反,如果没有初始地籍,日常地籍就没有依据和基础。

3)按地籍行政管理的层次划分,分为国家地籍和基层地籍

随着城乡经济体制的改革,以及土地所有权和使用权的分离,客观上形成了两级土地权属单位。一级土地权属单位是指农村集体土地所有单位及直接从政府取得对国有土地的使用权的单位,即由国家第一次出让或土地征、拨取得国有土地使用权的单位;二级土地权属单位是指从一级土地权属单位取得对集体土地的承包使用权利,或通过国有土地的转让取得的国有土地的使用权的单位或个人。根据我国客观存在两级土地权属单位的事实,地籍可以按其管理层次,划分为国家地籍和基层地籍两种。

国家地籍是指以集体土地使用权单位的土地和国有土地的一级土地使用权单位的土地为对象的地籍。基层地籍是指以集体土地使用者的土地和国有土地的二级使用者的土地为对象的地籍。当前,为强化国家对各项非农业建设用地的控制管理,可以把农村宅基地及乡、镇、村企业建设用地等方面的地籍划属国家地籍。从地籍的作用而言,基层地籍主要服务对象于对土地利用或使用的指导和监督;国家地籍则主要服务于土地权属的国家统一管理;它们是互为补充、充实的一个完整体系。

4)按城乡土地的不同特点划分,地籍可分为城镇地籍和农村地籍

城镇土地和农村土地具有不同的利用特点和权利特点。城镇地籍的对象是城镇的建城区的土地,以及独立于城镇以外的工矿企业、铁路、交通等用地。

农村地籍的对象是城镇郊区及农村集体所有土地,国有农场使用的国有土地和农村居民点用地等。

由于城镇土地利用率、集约化程度高,建(构)筑物密集,土地价值高,位置和交通条件形成的级差收益十分悬殊,城镇地籍的图、数通常具有大比例尺和高精度的特征,而农村地籍则相反。在地籍的内容,土地权属处理,地籍的技术和方法及成果整理、编制等方面,城镇地籍比农村地籍有更高、更复杂的要求。在实践中,由于农村居民地(村镇)与城镇有许多相同的地方,农村地籍的居民地部分可以按照城镇地籍的相近要求建立,并统称为城镇村庄地籍。随着技术的进步和社会经济的发展,将逐步建立城乡一体化地籍系统。

2. 现代地籍的功能

建立地籍的目的,一般应由国家根据生产和建设的发展需要,以及科技发展的水平来确定。目前,我国的地籍也已由课税地籍为目的,扩大为产权登记、土地利用服务的多用途地籍(现代地籍)。现代地籍的作用归纳起来有以下几个方面:

1)为土地管理服务

地籍是土地管理的基础,提供有关土地的数量、质量和法律状况的基本资料,是调整土地关系、合理组织土地利用的基本依据。土地使用状况及其经界位置的资料,是进行土地分配和再分配,征拨土地的重要依据;土地的数量、质量及其分布和变化规律是组织土地利用,编制土地利用总体规划的基础资料。地籍资料的完整及其现势程度是科学管好用好土地的基本条件。

2)为保障土地权属服务

地籍的核心是权属。地籍是记载土地权属界址线、界址点位置,以及土地权源及其变更的基本依据等的图簿册。因此,它是调处土地争执、恢复界址、确认地权的依据;是维护社会主义土地公有制,保护土地所有者和使用者的合法权益的基础资料。

3)为国家的生产和建设服务

完整的地籍图册和统计簿册,是国家编制国民经济计划,制定各项规划的基本依据,是组织工农业生产和进行各项建设的基础。地籍是提供土地资源的自然状况、社会经济状况,以及土地数量、质量及其分布状况的基本资料,掌握并科学地应用这一资料,不仅可以指导生产和建设,而且可以进行各项效益分析,避免失误。

4)为改革土地使用制度服务

我国土地使用制度改革的主要内容是,改变过去不合理的土地无偿、无限期使用为有偿、有限期使用。实行土地有偿使用制度,需要制订土地使用费和各项土地课税额的标准,开辟土地使用权的出让、转让市场。反映每宗地的面积大小、用途、等级和土地所有权、使用权的地籍,是开展土地使用制度改革、开征各项土地课税和进行土地使用权出让、转让活动的基本依据。

5)为城镇房地产交易服务

城镇房地产交易是以房产的买卖和租赁为主。土地及其地上房屋建筑物都属不动产。地籍对房产的认定、买卖、租赁及其他形式的转让活动,都是不可少的依据。同时,地籍还为建立和健全房产档案、解决房产争执和处理房产交易过程中出现的某些不公现象等,提供参考凭据。

3. 国内外地籍发展历程

1)国外地籍发展概况

地籍是使用与管理土地的产物,其产生和发展也是社会进步、生产发展、科学技术水平不断提高的结果。国家的出现是地籍产生的基本原因。在原始社会中,土地处于"予取予求"的状态,人们共同劳动,按氏族内部的规则分享劳动产品,无须了解土地状况和人地关系。随着社会生产力的发展,出现了凌驾于劳动群众之上的机器——国家。这时,地籍作为维护这个国家机器运转的工具出现了。它在维护土地制度、保障国家税收方面发挥了重要。

在西方,单词"地籍"的来源并不确定,可能来源于希腊字"Katatikon"(教科书或商业书籍中),也可能来源于后来的拉丁字"Capitastrum"(纳税登记)。具有现代地籍含义的土地记录已存在了数千年。已知最古老的土地记录是一个公元前 4000 年的 Chaladie 表。中国、古埃及、古希腊、古罗马等文明古国等存在一些古老的地籍记录。在当时的社会背景下,地籍是一种以土地为对象的征税簿册,记载的是有关土地的权属、面积和土地等级等。在这种征税簿册中,只涉及土地使用和所有者本人,不涉及四至关系,无建筑物的基本记载。所采用的测量技术也很简单,无图形。土地质量的评价主要依据是农作物的产量。应用征税簿册所征收到的税费,主要作为维持社会发展的基金,它是国家工业化之前的最主要的收入来源之一。这也就是我们所说的税收地籍。

直至 18 世纪,社会结构发生了深刻变革,土地的利用更加多元化,出现了农业、工业、居民地等用地类型。而测量技术的发展,使具有确定权属主的地块能精确定位,计算的面积也更加准确,并且可以用图形来描述地籍的内容。换句话说,测量技术为地籍提供了准确的地理参考系统,最终导致了征收的税费基于被分割的地块(包括建筑物)应纳税金,并逐渐地建立了一个较成熟的税收体系,这时的地籍不但有土地的权属、位置、数量和利用类别,还包括其附着物(即建筑物和构筑物)的权属、位置、数量和利用类别。

19 世纪,欧洲的经济结构发生了巨大变化,出现了城市中心地皮紧张和土地生意兴隆的状况,产生了在法律上更好地保护土地的所有权和使用权的要求。地籍作为征收土地税费的基础,由它能提供一个完整精确的地理参考系统,因而担当起以产权地籍(税收是其主要目的之一)。据有关文件记载,在拿破仑时代,就是因为地籍的建立,所以减少了关于地产所有权和使用权的边界纠纷。

基于以上原因,西方各国建立起了覆盖整个国家范围的国家地籍,对地籍事业的发展起了决定性的作用。进入 20 世纪,由于人口增长及工业化等因素,社会结构变得更加复杂,各级政府和部门需要越来越多的信息来管理这个剧烈变迁的社会,同时认识到地籍是其管理工作中的重要信息来源。

在技术方面,土地质量评价的理论、技术和方法日趋成熟,土地的质量评估资料被纳入地籍中,科学技术的发展,为测量技术提供了一个更加精确、可靠的手段,地籍图的几何精度和地籍的边界数据精度越来越高。地籍簿册登记的有关不动产性质、大小、位置等有关资料也越来越丰富。地籍在满足土地税收和产权保护的同时,其内涵又进一步丰富。为国家利益和大众利益进行的各类道路规划设计以及政府决策越来越依赖已有的地籍资料。地籍资料不断地应用于各类规划、房地产经营管理、土地整理、土地开发、法律保护、财产税收等许多方面,使地籍的内容更加丰富,从而扩展了地籍的传统任务和目的,形成了人们所说的多用途地籍即现代地籍。

2)国内地籍发展历程

我国奴隶社会、封建社会的地籍发展,根据它在社会生活中的地位,大致可分为 3 个阶段:唐代中叶实行"两税法"前,地籍依附在户籍中;唐代中叶至明代中叶,地籍与户籍处于平等地位;明代中叶后,地籍地位高升于户籍之上。地籍管理的内容主要是土地清丈、土地调查和后期的土地登记。

民国时期的地籍管理分为3个阶段:北京政府时期,北京政府在1913年秋于内务部下设立了全国土地调查筹备处,筹备土地调查和经界整理。1922年,北京政府颁布《不动产登记条例》。这是我国历史上第一部土地登记法规。北京政府开始正式办理土地登记,地籍管理开始步入法制化轨道。国民党统治时期,1923年,孙中山在广州就任大元帅后,设置了土地局,并进行土地实况调查。1926年公布并在广州实施《土地登记征税法》,规定一切土地权利需按规定申请登记,1927—1936年是国民政府地籍管理的发展时期,根据《国民政府建国大纲》的规定,各地广泛开展地籍整理,进行土地测量和土地登记。1930年公布《土地法》,将地籍管理通过法律形式固定下来。1934年,国民党中央成立土地委员会,决定进行全国土地调查。1946年修订的《土地法》,第二编地籍包括:通则、地籍测量、土地总登记、土地权利变更登记共4章。1946年,地政署公布了《土地登记规则》,详细规定了土地登记实施细则。革命根据地、解放区的地籍工作,1928年12月颁布了《井冈山土地法》,1931年12月的《中华苏维埃共和国土地法》,1932—1934年的查田运动等,均进行了土地调查、清账等工作。至1946年底,各解放区的土地调查、登记发证、建立土地台账等工作也开展起来。1947年,《中国土地法大纲》发布施行,土地清丈、划界埋桩、确权登记发证、建立土地台账等工作普遍开展。

社会主义地籍管理的形成和发展。新中国成立以后至1978年,新中国成立初期,全国开展了土地清丈、划界、发证等地籍工作,进行城市的土地登记、地籍清理;并设置了地籍管理机构。"文革"时期,地籍陷入无政府管理的状态。1979—1985年,这一阶段进行了第二次全国范围内的土壤普查,进行土地利用现状概查和土地详查试点,进行土地纠纷处理并恢复了地籍管理机构。1982年土地管理局成立,下设地籍、土地资源等业务处,地籍处负责土地登记、土地统计和土地评价等工作。之后,开展了全国性的土地利用现状调查工作。1986—1997年,这一时期地籍管理取得了巨大成就。1986年成立了国家土地管理局,下设有地籍管理司。《土地管理法》的颁布使地籍管理有了法律依据;土地详查取得了翔实、可靠的资料;城镇地籍调查开展;建立了土地统计报表制度;城镇土地定级估价工作开展;土地调查及土地定级估价的技术规程逐步制订和完善。1997年以来,国土资源部成立以来,进一步从法律上明确了地籍管理的各项制度运用开展土地证书年检工作;运用遥感技术手段监测土地变更状况;完成全国土地变更调查数据的预报工作;推行土地登记公开查询制度。

4.国内外地籍测量发展历程

1)国外地籍测量发展概况

世界各地在地籍测量方面有着悠久的历史,公元2000多年前,由于尼罗河的泛滥,古埃及人就曾用简单的工具进行测量,以测定和恢复田界。公元前500多年前的古罗马皇帝(Serveus Tullius)使用地籍(Cadastre)名词,要求所有罗马人登记他们的姓名,并按货币价格交纳地产税(人头税)的登记。1085年在英格兰,威廉一世为征税目的,颁布了土地登记法,并注意到地籍的多用途,1654—1658年开始进行地籍测量。在法国,1790年,随着第一个巴黎公社对君主政权路易十六的革命胜利,在法国制宪大会上提出了建立征税地籍的任务,其目的是为在全国对土地实行公正的征税。起初,人们认为不需要进行统一的测量,而由地产主自报面积和估算土地的产量。但因谎报、瞒报等作弊行为严重,尔后又采用对个别地区进行官方测量并评估,而对其余地区进行推估的方法,但也因与实际情况差别太大而未能实施。于是决定进行1:5 000的地籍测量,但由于比例尺小,图上未按地块表示,而是按土地利用种类划分土地,虽然在一定程度上满足了征税的要求,但并不公正、合理。拿破仑认识到地籍是帝国的真正上层建筑,从 1808 年起,花了 18 年时间,耗资 1 亿多法郎,对全国所有的地块和房产进行了测量,建立了完整的地籍,不仅保证了公正的进行征税,在一定程度上也起到地产的证明作用。此外,奥地利于 1817 年也开始了地籍测量,根据法国的经验,普鲁士王国于 1865—1869 年完成了 27.5 万 km² 的征税地籍测量,为普鲁士领导建立统一的德意志帝国起到了重要作用。英国于 17 世纪在北美洲大西洋沿岸建立殖民地时就开始土地测量。

随着工业的发展和城市的繁荣,地价越来越高,为了税收的目的,需要埋设界址点标志并用数字把地户的位置在图上和实地精确表示出来,1857 年在纽伦堡用所谓的"数字法"进行了1∶1 000地籍图的重新测量。1871—1875 年,德意志帝国成立了官方地籍测量和管理机构——地籍局。1885 年在新的地籍测量规范中,禁止采用平板仪图解交会的方法生产地籍图,并颁布了地产边界标定法,还增加了地产边界关系检核、边界埋石等方面的规范。在 1898 年巴俄利亚洲新的地籍测量规范中,规定对于界址点的测量精度要达到 5 cm,而对于导线闭合差和对于连接点的误差也要达到厘米级精度要求。征税地籍发展成为地产地籍。

20 世纪以来,随着计算机技术、光电测距、航空摄影测量与遥感技术、GPS 定位技术以及卫星监测技术的迅速发展,也使得地籍测量理论和技术得到不断发展,并可对社会发展过程中出现的各种问题做出及时的解决。现在,发达国家都陆续开展了由政府监管的以地块为基础的地籍或土地信息系统的建立工作。

2)国内地籍测量发展历程

我国的地籍测量工作有着悠久的历史,4 000 年前禹贡九州图实为地籍图的开端,殷、商时期建立"八家皆私百亩,同养公田"的"九一而助"的井田制管理制度,并进行了简单的土地测绘工作,这可看做是我国地籍测量的雏形。

战国后奴隶制度逐步瓦解。秦孝公使用商鞅变法,实现"废井田,开阡陌"私田制土地所有制,即把土地分成公田(官田)和私田(民田),允许土地自由买卖。秦始皇灭六国后,曾进行过大规模的清查户籍和地籍工作。隋唐时期,实行均田制,建立户籍册,以户籍为主对人口、土地和赋税统一登记。

唐太宗贞观年间,凡18 岁以上男子受20 亩"永业田",80 亩"口分田",成年男子每年向官府交纳租谷及绢布,叫作"调制",服役 20 天,或以绢布代役,称"庸"这就是均田制和租庸调制,提高了农民的生产积极性,促进了经济的繁荣。随着大唐的衰落,均田制和租庸调制也遭到破坏,改变了过去以人丁为主的收税标准为按户土地多少,分春夏两季征税。

宋初,各地田赋不均,税户多隐田逃税。北宋中叶,土地兼并加剧,广大农民日益贫困,社会阶级矛盾剧烈,国家财政危机。北宋实行王安石变法,官僚重新丈量土地,按亩收税,官僚和地主均不得例外。当时以东西南北各千步(约 4 166.5 亩)为一方田,此即千步方田法。方田四角,立土为峰,植树为界。南宋时期,为解决财政危机和土地兼并后地籍的混乱问题,成立了经界局和执法经界法。

明洪武四年(1371 年),朱元璋为改变宋、元遗留的土地混乱局面,下令清查全国土地,设立户口田砧,以"履亩丈量"方法,整治经界,至 1387 年,编制了全国统一土地登记簿——鱼鳞图册,推行鱼鳞册管理制度。在全国范围内,各州县分区编造,以田地为主,分号详列面积、地形、四至、土质及户主姓氏,一式 4 份,分存户部、布政司、府、县,作为征税的依据,鱼鳞册上所绘田亩,挨次排列如鱼鳞,它实质上是地籍登记册,登记项目齐全,这是我国土地管理史上一个重要发展阶段,中国历史博物馆有鱼鳞图册藏本,是我国现存的古代地籍图。

清朝康熙与乾隆是全盛时期,康熙历三十年(1691年)测量,制成《黄舆全览图》。乾隆八年(1743年),又颁布了田亩"丈量规则",制造"铸造标准弓",以宽一步,长二百四十步为一亩,统一了全国田亩丈量的标准尺寸,并绘制成《乾隆内府黄舆全图》。而"丈量规范"则是我国古代第一部测量规程。

1914年,当时政府下令清理田地,并设立全国经界局,特派蔡锷为督办,并编制《经界法规草案》,但不久即行裁撤。1922年,孙中山在广州重组军政府,为推行平均地权政策,设土地局,聘请德籍土地专家Dr. W. Scharameier为顾问。1928年南京政府在内政部设立土地司(后改为地政司),设科管理全国土地测量事宜。在全国进行地籍测量工作,包括土地测量与登记,土地利用调查及地籍总归户(土地统计)等项工作。地籍整理以市、县为单位,下分区,区内分段,段内分宗,按宗编号。1930年立法院国民政府制定和颁布了《土地法》,1934年由内政部制定《土地测量实施规则》等法规。1942年成立地政署,各省、市县相继成立地政局,开展地籍测量、土地登记和地价规定等。1946年修改和颁布了新的《土地法》,1947年地政署改为地政部,地籍处相应改为地籍司,地籍测量业务有所发展。

新中国成立后,土地收归国有。1950年公布了《中华人民共和国土地改革法》,结合土地分配,进行了土地清丈、划界、定桩、登记和颁发土地证等工作,确定了农民个体的土地所有制,它对维护土地所有者的合法权益,合理征收农业税起到积极作用。农业合作化之后,实现了社会主义的土地公有制,同时,建立了大规模的国营农场和林场,并相继在全国范围内开展了土壤普查等工作。但对地籍管理特别是它的基础工作地籍测量重视得不够,虽然局部地区开展了一些地籍测量,但大多数属房地产地籍的范畴,远远不能满足土地管理的需要。

1986年,我国成立国家土地管理局,各级地方政府的土地管理机构也陆续成立。1986年6月,全国人民代表大会常委会公布了《中华人民共和国土地管理法》,并于1987年1月1日起施行。国家相继制定了《土地利用现状调整调查规程》《城镇地籍调查规程》《地籍测量规范》《房产测量规范》等技术规程,标志着我国土地管理已开始进入一个崭新的历史时期。

知 识 能 力 训 练

1. 现代地籍的含义是什么?
2. 地籍和地籍测量的特点各是什么?
3. 地籍调查的内容是什么?
4. 地籍调查的目的、内容和原则是什么?
5. 地籍按照不同的分类方法可以分为哪几类?
6. 请结合实际说明地籍测量包括哪些内容?
7. 地籍要素包括哪些内容?
8. 同其他测绘相比较,地籍测量有哪些特点?
9. 地籍测量结束后应上交哪些资料?
10. 简述地籍测量在国内经历的几个发展阶段。
11. 结合实际说明地籍在日常生活中的用处。

学习情境 **2** 地籍调查

知识目标

能够正确陈述土地权属的含义与土地划分的方法;能够正确陈述宗地的概念;能够熟练陈述土地权属调查的内容与程序;能够正确陈述土地利用现状调查的内、外业工作的内容与方法;能够基本正确陈述土地质量调查的目的与内容,以及土地分等定级的方法;能够正确陈述房产调查的内容;能够基本正确陈述房屋分摊面积计算的原则与方法。

技能目标

能够在现场划分街坊,预编宗地的地籍号;能根据不同的界址设置界标;能够在现场绘制宗地草图并填写地籍调查表;能够根据不同的工作底图拟定土地利用现状调查的计划;能进行房产要素编号并能计算房屋面积。

子情境 1 土地权属调查

一、土地权属确认

1. 土地权属调查的含义

土地权属即是土地的所有权和使用权。权属调查是对土地权属单位的土地权源及其权利所及的位置、界址、数量和用途等基本情况的调查。在城镇,权属调查是针对土地使用者的申请,对土地使用者、宗地位置、界址、用途等情况进行实地核实、调查和记录的全过程。调查成果经土地使用者认定,可为地籍测量、权属审核和登记发证,提供具有法律效力的文书凭证。界址调查是权属调查的关键,权属调查是地籍调查的核心。

2. 土地权属确认

土地权属的确认是权属管理的重要基础,土地权属管理又是地籍管理的核心。新中国成立以来,由于地籍管理制度不健全,地籍管理十分薄弱,不能提供准确的地籍资料,更突出的问题是土地权属不清、纠纷不断。实践证明,只有依法对土地权属进行确认,加强土地权属管理,建立土地登记制度,才能维护土地的社会主义公有制,保障土地使用者和所有者的合法权益,才能将有限的土地资源最大限度地满足人民生活和建设发展的需要,更好地为国民经济持续、稳定、协调发展服务。

1)土地所有权

所有权是所有制在法律上的表现,即从法律上确认人们对生产资料和生活资料所享有的权利。土地所有权是土地所有制在法律上的表现,具体是指土地所有者在法律规定的范围内对土地拥有占有、使用、收益和处分的权利,包括与土地相连的生产物、建筑物的占有、支配、使用的权利。土地所有者除上述权利外,同时有对土地的合理利用、改良、保护、防止土地污染、防止荒芜的义务。

新中国成立以来,土地的所有权关系经历了以下 3 个阶段:

①新中国成立之初至 1957 年,建立了土地国有和农民劳动者所有并存的土地所有权关系。

②1958—1978 年,建立了土地全民所有和农村劳动群众(农业社、人民公社)集体所有并存的土地所有权关系。

③1978 年以后,我国城乡进行了经济体制改革,建立了土地全民所有和农村集体所有的土地所有权关系,同时,进一步明确了土地所有权与使用权分离的土地使用制度。

按我国现行的法律规定,城市市区的土地属于国家所有;农村和城市郊区的土地,除由法律规定属于国家所有的外,属于农民集体所有;宅基地和自留地、自留山,属于农民集体所有;土地所有权受国家法律的保护。

2)土地使用权

土地使用权是指依照法律对土地加以利用并从土地上获得合法收益的权利。按照有关规定,我国的政府、企业、团体、学校、农村集体经济组织以及其他企事业单位和公民,根据法律的规定并经有关单位批准,可以有偿或无偿使用国有土地或集体土地。

土地使用权是根据社会经济活动的需要由土地所有权派生出来的一项权能,两者的登记人可能一致,也可能不一致。当土地所有权人同时是使用权人的时候,称为所有权人的土地使用权;当土地使用权人不是土地所有权人的时候,称之为非所有权人的土地使用权。二者的权利和义务是有区别的。土地所有权人可以在法律规定的范围内对土地的归宿做出决定。

3)土地权属主

所谓土地权属主(以下简称权属主,或权利人),是指具有土地所有权的单位和土地使用权的单位或个人。

根据我国土地法律的规定,国家机关、企事业单位、社会团体、“三资”企业、农村集体经济组织和个人,经有关部门的批准,可以有偿或无偿使用国有土地,土地使用者依法享有一定的权利和承担一定的义务。

依照法律规定的农村集体经济组织可构成土地所有权单位。乡、镇企事业单位,农民个人等可以使用集体所有的土地。

集体所有的土地,由县级人民政府登记造册,核发土地权利证书,确认所有权和使用权。

单位和个人依法使用的国有土地,由县级或县级以上人民政府登记造册,核发土地使用权证书,确认使用权;其中,中央国家机关使用的国有土地的具体登记发证机关,由国务院确定。

确认林地、草原的所有权或者使用权,确认水面、滩涂的养殖使用权,分别依照森林法、草原法和渔业法的有关规定办理。

4)土地权属确认的方式

所谓土地权属的确认(简称确权),是指依照法律对土地权属状况的认定,包括土地所有权和土地使用权的性质、类别、权属主及其身份、土地位置等的认定。确权涉及用地的历史、现状、权源、取得时间、界址及相邻权属主等状况,是地籍调查中一件细致而复杂的工作。一般情况下,确权工作由当地政府授权的土地管理部门主持,土地权属主(或授权指界人)、相邻土地权属主(或授权指界人)、地籍调查员和其他必要人员都必须到现场。具体的确认方式如下:

①文件确认

它是根据权属主所出示并被现行法律所认可的文件来确定土地使用权或所有权的归属,这是一种较规范的土地权属认定手段,城镇土地使用权的确认大多用此方法。

②惯用确认

它主要是对若干年以来没有争议的惯用土地边界进行认定的一种方法,是一种非规范化的权属认定手段,主要适用于农村和城市郊区。在使用这种认定方法时,为防止错误发生,要注意以下3点:一是尊重历史,实事求是;二是注意四邻认可,指界签字;三是不违背现行法规政策。

③协商确认

当确权所需文件不详,或认识不一致时,本着团结、互谅的精神,由各方协商,对土地权属进行认定。

④仲裁确认

在有争议而达不成协议的情况下,双方都能出示有关文件而又互不相让的情况下,应充分听取土地权属各方的申述,实事求是地、合理地进行裁决,不服从裁决者,可以向法院申诉,通过法律程序解决。

5)土地权属确认

①城市土地使用权的确认

城市的土地所有权为国家所有,权属主只有土地使用权。城市土地使用权主要按下述文件确认:

a.单位用地红线图。红线图是指在大比例尺的地形图上标绘用单位的用地红线,并注有用地单位名称、用地批文的文件名、批文时间、用地面积、征地时间、经办人和经办单位印章等信息的一种图件。红线图的形成经过建设立项、上级机关批准、用地所在市县审批、城市规划部门审核选址、地籍管理部门和建设用地部门审定和办理征(拨)地手续、再由城市勘测部门划定红线等一系列法定手续。红线图是审核土地权属的权威性文件。在进行地籍调查时,可根据该红线图来判定土地权属,并到实地勘定用地范围的边界。

b.房地产使用证。包括地产使用证、房地产使用权证或房产所有权证。1949年以来的几十年中,有的城市曾经核发过地产使用证。1978—1986年,城市房地产部门组织过地籍测量,绘制过房产图,并发放过房地产使用权证或房产所有权证,这些文件可作为确权依据。

c.土地使用合同书、协议书、换地书等。1949—1986年的几十年中,企事业单位之间的调整、变更,企事业单位之间的合并、分割、兼并、转产等情况,它们所签订的各种形式的土地使用合同书、协议书、换地书等,本着"尊重历史、注重现实"的原则,可作为确权文件。

d. 征(拨)地批准书和合同书。1949—1982 年,企事业单位建设用地采取征(拨)地制度。权属主所出示的征(拨)地批准书和合同书,可作为确权文件。

e. 有偿使用合同书(协议书)和国有土地使用权证书。1986 年之后,国家进一步明确了土地所有权与使用权分离的制度,改无偿使用土地为有偿使用土地。政府土地管理部门为国有土地管理人,以一定的使用期限和审批手续,对土地使用权进行出让、转让或拍卖。所签订的有偿使用合同书(或协议书)和发放国有土地使用权证是土地使用权确认的文件。

f. 城市住宅用地确权的文件。现阶段我国的城市住宅有 3 种所有制,即全民所有制住宅、集体所有制住宅和个人所有制住宅。一般情况下,住宅的权属主同时是该住宅所坐落的土地的权属主。单位住宅用地根据其征(拨)地红线图和有关文件确权;个人住宅用地(含购商品房住宅)根据房产证、契约等文件确权;奖励、赠与的房屋用地应根据奖励证书、赠与证书和有关文件(如房产证)确认土地使用权。

②农村土地所有权和使用权的确认

农村土地所有权和使用权的确认涉及村与村、乡与乡、乡村与城市、村与独立工矿及事业单位的边界等。它不但形式复杂,而且往往用地手续不齐全。因此,应将文件确认、惯用确认、协商确认或仲裁确认几种方式结合起来确认农村土地所有权和使用权。对完成了土地利用现状调查的地区,其调查成果的表册和图件是很有说服力的确权文件的,应予承认。

③铁路、公路和军队、风景名胜国有土地使用权的确认

铁路、公路及军队各权属单元所使用的土地,其所有权属国家,使用权归各系统。由于铁路、公路的分布范围广,管理分散,且与各农用集体土地、城市、村庄接壤,权属界比较复杂。军队担负者为改革开放保驾护航的光荣任务,要充分保证军队建设使用土地的需要。在进行土地权属调查时,按照土地使用原则和征地或拨地文件确认土地的使用权和所有权。

二、地籍调查单元的划分与编号

要达到科学管理土地的要求,地籍必须建立地块标识系统,包括土地的划分规则和编号系统。这不仅有利于土地利用规划、计划、统计与管理,而且便于资料整理以及信息化、自动化管理,便于检索、修改、存储、利用。

1. 地籍调查单元的划分

1)城镇地区地籍调查单元划分

首先按各级行政区划的管理范围进行划分土地,城镇可划分区和街道两级,在街道内划分宗地(地块)。当街道范围太大时,可在街道的区域内,根据线状地物,如街道、马路、沟渠或河道等为界,划分若干街坊,在街坊内划分宗地(地块);若城镇比较小,无街道建制时,也可在区或镇的管辖范围内,划分若干街坊,在街坊内划分宗地(地块)。对城镇,完整的土地划分就是××省××市××区××街道××街坊××宗地(地块)。

2)农村地区地籍调查单元划分

按我国目前农村行政管辖系统,末级行政区是乡(镇),按城镇模式,完整的土地划分应是××省××县(县级市)××乡(镇)××行政村××宗地(地块)××图斑。

3)地籍区和地籍子区

这两个名词是根据地籍工作的需要而设立的。在我国,地籍管理的基层单位为县、区级土

地管理部门。在实际工作中,地籍区相当于街道或乡镇,地籍子区相当于街坊或行政村。当然还有其他的划分方法。在德国的某些地方用二千分之一的地籍图的图幅范围为一个地籍区或地籍子区。

2. 地块、宗地与宗地划分

1)地块与宗地概念

地块是可辨认出同类属性的最小土地单元。在地面上确定一个地块实体的关键在于根据不同的目的确定"同类属性"的含义。它可以是权利的,或生态的,或经济的,或利用类别的,等等。如地块具有权利上的同一性,则称为权利地块,实质上就是人们所说的宗地或丘;如地块具有利用类别上的同一性,则称分类地块,在土地利用现状调查中称图斑;如地块具有质量上的统一性,则称质量地块(均质地域);如地块是受特别保护的耕地,则叫农田保护区或基本农田保护区,等等。地块的特征如下:

①在空间上具有连续性。

②空间位置是固定的,边界是相对明确的。

③"同类属性"既可以是某一种属性,也可以是某一类属性的集合,即可以采用土地的权利、质量、利用类别等中的一个属性或几个属性的组合作为"同类属性"来标识一个地块的具体空间位置。在地籍工作中,宗地、图斑、均质地域、农田保护区等都是具有确定的"同类属性"的地块。

宗地是指权利上具有同一性的地块,即同一土地权利相连成片的用地范围。根根据地块的含义,宗地具有固定的位置和明确的权利边界,并可同时辨认出确定的权利、利用、质量和时态等土地基本要素。

2)宗地的划分

根据权属性质的不同,宗地可分为土地所有权宗地和土地使用权宗地。依照我国相关法律法规,通常调查集体土地所有权宗地、集体土地使用权宗地和国有土地使用权宗地。

①基本方法

无论是集体土地所有权宗地,还是集体土地使用权宗地和国有土地使用权宗地,其划分如下:

a. 由一个权属主所有或使用的相连成片的用地范围划分为一宗地;

b. 如果同一个权属主所有或使用不相连的两块或两块以上的土地,则划分为两个或两个以上的宗地;

c. 如果一个地块由若干个权属主共同所有或使用,实地又难以划分清楚各权属主的用地范围的,划为一宗地,称组合宗;

d. 对一个权属主拥有的相连成片的用地范围,如果土地权属来源不同,或楼层数相差太大,或存在建成区与未建成区(如住宅小区),或用地价款不同,或使用年期不同等情况,在实地又可以划清界限的,可划分成若干宗地。

②集体非农建设用地使用权宗地划分

在农村和城市郊区,依据宗地划分的基本原则,农村居民地内村民建房用地(宅基地)和其他建设用地,可按集体土地的使用权单位的用地范围划分为宗地,一般反映在农村居民地地籍图(岛图)上。

③集体土地所有权宗地的划分

依照《中华人民共和国土地管理法》规定,农村可根据集体土地所有权单位(如村民委员会、农业集体经济组织、村民小组、乡(镇)农民集体经济组织等)的土地范围划分土地所有权宗地。

一个地块由几个集体土地所有者共同所有,其间难以划清权属界线的,为共有宗。共有宗不存在国家和集体共同所有的情况。

④城镇以外的国有土地使用权宗地的划分

城镇以外,铁路、公路、工矿企业、军队等用地,都是国有土地,这些国有土地使用权界线大多与集体土地的所有权界线重合,其宗地的划分方法与前述相同。

⑤争议地、间隙地和飞地

争议地是指有争议的地块,即两个或两个以上土地权属主都不能提供有效的确权文件,却同时提出拥有所有权或使用权的地块。间隙地是指无土地使用权属主的空置土地。飞地是指镶嵌在另一个土地所有权地块之中的土地所有权地块。这些地块均实行单独分宗。

3.地籍的编号

1)城镇地籍的编号

通常以行政区划的街道和宗地两级进行编号,如果街道下划分有街坊(地籍子区)就采用街道、街坊和宗地三级编号。城镇地籍调查中,在划分街坊时一般以马路、巷道、河沟等线状地物为界来划分,街坊划分不宜过大,以宗地不超过 999 个为宜,并且要给变更编号留有较大的余地,如图 2.1 所示。一般情况下,地籍编号统一自西向东、从北到南从"001"开始顺序编号。

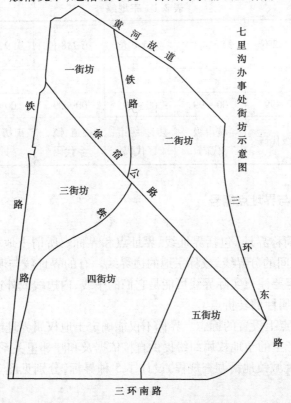

图 2.1 街坊划分示意图

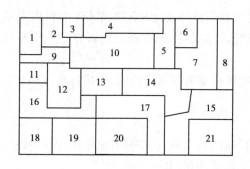

图 2.2 宗地编号顺序

如 04—07—113，表示××省××市××区第 4 街道，第 7 街坊，第 113 宗地。地籍图上采用不同的字体和不同字号加以区分；而宗地号在图上宗地内以分数形式表示，分子为宗地编号，分母为地类号。通常省、市、区、街道、街坊的编号在调查前已经编好，调查时只编宗地号，宗地号在街坊内统一自左到右，由"001"号开始编号，如图 2.2 所示。

2）农村地籍的编号

农村应以乡（镇）、宗地和地块 3 级组成编号。其原则同上，如 03—05—013 表示××省××县（县级市）××乡（镇）第 3 行政村，第 5 宗地，第 13 地块（图斑）。通常省、县（县级市）、乡（镇）、行政村的编号在调查前已经编好，调查时只编宗地号和地块号，并及时填写在相应的表册中。

3）其他的编号方法

根据宗地的划分情况，每个宗地编号共有 13 位，编号方法见表 2.1。编号第 1～10 位为该宗地所属行政区划的代码。其中，前 6 位即省、地市、县/区的代码，可直接采用身份证的前 6 位编号方案，如 510123 代表四川省成都市温江区；第 7,8 位为街道/镇/乡代码；第 9,10 位为街坊/行政村代码。它们是在所属上一级行政区划范围内统一编号的。第 11,12,13 位为宗地所在街坊/行政村（村民委员会）范围内按"弓"形顺编的序号。

表 2.1 宗地编号

在编号中的位置	第 1,2 位	第 3,4 位	第 5,6 位	第 7,8 位	第 9,10 位	第 11,12,13 位
宗地编号	××	××	××	××	××	×××
代码数字范围	00～99	00～99	00～99	00～99	00～99	001～999
代码意义	省级代码	城市级代码	县、县级市、区代码	街道、镇、乡代码	街坊、行政村代码	宗地序号

4.土地权属界址与界址点编号

1）土地权属界址

土地权属界址（简称界址）包括界址线、界址点和界标。所谓土地权属界址线（简称界址线），是指相邻宗地之间的分界线，或称宗地的边界线。有的界址线与明显地物重合，如围墙、墙壁、道路、沟渠等，但要注意实际界线可能是它们的中线、内边线或外边线。界址点是指界址线或边界线的空间或属性的转折点。

界标是指在界址点上设置的标志。界标不仅能确定土地权属界址或地块边界在实地的地理位置，为今后可能产生的土地权属纠纷提供直接依据及和睦邻里关系，同时也是测定界址点坐标值的位置依据。《城镇地籍调查规程》设计了 5 种界标，分别见图 2.3 至图 2.7。图中数值的单位为 mm。

①混凝土界址标桩（地面埋设用）见图 2.3。

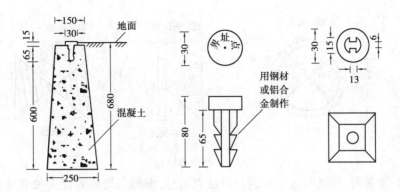

图 2.3　混凝土界址标桩

②石灰界址标桩(用于地面填设)见图 2.4。

③带铝帽的钢钉界址标桩(在坚硬的地面上打入埋设)见图 2.5。

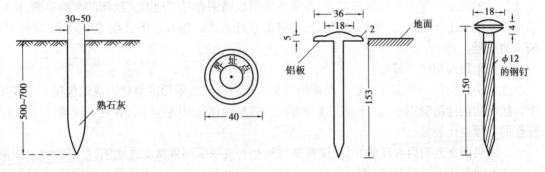

图 2.4　石灰界址标桩　　　　　图 2.5　带铝帽的钢钉界址标桩

④带塑料套的钢棍界址标桩(在房、墙角浇筑)见图 2.6。

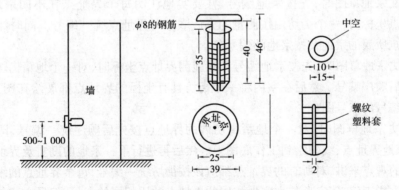

图 2.6　带塑料套的钢棍界址标桩

⑤喷漆界址标志(在墙上喷漆)见图 2.7。

2)界址点编号方法

为了顺利地进行地籍测量和利用对地籍调查成果的管理,需要根据各地具有的图件资料及使用的测量方法,选择不同的编号方法。

①按宗地编号

当测区内无近期的大比例尺地形图或其他能反映宗地之间关系的图件时,且采用图解勘

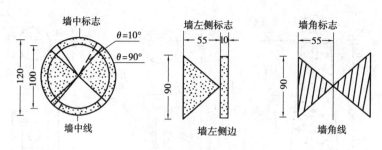

图 2.7 喷漆界址标志

丈法进行地籍测量时,可暂时按宗地进行界址点编号,即每宗地的界址点独立编号,这时共有界址点有多个编号。

②按图幅统一编号

当在调查范围内,具有与要测绘的地籍图同比例尺、相同的坐标系统和分幅,而且现势性也比较好的地形图作为工作底图时,可在室内依据权属调查时实地勘丈绘制的宗地草图,将每宗地都勾绘在工作底图上,然后对图幅内所有的界址点统一编号。但在勘丈宗地草图时仍先按宗地编号。

③按地籍街坊统一编号

这是最常用的一种编号方法。地籍街坊是由道路及河流等固定地物围成的包括一个或几个自然街坊的地籍管理单元。因此,这种方法既容易操作,也比较实用,有利于管理,并且实际操作的手段也比较多。

a. 如果调查范围内有现势性好、能反映宗地相互关系的图件做工作底图时,可在室内依据权属调查时勘丈的宗地草图,将一个街坊内的每个宗地都勾绘到工作底图上,然后按地籍街坊统一编号,但在勘丈宗地草图上仍按宗地编号。

b. 在勘丈宗地草图时,先按宗地编号,并要实地注明每个界址点在不同宗地中的编号。在实测界址点坐标时,一个街坊内按测量的先后顺序对界址点统一编号。同时注明每个具有坐标的界址点所属的宗地及按宗地的编号。

c. 在勘丈宗地草图时,先按宗地编号。在施测界址点坐标时,对一个地籍街坊内的界址点按测量的先后顺序编号。然后在室内将一个街坊具有坐标的界址点都展绘在图上,绘制一幅界址点统一编号的点号图。

d. 在勘丈宗地草图时,对一个地籍街坊内的界址点按先后顺序统一编号,即每勘丈一宗地后,将该宗地界址点、线勾绘到工作底图上。然后再进行下一宗地的勘丈及界址点编号。

从长远的观点来讲,对所有的界址点都应该按街坊统一编号,每个界址点的编号按照宗地号加序号的方式来编,邻宗地与本宗地相同的界址点共用相同的点号,编号方式如图 2.8。

5. 边界类型与边界系统

1)边界类型

边界,也称界线,在地籍中有着特殊的地位,这是由土地的自然特性和人类对土地占有或使用的结果所决定的。根据土地划分的方法,形成了 3 种边界,即行政边界、宗地边界和地块边界。

①行政边界。包括省界、县界、市界、区界、乡镇、行政村界等。这些边界一般由各级政府部门(如民政部门等)划定。它们大都由路、沟渠、河流、田埂、山脊或山谷、人造边界要素等构

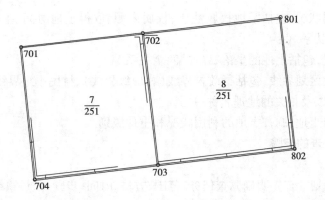

图 2.8　界址点编号示意图

成,边界多半有一定的宽度,并由行政辖区双方共有。在农村,一般这些边界都与土地所有权界线重合。

②宗地边界。根据宗地划分方法而划分出的地块边界。

③地块边界。在土地管理工作中,根据地块的含义划分出的地块的边界。

2)边界系统

所谓边界系统,就是人们或政府管理机构通常以某种方式所承认的界线存在形式。一般由普通边界和法律边界组成。

所谓普通边界,是指主要依靠自然的或人造的边界要素,依据各地的普通规则,但没有精确的边界数据,或有边界数据但没有法律手续固定下来的边界。这种边界在英国的土地登记系统中有较为详细的描述,在我国农村地区普遍存在。至今我国的行政边界也大都属于此类,我国土地利用现状的调查中的地块边界也属此类。

所谓法律边界,是指对人造的或自然的边界要素进行精确的测量,获取测量数据,通过法律程序给予承认,并在实地以法律的形式固定下来的边界。

自然边界要素主要指一些固定的、明显的地物点(如围墙、道路中心线、房角等)和固定的、明显的线状地物或地形结构线(如山脊线、山谷线、行树、河流的边线或中心线等)。人造边界要素主要指人工制作的界标,如《地籍调查规程》中设计的 5 种界标。在这里,最重要的是精确测量这些要素,其数据通过法律程序予以确认即可。

在我国的地籍管理工作中,这两种边界都存在。普通边界由于其自然要素的存在,缺乏必需的边界数据和法律手续,可能引起争议,缺乏安全性。如果全部采用法律边界,需要强大的经济资助,此时就必须详细地分析普通边界向法律边界转换的经济与利益的关系和必要性。在这个问题上,考虑其区域性是很重要的。

三、土地权属调查与地籍调查表的填写

1. 土地权属调查的内容

土地权属调查是指以宗地为单位,对土地的权利、位置等属性的调查和确认(土地登记前具有法律意义的初步确认)。土地权属调查可分为土地所有权调查和土地使用权调查。在我国,初始土地所有权调查与土地利用现状调查一起进行,同时也调查城镇以外的国有土地使用权,如铁路、公路、独立工矿企事业、军队、水利、风景区的用地和国营农场、林场、苗圃的用地等。

1）土地的权属状况,包括宗地权属性质、权属来源、取得土地时间、土地使用者或所有者名称、土地使用期限等。

2）土地的位置,包括土地的坐落、界址、四至关系等。

3）土地的行政区划界线,包括行政村界线(相应级界线)、村民小组界线(相应级界线)、乡(镇)界线、区界线以及相关的地理名称等。

4）对城镇国有土地,调查土地的利用状况和土地级别。

2.土地权属调查的步骤

1）准备工作

①拟订调查计划。首先明确调查任务、范围、方法、时间、步骤,人员组织以及经费预算,然后组织专业队伍,进行技术培训与试点。

②物质方面准备。印刷统一制定的调查表格和簿册,配备各种仪器与绘图工具、生活交通工具和劳保用品等。

③准备调查工作用图。在进行权属调查时,首先必须有一张调查工作用图。此图不要求有较高的精度,主要是为了按计划正确地指导调查工作,避免调查工作中的重漏现象。可以作为工作用图的图件主要有:大比例尺地形图、大比例尺正射影像图、放大的航片等。对土地所有权调查,调查底图的比例尺在1:5 000～1:50 000;对土地使用权调查,调查底图的比例尺在1:500～1:2 000。

④明确调查范围。在城镇、村庄地籍调查范围应与土地利用现状调查范围相互衔接,不重不漏,因此调查范围要以明显地物为界,并在1:2 000～1:10 000比例尺的地形图上标绘出来。若有较新大比例尺航片,也可在航片上勾绘调查范围。

⑤调查工作区划分。在确定了调查范围之后,还要在调查底图上,依据行政区划或自然界线划分成若干街道和街坊,作为调查工作区。对于城市,可在街道办事处管辖区范围内,以路、巷、河流等固定地物为界,将调查范围划分为若干便于地籍调查的街坊;对于县城、建制镇,可直接以街道办事处或居委会范围为调查小区,或在县城范围内,以路、巷为界将调查范围划分为若干街坊;对于村庄和独立工矿区,可将村庄或工矿区的范围作为街坊。

⑥预编地籍号。调查人员根据接受到的申请书及权源资料,把每宗地勾绘到工作用图上,在一个街坊内统一编宗地号。

⑦发放调查通知。实地调查前,土地行政主管部门应根据调查摸底的情况和调查工作计划,向被调查的用地者及其四邻发放指界通知书(见表2.2)。对城乡居民个人用地,可采用分区分片公告通知方式,对单位用地采用书面通知方式。指界通知应明确所调查宗地的位置,土地使用者到现场指界的时间、地点,需携带的证明材料,如地籍调查法人代表身份证明书(见表2.3)、指界委托书,以及指界的法律作用和违约缺席的处理方法等内容。

2）实地调查

地籍调查人员携带准备好的调查工作图(即权属调查底图)、地籍调查表以及测量工具,会同一宗地边界双方委派的指界人员到实地进行调查核实。实地调查的主要任务是在现场明确土地权属界线。

①宗地位置、权属和土地利用状况调查。

②界址调查。

表 2.2 地籍调查出席指界通知书

存 根

地籍调查出席指界通知书

_____:

　　因_____办理位于_____村(居委会)_____村民小组(路、街)_____号用地的土地登记业务,需进行地籍调查,由于该宗地与你用地界线距离少于 0.5 m 等原因,需你或你委托他人(需办理委托有关手续)于 200____年____月____日____午____时____分,携带身份证和土地权属证件在用地现场出席指界定界,请依时参加。如你未依时参加又未委托他人出席指界的,作违约缺席指界处理。

×××国土资源局(盖章)
200 年 月 日

送达情况:

　　本通知于 200____年____月____日____时____分在_____的地点送达。

　　其他情况:

送达人签字:　　　　　　　　　　签收:

200 年 月 日

地籍调查出席指界通知书

_____用地者:

　　因_____办理位于_____村(居委会)_____村民小组(路、街)_____号用地的土地登记业务,需进行地籍调查,由于该宗地与你用地界线距离少于 0.5 m 等原因,需你或你委托他人(需办理委托有关手续)于 200____年____月____日____午____时____分,携带身份证和土地权属证件在用地现场出席指界定界,请依时参加。如你未依时参加又未委托他人出席指界的,作违约缺席指界处理。

×××国土资源局(盖章)
200 年 月 日

表2.3 地籍调查法人代表身份证明书

地籍调查法人代表身份证明书

_____同志,在我单位任_____职务,系我单位法人代表,特此证明。

单位地址:

联系电话:

居民身份证号码: 单位全称(公章)

                                                     年   月   日

地籍调查指界委托书

_____:

委托_____同志(姓名)_____年龄_____职务_____全权代表本人出席我单位位于

_____(指土地坐落)的土地权属界线现场指界。

                                          委 托 人(签章)

                                          委托代理人(签章)

                                          委托日期   年 月 日

委托代理人办公地点:

联系电话:

居民身份证号码:

3. 土地权属状况调查

1)土地权属来源调查

土地权属来源(简称权源)是指土地权属主依照国家法律获取土地权利的方式。

①集体土地所有权来源调查

集体土地所有权的权属来源种类主要有:

a. 土改时分配给农民并颁发了土地证书,土改后转为集体所有。

b. 农民的宅基地、自留地、自留山及小片荒山、荒地、林地、水面等。

c. 城市郊区依照法律规定属于集体所有的土地。

d. 凡在1962年9月《农村人民公社工作条例修正草案》颁布时确认的生产经营的土地和以后经批准开垦的耕地。

e. 城市市区内已按法律规定确认为集体所有的农民长期耕种的土地、集体经济组织长期使用的建设用地、宅基地。

f. 按照协议,集体经济组织与国营农、林、牧、渔场相互调整权属地界或插花地后,归集体所有的土地。

g. 国家划拨给移民并确定为移民拥有集体土地所有权的土地。

②城镇土地使用权来源调查

迄今为止,我国城镇土地使用权属来源主要分两种情况:一种是1982年5月《国家建设征用土地条例》颁布之前权属主取得的土地,通常叫历史用地。另一种是1982年5月《国家建设征用土地条例》颁布之后权属主取得的土地。具体地：

——经人民政府批准征用的土地,叫行政划拨用地,一般是无偿使用的。

——1990 年 5 月 19 日中华人民共和国国务院令第 55 号《中华人民共和国城镇国有土地使用权出让和转让暂行条例》发布后权属主取得的土地,叫协议用地,一般是有偿使用的。

在土地权属调查时,具体的情况可能较复杂,各个地方的情况也有所差别。

③土地权属来源调查的注意事项

在调查土地权属来源时,应注意被调查单位(即土地登记申请单位)与权源证明中单位名称的一致性。发现不一致时,需要对权属单位的历史沿革、使用土地的变化及其法律依据进行细致调查,并在地籍调查表的相应栏目中填写清楚。

2)其他要素的调查

①权属主名称。权属主名称是指土地使用者或土地所有者的全称。有明确权属主的为权属主全称;组合宗地要调查清楚全部权属主全称和份额;无明确权属主的,则为该宗地的地理名称或建筑物的名称,如××水库等。

②取得土地的时间和土地年限。取得土地的时间是指获得土地权利的起始时间。土地年限是指获得国有土地使用权的最高年限。在我国,城镇国有土地使用权出让的最高年限规定为:住宅用地为 70 年;工业用地为 50 年;教育、科技、文化、卫生、体育用地 50 年;商业、旅游、娱乐用地 40 年;综合或者其他用地为 50 年。

③土地位置。对土地所有权宗地,调查核实宗地四至,所在乡(镇)、村的名称以及宗地预编号及编号。对土地使用权宗地,调查核实土地坐落,宗地四至,所在区、街道、门牌号,宗地预编号及编号。

④土地利用分类和土地等级调查。由于集体土地所有权宗地的土地类型较多,其调查方法参阅子情景 2;而城镇村庄土地使用权宗地的土地类型比较单一,2002 年以前采用《城镇土地利用分类及含义》,2002 年以后采用《全国土地分类(试行)》。

4. 界址调查

土地权属的界线称为界址线,界址线的转折点称为土地权属界址点。界址调查是对土地权属界址点、界址线实地位置的现场指界、设置界标等野外工作。

1)界址调查的指界

①现场指界

现场指界必须由本宗地及相邻宗地指界人亲自到场共同指界。当由单位法人代表指界时,则出示法人代表证明。当法人代表不能亲自出席指界时,应由委托的代理人指界,并出示委托书和身份证。由多个土地所有者和使用者共同使用的宗地,应共同委托代表指界,并出示委托书和身份证。个人使用的土地,须由户主指界,并出示身份证和户口簿。由多个土地使用者共同使用的宗地,应共同委托代表指界,并出示委托书和身份证。

对于违约缺席指界的,根据不同情况按下述办法处理:

a.如一方违约缺席,其界址线以另一方指定的界址线为准确定。

b.如双方违约缺席,其界址线由调查员依据有关图件和文件,结合实地现状决定。

c.确定界址线(简称确界)后的结果以书面形式(表2.4)送达违约缺席的业主,并在用地现场公告,如有异议的,必须在结果送达之日起 15 日内提出重新确界申请,并负责重新确界的费用,逾期不申请,确界自动生效。

表 2.4　违约缺席定界通知书

违约缺席定界通知书
： 　　现寄去地籍调查表一份(复印件),内有定界结果,如有异议必须在通知书收到后 15 日内提出划界申请,并负担重新划界的全部费用,逾期不申请,按地籍调查表上定界结果为准。 　　　　　　　　　　　　　　　　　　　　　　　　　　××国土资源局(盖章) 　　　　　　　　　　　　　　　　　　　　　　　　　　年　月　日

②权属主不明确的界线调查

a.征地后未确定使用者的剩余土地和法律、法规规定为国有而未明确使用者的土地,在国有土地使用权、乡(镇)集体土地所有权和村集体土地所有权界线调查的基础上,根据实际情况划定土地界线。

b.暂不确定使用者的国有公路、水域的界线,一般按公路、水域的实际使用范围确界。

c.不明确或暂不确定使用者的国有土地与相邻权属单位的界线,暂时由相邻权属单位单方指界,并签订《权属界线确认书》,待明确土地使用者并提供权源材料后,再对界线予以正式确认或调整。

③乡镇行政境界调查

调查队会同各相邻乡(镇)土地管理所依据既是村界又是乡(镇)界的界线,结合民政部门有关境界划定的规定,分段绘制相邻乡(镇)行政境界接边草图,并将该图附于《乡(镇)行政界线核定书》,并由调查队将所确定的乡(镇)行政界线标注在航片或地形图上,提供内业编辑。

2)界址点的确定与界标的设置

①界址点的确定

地籍调查人员根据指界认定的宗地界址范围,在实地确定界址点、线时,一般要注意以下几点:

a.土地使用权定界,是以每宗地的权属范围为准,有时不一定与建筑物或构筑物占地范围重合。如围墙外有护沟(或排水沟),权属为本单位时,则界址点应定在沟的外侧。

b.宗地界址线必须封闭。界址线的转折点都应该为界址点,一般两界址点间应为直线。对于弧形界址线,一是在弧线与直线的切点处设置界址点,二是在弧上相应位置设置一个以上的界址点(见图 2.9(a))。一个宗地与邻宗地共用界址线,邻宗地界址线上的界址拐点,同为该宗地的界址点。

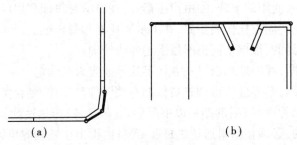

(a)　　　　　　　　　　　　　　(b)

图 2.9　界址点确定示意图

c.单位门口的内折"八"字形道路用地可以确定给该土地使用单位(见图2.9(b))。

d.权属界线的两相邻转折点间距离小于10 cm时可酌情处理。如图2.10(a)两条平行线拐角"1"点至"2"点距离小于10 cm,可不设界址点,可以AB连线为权属界址线。如图2.10(b)所示为两条不平行线的拐角"1"点至"2"点距离小于10 cm,可只在宗地外侧点确定一界址点。

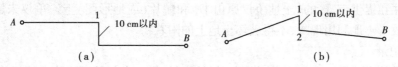

图2.10 界址点确定示意图

e.邻街(路)界址线均以实际使用的合法围墙或外侧基脚为准。若有墙垛,以墙垛外侧基脚为准,若围墙拐角无墙垛,以两个方向各墙垛外侧基脚连线的交点为拐角界址点。

f.墙体为界标物时,应明确墙体用地的归属,尤其注意其共用界址点位置的确定。如图2.11所示,随着界址点位置的不同,围墙用地的归属也不同。

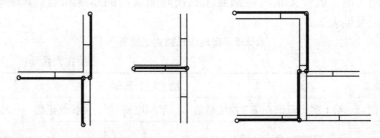

图2.11 界址点确定示意图

g.墙基线外占用人行道的台阶、雨篷等构筑物用地一般不确定给该土地使用者。

h.两个单位(个人)使用土地的界标物间隔在1 m以内的非通道夹巷,一般应双方各半确权;两宗地间无明确归属的少量空隙地不影响交通时,可通过协商,确定其使用权。

i.土地使用证明文件上四至界线与实际界线一致,但实际使用面积与批准面积不一致的,按实际四至界线确定其使用权。

j.在建工程项目用地的界址线,以规划部门划定的红线内侧确定;或暂不确定,在竣工后1个月内,再正式办理变更登记。

k.房屋开发公司已出售的商品房,一般以实际建筑(含自行车房等)占地分摊面积确定购房者的土地使用权。未建成或建成后未出售的房屋用地,按征地面积确权给房产开发公司,待房屋出售后再办理土地使用权变更调查手续。

②界标的设置

调查人员根据指界认定的土地范围,设置界标。对于弧形界址线,按弧线的曲率可多设几个界标。对于弯曲过多的界址线,由于设置界标太多,过于繁琐,可以采取截弯取直的方法,但对相邻宗地来说,由取直划进、划出的土地面积应尽量相等。

乡(镇)、行政村、村民小组、公路、铁路、河流等界线一般不设界标。但土地行政管理部门或权属主有要求和易发生争议的地段,应设立界标。

3)土地权属界址的审核与调处

外业调查后,要对其结果进行审核和调查处理。使用国有土地的单位,要将实地标绘的界线与权源证明文件上记载的界线相对照。若两者一致,则可认为调查结束;否则需查明原因,视具体情况做进一步处理。对集体所有土地,若其四邻对界线无异议并签字盖章,则调查结束。

有争议的土地权属界线,短期内确实难以解决的,调查人员填写《土地争议原由书》一式5份,权属双方各执1份,市、县(区)、乡(镇、街道)各1份。调查人员根据实际情况,选择双方实际使用的界线,或争议地块的中心线,或权属双方协商的临时界线作为现状界线,并用红色虚线将其标注在提供市、区的《土地争议原由书》和航片(或地形图)上。争议未解决之前,任何一方不得改变土地利用现状,不得破坏土地上的附着物。

4)丈量记录

根据设置的宗地界址点标志,丈量所有界址边长、界址点与邻近地物点的相关距离和图形条件距离。记录在界址边长勘丈记录表上,并注明在宗地草图的相应位置。

边长勘丈用钢卷尺丈量。钢卷尺必须经过检定或已检定过的钢卷尺进行比较。同一条边长要求用不同零点丈量两次,两次长度较差的限差为:50 m以内为:$20 + 3L(\text{mm})$(L:勘丈边长,单位为m);50 m以上为10 cm。边长勘丈读数取至cm,两次丈量校差在限差范围内,取其中数作为边长勘丈值。边长丈量时特别要注意正确加减墙的厚度和前后尺手动作的协调配合。边长勘丈记录见表2.5。

表2.5 宗地边长勘丈记录表

地籍号: 　　　　　　　　　　　　　　　　　　所在图幅号:

界址点号		勘丈边长数据				
起	讫	第1次丈量值	第2次丈量值	平均边长	尺长改正数	改正后边长

注:1. 边长值以m为单位,取小数后两位。

2. 两次丈量值较差边长50 m以下,不超过$20\text{ mm} + \sqrt{L}\text{ mm}$($L$—单位为m),50 m以上,一、二类分别为10 cm,15 cm。

3. 用经鉴定的钢卷尺丈量。

4. 相邻宗地共用界址边长应相等。

5. 以宗地为单位记录,记错可用直线划去,但不允许涂改或橡皮擦改。

丈量者: 　　　　记录者: 　　　　检查者: 　　　　200 年 月 日

在完成以上工作程序以后,填写地籍调查表和绘制宗地草图;确认界址、签名盖章。双方共同认界无争议的界址线,由双方指界人在地籍调查表上有关位置签名盖章,作为共同确认的依据。单位已有法人代表证明书或委托书,可由指界人签名盖章,不必盖公章;但人名章或签名必须与证明一致。

5. 宗地草图的绘制与地籍调查表的填写

1)宗地草图绘制

宗地草图是描述宗地位置、界址点、线和相邻宗地位置关系的实地草编记录。宗地草图是在进行权属调查时,调查员填写并核实所需调查的各项内容,实地确认了界址点位置并对其埋设了标志后,现场草编绘制的(见图2.12)。

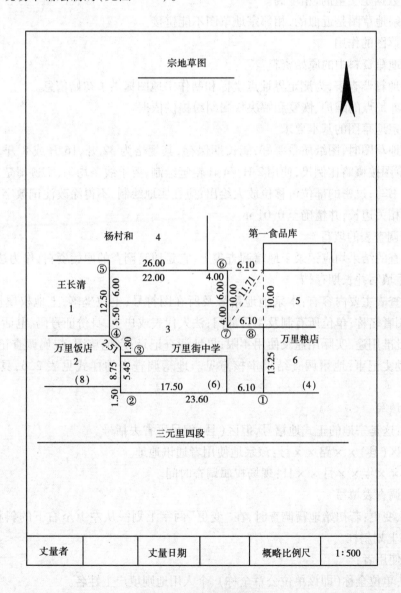

图 2.12　宗地草图样图

①宗地草图记录的内容

a.本宗地号和门牌号,权属主名称和相邻宗地的宗地号、门牌号、权属主名称。

b.本宗地界址点,界址点序号及界址线,宗地内地物及宗地外紧靠界址点线的地物等。

c.界址边长、界址点与邻近地物的相关距离和条件距离。

d.确定宗地界址点位置,界址边长方位所必需的建筑物或构筑物。

e.概略指北针和比例尺、丈量者、丈量日期。

②宗地草图的特征

a.它是宗地的原始描述。

b.图上数据是实量的,精度高。

c.所绘宗地草图是近似的,相邻宗地草图不能拼接。

③宗地草图的作用

a.它是地籍资料中的原始资料。

b.配合地籍调查表,为测定界址点坐标和制作宗地图提供了初始信息。

c.可为界址点的维护、恢复和解决权属纠纷提供依据。

④绘制宗地草图的基本要求

绘制宗地草图时,图纸质量要好,能长期保存,其规格为32开、16开或8开,过大宗地可分幅绘制;草图按概略比例尺,使用2 H~4 H铅笔绘制,要求线条均匀,字迹清楚,数字注记字头向北向西书写;过密的部位可移位放大绘出;应在实地绘制,不得涂改注记数字;用钢尺丈量界址边长和相关边长,并精确至0.01 m。

2)地籍调查表的填写

权属调查的结果均应记录于地籍调查表上,它是地籍调查的原始资料,作为法律效力的凭据,必须慎重填写并长期存档。

地籍调查表主要内容有:本宗地地籍号及所在图符号;土地坐落,土地权属性质,宗地四至;土地使用者名称;单位所有制及主管部门;法人代表或户主、身份证号码、电话号码;委托代理人姓名;批准用途、实际用途及使用年限;界址调查记录;宗地草图;权属调查记事及调查员意见;地籍勘丈记事;地籍调查结果审核意见。地籍调查表的样式见表2.6,具体填写要求如下:

①封面填写

a.编号:这是宗地的正式地籍号,但区(县)编号可省去括号。

b.××区(县)××路××号:该宗地使用者通讯地址。

c.××××年××月××日:现场权属调查时间。

②地籍调查表填写

a.初始、变更:若初始地籍调查时,在"变更"两字上划一从左上至右下的斜杠,反之则在"初始"两字上划斜杠。

b.土地使用者:

• 名称:单位全称(即该单位公章全称)、个人用地则填户主姓名。

• 性质:全民单位、集体单位、股份制企业、外资企业、个体企业或个人等。

c.上级主管部门:与单位有行政、资产等关系的上级主管部门;个人用地时此栏可以不填。

　　d. 土地坐落:此宗地的坐落。

　　e. 法人代表或户主:单位主要负责人(与"地籍调查法人代表身份证明书"一致)或户口簿上的户主。

　　f. 土地权属性质:国有土地使用权或集体土地建设用地使用权或集体土地所有权。国有土地使用权又分:划拨国有土地使用权、出让国有土地使用权、国家作价出资(入股)国有土地使用权、国家租赁国有土地使用权、国家授权经营国有土地使用权。

　　g. 预编地籍号、地籍号:预编地籍号是指在工作用图上预编此宗地的地籍号。地籍号是指通过调查正式确定的地籍号。

　　h. 所在图幅号:

　　● 未破宗时,即为此宗地所在的图幅号。

　　● 破宗时,应该包括此宗地各部门地块所在的图幅号。

　　i. 宗地四至:具体填写邻宗地的地籍号及四至情况或注"详见宗地草图"字样。

　　j. 批准用途、实际用途、使用期限:批准用途是指权属证明材料中批准的此宗地用途。实际用途是指现场调查核实的此宗地主要用途。使用期限是指权属证明材料中批准此地块使用的期限,如"20 年"或"50 年"等,没有规定期限的可以空此栏。

　　k. 共有使用权情况:指共用宗地时,使用者共同使用此宗地的情况。

　　说明:说明初始地籍调查时,注记此宗地局部改变用途等;变更地籍调查时,注明原使用者、土地坐落、地籍号及变更的主要原因;宗地的权属来源证明材料的情况说明。

　　l. 界址种类、界址线类别及位置:根据现场调查结果,在相应位置处划"√"符号,也可在空栏处填写表中不具备的种类、类别等。

　　m. 界址调查员姓名:指所有参加界址调查的人员姓名。

　　n. 指界人签章:指界人姓名、签章,原则上不得空格,且指界人必须签字、盖章或按手印。

　　o. 权属调查员记事及调查员意见:

　　● 现场核实申请书中有关栏目填写是否正确,不正确的作更正说明;

　　● 界址有纠纷时,要记录纠纷原因(含双方各自认定的界址),并尽可能提出处理意见;

　　● 指界手续履行等情况;

　　● 界标设置、边长丈量等技术方法、手段;

　　● 评定能否进入地籍测量阶段。

　　p. 地籍勘丈记事:

　　● 勘丈前界标检查情况;

　　● 根据需要,适当记录勘丈界址点及其他要素的技术方法、仪器;

　　● 遇到的问题及处理的方法;

　　● 尽可能提出遗留问题的处理意见。

　　q. 地籍调查结果审核意见:审核人对地籍调查结果进行全面审核,如无问题,即填写合格;如果发现调查结果有问题,应填写不合格,并指明错误所在及处理意见。

表 2.6　地籍调查表样式

编号：

地 籍 调 查 表

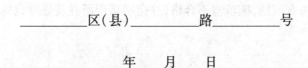

_____区(县)_____路_____号

年　月　日

初始、变更 　　　　　　　　　　　　　　　　　　　　　　　　　　　　　　　　　　　续表

土　地使用者	名　称	
	性　质	
上级主管部门		
土地坐落		

法 人 代 表 或 户 主			代 理 人		
姓　名	身份证号码	电话号码	姓　名	身份证号码	电话号码

土 地 权 属 性 质	

预 编 地 籍 号	地 籍 号

所在图幅号	
宗地四至	

批准用途	实际用途	使用期限

共　有使 用 权 情 况		

说　明		

续表

界址标示														
界址点号	界标种类					界址间距/m	界址线类别				界址线位置			备注
	钢钉	水泥桩	石灰桩	喷涂			围墙	墙壁			内	中	外	

界址线		邻宗地			本宗地		日期
起点号	终点号	地籍号	指界人姓名	签章	指界人姓名	签章	
界址调查员姓名							

宗 地 草 图

| 丈量者 | | 丈量日期 | | 概略比例尺 | 1: |

续表

权属调查记事及调查员意见：
调查员签名   日期
地籍勘丈记事：
勘丈员签名   日期
地籍调查结果审核意见：
审核人签章   审核日期

技能训练1　绘制宗地草图与填写地籍调查表

1. 技能目标

1）掌握一个宗地界址点设置方法。

2）掌握用刚尺进行界址边的勘丈、记录方法。

3）掌握宗地草图的绘制内容和方法。

4）掌握地籍调查表的填写。

2. 仪器工具

1）每组准备经检验的钢尺1把,记录板1块,自备铅笔1支,三角板1块。

2）每组准备宗地边长勘丈表2张,地籍调查表1份。

3. 实训步骤

在校园内选定一幢拐点比较多的建筑物作为宗地。实训小组4个人的分工为:两个人量距,一人记录,一人画草图。

1）沿房屋外墙角设置界址点,并给界址点编号。

2）用钢尺丈量相邻的两个界址点之间的界址边长,每边丈量两次取其中数。数据记录在宗地边长勘丈表上。

3）绘制宗地草图,并把界址点号和界址边长数据标注在宗地草图上。

4）填写地籍调查表。

4. 基本要求

1）墙角转折的地方都应该设置界址点,但边长小于10 cm时,可以不设置界址点。

2）界址点的编号按照宗地号加序号的方式从西北端点按顺时针编号。例如,本宗地为8号宗地,则界址点编号依次为:801,802,803,…

3）钢尺操作要做到三清:零点清楚——尺子零点不一定在尺端,有些尺子零点前还有一段分划;读数认清——尺子读数要认清m,cm的注记和mm的分划数;尺段记清——尺段较多时,容易发生漏记的错误。

4）丈量用的钢尺要进行检验,合格后方能使用。

5）宗地草图绘制内容要齐全。

5. 提交资料

1）每人提交1份实训报告。

2）每组提交1份地籍调查表。

子情境2 土地利用现状调查

土地利用现状调查主要是指在全国范围内,为查清土地的利用现状而进行的土地资源调查。其重点是查清各类用地的数量及分布。土地利用现状调查分概查和详查两种类型,概查是为满足国家编制国民经济长远规划、制定农业区划和农业生产规划急需而进行的土地利用现状调查。详查是为国家计划部门、统计部门提供各类土地的详细准确的数据;为土地管理部门提供基础资料而进行的调查。详查是以县为单位进行的。从我国的实际国情出发,为了节约开支,提高效率,在土地利用现状调查工作中,结合进行土地权属的调查。因此,目前进行的土地利用现状调查,实际上是除城、镇、村庄以外的地籍调查。1984 年国务院部署土地利用详查,第一次调查的通知是《国务院批转农牧渔业部、国家计委等部门关于进一步开展土地资源调查工作的报告的通知》国发(1984)70 号。第一次调查从 1984 年 5 月开始直到 1996 年底结束,共历时 13 年。距第一次全国土地调查 10 年之后,国务院决定自 2007 年 7 月 1 日起开展第二次全国土地调查 (以下简称第二次调查)。10 年来经济社会、地貌景观、土地用途都已经发生了翻天覆地的变化。虽然每年都进行土地变更调查,但由于第一次全国土地调查的技术手段落后,基础资料保存方法原始,特别是图件资料多为纸质或薄膜成图,不利于变更后的修改和使用,更谈不上信息的交流与共享。已经完全不能满足当今高速发展的信息社会的需要。因此,开展第二次调查是非常必要的,也是非常及时的。根据《国务院关于开展第二次全国土地调查的通知》要求,第二次调查要在 2007 年 7 月至 2009 年 6 月,各地组织开展调查和数据库建设,完成全国调查工作。2009 年下半年,各地对调查成果进行整理。也就是说从现在资料准备开始到全面结束,只有 3 年时间。第二次调查正处在" 3S "技术广泛应用的时期,其中地理信息系统 (GIS)提供了分析和处理海量地理数据的通用技术,应用领域极为广泛,而且早已应用于土地调查与管理的方方面面,这些先进的测绘技术有助于在较短的时间内完成大量的土地调查工作,土地利用现状的调查有必要先了解土地利用的分类。

一、土地利用现状分类

1. 土地分类概述

1)土地分类概念

土地由于其组成、所处环境和地域的不同,因此,它们在形态、色泽和肥力等方面也千差万别,加之人类生活、生产对土地施加的影响和需求,因而导致了土地生产能力都和利用方式上的差异。按一定分类标志(指标),将性质上相差异的土地划分为若干类型,就是土地分类。按照统一规定的原则和分类标志,将分类土地有规律分层次地排列组合在一起,就叫做土地分类系统(或土地分类体系)。

土地不仅具有自然特性,还具有经济特性。根据土地的特性及人们对土地利用的目的和要求不通,就形成了不同的土地分类系统。我国运用较多的土地分类系统,归纳起来,大致有以下 3 种:

①土地自然分类系统

土地自然分类体系又称土地类型分类体系。它主要根据土地自然特性的差异性分类。可以依据土地的某一自然特性分类,也可依据土地的自然综合特性分类。例如,按土地的地貌特征分类,可以分为平原、丘陵、山地、高山地。还可以按土壤、植被等进行分类。按土地的自然综合特征分类,如全国百万分之一土地资源分类系统。

②土地评价分类系统

土地评价分类系统又称土地生产潜力分类体系。它主要依据土地的经济特性分类,如依据土地的生产力水平、土地质量、土地生产潜力等进行分类。土地评价分类系统是划分土地评价等级的基础,它主要用于生产管理方面。

③土地利用分类体系

土地利用分类体系主要依据土地的综合特性(包括土地的自然特性及社会经济特性)进行分类。土地综合特性的差异,导致了人类在长期利用、改造土地的过程中所形成的土地利用方式、土地利用结构、土地的用途和生产利用方面的差异。土地利用现状分类就是属于其中的一种分类方式。土地分类系统具有生产的实用性,利用它可以分析土地利用现状,预测土地利用方向。

土地利用现状分类,主要是依据土地的用途、经营特点、利用方式和覆盖特征等因素对土地进行的一种分类。土地利用现状分类只反映土地利用现状,而不能用它作为划分部门管理范围的依据。

2)国内外土地分类

国外土地分类至今约有半个多世纪的历史,到20世纪60年代和70年代就出现了各种土地分类系统。国外土地分类多数以土地利用现状作为分类的依据,具体到各国又有差异。如美国主要以土地功能作为分类的主要依据,英国和德国以土地覆盖(是否开发用于建设用地)作为分类依据,俄罗斯、乌克兰和日本以土地用途作为分类的主要依据,印度则以土地覆盖情况(自然属性)作为划分地类的依据。

国内的土地分类研究起步较晚,主要是在新中国成立以后。国内土地分类依据与国外基本相同,也是以土地利用现状作为分类依据,如土地利用现状调查(简称土地详查)采用以土地用途、经营特点、利用方式和覆盖特征为分类依据,城镇地籍调查采用以土地用途为分类依据。

2. 我国土地调查分类历程及地类转换与衔接

1)我国土地调查分类历程

①土地利用现状分类

1984年,我国颁布的《土地利用现状调查技术规程》中制订了"土地利用现状分类及其含义"。采用两级分类,其中一级类分耕地、园地、林地、牧草地、居民点及工矿用地、交通用地、水域及未利用土地8类,二级类分46类。土地详查和土地变更调查就是采用土地利用现状分类(见表2.7)。从1984年颁布开始,一直沿用到2001年12月。

表 2.7　土地利用现状分类及含义（1984 年标准）

一级分类		二级分类		含　义
代码	名称	代码	名　称	
1	耕地			指种植农作物的土地。包括熟地、新开荒地、休闲地、轮歇地、草田轮作地；以种植农作物为主间有零星果树、桑树或其他树木的土地；耕种 3 年以上的滩地和海涂。耕地中包括南方宽小于 1.0 m，北方宽小于 2.0 m 的沟、渠、路和田埂
		11	灌溉水田	指有水源保证和灌溉设施，在一般年景能正常灌溉，用于种植水稻、莲藕、席地等水生作物的耕地，包括灌溉的水旱轮作地
		12	望天田	指无浇灌工程设施，主要依靠天然降雨，用以种植水稻、莲藕、席草等水生作物的耕地，包括灌溉的水旱轮作地
		13	水浇地	指水田、菜地以外，有水源保证和固定灌溉设施，在一般年景能保浇一次水以上的耕地
		14	旱地	指无灌溉设施，靠天然降水生长作物的耕地，包括没有固定灌溉设施，仅靠引洪灌溉的耕地
		15	菜地	指以种植蔬菜为主的耕地，包括温室、塑料大棚用地
2	园地			指种植以采集果、叶、根茎等为主的集约经营的多年生木本和草本作物，覆盖度大于 50%，或每亩株数大于合理数 70% 的土地，包括果树苗圃等设施
		21	果园	指种植果树的园地
		22	桑园	指种植桑树的园地
		23	茶园	指种植茶树的园地
		24	橡胶园	指种植橡胶树的园地
		25	其他园地	指种植可可、咖啡、油棕、胡椒等其他多年生作物的园地
3	林地			指生长乔木、竹类、灌木、沿海红树林的土地，不包括居民绿化用地以及铁路、公路、河流、沟渠的护路、护岸林
		31	有林地	指为国民经济建设用材所造的树木郁闭度大于 30% 的天然、人工林
		32	灌木林地	指覆盖度大于 30% 的灌木林地
		33	疏林地	指树木郁闭度为 10% ~ 30% 的疏林地
		34	未成林造林地	指造林成活率大于或等于合理造林株数的 41%，尚未郁闭但有成林希望的新造林地（一般指造林后不满 3 ~ 5 年或飞机播种后不满 5 ~ 7 年的造林地）
		35	迹地	指森林采伐、火烧后，5 年内未更新的土地
		36	苗圃	指固定的林木育苗地

一级分类		二级分类		含 义
代码	名称	代码	名 称	
4	牧草地			指生长草本植物为主,用于畜牧业的土地。草本植被覆盖度一般在15%以上、干旱地区在5%以上、树木郁闭度在10%以下、用于牧业的均划为牧草地
		41	天然草地	指以天然草本植物为主,未经改良,用于放牧或割草的草地,包括以牧为主的疏林、灌木草地
		42	改良草地	指采用灌溉、排水、施肥、松耙、补植等措施进行改良的草地
		43	人工草地	指人工种植牧草的草地,包括人工培植用于牧业的灌木
5	居民点及工矿用地			指城乡居民点和独立于居民点以外的工矿、国防、名胜古迹等企事业单位用地,包括其内部交通、绿化用地
		51	城镇	指市、镇建制的居民点,不包括市、镇范围内用于农、林、牧、渔业的生产用地
		52	农村居民点	指镇以下的居民点用地
		53	独立工矿用地	指居民点以外独立的各种工矿企业、采石场、砖瓦窑、仓库及其他企事业单位的建设用地,不包括附属于工矿、企事业单位的农副业生产基地
		54	盐田	指以经营盐业为目的,包括盐场及附属设施用地
		55	特殊用地	指居民点以外的国防、名胜古迹、公墓、陵园等范围内的建设用地。范围内的其他用地按土地类型分别归入规程中的相应地类
6	交通用地			指居民点以外的各种道路(包括护路林)及其附属设施和民用机场用地
		61	铁路	指铁道线路及站场用地,包括路堤、路堑、道沟、取土坑及护路林
		62	公路	指国家和地方公路,包括路堤、路堑、道沟和护路林
		63	农村道路	指农村南方宽不小于1.0 m、北方宽不小于2.0 m的道路
		64	民用机场	指民用机场及其附属设施用地
		65	港口、码头	指专供客运、货运船舶停靠的场所,包括海运、河运及其附属建筑物,不包括常水位以下部分
7	水域			指陆地水域和水利设施用地,不包括滞洪区和垦殖3年以上的滩地、海涂中的耕地、林地、居民点、道路等
		71	河流水面	指天然形成或人工开挖的河流,常水位岸线以下的面积
		72	湖泊水面	指天然形成的积水区常水位岸线以下的面积

续表

一级分类		二级分类		含　义
代码	名称	代码	名　称	
7	水域	73	水库水面	指人工修建总库容不小于 10 万 m³,正常蓄水位线以下的面积
		74	坑塘水面	指天然形成或人工开挖蓄水量小于 10 万 m³,常水位岸线以下的蓄水面积
		75	苇地	指生长芦苇的土地,包括滩涂上的苇地
		76	滩涂	指沿海大潮高潮位与低潮位之间的潮湿地带,河流湖泊常水位至洪水位间的滩地、时令湖、河洪水位以下的滩地;水库、坑塘的正常蓄水位与最大洪水位间的面积
		77	沟渠	指人工修建、用于排灌的沟渠,包括渠槽、渠堤、取土坑、护堤林。南方宽不小于 1 m、北方宽不小于 2 m 的沟渠
		78	水工建筑物	指人工修建的,用于除害兴利的闸、坝、堤路林、水电厂房、扬水站等常水位岸线以上的建筑物
		79	冰川及永久积雪	指表层被冰雪常年覆盖的土地
8	未利用土地			指目前还未利用的土地,包括难利用的土地
		81	荒草地	指树木郁闭度小于 10%,表层为土质,生长杂草的土地,不包括盐碱地、沼泽地和裸土地
		82	盐碱地	指表层盐碱聚集,只生长天然耐盐植物的土地
		83	沼泽地	指经常积水或渍水,一般生长湿生植物的土地
		84	沙地	指表层为沙覆盖,基本无植被的土地,包括沙漠,但不包括水系中的沙滩
		85	裸土地	指表层为土质,基本无植被覆盖的土地
		86	裸岩、石砾地	指表层为岩石或砾石,其覆盖面积大于 70% 的土地
		87	田坎	主要指耕地中南方宽不小于 1 m、北方宽不小于 2 m 的地坎或堤坝
		88	其他	指其他未利用土地,包括高寒荒漠、苔原等

注:1. 我国丘陵山区的耕地面积中,田埂、土坎所占比例较大。有些高坡田、土坎所占面积高达 50% 以上。因此,要扣除耕地中南方宽不小于 1.0 m、北方宽不小于 2.0 m 的田坎,并计入未利用土地的二级地类中。

2. 郁闭度是指林冠垂直投影面积与整个林地面积的百分比。

3. 对于过去曾是低注、渍水地带并长有芦苇,现已干枯成为旱苇地的,仍划为水域中的苇地。

4. 常水位岸线指多年保持的水位与岸线的交线。关于常水位岸线的确定方法,可通过当地群众调查经常出现的水位来确定,也可直接从岸线植被、波浪冲击岸边形成的较稳定的岸线来确定。如果上述两种方法无法确定的,也可用根据航片或地形图上的水面边线确定。

②城镇土地分类

1989 年 9 月,我国颁布的《城镇地籍调查规程》中制订了"城镇土地分类及含义"。城镇土地分类主要根据土地用途的差异,将城镇土地分为商业金融业用地,工业、仓储用地,市政用地,公共建筑用地,住宅用地,交通用地,特殊用地,水域用地,农用地及其他用地 10 个一级类,24 个二级类(见表 2.8)。城镇土地分类用于城镇地籍调查和城镇地籍变更调查。从 1989 年发布开始,一直沿用到 2001 年 12 月。

表 2.8 城镇土地利用分类及含义(1989 年标准)

一级类型		二级类型		含 义
编号	名 称	编号	名 称	
10	商业金融业用地			指商业服务业、旅游业、金融保险业等用地
		11	商业服务业	指各种商店、公司、修理服务部、生产资料供应站、饭店、旅社、对外经营的食堂、文印撰写社、报刊门市部、蔬菜购销转运站等用地
		12	旅游业	指主要为旅游业服务的宾馆、饭店、大厦、乐园、俱乐部、旅行社、旅游商店、友谊商店等用地
		13	金融保险业	指银行、储蓄所、信用社、信托公司、证券兑换所、保险公司等用地
20	工业、仓储用地			指工业、仓储用地
		21	工业	指独立设置的工厂、车间、手工业作坊、建筑安装的生产场地、排渣(灰)场地等用地
		22	仓储	指国家、省(自治区、直辖市)及地方的储备、中转、外贸、供应等各种仓库、油库、材料堆场及其附属设备等用地
30	市政用地			指市政公用设施、绿化用地
		31	市政公用设施	指自来水厂、泵站、污水处理厂、变电所、煤气站、供热中心、环卫所、公共厕所、火葬场、消防队、邮电局(所)及各种管线工程专用地段等用地
		32	绿化	指公园、动植物园、陵园、风景名胜、防护林、水源保护林以及其他公共绿地等用地
40	公共建筑用地			指文化、体育、娱乐、机关、科研、设计、教育、医卫等用地
		41	文、体、娱	指文化馆、博物馆、图书馆、展览馆、纪念馆、体育场馆、俱乐部、影剧院、游乐场、文艺体育团体等用地
		42	机关、宣传	指行政及事业机关,党、政、工、青、妇、群众组织驻地,广播电台、电视台、出版社、报社、杂志社等用地
		43	科研、设计	指科研、设计机构用地。如研究院(所)、设计院及其试验室、试验场等用地

续表

一级类型		二级类型		含　义
编号	名　称	编号	名　称	
40	公共建筑用地	44	教育	指大专院校、中等专业学校、职业学校、干校、党校，中、小学校、幼儿园、托儿所，业余、进修院校，工读学校等用地
		45	医卫	指医院、门诊部、保健院（站、所）、疗养院（所）、救护、血站、卫生院、防治所、检疫站、防疫站、医学化验、药品检验等用地
50	住宅用地			指供居住的各类房屋用地
60	交通用地			指铁路、民用机场、港口码头及其他交通用地
		61	铁路	指铁路线路及场站、地铁出入口等用地
		62	民用机场	指民用机场及其附属设施用地
		63	港口码头	指专供客、货运船舶停靠的场所用地
		64	其他交通	指车场站、广场、公路、街、巷、小区内的道路等用地
70	特殊用地			指军事设施、涉外、宗教、监狱等用地
		71	军事设施	指军事设施用地。包括部队机关、营房、军用工厂、仓库和其他军事设施等用地
		72	涉外	指外国使领馆、驻华办事处等用地
		73	宗教	指专门从事宗教活动的庙宇、教堂等宗教自用地
		74	监狱	指监狱用地。包括监狱、看守所、劳改场（所）等用地
80				指河流、湖泊、水库、坑塘、沟渠、防洪堤防等用地
90	水域用地 农用地			指水田、菜地、旱地、园地等用地
		91	水田	指筑有田埂（坎）可以经常蓄水，用于种植水稻等水生作物的耕地
		92	菜地	指种植蔬菜为主的耕地。包括温室、塑料大棚等用地
		93	旱地	指水田、菜地以外的耕地。包括水浇地和一般旱地
		94	园地	指种植以采集果、叶、根、茎等为主的集约经营的多年生木本和草本作物，覆盖度大于50%，包括树苗圃等用地
100	其他用地			指各种未利用土地、空闲地等其他用地

③全国土地分类

为了满足土地用途管理的需要，科学实施全国土地和城乡地政统一管理，扩大调查成果的应用，在研究、分析"土地利用现状分类及其含义"和"城镇土地分类及含义"两个土地分类基础上，国土资源部制定了城乡统一的"全国土地分类"（见表2.9）。"全国土地分类"自2002年1月1日起，在全国范围试行。自2002年以来，有效地应用于土地变更调查及国土资源管理工作中。

表 2.9　全国土地分类(试行)(2002 年标准)

一级类		二级类		三级类			
编号	三大类名称	编号	名称	编号	名　称	含　义	
1	农用地					指直接用于农业生产的土地,包括耕地、园地、林地、牧草地及其他农用地	
		11	耕地			指种植农作物的土地,包括熟地、新开发复垦整理地、休闲地、轮歇地、草田轮作地;以种植农作物为主,间有零星果树、桑树或其他树木的土地;平均每年能保证收获一季的已垦滩地和海涂。耕地中还包括南方宽小于 1.0 m、北方宽小于 2.0 m 的沟、渠、路和田埂	
				111	灌溉水田	指有水源保证和灌溉设施,在一般年景能正常灌溉,用于种植水生作物的耕地,包括灌溉的水旱轮作地	
				112	望天田	指无灌溉设施,主要依靠天然降雨,用于种植水生作物的耕地,包括无灌溉设施的水旱轮作地	
				113	水浇地	指水田、菜地以外,有水源保证和灌溉设施,在一般年景能正常灌溉的耕地	
				114	旱地	指无灌溉设施,靠天然降水种植旱作物的耕地,包括没有灌溉设施,仅靠引洪淤灌的耕地	
				115	菜地	指常年种植蔬菜为主的耕地,包括大棚用地	
		12	园地			指种植以采集果、叶、根茎等为主的多年生木本和草本作物(含其苗圃),覆盖度大于 50% 或每亩有收益的株数达到合理株数 70% 的土地	
				121	果园	指种植果树的园地	
						121k	可调整果园	指由耕地改为果园,但耕作层未被破坏的土地
				122	桑园	指种植桑树的园地	
						122k	可调整桑园	指由耕地改为桑园,但耕作层未被破坏的土地
				123	茶园	指种植茶树的园地	
						124k	可调整茶园	指由耕地改为茶园,但耕作层未被破坏的土地
				124	橡胶园	指种植橡胶树的园地	
						124k	可调整橡胶园	指由耕地改为橡胶园,但耕作层未被破坏的土地
				125	其他园地	指种植葡萄、可可、咖啡、油棕、胡椒、花卉、药材等其他多年生作物的园地	
						125k	可调整其他园地	指由耕地改为其他园地,但耕作层未被破坏的土地

续表

一级类		二级类		三级类			
编号	三大类名称	编号	名称	编号	名称	含义	
1	农用地	13	林地			指生长乔木、竹类、灌木、沿海红树林的土地,不包括居民点绿地,以及铁路、公路、河流、沟渠的护路、护岸林	
				131	有林地	指树木郁闭度≥20%的天然、人工林地	
						131k	可调整有林地	指由耕地改为有林地,但耕作层未被破坏的土地
				132	灌木林地	指覆盖度大于40%的灌木林地	
				133	疏林地	指树木郁闭度大于10%但小于20%的疏林地	
				134	未成林造林地	指造林成活率大于或等于合理造林数的41%,尚未郁闭但有成林希望的新造林地(一般指造林后不满3~5年或飞机播种后不满5~7年的造林地)	
						134k	可调整未成林造林地	指由耕地改为未成林造林地,但耕作层未被破坏的土地
				135	迹地	指森林采伐、火烧后,5年内未更新的土地	
				136	苗圃	指固定的林木育苗地	
						136k	可调整苗圃	指由耕地改为苗圃,但耕作层未被破坏的土地
		14	牧草地			指生长草本植物为主,用于畜牧业的土地	
				141	天然草地	指以天然草本植物为主,未经改良,用于放牧或割草的草地,包括以牧为主的疏林、灌木草地	
				142	改良草地	指采用灌溉、排水、施肥、松耙、补植等措施进行改良的草地	
				143	人工草地	指人工种植牧草的草地,包括人工培植用于牧业的灌木地	
						143k	可调整人工草地	指由耕地改为人工草地,但耕作层未被破坏的土地
		15	其他农用地			指上述耕地、园地、林地、牧草地以外的农用地	
				151	畜禽饲养地	指以经营性养殖为目的的畜禽舍及其相应附属设施用地	
				152	设施农业用地	指进行工厂化作物栽培或水产养殖的生产设施用地	
				153	农村道路	指农村南方宽大于1.0 m、北方宽大于2.0 m的村间、田间道路(含机耕道)	

续表

一级类		二级类		三级类		
编号	三大类名称	编号	名称	编号	名　称	含　义
1	农用地	15	其他农用地	154	坑塘水面	指人工开挖或天然形成的蓄水量小于 10 万 m^3（不含养殖水面）的坑塘正常水位以下的面积
				155	养殖水面	指人工开挖或天然形成的专门用于水产养殖的坑塘水面及相应附属设施用地
				155k	可调整养殖水面	指由耕地改为养殖水面，但可复耕的土地*
				156	农田水利用地	指农民、农民集体或其他农业企业等自建或联建的农田排灌沟渠及其相应附属设施用地
				157	田坎	主要指耕地中南方宽大于 1.0 m，北方宽大于 2.0 m 的梯田田坎
				158	晒谷场等用地	指晒谷场及上述用地中未包含的其他农用地
2	建设用地	21	商服用地			指建造建筑物、构筑物的土地，包括商业、工矿、仓储、公用设施、公共建筑、住宅、交通、水利设施、特殊用地等
						指商业、金融业、餐饮旅馆业及其他经营性服务业建筑及其相应附属设施用地
				211	商业用地	指商店、商场、各类批发、零售市场及其相应附属设施用地
				212	金融保险用地	指银行、保险、证券、信托、期货、信用社等用地
				213	餐饮旅馆业用地	指饭店、餐厅、酒吧、宾馆、旅馆、招待所、度假村等及其相应附属设施用地
				214	其他商服用地	指上述用地以外的其他商服用地，包括写字楼、商业性办公楼和企业厂区外独立的办公楼用地；旅行社、运动保健休闲设施、夜总会、歌舞厅、俱乐部、高尔夫球场、加油站、洗车场、洗染店、废旧物资回收站、维修网点、照相、理发、洗浴等服务设施用地
		22	工矿仓储用地			指工业、采矿、仓储业用地
				221	工业用地	指工业生产及其相应附属设施用地
				222	采矿地	指采矿、采石、采砂场、盐田、砖瓦窑等地面生产用地及尾矿堆放地
				223	仓储用地	指用于物资储备、中转的场所及相应附属设施用地

续表

一级类		二级类		三级类		
编号	三大类名称	编号	名称	编号	名称	含义
2	建设用地	23	公用设施用地			指为居民生活和二、三产业服务的公用设施及瞻仰、游憩用地
				231	公共基础设施用地	指给排水、供电、供燃、供热、邮政、电信、消防、公用设施维修、环卫等用地
				232	景观休闲用地	指名胜古迹、革命遗址、景点、公园、广场、公用绿地等
		24	公共建筑用地			指公共文化、体育、娱乐、机关、团体、科研、设计、教育、医卫、慈善等建筑用地
				241	机关团体用地	指国家机关,社会团体,群众自治组织,广播电台、电视台、报社、杂志社、通讯社、出版社等单位的办公用地
				242	教育用地	指各种教育机构,包括大专院校,中专、职业学校、成人业余教育学校、中小学校、幼儿园、托儿所、党校、行政学院、干部管理学院、盲聋哑学校、工读学校等直接用于教育的用地
				243	科研设计用地	指独立的科研、设计机构用地,包括研究、勘测、设计、信息等单位用地
				244	文体用地	指为公众服务的公益性文化、体育设施用地,包括博物馆、展览馆、文化馆、图书馆、纪念馆、影剧院、音乐厅、少青老年活动中心、体育场馆、训练基地等
				245	医疗卫生用地	指医疗、卫生、防疫、急救、保健、疗养、康复、医检药检、血库等用地
				246	慈善用地	指孤儿院、养老院、福利院等用地
		25	住宅用地			指供人们日常生活居住的房基地(有独立院落的包括院落)
				251	城镇单一住宅用地	指城镇居民的普通住宅、公寓、别墅用地
				252	城镇混合住宅用地	指城镇居民以居住为主的住宅与工业或商业等混合用地
				253	农村宅基地	指农村村民居住的宅基地
				254	空闲宅基地	指村庄内部的空闲旧宅基地及其他空闲土地等

续表

一级类		二级类		三级类		
编号	三大类名称	编号	名称	编号	名称	含义
2	建设用地	26	交通运输用地			指用于运输通行的地面线路、场站等用地,包括民用机场、港口、码头、地面运输管道和居民点道路及其相应附属设施用地
				261	铁路用地	指铁道线路及场站用地,包括路堤、路堑、道沟及护路林,地铁地上部分及出入口等用地
				262	公路用地	指国家和地方公路(含乡镇公路),包括路堤、路堑、道沟、护路林及其他附属设施用地
				263	民用机场	指民用机场及其相应附属设施用地
				264	港口码头用地	指人工修建的客、货运、捕捞船舶停靠的场所及其相应附属建筑物,不包括常水位以下部分
				265	管道运输用地	指运输煤炭、石油和天然气等管道及其相应附属设施地面用地
				266	街巷	指城乡居民点内公用道路(含立交桥)、公共停车场等
		27	水利设施用地			指用于水库、水工建筑的土地
				271	水库水面	指人工修建总库容≥10万 m^3,正常蓄水位以下的面积
				272	水工建筑用地	指除农田水利用地以外的人工修建的沟渠(包括渠槽、渠堤、护堤林)、闸、坝、堤路林、水电站、扬水站等常水位岸线以上的水工建筑用地
		28	特殊用地			指军事设施、涉外、宗教、监教、墓地等用地
				281	军事设施用地	指专门用于军事目的的设施用地,包括军事指挥机关和营房等
				282	使领馆用地	指外国政府及国际组织驻华使领馆、办事处等用地
				283	宗教用地	指专门用于宗教活动的庙宇、寺院、道观、教堂等宗教自用地
				284	监教场所用地	指监狱、看守所、劳改场、劳教所、戒毒所等用地
				285	墓葬地	指陵园、墓地、殡葬场所及附属设施用地
3	未利用地	31	未利用土地			指农用地和建设用地以外的土地
						指目前还未利用的土地,包括难利用的土地
				311	荒草地	指树木郁闭度＜10%,表层为土质,生长杂草,不包括盐碱地、沼泽地和裸土地
				312	盐碱地	指表层盐碱聚集,只生长天然耐盐植物的土地
				313	沼泽地	指经常积水或渍水,一般生长湿生植物的土地

续表

一级类		二级类		三级类		
编号	三大类名称	编号	名称	编号	名称	含义
3	未利用地	31	未利用土地	314	沙地	指表层为沙覆盖,基本无植被的土地,包括沙漠,不包括水系中的沙滩
				315	裸土地	指表层为土质,基本无植被覆盖的土地
				316	裸岩石砾地	指表层为岩石或石砾,其覆盖面积≥70%的土地
				317	其他未利用土地	指包括高寒荒漠、苔原等尚未利用的土地
		32	其他土地			指未列入农用地、建设用地的其他水域地
				321	河流水面	指天然形成或人工开挖河流常水位岸线以下的土地
				322	湖泊水面	指天然形成的积水区常水位岸线以下的土地
				323	苇地	指生长芦苇的土地,包括滩涂上的苇地
				324	滩涂	指沿海大潮高潮位与低潮位之间的潮浸地带,河流、湖泊常水位至洪水位间的滩地;时令湖、河洪水位以下的滩地,水库、坑塘的正常蓄水位与最大洪水位间的滩地。不包括已利用的滩涂
				325	冰川及永久积雪	指表层被冰雪常年覆盖的土地

注:* 指生态退耕以外,按照国土资发[1999]511号文件规定,在农业结构调整中将耕地调整为其他农用地,但未破坏耕作层,不作为耕地减少衡量指标。按文件下发时间开始执行。

"全国土地分类"包括《全国土地分类(试行)》和《全国土地分类(过渡期间适用)》。《全国土地分类(试行)》是城乡一体化的土地分类,适用于城镇和村庄大比例尺地籍调查,针对全国城镇与村庄地籍调查尚未全面完成的现实情况,国土资源部在《全国土地分类(试行)》基础上,制定了《全国土地分类(过渡期间适用)》,适用于土地变更调查和更新调查。《全国土地分类(试行)》采用三级分类。其中一级分为农用地、建设用地和未利用地3类,也就是《土地管理法》的三大类。二级分为耕地、园地、林地、牧草地、其他农用地、商服用地、工矿仓储用地、公用设施用地、公共建筑用地、住宅用地、交通运输用地、水利设施用地、特殊用地、未利用土地和其他土地15类。三级分为71类。《全国土地分类(过渡期间适用)》的整体框架与《全国土地分类(试行)》相同,采用三级分类。其中,农用地和未利用地部分与《全国土地分类(试行)》完全相同,建设用地部分进行了适当归并。将商服用地、工矿仓储用地、公用设施用地、公共建筑用地、住宅用地、特殊用地6个二级类和交通运输用地中的三级类街巷,合并为居民点及工矿用地,作为二级类,在其下划分城市、建制镇、农村居民点、独立工矿、盐田和特殊用地6个三级类。

④《土地利用现状分类》国家标准(GB/T 21010—2007)

目前存在着许多有关土地的分类,标准和含义不完全统一,造成在土地调查和统计上口径不一、数出多门,给管理和决策带来很大的困难。《国务院关于深化改革严格土地管理的决定》(国发[2004]28号)要求"国土资源部要会同有关部门抓紧建立和完善统一的土地分类、调查、登记和统计制度,启动新一轮土地调查,保证土地数据的真实性"。《土地利用现状分类》国家标准(GB/T 21010—2007)的出台,标志着我国在统一土地分类标准中,迈出了关键性的一步。《土地利用现状分类》采用土地综合分类方法,根据土地的利用现状和覆盖特征,对城乡用地进行统一分类。

《土地利用现状分类》采用二级分类体系。一级类12个,二级类57个(具体含义见表2.10)。各省根据本省的具体情况,可在全国统一的二级分类基础上,根据从属关系续分三级类,并进行编码排列,但不能打乱全国统一的编码排序及其所代表的地类及含义。依据土地用途和利用方式,考虑到农、林、水、交通等有关部门需求,设定"耕地""园地""林地""草地""水域""交通运输用地"。依据土地利用方式和经营特点,考虑到城市管理等有关部门的需求,设定"商服用地""工矿仓储用地""住宅用地""公共管理与公共服务用地"。为了保证地类的完整性,对上述一级类中未包含的地类,设定"其他土地"。二级类是依据自然属性、覆盖特征、用途和经营目的等方面的土地利用差异,对一级类进行具体细化。

表2.10　土地利用现状分类

一级类		二级类		含　义
编码	名　称	编码	名　称	
01	耕地			指种植农作物的土地,包括熟地,新开发、复垦、整理地,休闲地(含轮歇地、轮作地);以种植农作物(含蔬菜)为主,间有零星果树、桑树或其他树木的土地;平均每年能保证收获一季的已垦滩地和海涂。耕地中包括南方宽度<1.0 m、北方宽度<2.0 m固定的沟、渠、路和地坎(埂);临时种植药材、草皮、花卉、苗木等的耕地,以及其他临时改变用途的耕地
		011	水田	指用于种植水稻、莲藕等水生农作物的耕地。包括实行水生、旱生农作物轮种的耕地
		012	水浇地	指有水源保证和灌溉设施,在一般年景能正常灌溉,种植旱生农作物的耕地。包括种植蔬菜等的非工厂化的大棚用地
		013	旱地	指无灌溉设施,主要靠天然降水种植旱生农作物的耕地,包括没有灌溉设施,仅靠引洪淤灌的耕地。
02	园地			指种植以采集果、叶、根、茎、汁等为主的集约经营的多年生木本和草本作物,覆盖度大于50%或每亩株数大于合理株数70%的土地。包括用于育苗的土地
		021	果园	指种植果树的园地
		022	茶园	指种植茶树的园地
		023	其他园地	指种植桑树、橡胶、可可、咖啡、油棕、胡椒、药材等其他多年生作物的园地

续表

一级类		二级类		含　义
编码	名　称	编码	名　称	
03	林地			指生长乔木、竹类、灌木的土地,及沿海生长红树林的土地。包括迹地,不包括居民点内部的绿化林木用地,铁路、公路征地范围内的林木,以及河流、沟渠的护堤林
		031	有林地	指树木郁闭度≥0.2的乔木林地,包括红树林地和竹林地
		032	灌木林地	指灌木覆盖度≥40%的林地
		033	其他林地	包括疏林地(指树木郁闭度≥0.1、<0.2的林地)、未成林地、迹地、苗圃等林地
04	草地			指生长草本植物为主的土地
		041	天然牧草地	指以天然草本植物为主,用于放牧或割草的草地
		042	人工牧草地	指人工种植牧草的草地
		043	其他草地	指树木郁闭度<0.1,表层为土质,生长草本植物为主,不用于畜牧业的草地
05	商服用地			指主要用于商业、服务业的土地
		051	批发零售用地	指主要用于商品批发、零售的用地。包括商场、商店、超市、各类批发(零售)市场,加油站等及其附属的小型仓库、车间、工场等的用地
		052	住宿餐饮用地	指主要用于提供住宿、餐饮服务的用地。包括宾馆、酒店、饭店、旅馆、招待所、度假村、餐厅、酒吧等
		053	商务金融用地	指企业、服务业等办公用地,以及经营性的办公场所用地。包括写字楼、商业性办公场所、金融活动场所和企业厂区外独立的办公场所等用地
		054	其他商服用地	指上述用地以外的其他商业、服务业用地。包括洗车场、洗染店、废旧物资回收站、维修网点、照相馆、理发美容店、洗浴场所等用地
06	工矿仓储用地			指主要用于工业生产,物资存放场所的土地
		061	工业用地	指工业生产及直接为工业生产服务的附属设施用地
		062	采矿用地	指采矿、采石、采砂(沙)场,盐田,砖瓦窑等地面生产用地及尾矿堆放地
		063	仓储用地	指用于物资储备、中转的场所用地
07	住宅用地			指主要用于人们生活居住的房基地及其附属设施的土地
		071	城镇住宅用地	指城镇用于生活居住的各类房屋用地及其附属设施用地。包括普通住宅、公寓、别墅等用地
		072	农村宅基地	指农村用于生活居住的宅基地

一级类		二级类		含　义
编码	名　称	编码	名　称	
08	公共管理与公共服务用地			指用于机关团体、新闻出版、科教文卫、风景名胜、公共设施等的土地
		081	机关团体用地	指用于党政机关、社会团体、群众自治组织等的用地
		082	新闻出版用地	指用于广播电台、电视台、电影厂、报社、杂志社、通讯社、出版社等的用地
		083	科教用地	指用于各类教育,独立的科研、勘测、设计、技术推广、科普等的用地
		084	医卫慈善用地	指用于医疗保健、卫生防疫、急救康复、医检药检、福利救助等的用地
		085	文体娱乐用地	指用于各类文化、体育、娱乐及公共广场等的用地
		086	公共设施用地	指用于城乡基础设施的用地。包括给排水、供电、供热、供气、邮政、电信、消防、环卫、公用设施维修等用地
		087	公园与绿地	指城镇、村庄内部的公园、动物园、植物园、街心花园和用于休憩及美化环境的绿化用地
		088	风景名胜设施用地	指风景名胜(包括名胜古迹、旅游景点、革命遗址等)景点及管理机构的建筑用地。景区内的其他用地按现状归入相应地类
09	特殊用地			指用于军事设施、涉外、宗教、监教、殡葬等的土地
		091	军事设施用地	指直接用于军事目的的设施用地
		092	使领馆用地	指用于外国政府及国际组织驻华使领馆、办事处等的用地
		093	监教场所用地	指用于监狱、看守所、劳改场、劳教所、戒毒所等的建筑用地
		094	宗教用地	指专门用于宗教活动的庙宇、寺院、道观、教堂等宗教自用地
		095	殡葬用地	指陵园、墓地、殡葬场所用地

续表

一级类		二级类		含　义
编码	名　称	编码	名　称	
10	交通运输用地			指用于运输通行的地面线路、场站等的土地。包括民用机场、港口、码头、地面运输管道和各种道路用地
		101	铁路用地	指用于铁道线路、轻轨、场站的用地。包括设计内的路堤、路堑、道沟、桥梁、林木等用地
		102	公路用地	指用于国道、省道、县道和乡道的用地。包括设计内的路堤、路堑、道沟、桥梁、汽车停靠站、林木及直接为其服务的附属用地
		103	街巷用地	指用于城镇、村庄内部公用道路(含立交桥)及行道树的用地。包括公共停车场,汽车客货运输站点及停车场等用地
		104	农村道路	指公路用地以外的南方宽度≥1.0 m、北方宽度≥2.0 m的村间、田间道路(含机耕道)
		105	机场用地	指用于民用机场的用地
		106	港口码头用地	指用于人工修建的客运、货运、捕捞及工作船舶停靠的场所及其附属建筑物的用地,不包括常水位以下部分
		107	管道运输用地	指用于运输煤炭、石油、天然气等管道及其相应附属设施的地上部分用地
11	水域及水利设施用地			指陆地水域,海涂,沟渠,水工建筑物等用地。不包括滞洪区和已垦滩涂中的耕地、园地、林地、居民点、道路等用地
		111	河流水面	指天然形成或人工开挖河流常水位岸线之间的水面,不包括被堤坝拦截后形成的水库水面
		112	湖泊水面	指天然形成的积水区常水位岸线所围成的水面
		113	水库水面	指人工拦截汇集而成的总库容≥10万 m³的水库正常蓄水位岸线所围成的水面
		114	坑塘水面	指人工开挖或天然形成的蓄水量<10万 m³的坑塘常水位岸线所围成的水面
		115	沿海滩涂	指沿海大潮高潮位与低潮位之间的潮浸地带。包括海岛的沿海滩涂。不包括已利用的滩涂
		116	内陆滩涂	指河流、湖泊常水位至洪水位间的滩地;时令湖、河洪水位以下的滩地;水库、坑塘的正常蓄水位与洪水位间的滩地。包括海岛的内陆滩地,不包括已利用的滩地
		117	沟渠	指人工修建,南方宽度≥1.0 m、北方宽度≥2.0 m用于引、排、灌的渠道,包括渠槽、渠堤、取土坑、护堤林
		118	水工建筑用地	指人工修建的闸、坝、堤路林、水电厂房、扬水站等常水位岸线以上的建筑物用地
		119	冰川及永久积雪	指表层被冰雪常年覆盖的土地

一级类		二级类		含　义
编码	名　称	编码	名　称	
12	其他土地			指上述地类以外的其他类型的土地
		121	空闲地	指城镇、村庄、工矿内部尚未利用的土地
		122	设施农用地	指直接用于经营性养殖的畜禽舍、工厂化作物栽培或水产养殖的生产设施用地及其相应附属用地,农村宅基地以外的晾晒场等农业设施用地
		123	田坎	主要指耕地中南方宽度≥1.0 m、北方宽度≥2.0 m 的地坎
		124	盐碱地	指表层盐碱聚集,生长天然耐盐植物的土地
		125	沼泽地	指经常积水或渍水,一般生长沼生、湿生植物的土地
		126	沙地	指表层为沙覆盖、基本无植被的土地。不包括滩涂中的沙地
		127	裸地	指表层为土质,基本无植被覆盖的土地;或表层为岩石、石砾,其覆盖面积≥70% 的土地

2)土地分类衔接和转换

①土地分类衔接和转换的方法。

当原有地类与《土地利用现状分类》中地类含义完全一致时,可直接转换为对应新地类;当原有多个地类对应《土地利用现状分类》中一个地类时,可将几个地类合并,再转换为对应的新地类;当原有地类对应《土地利用现状分类》中多个地类时,须进行补充调查,再转换到对应的新地类。

②土地利用现状分类与三大类对照关系(见表 2.11)。

表 2.11　土地利用现状分类与三大类对照关系

三大类	土地利用现状分类			
	一级类		二级类	
	类别编码	类别名称	类别编码	类别名称
农用地	01	耕地	011	水田
			012	水浇地
			013	旱地
	02	园地	021	果园
			022	茶园
			023	其他园地
	03	林地	031	有林地
			032	灌木林地
			033	其他林地

续表

三大类	土地利用现状分类			
	一级类		二级类	
	类别编码	类别名称	类别编码	类别名称
农用地	04	草地	041	天然牧草地
			042	人工牧草地
	10	交通用地	104	农村道路
	11	水域及水利设施用地	114	坑塘水面
			117	沟渠
	12	其他土地	122	设施农用地
			123	田坎
建设用地	05	商服用地	051	批发零售用地
			052	住宿餐饮用地
			053	商务金融用地
			054	其他商服用地
	06	工矿仓储用地	061	工业用地
			062	采矿用地
			063	仓储用地
	07	住宅用地	071	城市住宅用地
			072	农村宅基地
	08	公共管理与公共服务用地	081	机关团体用地
			082	新闻出版用地
			083	科教用地
			084	医卫慈善用地
			085	文体娱乐用地
			086	公共设施用地
			087	公园绿地
			088	风景名胜设施用地
	09	特殊用地	091	机关团体用地
			092	新闻出版用地
			093	科教用地
			094	医卫慈善用地
			095	文体娱乐用地

续表

三大类	一级类		二级类	
		土地利用现状分类		
	类别编码	类别名称	类别编码	类别名称
建设用地	10	交通运输用地	101	铁路用地
			102	公路用地
			103	街巷用地
			105	机场用地
			106	港口码头用地
			107	管道运输用地
	11	水域及水利设施用地	113	水库水面
			118	水工建筑物用地
	12	其他用地	121	空闲地
未利用地	11	水域及水利设施用地	111	河流水面
			112	水库水面
			115	沿海滩涂
			116	内陆滩涂
			119	冰川及永久积雪
	04	草地	043	其他草地
	12	其他用地	124	盐碱地
			125	沼泽地
			126	沙地
			127	裸地

3. 土地利用现状分类依据和原则

土地利用现状分类以服务国土资源管理为主,依据土地的自然属性、覆盖特征、利用方式、土地用途、经营特点及管理特性等因素进行土地利用现状分类时,必须遵循下列原则:

1)统一性

为适应土地管理的需要,1984 年制订的《土地利用现状调查技术规程》将土地利用现状分为 8 大类,46 个二级类。1989 年为城镇地籍管理的需要,将城镇土地分为 10 个一级类,24 个二级类。2002 年以后采用《全国土地分类(试行)》标准,新分类对土地利用现状分类及含义作了明确规定,全国统一定为 3 个一级地类,15 个二级地类,71 个三级类。《地利用现状分类》国家标准(GB/T 21010—2007)采用二级分类体系。一级类 12 个,二级类 57 个,分类和编码均不得随意更改、增删、合并,以保证全国土地的统一管理和调查成果的汇总统计及应用。

2）科学性

依据土地的自然和社会经济属性,运用土地管理科学及相关科学技术,采用多级续分法,对土地利用现状类型进行归纳、分类。

3）实用性

为便于实际运用,土地分类标志应易于掌握,分类含义力求准确,层次尽量减少,命名讲究科学并照顾习惯称谓,并尽可能与计划、统计及有关生产部门使用的分类名称及含义协调一致,以利于为多部门服务。

4）开放性

分类体系具有开放性、兼容性,既要满足一定时期管理及社会经济发展需要,同时又要满足进一步修改完善的需要。

5）继承性

借鉴和吸取国内外土地分类经验,对目前无争议或异议的分类直接继承和应用。

4. 地类的认定

1）耕地的认定

按照二级类的含义确定耕地的类别,以下情况确认为耕地:

- 种植农作物的土地。
- 新增耕地。
- 不同耕作制度,种植和收获农作物为主的土地。
- 被临时占用的耕地。
- 受灾但耕作层未被破坏的耕地。
- 被人为撂荒的耕地。
- 其他情况。

下列土地不能确认为耕地:

- 已开始实质性建设（以施工人员进入、工棚已修建、塔吊等建筑设备已到位、地基已开挖等为标志,下同）的耕地。
- 江、河、湖、水库等常水位线以下耕地。
- 路、渠、堤、堰等种植农作物的边坡、斜坡地。
- 在耕地上,建造保护设施,工厂化种植农作物等的土地。如长期固定的日光温室、大型温室等。
- 农民庭院中种植的农作物,如蔬菜等的土地。
- 受灾、耕作层被破坏、无法恢复耕种的耕地。
- 由于水电工程需要、改善生存环境等因素,农民整建制或部分移民造成荒芜的耕地。

耕地已被征用,有完整、合法用地手续,调查时实地没有实质性建设的,称为"批而未用"土地。"批而未用"土地按建设用地确认。调查时,按提供的批地文件,确定其位置、范围和地类。对"批而未用"土地,在数据库中单独明确表示、统计面积和逐级汇总。

①水田的认定（见图2.13（a））

- 常年种植水稻、茭白、菱角、莲藕（荷花）、荸荠（马蹄）等水生农作物的耕地。
- 因气候干旱或缺水,暂时改种旱生农作物的耕地。

（a）水田

（b）水浇地

图 2.13   水田和水浇地

- 实行水稻等水生农作物和旱生农作物轮种的（如水稻和小麦、油菜、蚕豆等轮种）耕地。

②旱地的认定（见图 2.14）

- 除水田、水浇地（见图 2.13（b））以外的耕地。

图 2.14　旱地

2) 园地的认定（见图 2.15 至图 2.17）

图 2.15　果园

图 2.16 茶园

图 2.17 其他园地

下列土地确认为园地：

●集约经营的果树、茶树、桑树、橡胶树及其他园艺作物,如可可、咖啡、油棕、胡椒、药材等的土地。

●果农、果林、果草间作、混作、套种、套栽,以收获果树果实为主的土地。

●园地中,直接为其服务的用地,如粗加工场所、简易仓库等附属用地。

●专门用于果树苗木培育、林业苗圃以外花圃,如制作花茶用花圃等的土地。

●科研、教学建筑物(如教学、办公楼等)等建设用地范围以外的,种植果树为主,直接用于科研、教学、试验基地的土地。

下列土地不能确认为园地：

●果林间作,果树覆盖度或合理株数小于标准指标的土地。

●粗放经营的核桃、板栗、柿子等干果的土地。

●农民在自家庭院种植果树的土地。

●可调整园地。

3)林地的认定

下列土地确认为林地：

●生长郁闭度≥0.1 的乔木、竹类。

●生长覆盖度≥40%灌木的土地。

●林木被采伐或火烧后 5 年未更新的土地。

• 粗放经营的核桃、板栗、柿子等干果果树的土地。

• 林地中,修筑的直接为林业生产服务的设施,如培育苗木(苗圃)、种子生产、存储种子等的土地。

• 用于树木科研、试验、示范的林业基地(不包括其教学楼、实验楼等建设用地)。

下列土地不能确认为林地:

• 城市、建制镇内部(包括其内部公园),种植绿化林木的土地。

• 与农村居民点四周相连且不够最小上图标准,生长乔木、竹类、灌木的土地。

• 林带一般为1行乔木或灌木的土地。

• 墓地中生长乔木、竹类、灌木的土地。

• 森林公园、自然保护区、地质公园等中修建的建(构)筑物的土地。

• 临时用于树木育苗的耕地。

①有林地的认定(见图2.18)

图2.18 有林地

• 郁闭度≥0.2的林地。

• 对于林木、灌木、草本植物混合生长无法区分,且以林木为主的土地。

②灌木林地的认定(见图2.19)

• 灌木覆盖度≥40%的林地。

• 对于林木、灌木、草本植物混合生长无法区分,且以灌木林为主的土地。

③其他林地的认定(见图2.20)

图 2.19 灌木林地

图 2.20 其他林地

- 0.1≤郁闭度<0.2 的林地。
- 砍伐迹地、火烧迹地。
- 专门用于苗圃的土地。

4)草地的认定

下列土地确认为草地:

- 自然生长草本植物为主的土地。
- 人工种植、管理,生长草本植物的土地。
- 草本植物、林木、灌木混合生长无法区分,且以草本植物为主的土地。
- 草地中,直接用于放牧、割草等服务设施的土地。
- 用于对草本植物进行科学研究、试验、示范的土地(不包括其教学、实验用等的建设用地)。

下列土地不能确认为草地:

- 城镇内部、公园内用于美化环境和绿化的土地。
- 在路、渠、堤、堰等的边坡、斜坡和田坎上生长草本植物的土地。
- 草本植物、树木、灌木混合生长无法区分,且林木、灌木为主的土地。
- 由于自然灾害造成耕地耕作层破坏,而自然生长草本植物,但经简单整理后能恢复耕种的耕地。
- 墓地等自然或人工种植生长草本植物的土地。
- 耕地人为撂荒,自然生长草本植物的土地。

①天然牧草地的认定(见图2.21)

图2.21 天然牧草地

下列草地确认为天然牧草地：

●天然生长草本植物、用于放牧(包括轮牧)的草地。

●天然草地中,直接为其服务设施,如储存饲草饲料、牲畜圈舍、人畜饮水、药浴池、剪毛点、防火等的土地。

●天然生长草本植物与树木、灌木混杂且无法区分,以放牧为主的草地。

②人工牧草地的认定(见图2.22)

图2.22　人工牧草地

下列草地不能确认为人工牧草地：

●在科学研究、试验、示范基地中,用于教学、实验等建筑物的土地。

●在人工牧草地上,用于修筑非畜牧业生产建筑物的土地。

③其他草地的认定(见图2.23)

●天然牧草地、人工牧草地以外的草地。

5)交通运输用地的认定

下列土地确认为交通运输用地：

●地面上用于旅客和货物转运输送线路的土地。

●地面上用于旅客和货物转运输送的站场、设施、航空港、码头、港口及管道运输等的土地。

①铁路用地的认定(见图2.24)

下列土地确认为铁路用地：

●用于线路(包括路堤、路堑、道沟、桥梁、护路树木)及与其相连附属设施等的土地。有批地文件的,按批地文件范围确认;没有批地文件的,按现状确认。

图 2.23 其他草地

图 2.24 铁路用地

●用于与铁路线路相连的车站、站前广场、站台、货物仓库、与车站相连的机车检修(修理)库房、给水设施、通讯设施、电气化铁路的供电设备等有关附属设施的土地。

●城市建成区以外,用于轨道交通地上线路及其附属设施的土地。

●用于高架铁路线路的土地。有征地文件的,为征地文件范围内的土地;没有征地文件的,为路基垂直投影范围内的土地。

下列土地不能确认为铁路用地:

●工矿企业内部的铁路线路及与其相连附属设施的土地。

●机车(列车)制造厂、专门修理厂等的土地。

●铁路线路穿过隧道时,隧道内的铁路线路。

②公路用地的认定(见图2.25)

图2.25　公路用地

下列土地确认为公路用地:

●公路线路及与其相连附属设施的土地。有批地文件的,按批地文件范围确认;没有批地文件的,按现状确认。

●用于公路渡口码头的土地。

●用于高架公路线路的土地。有征地文件的,按征地文件范围内确认;没有征地文件的,按路基垂直投影范围确认。

③农村道路用地的认定(见图2.26)

下列土地确认为农村道路用地:

●乡级以下,南方宽度≥1.0 m,北方宽度≥2.0 m,用于村间、田间等交通运输的土地。包括其两侧的道沟和防护行树。

图 2.26　农村道路用地

- 耕地中,以通行为主,南方宽度≥1.0 m、北方宽度≥2.0 m的地坎或地埂。
- 坑塘之间、盐田之间以通行为主的埂或堤。

下列土地不能确认为农村道路用地:

- 农村居民点内部的道路用地。

④机场用地的认定(图2.27)

图 2.27　机场用地

下列土地确认为机场用地:

- 专供飞机起降活动的飞行场所用地。包括跑道、塔台、停机坪、航空客运站、维修厂及与机场相连且直接为机场服务的设施用地。
- 用于工厂、体育俱乐部、农业、森林防火、航空救护等专用机场的土地。

下列土地不能确认为机场用地:

● 军用机场、军民合用机场用地。

● 临时性机场用地。

● 独立于机场外,并为机场服务的设施、建筑物用地,如食品加工厂等用地。

⑤港口码头用地的认定(见图 2.28)

图 2.28　港口码头用地

下列土地确认为港口码头用地:

● 江、河、湖、海、水库沿岸,人工修建的供船舶出入和停泊、货物和旅客集散场所的陆上部分的土地。靠水一侧一般以码头前沿线为界,陆地上包括码头、仓库与堆场、铁路和道路、装卸机械及其他生产设施的土地。

● 港口码头范围内或相连的修理厂陆上部分的土地。

下列土地不能确认为港口码头用地:

● 军港、军用码头用地。

● 独立的造船厂和修理厂用地。

● 与港口毗邻的保税区、加工区等用地。

⑥管道运输用地的认定

下列土地确认为管道运输用地:

● 地面上,用于布设管道线路的土地。

● 地面上,与管道运输配套的设施用地(主要包括加压、阀门、检修、消防、加热、计量、收发装卸等)。

● 与管道运输配套设施相连的用于管理的建筑物用地。

6)水域及水利设施用地的认定

下列土地确认为水域及水利设施用地:

● 长年被水(液态或固态)覆盖的土地。如河流、湖泊、水库、坑塘、沟渠、冰川等。

● 季节性干涸的土地。如时令河等。

● 常水位岸线以上,洪水位线以下的河滩、湖滩等内陆滩涂。

● 为了满足发电、灌溉、防洪、挡潮、航行等而修建各种水利工程设施的土地。

下列土地不能确认为水域及水利设施用地:

● 因决堤、特大洪水等原因临时被水淹没的土地。

● 耕地中用于灌溉的临时性沟渠。

● 城镇、农村居民点、厂矿企业等建设用地范围内部的水面。如公园内的水面。

● 修建以路为主海堤、河堤、塘堤的土地。

①河流水面的认定（见图2.29）

图2.29　河流水面

下列土地确认为河流水面：

● 河流、运河常水位岸线之间的土地。

● 河流参照《中国河流名称代码》（中华人民共和国行业标准，目前最新版本为1999.12. 28发布）确定。

●《中国河流名称代码》中未列出的河流，可参照当地水利部门资料确定。

● 时令河（也称间歇性河流、偶然性河流），正常年份（非大旱大涝年份）水流流经的土地。

● 河流常水位岸线以下种植农作物等的土地。

②湖泊水面的认定（见图2.30）

下列土地确认为湖泊水面：

● 湖泊常水位岸线以下的土地。

● 由于季节、干旱等原因，在常水位岸线以下种植农作物等的土地。

● 湖泊范围内生长芦苇、用于网箱养鱼等的土地。

● 河流与湖泊相连时，划定湖泊常水位岸线内的土地。

③水库水面的认定（见图2.31）

下列土地确认为水库水面：

● 水库正常蓄水位岸线以下的土地。

图2.30　湖泊水面

图2.31　水库水面

● 水库参照《中国水库名称代码》(中华人民共和国行业标准,目前最新版本为2001.01. 20发布)和当地水利部门资料确定。

● 由于季节、干旱等原因,在正常蓄水位岸线以下种植农作物等的土地。

● 水库范围内生长芦苇,用于网箱养鱼等的土地。

● 河流与水库相连时,划定水库正常蓄水位岸线以内的土地。

④坑塘水面的认定(见图2.32)

下列土地确认为坑塘水面:

● 陆地上人工开挖或在低洼地区汇集的,蓄水量小于10万 m³,不与海洋发生直接联系的水体,常水位岸线以下,用于养殖或非养殖的土地。包括塘堤、人工修建的塘坝、堤坝。

图 2.32　坑塘水面

- 坑塘范围内生长芦苇的土地。
- 坑塘范围内,由于干旱、季节性等原因造成临时性干枯或种植农作物等的土地。
- 连片坑塘密集区,坑塘之间只能用于人行走的埂。

下列土地不能确认为坑塘水面:

- 坑塘之间可用于交通(通行机动车)的埂或堤。

⑤内陆滩涂的认定(见图 2.33)

下列土地确认为内陆滩涂:

- 大陆、海岛内河流、湖泊(包括时令河、时令湖),常水位岸线至洪水位线间的土地。
- 大陆、海岛内,坑塘正常水位岸线与洪水位间的土地。

⑥沟渠的认定(见图 2.34)

下列土地确认为沟渠:

- 渠槽宽度(含护坡)南方≥1.0 m、北方≥2.0 m,人工开挖、修建,长期用于引水、灌水、排水水道的土地。
- 与渠槽两侧毗邻,种植防护行树、防护灌木的土地。
- 支承渡槽桩柱的土地。
- 地面上,敷设倒虹吸管的土地。

下列土地不能确认为沟渠:

- 耕地、园地、草地等内,开挖临时性水道的土地。

图 2.33　内陆滩涂

图 2.34　沟渠

● 沟渠穿过隧洞(道)时,隧洞(道)内的土地。

⑦水工建筑用地的认定(见图 2.35)

图 2.35　水工建筑用地

下列土地确认为水工建筑用地:

● 修建水库挡水和泄水建筑物的土地。如坝、闸、堤、溢洪道等。

● 沿江、河、湖、海岸边,修建抗御洪水、挡潮堤的土地。

● 修建取(进)水的建筑物的土地。如水闸、扬水站、水泵站等。

● 用于防护堤岸,修建丁坝、顺坝的土地。

● 修建水力发电厂房、水泵站等的土地。

● 修建过坝建筑物及设施的土地。如船闸、升船机、筏道及鱼道等。

● 坝或闸筑有道路,以坝或闸为主要用途的土地。

下列土地不能确认为水工建筑用地:

● 用于临时性堤坝的土地。

● 沟渠两岸人工修筑护岸、渠堤的土地。

● 以交通为主要目的的堤、坝或闸。

⑧冰川及永久积雪的认定(见图 2.36)

图 2.36　冰川积雪

● 被冰体覆盖和雪线以上被冰雪覆盖的土地,确认为冰川及永久积雪。一般按最新地形图上标绘的冰川及永久积雪确定其范围。

7）其他土地的认定

①设施农用地的认定（见图2.37）

图2.37　设施农用地

下列土地确认为设施农用地：

• 修建具有较正规固定设施,如日光温室、大型温室(具有加热、降温、通风、遮阳、滴灌等控制系统)、水产养殖建筑物(或温室)和设备(如控温、控氧、控流速设备等)、畜禽舍建筑物,用于工厂化作物栽培、水产养殖、畜禽养殖的土地。

• 农村居民点以外,固定用于晾晒场的土地。

下列土地不能确认为设施农用地：

• 搭建的简易塑料大棚,用于农作物、蔬菜等育秧(栽培)的土地。

• 被地膜覆盖、种植农作物的土地。

• 农村居民点以外,用于临时性晾晒场的土地。

• 农村居民点内部,用于晾晒场的土地。

②田坎的认定（见图2.38）

图2.38　田坎

下列土地确认为田坎：

• 耕地中南方宽度≥1.0 m,不以通行为主地坎。

③沼泽地的认定（见图2.39）

• 土壤经常被水饱和、地表积水或渍水,一般生长沼生、湿生植物的土地,确认为沼泽地。

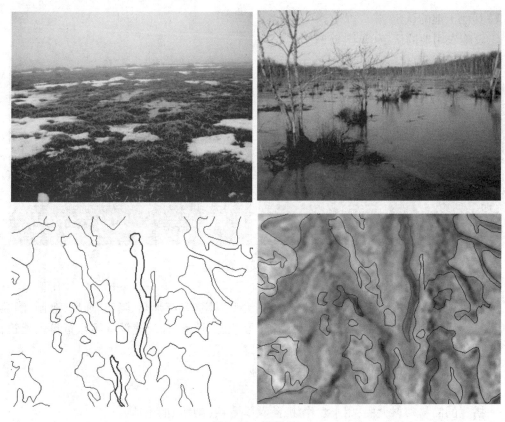

图 2.39　沼泽地

④沙地的认定（见图 2.40）

图 2.40　沙地

下列土地确认为沙地：

● 地表层被沙（细碎的石粒）覆盖、基本无植被的土地。如沙漠、沙丘等。

下列土地不能确认为沙地：

● 地表层被沙覆盖，但树木郁闭度，灌木、草本植物覆盖度符合相应地类标准的土地。

● 滩涂中的沙地。

⑤裸地的认定（见图 2.41）

下列土地确认为裸地：

图 2.41　裸地

- 长年地表层为土质,基本无植被覆盖的土地。
- 地表层为岩石、石砾,覆盖面积≥70%的土地。如裸岩、戈壁等。

8)城镇村及工矿用地认定

①城市的认定(见图 2.42 至图 2.45)

图 2.42　工业用地

下列土地不能确认为城市用地:

- 城市用地以外,修建铁路、公路等的土地。
- 城市用地以外,用于军事设施、使领馆、监教场所、宗教、殡葬等特殊用地,采矿用地及风景名胜设施用地的土地。

图 2.43　仓储用地

图 2.44　城镇住宅用地

图 2.45　街巷用地

- 非城市所属的建设用地。
- 城市建成区内大片的耕地、园地等农用地，水域（大型的江、河、湖泊）。

②建制镇的认定

下列土地确认为建制镇用地：

- 国家行政建制设立镇建成区的土地（包括建成区内的村庄）。
- 与建制镇建成区连片乡政府所在地的土地。
- 与建制镇建成区不相连，且属于建制镇、非农业人口集聚为主的建设用地。如学校等。

●与建制镇建成区不相连,且所属建制镇用于非农业生产的土地。如工业用地、仓储用地、休闲娱乐场所(乡镇企业)等。

下列土地不能确认为建制镇用地:

●与建制镇不相连,且非建制镇所属的建设用地。

●贯穿建制镇铁路、公路、河流、干渠的用地。

●建制镇用地以外,用于军事设施、使领馆、监教场所、宗教、殡葬等特殊用地,采矿用地及风景名胜设施用地的土地。

③村庄用地的认定(见图2.46)

图 2.46　农村住宅用地

下列土地确认为村庄用地:

●用于农村居民点建设、农业人口集聚居住的土地。

●与农村居民点不相连,且属于村庄的非农业生产的土地。如居住、工业、商服、仓储、学校等。

下列土地不能确认为村庄用地:

●与农村居民点不相连,且非其所属的建设用地。

●贯穿农村居民点铁路、公路、河流、干渠的用地。

村庄以外,用于军事设施、使领馆、监教场所、宗教、殡葬等特殊用地,采矿用地及风景名胜设施用地的土地。

④采矿用地的认定(见图2.47)

下列土地确认为采矿用地:

图 2.47 采矿用地

●用于直接开采自然资源和存放开采物的土地。如用于露天煤矿采煤、山体表面开采矿石等在地表面开采矿藏的土地;石油抽油机、山体内部采矿出入口、地下采矿出入口等非地表面开采矿藏的地面用地。

●生产砖瓦的土地,包括烧制砖瓦的窑址、制作和存放砖瓦坯子、取土等的土地。

●用于固定采砂(沙)场的土地。

●用于堆放各种尾矿的土地。

●与采矿用地相连,用于对开采物进行简单处理、粗加工的土地。

下列土地不能确认为采矿用地:

●地下采矿、山体内部采矿用地。

●在水中捞沙的土地。

⑤风景名胜及特殊用地的认定

下列土地确认为风景名胜及特殊用地:

●城市、建制镇、村庄用地以外(下同),古代流传下来著名建筑物等名胜古迹用地及管理机构的建筑用地。

●用于游览、参观等风景旅游景点及管理机构的建筑用地。

●用于陵园、革命遗址、墓地的土地。

●直接用于军事目的的设施用地。如军事训练,武器装备的研制、试验、生产,军事物资的储备和供应,国防设施,国防工业用地等。

●军队农场中的建设用地。

●涉外、宗教、监教、殡葬用地。

下列土地不能确认为风景名胜及特殊用地：

●城市、建制镇、村庄用地内部的风景名胜及特殊用地。

●风景名胜及特殊用地区域范围内的林、草等非建筑物的土地。

●军事管理(管制)区中，直接用于军事目的的建筑物、构筑物以外的区域。

●军队农场中，用于建设用地以外的土地。

二、土地利用现状调查

1. 土地利用现状调查概述

1）土地利用现状调查目的

①为制定国民经济计划和有关政策服务

国民经济各部门的发展都离不开土地。土地利用现状调查获得的土地资料可为编制国民经济和社会发展长远规划、中期计划和年度计划提供切实可靠的科学依据，同时，它还可为国家制定各项政策方针及对重大土地问题的决策提供服务。

②为农业生产提供科学依据

农业是国民经济的基础，土地是农业的基本生产资料。因此，土地利用现状调查可为编制农业区划、土地利用总体规划和农业生产规划提供土地基础数据，并为制定农业生产计划和农田基本建设等服务。

③为建立土地登记和土地统计制度服务

通过土地利用现状调查，查清各类土地的权属、界线、面积等，为土地登记提供证明材料、土地统计提供基础数据，为建立土地登记和土地统计制度服务。

④为全面管理土地服务

为地籍管理、土地利用管理、土地权属管理、建设用地管理和土地监察等提供基础资料。

2）土地利用现状调查原则

为保质保量地完成调查任务，必须遵守下列调查原则：

①实事求是的原则

为查实土地资源家底，国家要投入巨大的人力、物力和财力。因此，在调查过程中，一定要实事求是，防止来自任何方面的干扰。

②全面调查的原则

土地利用现状调查必须严格按《规程》的规定和精度要求进行，并实施严格的检查、验收制度。事实证明，各种类型土地都有相对的资源价值，全面调查有益于人们放开视野，把所有的土地资源都视为人们努力开发利用的对象。从调查工作的组织管理来看，全面调查既经济又科学。

③一查多用的原则

所谓一查多用，就是要充分发挥土地利用现状调查成果的作用，不仅为土地管理部门提供基础资料，而且为农业、林业、水利、城建、统计、计划、交通运输、民政、工业、能源、财政、税务、环保等部门提供基础资料。

④运用科学的方法

在调查中要尽量采用最新的科学技术和方法。土地利用现状调查中选用什么技术手段，应当贯彻在保证精度的前提下,兼顾技术先进性和经济合理性的原则。为了保证和提高精度,应逐步把现代化技术手段,如数字测量技术、全球定位系统(GPS)、遥感技术(RS)、地理信息系统(GIS)等运用到土地利用现状调查中。

土地利用现状调查必须以测绘图件为量测的基础。测绘图件的形成依靠了严密的数学基础和规范化的测绘技术,因而测绘图件能精确、有效地反映土地资源、土地权属和行政管辖界线的空间分布;运用测绘图件进行调查的另一优越性在于土地面积的测量有统一的基准,即土地面积的量测在统一的地球参考面上进行,不同地点的土地面积可以相互比较;再者,图上量测可以化大量野外工作为室内工作,减少了工作量和工作难度。

⑤以改进土地利用,加强土地管理为基本宗旨

科学地管理好土地,合理利用土地是土地管理的基本出发点。土地利用现状资料是科学管理土地和合理利用土地的必要基础资料。

⑥以"地块"为单位进行调查

在土地所有权宗地内,按土地利用分类标准为依据划分出的一块地,称为土地利用分类地块(简称地块),俗称图斑。地块是土地利用调查基本土地单元,对每一块土地的利用类型都要调查清楚。

3)土地利用现状调查内容

根据土地利用现状调查的目的,其调查内容可归纳如下:

①查清村和农、林、牧、渔场以及居民点的厂矿、机关、团体、学校等企事业单位的土地权属界线和村以上各级行政辖区范围界线。

②查清土地利用类型及分布,量算地类面积。

③按土地权属单位及行政辖区范围汇总面积和各地类面积。

④编制分幅土地权属界线图和县、乡两级土地利用现状图。

⑤调查、总结土地权属及土地利用的经验和教训,提出合理利用土地的建议。

2. 土地利用现状调查程序

土地利用现状调查工作是一项庞杂的系统工程,为确保成果资料符合技术规程的要求,必须遵照相关技术规程,按照土地利用现状调查工作的特点和规律,有条不紊地开展工作,才能达到预期的目的。土地利用现状调查是以县为单位开展的,按照县级土地利用现状的特点,将其工作分为以下4个阶段:准备工作、外业工作、内业工作、成果检查验收归档阶段,其工作流程如图2.48所示。

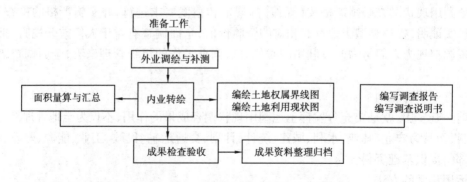

图2.48 土地利用现状调查工作程序图

1) 准备工作

根据各地开展调查的经验,调查的准备工作包括调查申请、组织准备、资料准备、仪器设备准备等内容。

①调查申请:具备了调查条件的县(市),由县级土地管理部门编写《土地利用现状调查任务申请书》或《土地利用现状调查和登记、统计任务申请书》。其主要内容包括:辖区基本情况;需用哪些图件资料;组织机构及技术力量情况;调查计划及经费预算等。《申请书》要经县级人民政府同意,然后报上级土地管理部门审批。经批准后立即着手组织准备、图件资料准备和仪器设备准备等项工作。

②组织准备:包括建立领导机构、组织专业队伍、建立工作责任制等。土地利用现状调查由当地政府组织实施,成立专门的领导机构,负责组织专业技术队伍、筹集经费、审定工作计划、协调部门关系、裁定土地权属等重大问题。同时,为确保土地利用现状调查的质量及进度,还应组建一支以土地管理技术人员为主,由水利、农业、计委、城建、统计、民政、林业、交通等部门抽调的技术干部组成专业队伍。专业队设队长、技术负责人、技术指导组、若干作业组、面积量算统计组、图件编绘等。为增强调查人员责任感,还应建立各种责任制,如技术承包责任制、阶段检查验收制、资料保管责任制等。

③资料准备:包括收集、整理、分析各种图件资料、权属证明文件以及社会经济统计资料。权属证明文件的收集包括征用土地文件、清理违法占地的处理文件、用地单位的权源证明等。

为了便于划分土地类型和分析土地利用状况,应向各有关部门收集专业调查资料,如行政区划图、地貌、地质、土壤、水资源、森林资源、气象、交通、人口、劳力、耕地、产量、产值、收益、分配等方面的统计资料和土地利用经验和教训等。

土地利用现状调查,从准备工作到外业调绘、内业转绘,都是为了获得真实反映土地利用现状的工作底图,即基础测绘图件。常见的基础测绘图件有以下4种类型:

a. 航片:应收集最新的航片及其相关信息,如航摄日期、航片比例尺、航高、航摄倾角、航摄仪焦距等数据资料。利用最新航片进行外业调绘,其优点是能充分利用航片信息量丰富且现势性强的特点,技术较易掌握,外业基本不需仪器,所需调查经费较少,又能保证精度。

b. 地形图:需购置两套近期地形图,一套用于外业调查,另一套留室内用于编制工作底图。如果地形图成图时间长,地物地貌会发生变化,必须进行外业补测工作。

c. 影像平面图:影像平面图是以航片平面图为基础,在图面上配合以必要的符号、线划和注记的一种新型地图。它既具有航片信息丰富的优点,又可使图廓大小与图幅理论值基本保持一致。直接利用它可进行外业调查、补测,从而减少大量转绘工作。

d. 其他图件:如彩红外片和大像幅多光谱航片,其特点是信息量丰富、分辨率高,大量室外判读可转到室内进行,既可减少外业工作量,又能保证精度。

④仪器设备的准备:调查前要准备好调查必需的仪器、工具和设备,包括:配备必要的测绘仪器、转绘仪器、面积量算仪器、绘图工具、计算工具、聚酯薄膜等,印制各种调查手簿、表格,准备必要的生活、交通和劳动用品,等等。

2) 外业工作

土地利用现状调查外业工作简称外业调绘,包括行政界线和土地权属界线调绘、地类调查和线状地物调绘及其地物地貌的修补测等。通过外业调绘将地类界线、权属界线、行政界线、地物和线状地物等调绘到航片上,并进行清绘、整饰,检查验收合格后成为内业工作的底图。

外业调绘也称为航片调绘,是指在研究航片影像与地物、地貌内在联系的基础上进行的判读、调查和绘注的工作。外业工作的准确程度对调查的成果质量起着决定作用,对今后的土地管理工作也有着深远影响。因此,外业调绘应尽量采用先进的科学技术和高质量的测绘基础图件,严格执行相关的规范和规程。

外业工作的程序包括准备工作、室内预判、外业调绘、外业补测、航片的整饰与接边等内容。调绘前的准备工作和室内预判是为了减少野外工作量,为野外调绘和补测作准备。调绘、补测是外业工作的核心,是对权属界线及各种地物要素进行绘注和修补测等工作。航片的整饰和接边是对外业调绘和补测的航片进行清绘整饰工作。

①准备工作

外业调绘的准备工作包括同名地物点的选刺、调绘面积的划分和预求航片平均比例尺等。所谓同名地物点,是指在相邻两张航片的重叠部分上的相同地物点。调绘面积(也称作业面积)是指单张航片的作业面积,一般是在与相邻航片的重叠部分内划定。划定的调绘面积线不应切割居民地和其他重要地物,避免与道路、沟渠、管线等线状地物重合。在平坦地区常利用地形图求航片比例尺;在丘陵、山区,因单张航片各部位比例尺变化较大,需分带求出局部的平均比例尺。

为减少外业调绘工作量,应先邀请熟悉当地情况的人一起进行室内预判。在山区、丘陵地区,一般对照地形图,在立体镜下进行预判。在预判的基础上,制定外业调绘路线。一般结合土地权属界线调查,外圈走"花瓣"形路线,土地所有权宗地内地类界线的调绘取"S"形路线。

②境界和土地权属的调查

所谓境界,是指国界及各行政区界。土地权属界线是指行政村界和居民点以外的厂矿、机关、团体、学校、部队等单位的土地所有权和使用权界线。进行权属调查时,要事先约定相邻土地单位的法人代表和群众代表到现场指界。双方指同一界,为无争议界线;双方指不同界,则两界之间的土地为争议土地,各方自认的界线同时标注在外业调绘图件上。在图上还要标清权属界线的拐点,若实地拐点为固定地物,可直接用半径 1 mm 的圆圈在图的固定地物上做标记,若实地拐点无固定标志,应先埋设界标,再借助明显地物点标绘到图上,并附以文字说明。当以线状地物为权属界线时,必须标明其归属。图上无法标清的权属界线,可绘制草图并加文字说明。

对双方无争议的土地权属界线,应按规定格式填写土地权属界线协议书一式 3 份(见表2.12),权属单位双方及国土管理部门各执 1 份。其内容包括:标清各权属界线拐点及界线位置的附图;拐点及权属界线真实位置的文字说明,权属双方指界人调查签字盖章及上级主管机关签章等。对双方有争议的权属界线,要填写土地争议原由书一式 3 份(见表 2.13),权属单位双方及土地管理部门各执 1 份。其内容包括:标清各方自认界拐点及界线的附图;说明拐点及权属界线的真实位置、争议理由及提供凭证的文字说明;双方代表及调查人的签字盖章等,对于附图可用以下 3 种方式表示(见图 2.49、图 2.50、图 2.51)。

对于有争议土地的界线,可由上级主管部门暂做技术处理,其权属界线仅供量算面积时用,待确权后再调整面积。

表 2.12　土地权属界线协议书

编号：

土地权属界线

协 议 书

_____与_____

_____县(市、区)_____乡(镇)

土地权属界线协议书

_____与_____的边界于 年 月 日经双方指界人实地踏勘、核实,确认无误。

权属界线所涉及正射影像图(图幅号):

本协议书一式(叁)份,界线双方和国土资源局各存(壹)份。

单位(公章):   单位(公章):

法人代表(签字):   法人代表(签字):

指界人(签字):   指界人(签字):

调查人员(签字):

年 月 日

权属界线示意图

注：《土地权属界线协议书》填写说明：

- 权属界线示意图、权属界线调查表应与实地一致,示意图应表示出确定界线位置的参照物;
- 签字盖章必须齐全,填写内容不得涂改;如有涂改,加盖作业员名章;
- 以宗地为单位填写,被线状地物(国有土地或其他农民集体土地)分割的同一农民集体土地可填写一份《土地权属界线协议书》,项目栏不够填写的可另加附页;
- 首页的编号,暂时不编,待资料归档时统一编号;
- "调查人员"填写,要求国土部门人员和作业队伍人员双方签字。

表 2.13　土地权属争议原由书

编号：

土地权属界线争议
原 由 书

_____与_____

_____县(市、区)_____乡(镇)

土地权属界线争议原由书

_____与_____的边界于　年　月　日经双方指界人实地踏勘确认存在界线争议,现双方商定:暂确定双方临时界线作为工作界线,此界线仅供面积量算,不作确定权属界线的依据。

　　权属界线所涉及正射影像图(图幅号):

　　本协议书一式(叁)份,界线双方和国土资源局各存(壹)份。

单位(公章):　　　　　　　　　　　单位(公章):
法人代表(签字):　　　　　　　　　 法人代表(签字):
指界人(签字):　　　　　　　　　　 指界人(签字):

调查人员(签字):

　　　　　　　　　　　　　　　　　　　　　　　　　　　年　月　日

争议界线示意图

工作界线的实地位置和走向说明		
	（本权属单位盖章）	（相邻权属单位盖章）
本权属单位认可的权属界线实地位置、走向说明及理由		
		（本权属单位盖章）
相邻权属单位认可的权属界线实地位置、走向说明及理由		
		（相邻权属单位盖章）
其他说明		

注:《土地权属界线争议原由书》填写说明:

- 争议界线示意图应表示出工作界线、双方各自认可界线的位置,走向以及确定界线位置的参照物,示意图应与实地一致,争议双方应在示意图上盖章;
- 签字盖章必须齐全,填写内容不得涂改;如有涂改,加盖作业员名章;
- 按争议地段填写《土地权属界线争议原由书》,项目栏不够填写的可另加;
- 首页的编号,暂时不编,待资料归档时统一编号;
- "调查人员"填写,要求国土部门人员和作业队伍人员双方签字。

附图:

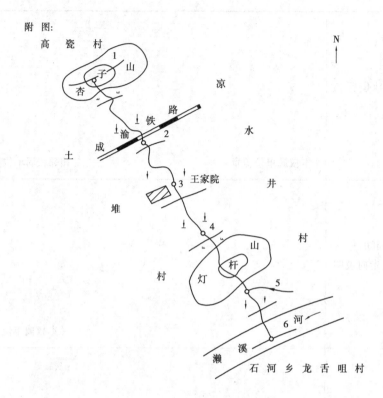

图 2.49　手工绘制土地权属界线

上海市地籍图

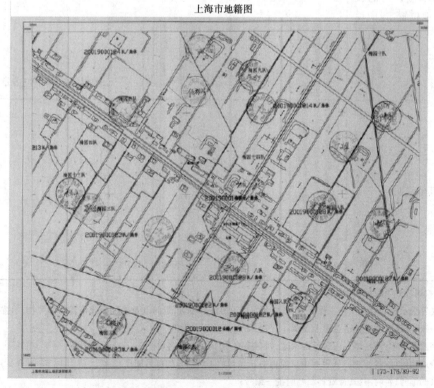

图 2.50　现状图上标绘土地权属界线

晋江市青阳街道青华社区宗地图

图 2.51　影像图上标绘土地权属界线

③地类调绘

地类调绘按《土地利用现状调查技术规程》中的"土地利用现状分类及含义",在土地所有权宗地内,实地对照航片或正射影响图逐一判读、调绘,并填写外业手簿。地类调绘时应注意:认真掌握分类含义,注意区分相接近的地类,要结合实地询问确定,如改良草地与人工草地、水浇地与菜地等难以区分的地类;地类界应封闭,并以实线表示,对小于图上 1.5 mm 的弯曲界线可简化合并,地类按规定的图式符号注记在基础测绘图件上;土地利用现状图上最小图斑面积的规定:居民地为 4 mm², 耕地、园地为 6 mm², 其他地类为 15 mm²。对小于最小图斑面积的分类地块做零星地类处理,实地丈量其面积记入零星地物记载表,待面积量算时再从大图斑中扣除;当地类界与线状地物或土地权属界、行政界重合时,可省略不绘;调绘的地类图斑以地块为单位统一编号。下面就地类调绘基本要求与方法做简要的说明。

a. 地类调绘的基本要求

● 参考或应用可利用的土地调查成果(如更新调查成果等),以提高外业调查的效率;对有设计图、竣工图等相关资料的新增地物,可依据资料将新增地物的地类界线直接转绘在调查底图上,但必须实地核实范围是否正确。

● 条件具备时,尽量采用综合调绘法进行调查,以提高效率和质量。

● 点(零星地类)、线(线状地物、界线等)、面(图斑)的调查应做到位置、长度、宽度准确,各种注记正确无误,清晰易读,线划符号规范。

- 必须实地调查、核实,做到走到、看清、问明、记全、绘准。
- 新增地物补测应满足精度要求。
- 飞地由飞地所在县(市、区)调查,飞地数据以《飞地面积通知单》的形式通知飞地所属县(市、区)。
- 与影像对比,调绘、标绘的各种明显界线位移不得大于图上0.3 mm;不明显界线位移不得大于图上1 mm。
- 外业调查在调查底图或在聚酯薄膜上标绘。
- 行政区划名称、地理名称和江河、湖泊等重要地物的名称应采用标准名称。

b. 地类调绘的方法

常用的调绘方法有综合调绘法和全野外调绘法。

- 综合调绘法。

综合调绘法是内业解译、外业核实和补充调查相结合的调绘方法。综合调绘法的步骤如下:

第1步:收集相关资料。室内解译前可广泛收集与调查区域有关资料,如以往土地调查图件资料、土地利用数据库,自然地理状况,最新的交通图、水利图、河流湖泊分布图、地名图等,作为室内判读的参考资料。

第2步:室内预判解译。在室内对影像进行预判解译,可采用参考已有土地利用数据库成果(图)直接在计算机屏幕上目视判读解译,也可利用将已有土地利用数据库与调查底图(DOM)在计算机屏幕上套合解译。在计算机中,将DOM放大2~3倍,依据影像将预判解译的界线、图斑、地类等标绘在调查底图上。通过室内解译,将能够确认的地类和界线、不能够确认的地类或界线,分别用不同的线划、颜色、符号、注记等形式标绘在调查底图上。对影像不够清晰或室内无法判读解译的地类或界线,以及线状地物宽度,应由野外补充调查确定。一般只解译主要的、骨干性、能够准确确认的地类和界线,不能够确认的地类或界线留待野外调查。

第3步:外业实地核实、调查。外业调查必须到实地对内业标绘的地类、界线等内容逐一进行核实、修正或补充调查;对内业不确定或无法解译的影像作重点调查;对影像上没有的、新增加的地物进行补测,并将核实、补测的内容及属性标绘在调查底图上或记录在《农村土地调查记录手簿》(见表2.14)中。最终获得能够反映调查区域内土地利用状况的原始调查图件和资料,以此作为内业数据库建设的依据。

外业调查可直接标绘在有影像的解译图上,形成有完整调绘内容、整幅面的调绘原图。也可另附聚酯薄膜,铅笔调绘,只将需要修改、完善的内容标绘在聚酯薄膜上,调绘原图包括有影像的解译图和部分调绘内容的聚酯薄膜调绘图两部分。调绘原图是外业调查的成果图,是内业建库的依据和参考,是国家检查的必查内容,解译后的影像图如图2.52所示。

- 全野外调绘法。

全野外调绘法,是传统的调绘方法,携带调查底图直接到实地调绘,将影像所反映的地类信息与实地状况一一对照,进行判读识别,将各种地类图斑实际位置、界线,依据影像用规定的线划、符号在调查底图上标绘出来,将地物属性标注在调查底图或填写在《农村土地调查记录手簿》上,最终获得能够反映调查区域内的土地利用状况的原始调查图件和资料,作为内业数据库建设的依据,原始调查底图见图2.53。

外业调查可直接标绘在有影像的解译图上,形成有完整调绘内容、整幅面的调绘原图。也可另附聚酯薄膜,铅笔调绘,将完整的调查内容标绘在聚酯薄膜上,调绘原图是一张有完整调绘内容的清绘影像图或酯薄膜调绘图。

图 2.52　解译后的影像图

图 2.53　原始调查底图

表 2.14　农村土地调查记录手簿(图斑)

_____村　　　　　　　　　　　　　　　　图幅号:_____

序　号	图斑预编号	图斑编号	地类编码	权属单位		权属性质	耕地类型	备　注
草图								

调查人:　　　　　　调查日期:　　　　　　检查人:　　　　　　检查日期:

　　两种调绘方法有不同的使用条件和范围。也可采用内外业一体化作业方法,携带装有影像、利用数据库等电子数据的计算机在野外现场调绘,现场矢量化。

　　c.地类调查程序

　　●设计调绘路线。

　　在外业实地调查前,首先要在室内设计好外业调绘路线。调绘路线以既要少走路又不至于漏调绘地物为原则,并做到走到、看到、问道、画到(四到)。

　　●确定站立点。

确定站立点在图上的位置(按站立点实地地形地物地类与影像上同一地形地物地类的相似性,反复对比确定);为了提高调绘的质量和效率,要选好的站立点(明显地物点,地势高,视野好,如道路交叉口、小山顶、居民点、明显地铁处等),并按计划路线调绘,同时要向两侧铺开,尽量扩大调绘范围。

● 核实、调查。

实地核实、调查应采取"远看近判"的方法,将地类的界线、范围、属性等调查内容准确调绘在调查底图上。通过外业,将内业解译或无法解译的内容依据实地现状进行核实或调绘。对室内解译正确的予以确认;有错误的进行修正;对未解译的部分,根据实地情况调绘或补测在调查底图准确位置上。同时,将调查的内容、属性标注在调查底图上或填写在《农村土地调查记录手簿》中。

● 边走边调绘。

根据调查设计的路线,在到达下一站立点途中,可依据影像边走、边看、边判、边记、边画,对室内预判的内容逐一核实、记载,在到达下一站立点后,再进行调绘。

● 询问。

在调查过程中应多向当地群众或向导询问,及时了解当地的土地利用的各种情况,主要用地类型、地名、工矿企业单位和权属等情况,保证调查的准确性。

d. 特殊类型图斑调绘

● 梯田、坡地图斑调绘。

梯田是指在山区、丘陵地区沿等高线由人工修筑的比较规整的台阶式农田。梯田分为石坎梯田和土坎梯田(见图2.54(a))。梯田可拦蓄雨水、防止水土流失,对农田的高产、稳产有很大作用。坡地指山区、丘陵地区自然坡面上形成的农田,坡地(见图2.54(b))上基本没有或有少量田坎,地块与地块之间由荒草或杂树分开。坡耕地易水土流失,耕地质量一般较差。

(a)梯田　　　　　　　　　　　　　　(b)坡地

图2.54　梯田与坡地认定

调查时要对耕地中的梯田、坡地单独划分图斑,并注明耕地类型为梯田或坡地,小于2°的耕地为平地。对耕地中梯田、坡地混在一起的,当两者都大于最小上图标准时,须分别调绘,划分图斑;当其中之一小于最小上图标准时,可综合到另一类型中。平地、梯田、坡地是对耕地的细分,是为了确定田坎系数测算和应用的类型。

● 破碎耕地调查。

在喀斯特地貌地区有一种类型的土地,没有明显的田坎,耕地很破碎并与裸岩、石砾混在一起散列式分布着,有些地方耕地多于非耕地,有些地方非耕地多于耕地,但都小于最小上图图斑标准,无法单独划分图斑,破碎耕地见图2.55。

图 2.55 破碎耕地

对于这种类型的土地,若需要调查,必须到野外实地调查。调查方法:实地目估,当散列式分布的耕地比例>60%时,将混在一起的耕地和裸岩石砾作为一个图斑调绘,地类确认为耕地,裸岩石砾用系数计算。实地估测非耕地面积占耕地图斑面积的比例(%),称为散列式非耕地系数。并用此系数在调绘的图斑面积中扣除非耕地面积,扣除地类为裸地。实地目估,当散列式分布的裸岩石砾比例大于60%时,将混在一起的耕地和裸岩石砾作为一个图斑调绘,地类确认为裸地,耕地用系数计算。实地估测耕地面积占图斑面积的比例(%),称为散列式耕地系数。并用此系数在调绘的图斑面积中扣除耕地面积,扣除地类按耕地末级地类统计。

• 狭长地类调绘。

在实际调查中,经常会遇到宽度小于图上 2 mm 类似于线状地物的,其他狭长地类,如狭长的耕地、园地、草地等。按下列原则处理。狭长地类面积小于最小上图标准面积时,可综合到相邻地类中,不进行单独调查。综合时尽可能不要综合到耕地地类中。当狭长地类面积大于最小上图面积时,可按线状地物调绘,如狭长的耕地、园地、草地、林带(线状地物不仅仅是河流、道路等)。实地丈量其宽度并记录,内业面积量算时扣除。

e. 图斑界线的表示

• 图斑以地类界线表示,当地类界线与线状地物、行政界线或土地权属界线重合时,省略不绘。

• 当各种界线重合时,依行政区域界线、土地权属界线、线状地物、地类界线的高低顺序,只表示高一级界线。

• 行政区域界线、土地权属界线作为符号使用时不视为图斑界线;作为非符号使用时视为图斑界线。

• 当以单线线状地物为图斑界,线状地物与行政区域界线或土地权属界线重合时,线状地物表示在准确位置作为图斑界,行政区域界线或土地权属界线作为符号使用,在线状地物一侧或两侧跳绘表示。

④线状地物调查

线状地物包括河流、铁路、公路以及固定的沟、渠、路等。通常规定北方≤2 m、南方≤1 m 的线状地物，要进行调绘并实地丈量宽度，丈量精确到 0.1 m。对宽度变化较大的线状地物，应分段丈量。实量沟、渠、路、堤等并列的或附近的线状宽度时，同时要查明线状地物的归属。调绘的线状地物应编号，实量宽度及归属填写在《农村土地调查记录手簿》中，见表 2.15。

表 2.15　农村土地调查记录手表（线状地物）

_____村　　　　　　　　　　　　　　　　　　　图幅号：_____

序　号	预编号	编号	地类编码	权属单位	权属性质	宽度(0.0 m)	扣除方式	备　注
草　图								
调查人：　　　　调查日期：　　　　检查人：　　　　检查日期：								

线状地物按规定的图例符号注记在基础测绘图件上：不依比例尺符号，绘在中心；依比例尺符号，实丈宽度描绘边界。对并列的小线状地物，在确保主要线状地物的权属和数据准确的前提下适当综合取舍。

⑤补测

为了保持图件的现势性而进行野外测量，称为补测。当地物、地貌变化不大时，采用补测；

当其变化范围超过 1/3 以上时,则进行重测或重摄。通常,修补测在基础测绘图件(工作底图)上进行,外业补测与外业调绘结合进行。补测的方法有交会法、坐标法等。

⑥工作底图的清绘整饰

经外业调绘和外业补测的航片或影像图应及时清绘整饰,经检查验收合格后,才能转入内业工作阶段。

3)内业工作

土地利用现状调查的内业工作,包括航片转绘、面积量算、成果整理等。航片转绘和面积量算是内业工作的中心内容。成果整理包括面积的汇总统计、土地利用现状图、权属图的编制及土地利用现状调查报告或说明书的编写等。

航片转绘是将航片外业调绘与补测的内容转绘到内业底图上的室内工作,其成果是编制土地利用现状图和土地权属界线图的原始工作底图。如外业调绘用的是单张中心投影的未纠正航片,它存在倾斜误差、投影误差和比例尺变化,因此,不能把调绘成果直接描绘到内业底图上,需要通过转绘来消除倾斜误差和限制投影误差,变中心投影为正射投影,并将航片比例尺归化到某一固定比例尺,以获得所需的工作底图。如所用航片为正射像片,或用常规航测方法或数字摄影测量方法制作土地利用现状图和土地权属界线图时,此项工作可以不做。

航片转绘可以用航片平面图或影像地图为底图,也可以用地形图为底图。目前,大多数地区的土地利用现状调查工作是以地形图为底图进行转绘的。

航片转绘的方法很多,根据转绘手段的不同,大致可归纳为图解转绘法和仪器转绘法两大类。图解转绘法是根据航片和地形图上已知同名地物点,利用直尺、圆规等作图工具,通过图解来进行转绘的方法。仪器转绘法是将航片外业调绘、补测的内容,通过仪器转绘到内业底图上。两种方法各有优缺点:图解转绘法的优点是费用少、方法简单、易于操作及普及;缺点是精度不高,较费工;仪器转绘法则具有速度快、精度高的特点,但费用大,不易普及。在土地利用现状调查中,常用的图解转绘法和仪器转绘法分类见图 2.56。

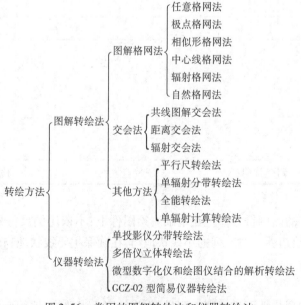

图 2.56　常用的图解转绘法和仪器转绘法

各地可根据图件资料和仪器设备情况、技术条件和土地利用调查的精度要求及地表条件等,选择各自适宜的转绘方法。

土地利用现状图、土地所有权属图等图件的绘制、面积量算、面积统计见学习情境 3 有关内容。

4)土地利用现状报告的编写

土地利用现状调查报告是现状调查的真实文字记录,是极其重要的成果资料之一,要求对整个调查工作进行系统的工作总结和技术性的总结探讨。编写的报告不仅对全面、系统、科学地管理土地具有重要意义,而且对编制国民经济计划、充实和发展土地科学、培养土地科学人才都有重要影响。

①编写要求

乡级要编写土地利用现状调查说明书,县级要编写调查报告。县级调查报告应着重归纳土地利用现状调查成果,分析土地利用的特点,并从宏观上提出开发、利用、整治、保护土地的意见。调查报告的内容应充实,文句要通顺,尽量做到文、表、图并用。

②乡级调查说明书的内容

主要叙述全乡概况,各类土地面积及分布状况,利用特征及问题,土地权属问题等。文后附调查人员名单及在调查中承担的任务。

③县级土地利用现状调查报告的内容

a. 自然与社会经济概况。包括调查区的地理位置及行政区划,本县行政区域形成的历史沿革及行政区划变化情况。进行外业调绘时,还包括本县所辖区、乡(镇)、场、村,自然条件与社会经济条件等。

b. 调查工作情况。包括调查工作的组织领导、调查队伍的组建与培训,工作计划与方法,执行规程的情况,技术资料的收集与应用,经费的筹集与使用,调查工作经验与存在问题,等等。

c. 调查成果及质量分析。主要包括:各项调查成果名称并简介其内容;对土地利用调查及土地权属调查结果的分析,如各类土地的比重与分布,地界的调绘与补测等;对各项调查成果质量的评价,即精度分析;存在的问题及产生的原因,等等。

d. 土地合理开发利用、整治保护的途径及建议。包括土地利用结构、利用程度、利用水平,土地利用中存在的问题,合理开发、利用、整治、保护土地的途径及建议。

5)土地利用现状调查成果检查验收

①检查验收制度

土地利用现状调查成果实行省、县、作业组三级检查和省、县二级验收制度。首先作业组自检和互检,然后县对作业组成果检查验收,最后省检查验收县的成果。各组检查验收人员还要评价被检查验收的成果质量。

a. 作业组的自检和互检。为使作业组的各项成果达到验收标准,必须加强作业组对成果质量的自检和互检。自检可在作业期间随时进行,互检在各作业组间进行,发现问题及时处理,把问题消灭在第一线。自检、互检后,应及时报请上一级检查小组进行检查。

b. 县级检查验收。县检查验收组或技术指导组负责对作业组成果进行检查验收。在作业组每道工序自我检查无问题的基础上按工序逐项进行,待上道工序检查合格,并由检查得签字后,作业组方可转入下道工序,以保证每道工序把住成果质量关。检查合格的成果,应退还作业组返工补课后另行检查。县级检查验收工作全部完成后,要写出检查验收报告,报省主管部门派检查组检查验收。

c. 省检查验收。可由省、地组成联合验收组,共同对县级成果进行检查验收。省对县级成果的检查验收,可在县级对各作业组成果全部检查验收合格的基础上一次进行。

②检查验收标准与步骤

土地利用现状调查成果的检查验收必须以《土地利用现状调查技术规程》及其补充规定的各项规定为准。凡按规程进行调查,作业项目达到规定要求的成果即为合格成果。

对各道工序的作业成果自检无误后,进行互检;互检之后,由县检查验收,认定合格后方可转入下道工序。互检和县级检查验收均应作检查验收记录,对检查发现和提出的各种问题,作业人员应认真处理。在全部工序完成后,县应进行全面的检查,并整理好调查的全部成果资料及各阶段的检查验收记录,写出成果检查验收说明,连同应上交的调查成果,一并报省土地管理部门。省土地管理部门在初步审核认定可以进行验收后,即组织检查验收人员赴县,对调查成果进行检查验收。

国土资源部和全国土地资源调查办公室可组织全国土地利用现状调查技术指导组成员对各省检验收的成果进行抽查。

③检查验收内容与方法

由于各地使用图件资料和作业方法的差异,检查验收的内容和方法也不尽相同。一般可分为外业调绘与补测、航片转绘、面积量算、统计汇总、图件绘制、调查报告和档案材料整理等项目进行检查验收。其具体内容与方法如下:

a. 外业调绘与补测的检查。在对全县各外业调查记录进行审查的基础上,随机抽取分布均衡的占全县总图幅数5%～10%图幅的调绘航片及相应的外业调查手簿,在室内进行作业面积及接边检查、图面检查和外业调查手簿的查对,然后再从各图幅中选一定数量的调绘航片和相应的外业调查手簿,确定其检查路线,到实地检查核对。

b. 航片转绘的检查。在检查转绘方法、作业过程及审查转绘检查记录的基础上,随机抽选4幅以上外业及转绘成果资料,每幅抽选1～2张调绘航片进行转绘检查。检查10个以上图斑或50个以上特征点,4幅图中至少20个以上权属界址拐点,并用其点位误差计算中误差,衡量其转绘精度。

c. 面积量算的检查。在审查全县各阶段面积量算作业检查记录的基础上,用精度高一级的量算方法,对面积量算成果进行检查。每县至少抽查100个图斑和100条线状地物。重点查控制面积及平差、量算精度、量算记录及汇总表。

d. 图件绘制的检查。图件绘制检查包括县、乡土地利用现状图的检查和土地权属界线图的检查。重点检查编制方法和成图质量。

e. 调查报告的审阅。是否按规程所列的内容真实、准确地反映本地调查特色,层次是否清楚,文字是否简练,图、表是否齐全。

f. 档案材料整理工作的检查。档案材料整理工作的检查内容主要是档案材料是否齐全,分类编目是否统一、合理,案卷是否填写清楚等。

④成果质量评价方法

成果质量评价采取计算质量合格率的方法进行,凡合格率在80%以上者为合格,低于80%者为不合格。质量评价方法如下:

a. 外业成果评价4个单项计算合格率,即:土地权属界线调绘补测,地物、地类调绘补测,调绘接边,外业手簿。

先计算单项合格率。单项合格率按下列公式计算:

$$单项合格率(\%) = \frac{合格项数}{检查总项数} \times 100\%$$

然后计算总评合格率。总评合格率按各单项合格率所占比重进行计算,即权属界线调绘占 30% ,外业手簿记载占 20% ,地物、地类调绘占 40% ,调绘接边占 10% 的比重计算总评合格率。总评合格率(%) = $\sum$(单项合格率 × 比重)。

b. 航片转绘成果评价。转绘成果分转绘内容和转绘精度二项进行评价。两个单项成果合格率计算好以后,可按转绘内容和转绘精度各 50% 的比重计算合格率。

c. 面积量算成果评价。面积量算成果分控制面积量算、碎部面积量算、面积汇总统计 3 个单项计算合格率。

d. 图件成果评价。图件成果评价分为分幅土地利用现状图、县土地利用现状图、乡土地利用现状图、分幅土地权属界线图 4 个单项计算合格率。再以分幅现状图占 40% 、其他 3 项各占 20% 的比重计算合格率。

e. 调查报告评价。调查报告内容齐全,进行一般论述为合格,其合格率为 80% ~85% ;内容客观实际且有本地特色,受到领导重视的其合格率为 85% ~90% ;报告立意新颖、对当地国民经济发展有重大影响的合格率可高于 90% 。

f. 档案材料整理评价。分材料齐全、分类编目统一、案卷填写清楚三方面进行评述:基本符合要求,合格率为 80% ~85% ;完全符合要求,其合格率为 85% ~90% ;有创新的合格率可高于 90% 。全符合要求,其合格率为 85% ~90% ;有创新的合格率可高于 90% 。

g. 县级成果综合评价,它是对县级成果的总评,以质量总评合格率为评价依据,用评语来评定合格、良好、优秀评语评定成果等级。评价分以下两步进行:

第 1 步:计算质量综合合格率。取以上 6 项成果质量总评合格率的加权均值,作为全县成果质量综合合格率。其计算公式为

$$综合合格率(\%) = \sum(各总评合格率 × 比重)$$

各项比重参见表 2.16。

表 2.16　各项总评合格率的比重

检查项目	比重/%	检查项目	比重/%
外业成果	25	图件成果	10
航片转绘成果	25	调查报告	10
面积量算成果	25	档案材料整理	5

第 2 步:综合评价。可按表 2.17 评定。

表 2.17　综合评价等级表

等级 项　目	合　格	良　好	优　秀
质量综合合格率/%	80 ~85	85 ~95	>95

⑤验收标准

a. 外业成果验收标准。在检查合格的外业成果中还包含有不合格部分,其中有的问题还较严重,如重大问题的漏调、错调、漏补、补错权属界线、地物等。这些问题不经处理改正不能

验收。对于超出限差甚微或对成果影响不大的可不改正。返工与不必改正的标准见表2.18。

表2.18 外业返工标准

项 目	允许误差		返工标准
线状地物宽度测量/m	±1.0		> ±2.0
调绘点位移/mm	明显地区0.3		> 0.4
	困难地区1.0		> 1.4
补测点位中误差/mm	平地、丘陵0.8		> 1.1
	山地1.2		> 1.7
有方位控制补测点位/mm	0.5		> 0.7
最小图斑面积/mm²	居民点4		> 4
	耕地、园地6		> 6
	其他地类15		> 15
接边误差/mm	平地1.5		> 1.5
	丘陵2.0		> 2.0
	山地3.0		> 3.0
	线状地物宽度1.0		> 2.0
线状图斑宽度/mm			> 5.0 未编图斑者

b. 内业成果验收标准。经检查合格可验收的各项内业成果中,存在以下问题之一必须改正,否则不能验收:量算工具的单位面积值计算错误;控制面积量算表中的图幅理论面积、分划值抄错,误差超限平差,平差前后的图斑面积之和计算错误;县、乡、村各类土地面积统计表,县、乡、村耕地坡度分级表和县、乡土地边界结合表中的任何面积数错误都必须改正;县际接边图中的图幅理论面积与分县面积不一致的必须改正,接边图与工作底图上同一县界两图表示位置不一致的要查清;分幅土地利用现状图中的图面要素应与工作底图一致,任何不一致之处都应改正;县、乡土地利用现状图中漏绘主要居民点、地物,土地权属界线不闭合,漏绘地类符号,图廓整饰项目不全的都要补充改正;调查报告中面积数据应用错误的或情况失真的要改正。

⑥编写检查验收报告

县级调查成果经省检查合格验收后,由省写出检查验收报告,对成果质量给予全面鉴定,并由省土地管理部门向县颁发质量合格证书。检查验收报告主要内容如下:

a. 参加检查验收人员、检查时间和检查方法。

b. 单项、总评合格率及综合评价等级。

c. 不合格部分主要问题的类型、性质、数量及处理结果。

d. 对成果的利用意见及建议。

三、耕地坡度等级与田坎系数测算

1. 耕地坡度等级确定

1)耕地坡度分级

在地类调查的同时,一般在地形图上对面状地类界范围实施坡度调查,坡度是指成片的土地的坡度,其中小块土地的异常坡度并不改变成片土地的坡度。农村土地调查将耕地坡度划分为小于等于2°、大于2°小于等于6°、大于6°小于等于15°、大于15°小于等于25°、大于25°等5个级别(上含下不含)。坡度≤2°的视为平地,其他坡度中又分为梯田和坡地两类。耕地坡度分级见表2.19。

表2.19 坡度分级

坡度分级	≤2°	2°~6°	6°~15°	15°~25°	>25°
坡度级代码	I	II	III	IV	V

2)耕地坡度量算方法

耕地坡度可通过1:10 000地形图上等高线和坡度尺直接从图上量取,也可采用DEM制作坡度图量取。

①坡度图法

将土地利用图与地形图套合,室内根据地形图上等高线,利用坡度尺,测算各耕地图斑所在的坡度或坡度级,由此形成耕地坡度图。

②DEM生成法

利用DEM生成坡度图,将坡度图与土地利用数据库叠加,计算耕地图斑的概率坡度、平均坡度、最大坡度、最小坡度或优势坡度。

采用1:50 000或更大比例尺数字高程模型(DEM)生成坡度图,套合土地利用现状图,自动量算的方法确定梯田、坡地的耕地坡度分级。

3)利用DEM量算耕地坡度等级

①DEM选择

DEM比例尺的选择取决于调查区域的地形地貌和土地利用类型特征。我国正在进行的二次调查采用1:50 000DEM。对于喀斯特地区优先选用1:10 000,5 m格网DEM数据。其他地区山区优先选用1:10 000,25 m格网DEM数据,丘陵、平原区应选用1:50 000,25 m格网DEM数据。

②质量评价

质量评价包括对DEM精度检查、现势性检查、数据完整性检查及数据文件检查。

③DEM数据预处理

DEM数据预处理包括坐标转换、中央经线变换、镶嵌和重采样等。

④坡度计算

利用主要坡度计算模型进行计算。

坡度计算模型为

$$\tan p = \sqrt{\left(\frac{\partial z}{\partial x}\right)^2 + \left(\frac{\partial z}{\partial y}\right)^2}$$

⑤坡度量算单元确定

耕地坡度量算单元是以一个完整图斑为一个单元计算。

⑥坡度等级计算

将坡度图与土地调查数据库中的地类图斑层叠加,计算耕地图斑内的主要坡度级,确定该图斑所属的坡度级。当某一个坡度级面积比例大于50%时,该坡度级为该耕地图斑的坡度级。当某一耕地图斑中,有两个(或两个以上)坡度级且面积比例相当、之间的界线明显时,可将该耕地图斑划分为两个(或两个以上)不同坡度级的耕地图斑,但划分不宜过细。同时还应确定图斑平均高程。

2.田坎系数测算

1)田坎系数测算

①田坎系数

耕地中北方宽度大于等于 2 m、南方宽度大于等于 1 m 的地坎称为田坎(小于 1 m 的地坎计入耕地)。田坎系数指田坎面积占扣除其他线状地物后耕地图斑面积的比例(%),即

田坎系数 = (田坎 + 未上图的非耕地面积)/(耕地图斑面积 - 已上图的非耕地面积)

耕地图斑地类面积 = (耕地图斑面积 - 已上图的非耕地面积)× 田坎系数

田坎系数的大小随着耕地所处位置(丘陵、山区)、耕地类型(梯田、坡耕地)和利用方式(水田、旱地)等的差异而不同。一般规律是:耕地所在的地面坡度越大田坎系数越大;旱地比水田的田坎系数大;坡地比梯田的田坎系数大;山区比丘陵的田坎系数大。

②田坎系数测算要求

《规程》中规定,耕地坡度大于2°时,可测算耕地田坎系数,用系数的方法扣除田坎面积;对坡度小于等于2°的耕地中的田坎,不允许采用系数的方法扣除,必须外业实地量测,逐条调绘在调查底图上,内业面积量算时逐条扣除。田坎系数由省(区、市)统一组织测算,由省级土地调查办公室制定本省田坎系数测算方案,报全国土地调查办批复后,统一组织测算,测算结果是检查验收内容之一。测算时应按耕地分布、地形地貌相似性等特征,对完整省(区、市)辖区分区。区内按不同坡度级和梯田、坡地类型分组,选择样方测算系数;样方应均匀分布,数量不少于 30 个,单个样方不小于 0.4 hm²(6 亩)。

2)样方分组及样方

样方按形成和影响耕地使用、利用、分布的主要因素:地形地貌、坡度级、耕地类型分组。依据地形地貌划分地貌类型区,地貌类型区一般不破乡(镇)。每个地貌类型区再分为若干坡度级,每个坡度级再分为水田和旱地两种耕地类型。在每个组内,均匀布设样方,样方个数按组的总面积确定。样方在调查底图上选定,样方一般应为完整图斑。

①分区

按地貌类型划分为丘陵、山区、高山区不同的地貌类型区域。分区时尽可能不打破完整乡辖区。特殊地区,可进一步细分地貌类型区域。

②分组

在每个区内,再根据不同的坡度级和耕地类型组合进行分组(见表 2.20)。

表 2.20　样方分组表

地貌类型 \ 地面坡度	大于2° 小于等于6°		大于6° 小于等于15°		大于15° 小于等于25°		大于25°	
	梯田	坡地	梯田	坡地	梯田	坡地	梯田	坡地
丘　陵	1组	2组	3组	4组	5组	6组	7组	8组
山　区	9组	10组	11组	12组	13组	14组	15组	16组
高山区	17组	18组	19组	20组	21组	22组	23组	24组

③确定样方

每组布设不少于 30 个均匀分布的样方(样方个数按组的总面积确定),单个样方面积不小于 0.4 hm²(6 亩),须在调查底图上标注,同一组的样方从影像上看地貌及耕地纹理应基本一致。

④田坎测量

在确定的样方内,实地丈量南方≥1.0 m 每一条田坎的长度和宽度(田坎宽度不均匀时应分段测量),每一块(条)已上图和不能上图的非耕地的长和宽(或面积),长度和宽度的测量精确到 0.1 m。按长乘以宽计算每一条田坎面积。若影像清晰,田坎长度也可在调查底图上量取。全部测量数据应准确填写在《田坎系数测算表》(见表 2.21)上,并绘制样方图。样方总面积可用全站仪测量,也可以根据土地利用现状图量算。样方测量也可采用全站仪测量全部田坎和非耕地的面积。

表 2.21　样方田坎系数测算表

区:　　　　组:　　　　样方编号:　　　　县:　　　　乡:　　　　村:　　　　图幅号:

耕地类型:　　　　坡度级:　　　　　　　　　　　　　　单位:m²(0.0),m(0.0)

田　坎				其他线状地物			
编　号	长	宽	面　积	编　号	长	宽	面　积
1	2	3	4	5	6	7	8
合　计				合　计			

样方面积:　　　　　　　　　　　　　　田坎系数:

草图:　　　　　　　　　　　　　　　　备注:

量测人:　　　　日期:　　　　检查人:　　　　日期:　　　　第　　页共　　页

填表说明:

• 本表以样方为单位填写;

• 样方田坎系数计算公式:样方田坎系数 = 田坎面积合计/(样方面积 − 其他线状地物面积合计)×100%;

• 草图栏,实地绘制样方及样方内的田坎和其他线状地物位置、编号等;

• 备注栏,填写需要备注的有关内容。

⑤田坎系数计算

实测样方中的田坎面积,计算样方田坎系数,即田坎面积占扣除其他线状地物后样方面积的比例(%)。样方面积一般采用样方耕地图斑面积,即

$$样方田坎系数 = 样方中田坎面积合计 / (样方耕地图斑面积 -$$
$$其他线状地物面积合计) \times 100\%$$

计算每一个样方的田坎系数。将计算结果填写在"样方田坎系数测算表"中。

⑥平均田坎系数计算

对田坎系数的测量值和田坎系数成果进行数理统计和分析。为了保证同一组样方田坎系数的准确性和具有代表性,同一组样方各田坎系数应在一定区间范围内。当同组样方田坎系数相对集中、最大值不超过最小值的30%时,取其算术平均数,作为该组耕地的田坎系数。对本组内不符合要求的田坎系数,应剔出,查找原因或重新选择样方。田坎系数如表2.22所示。

表2.22 田坎系数

省: 区:

坡度级	样方类型	样方田坎系数总和	样方数	田坎系数	坡度级	样方类型	样方田坎系数总和	样方数	田坎系数
>2° ≤6°					>6° ≤15°				
>15° ≤25°					≥25°				
备注:									

计算人: 日期: 检查人: 日期:

填表说明:

- 依据表G1计算不同区、坡度、耕地类型田坎系数。
- 田坎系数 = 样方田坎系数总和/样方数。
- 备注栏,填写需要备注的有关内容。

⑦田坎面积扣除

根据每一组平均田坎系数所代表的区域类型,和耕地图斑所处的地貌区域、坡度和耕地类型选择相应的田坎系数,用于田坎面积扣除。扣除时应分坡度、分耕地类型计算每一块耕地图斑的田坎面积,并在该图斑面积中扣除。田坎面积必须按图斑扣除,不允许以村、乡、县等区域整体扣除。将扣除的田坎面积填写在相应表格。

⑧检查验收

全国土地调查办负责对各地测定的田坎系数进行检查验收,检查验收的主要内容包括:成果是否齐全,样方的地貌类型和耕地坡度级划分是否正确,样方是否有代表性,样方数量和每一个样方面积是否符合要求。实地抽查田坎丈量是否正确,平均田坎系数计算是否正确,田坎系数样图制作是否符合要求,田坎面积扣除方法是否正确等。

子情境3　土地等级调查与估价

一、土地等级调查

1.土地等级调查概述

1）土地的质量与性状

不同质量水平的土地被人们利用的程度是不一样的,认识土地的质量,客观上是人们利用土地资源的基础。

随着科学的发展,人们对于土地质量的认识也越来越深入。土地质量是土地相对于特定用途所表现(或可能表现)出的效果的优良程度。土地质量总是与土地用途相关联的,其适宜的用途受土地本身的性状和环境条件的影响。土地性状是指土地在自然、社会和经济等方面的性质与状态,是判断土地质量水平的依据。土地评价,如土地开发和利用的评价、土地生产潜力的评价、土地等级的评价,都必须以土地性状为基础。

土地性状指标,通常是指土地的一些可度量或可测定的属性,包括土地自然属性和社会经济属性。土地的自然属性包括土壤、地形地貌、水文、植被、气候等;土地的社会经济属性包括土地利用的现状、地理位置、交通条件、单位面积产量、城市设施、环境优劣度等。

2）土地等级评价

土地等级是反映土地质量与价值的重要标志。土地等级是地籍内容的重要组成部分,在地籍调查中也要把土地等级调查清楚,记载在地籍调查表中。

土地等级评价,又叫土地分等定级,是指在特定的目的下,对土地的自然和经济属性进行综合鉴定并使鉴定结果等级化的工作。土地用途不同,衡量等级的指标也不同。因此,土地等级评价是一项极其复杂、涉及学科较多的综合性工作。土地分等定级是地籍管理工作的一个重要组成部分,它是以土地质量状况为具体工作对象的,并且必须以土地利用现状调查和土地性状调查为基础。

城镇土地分等定级是对城镇土地利用适宜性的评定,也是对城镇土地资产价值进行科学评估的一项工作。其等级是揭示不同区位条件下的土地价值规律。

农用土地分等定级则是对农用土地质量,或是对其生产力大小的评定,也是通过农业生产条件的综合分析,对农用土地生产潜力及其差异程度的评估工作。农用土地分等定级成果直接为指导农用土地利用和农业生产服务。

2.土地性状指标的调查

土地性状调查是指对土地性状指标的调查,包括土地自然属性及社会经济属性的调查。

1）土地自然属性调查

土地自然属性包含着许多具体的项目指标,涉及多种专门的调查知识和方法,有专门的论著可以借鉴。这里仅就其地形、土壤、农业气候、植被的调查内容作简要介绍。

①地形地貌调查

主要查清地面的地貌类型、坡度、坡向、绝对高度(高程)、相对高度(高差)等。

a. 地貌类型

从大的方面,地貌可划分为山地、丘陵、平原。它们在土地性状方面表现出极大的差异。有时为了较细地考察土地性状,从地形特征的角度还可再细分,如平原、山地丘陵、河谷等。

b. 坡度

坡度是指地面两点间高差与水平距离的比值。坡度大小对土地性状影响很大,它与土壤厚度、质地、土壤水分及肥力都直接相关,制约着土壤中水分、养分、盐分的运动规律,是各类农业生产用地适宜性的重要指标。各地在农业利用上划分坡度级的标准很不一致,特别是南北方之间,目前除考虑到适用于规划耕地利用的需要外,划分土地坡度级的重要指标还在于考虑对水土流失的防治,尤其是土地垦殖的临界坡度。

c. 坡向

破向(即坡地的朝向)是坡地接受太阳辐射的基本条件,对地面气温、土温、土壤水分状况都有直接的影响,对于某些农业生产(果树病害、作物适宜性)尤为重要,对于居民住房建设也有很大的影响。坡向可从地形图上判读或在实地测量。

d. 绝对高度(海拔高程)

地面高度通常是农业生产利用,尤其是一些农作物适宜种植的临界指标,对于农、林、牧分布也极为重要。我国的海拔高度起始面为黄海平均海水面,称为黄海高程系。根据地形图上的高程点注记及等高线,可直接从地形图上查得任意位置土地的绝对高度。

e. 高差

表示地面上两点间的高程上的差值。由于地面各点的绝对高度可从地形图上判读,因此,高差同样可以从地形图上推算而知。高差为区分地形特征、考虑灌排条件以及为农业技术的运用提供依据。

②土壤调查

土壤性状是土地性状的主要构成部分。特别是对于农业土地利用来讲,土地的生产性能主要取决于土壤肥力,即土壤供给和调节作物所需水分、养料、空气和热量的能力,因而土壤调查的主要目的是反映土地的肥力水平。农作物产量是反映土地肥力水平的重要标志,但单纯从农作物产量来考察土壤质量性状,有较大的局限性,而且需一系列附加条件。最好能在土壤供肥过程发生之前就能判断土壤供肥能力。

土壤调查的项目很多,其中一些项目,针对不同地点和不同用途,其调查的价值相差极大,在调查前需认真选择。调查的项目主要是土壤质地、土层厚度及构造、土壤养分、土壤酸碱度和土壤侵蚀等。

③农业气候调查

农业气候调查的主要内容为光照强度、热量、水分等要素。

光照强度只在个别地区才会有过大或过小的情况。光照的显著差异,通常是小气候的特征之一,在考察小气候条件时有必要调查这方面的资料。

热量对农作物发育有着十分重要的影响。热量以温度表示。常用指标有农业界限温度的通过日期、持续日数、活动积温(大多作物均以大于 10 ℃的活动积温为指标)、霜冻特征等。

水分条件对于作物生长尤其是作物的生产率关系甚大。过多或过少的水分都会抑制作物的生命活动。主要调查内容为年降水量、干燥指数等,尤其是农作物生长需水季节的降水量。有条件时最好统计降水量高于或低于某作物需水值的累计总频率,即降水保证率。对于空气中的水分,可通过测定空气相对湿度、测算湿润指数(或干燥指数)或者计算干燥度来调查。

④植被调查

主要查清植被群落、盖度、草层高度、产草量、草质以及利用程度等。

群落通常以优势植物命名。盖度则以植被的垂直投影面积与占地面积的百分比来表示。它们共同反映了当地对植物生长的适宜程度及适宜种类,是土地质量多种因素的综合反映指标。

草地调查在荒地及草原等地区尤为重要。草层高度是其首要指标,主要是指草种的生长高度。其营养枝的高度称为叶层高度。它们是草层生产能力的重要指标。按植株的生长高度、健壮程度等可将草被的生活力按强、中、弱加以分别调查。草被更为有效的反映指标是草被质量和产草量。对于草被质量,主要是调查可被食用的草的数量和营养价值,以及其中有毒、有害植物的种类及分布。

2)土地的社会经济属性调查

土地利用从来不是一项只受自然规律制约的人类活动。土地利用方向和效果在很大程度上受社会经济因素的制约。这方面的有关项目指标非常多,有许多是社会经济与农业经济调查的内容,这里仅就主要调查指标加以介绍。

①地理位置与交通条件

从地理分布来讲,重要的在于反映土地与城市、集镇的相对位置,与行政、经济中心的相关位置,与河流、主要交通道路的相对关系。可以通过对地图的分析和调查查清上述要素的分布、相互距离、各自规模、利用(效益)程度等。对于城市用地,"位置优势"往往是衡量土地质量的主要因素。对于农业利用,虽然位置的作用具体表现上与城市不完全一样,但它依然十分重要,是决定土地利用方向、集约利用程度和土地生产力的重要因素。交通条件方面除对道路分布、等级、宽度、路面质量、车站、码头等有必要调查外,对当地货流关系的调查有时很有必要,因为它对于开发产品,疏通流通环节,充分发挥土地资源优势,都是十分重要的。在交通条件调查中,有时也需对运输手段、运输量做出调查。

②人口和劳动力

人口及劳动力对提高土地利用集约化水平是重要的因素。应当查清人口、劳动力数及其构成情况。尤其应当调查统计人均土地、劳均耕地等直接关系到土地利用集约程度的指标。此外,人口增长率、人口流动趋势也可为调查的指标。

③农业生产及农业生产环境条件

农、林、牧、渔生产结构与布局,反映了当地土地利用的方向,应当加以查明。作物品种、布局、轮作制度、复种指数、农产品成本、用工量、投肥量、单产、总产、产值、纯收入、林木积蓄量、载畜量、出栏率、牲畜品种、鱼种类等,可根据研究土地资料的目的,有选择地加以调查。农业生产条件,如水利(灌溉、排水)条件,包括水源、渠系、水利工程、机电设备,往往是对土地质量水平有关键作用的因素,应加以调查。此外,与农业机构有关的机械设备、机械作业经济效益等指标在机械化作业地区也是很重要的。

④土地利用水平

上述不少指标与土地利用水平有关。除已叙述的项目外,主要有土地开发利用和土地组织利用方面的项目。土地开发利用方面,可以对反映当地土地质量水平的指标做调查,如土地垦殖率、土地农业利用率、森林覆盖率、田土比、稳产高产农田比重、水面养殖利用率等;土地组织利用方面,主要有农、林牧用地结构和地段形态特征的调查。

⑤地段形态特征

在机械化作业的情况下,地段形态特征是很重要的调查项目。它是指一定范围土地的外形及内部利用上的破碎情况,是影响土地高效利用的因素。调查具体项目指标按需要选取,小到每一个地块的耕作长度和外部形状,大到一定范围内土地的破碎情况,甚至一个土地使用单位的相连成片的土地的规整程度。土地范围规整程度可用规整系数、紧凑系数或伸长系数来衡量。

二、土地定级估价

1.土地分等定级概述

1)土地分等定级的含义

土地分等定级是在特定的目的下,对土地的自然和经济属性进行综合鉴定,并使鉴定结果等级化的过程。

土地分等级是地籍贯管理工作的一个重要组成部分。在掌握和管理土地数量、质量和权属的各项地籍工作中,土地分等定级是以土地质量状况为具体工作对象的。因此,它是衡量土地质量好坏的必要手段,也是土地管理的一项基础性工作。

土地分等定级在我国有着悠久的历史。早在我国上古时代就有按土壤色泽、质性或水分状况来识别土壤肥力,进行土地生产力的评估和分类的记载。在《禹贡篇》和《管子·地员篇》中就有当时黄河流域及长江中下游土壤分类评级的实际记载。据《禹贡篇》记载,夏禹平水后,将九州土地的自然肥力估计为上、中、下3等,每等又分上、中、下3级,共9级,并按土地等级规定田赋标准。距今2630余年战国时的《管子·地员篇》中,将土地分为3等18类,每类又分为5种,共90种。这是世界上最早的土地分类和土地评级的著作。

古代土地分等定级主要用以制订田赋等级标准和作为确定地租的依据。现代,土地分等定级成果有了更多的用途,除了为土地估价提供控制区域,为确定土地税额、土地征用补偿等提供依据,还为土地利用规划、布局、合下组织城乡土地利用提供基础资料。

土地分等定级是土地评价的一种类型,在土地评价科学的范畴里,它是一个重要的组成部分。土地评价是指在特定目的下,对土地生产力进行鉴定、评估或估价的过程,也是人类对土地的自然、经济属性及其发展规律的认识和掌握的过程。

土地评价包括的范围很广,由于评价的目的、用途、方法、手段和体系上的差异,评价可划分为多种类型。

从评价对象上可把评价分为农用土地的评价和非农用土地的评价。前者主要是对耕地、林地、草地、园地等农用土地生产力、效益差异、级差收益分布状况的评价;后者是对城镇住宅用地、工业用地、商业用地等非农用土地利用效益的差别、级差收益的评价。

按评价结果的差别可分为分等定级评价和描述性评价两类。分等定级评价又称比较性评价,是针对某种用途将土地的质量好坏程度进行比较,重点是依据土地生产力或土地表现出的劳动生产率评出土地的等级差。评价得到的结果是可比的土地质量等级,往往多用"一等""三级"等描述。描述性评价又称解释性评价,是评定土地对各种用途的利用效率或适宜性,对土地评定的成果往往是用描述性的语言来表示,如好、坏、适宜、不适宜等,而不必对结果划分等级。

按评价的角度和出发点不同,可把评价分为适宜性评价和效益性评价两类。适宜性评价是针对土地持续地用于某种用途的适宜度的评价,评价是从指出土地合理利用方向及进一步改善经营管理的可能性的角度出发,以土地适宜性和适宜程度作为评价重点。故这种评价多作为制定规划、调整土地利用布局的重要依据。效益性评价又称生产能力或利用效益评价,其出发点是指明生产力或利用效益的高低及分布状况。效益的高低是评价的重点,故常作为土地投资决策和征税等的基础。

从评价的时间特性看,可分为现状评价和预测(潜力)评价。现状评价是对当前土地利用现状的适宜性或生产力等进行评价,土地质量高低的现实状况是评价依据。评价结果是制订当前管理和利用土地的政策和方法的基础,大多数等级评定、适宜性评价都属这一类。而预测评价(又称潜力评价)评定的是土地在将来经某种改良、开发后,或某种土地特性、环境条件变化后,预期的土地质量的高低。评价结果是土地利用规划、布局,评估土地开发、利用的预收益等工作的依据。土地潜力评价、土地潜在适宜性评价都属这类。

从土地的划分和描述方法分类,则有定性评价和定量评价。定性评价是用定性的术语来描述土地质量的好坏和进行评级;定量评价则以数字或指标通过计算、整理来评定土地等级。目前,土地评价多采用定性与定量相结合的方法,并不断向定量评价发展。

综上所述,土地分等到定级是属于比较性、效益性和现状性的评价。

2)土地分等定级的类型和方法体系

①类型

按城乡土地的特点不同,土地分等定级可以分为城镇土地分等定级和农用土地分等定级两种类型。城镇土地分等定级是对城镇土地利用的适宜性的评定,也是对城镇土地资产价值进行科学评估一项工作。其等级是揭示城镇不同区位条件下,土地价值的差异规律的表现形式。农用土地分等定级则是对农用土地质量,或是对其生产力大小的评定,也是通过对农业生产条件的综合分析,对农用土地生产潜力及其差异程度的评估工作。农用土地分等定级成果直接为指导农用土地利用和农业生产服务。

②等级体系

为正确反映土地质量的差异,土地分等定级采用"等"和"级"两个层次的划分体系。城镇土地等反映城镇之间土地的地域差异。它是将各城镇看作是一个点,研究整个城镇在各种社会、自然、经济条件影响下,从整体上表现出的土地差异,土地等的顺序是在各城镇间进行排列的。

城镇土地级反映城镇内部土地的区位条件和利用效益的差异。通过分析投资于土地上的资本、自然条件、经济活动程度和频率等条件得到土地收益的差异,并据此划分出土地的级别高低。土地级的顺序是在各城镇内部统一排列。

农村土地等反映不同质量农用地在不同利用水平、不同利用效益条件下收益的差异。土地等的划分依据是构成土地质量的、长期稳定的自然条件的差别,以及土地生产潜力的现实利用水平和土地利用经济效益上的差异。土地等的等级顺序按全国农用地间的相对差异进行比较、划分。

农村土地级反映土地等影响下的土地的差异。土地级的划分依据是影响土地质量的、易变的自然条件的差别,以及利用水平、利用效益的细小差异。土地级的数目、级差及排列顺序在县范围内按相对差展异评定。

由此可见,农用土地分等以稳定因素作为基本依据,农用土地定级以易变因素作为基本依据。

③方法体系

城镇土地分等定级方法目前主要有3种,即多因因素综合评定法;级差收益测定法;地价分区定级方法。3种方法的特点如下:

a. 多因素综合评定法是通过对城市土地在社会经济活动中所表现出的各种特征进行综合考虑,揭示土地的使用价值或价值及其在空间分布的差异性,划分土地级别。多因素综合评定法的指导思想是从影响土地使用价值或质量的原因着手,采用由原因到结果,由投入到产出的思维方法,即通过系统地、综合地分析各类因素和因子对土地的作用强度,推论土地在空间分布上的优劣差异。

多因素综合评定法采用按间接评定的参数体系设计,采用累加型公式。

假定土地定级中选取 m 个因素,每个因素包含 n 个因子,土地评价单元内某单元的评价值等于各因子分值累加之和,即

$$P_i = \sum_{j=1}^{n} F_{ij} W_{ij} \tag{2.1}$$

式中　P_i——i 因素的评分值;

　　　F_{ij}——i 因素中第 j 因子的分值;

　　　W_{ij}——i 因素中第 j 因子的作用指数。

若 P 为土地某个评价单元的总评分值,W_i 为第 i 因素的权重值,则该土地评价单元的总分值可由各因素分值累加求得,即

$$P = \sum_{i=1}^{m} P_i W_i \tag{2.2}$$

根据式(2.2)算出的各单元的总分值,可划分出土地级别。

b. 级差收益测算评定法是通过级差收益确定土地级别的,其指导思想是从土地的产出,即企业利润入手,认为土地级别由土地的级差收益体现,级差收益又是企业利润的一部分,因此,由土地区位差异所产生的土地级差收益完全可以通过企业利润反映出来。级差

收益测算方法主要对发挥土地最大使用效益的商业企业利润进行分析,从中剔除非土地因素(如资金、劳力等)带来的影响,建立适合的经济模型,测算土地的级差收益,从而划分土地级别。

c.地价分区定级方法的指导思想是直接从土地收益的还原量——地价出发,根据地价水平高低在市域空间上划分地价区块,制订地价区间,从而划分土地级别。

由于上述 3 种方法各有优缺点,在实际土地定级中,应根据实际情况将各种方法结合使用。

3)土地分等定级原则

分等定级原则是指土地分等定级工作中在技术和方法上所遵循的依据和标准。

①综合分析原则

影响土地利用效益的因素是多种多样的,因此,土地级别既要反映土地在经济效益上的差异,也要反映经济、社会、生态等综合效益的差异。

②主导因素原则

主导因素原则与综合分析原则并不矛盾,二者相辅相成。虽然影响土地级别的因素众多,但在定级中应重点分析对土地定级起控制和主导作用的因素,突出主导因素,抓住主要矛盾。

③地域分异原则

土地的地域差异规律是土地的自然和社会经济各因素不同组合的结果,它反映了地域间土地生产力或利用效益上的差别。地域差异明显存在但又不是一成不变的。在土地定级中应掌握土地区位条件和特性的分布与组合规律,并分析各个由于区位条件不同形成的地域分异状况,将类似地域划归同一土地级。

④定级与估价相结合的原则

土地定级已不是一个单纯的工作过程,它已经越来越与估价紧密结合在一起。多因素综合评定法评定土地级别,评定结果只有土地单元的分值;而级差收益测算法则初步将定级与估价结合了起来。随着土地使用制度改革的深化,土地市场逐渐发育成熟,房地产交易管理的加强,各种地价评估方法将得到有效应用。应充分利用房地产市场资料,在定级基础上进行估价,用估价成果对定级成果加以验证、校核。

2.城镇土地定级方法

城镇土地定级是一项技术性较强的工作,工作过程严谨,必须遵循一定的程序,整个工作过程大致可分为以下 4 个阶段(见图 2.57):

第 1 阶段:定级准备、工作方案制订及资料收集过程。

第 2 阶段:土地级别划分及确定过程。

第 3 阶段:报告编写、成果验收阶段。

第 4 阶段:成果应用和更新阶段。

如果计算和制图全部采用机助处理,则定级的工作程序将有所变化,工作过程简化,工作效率将大为提高(见图 2.57)。

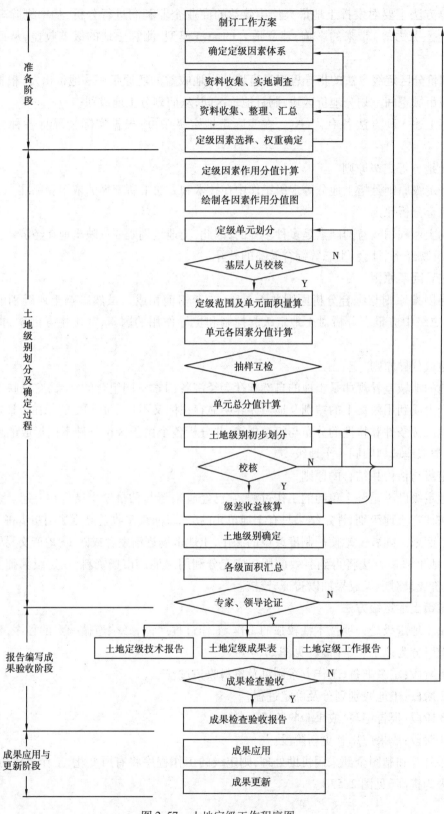

图 2.57　土地定级工作程序图

1）定级因素指标体系

定级因素是指对土地级别有重大影响,并能体现土地区位差异的经济、社会、自然条件。

①影响土地级别的主要因素

城市是一个复杂的系统,社会经济活动频繁,各种设施众多,影响土地级别的因素复杂多样,主要是城市区位、城市设施、环境质量、人口状况等几个方面。从因素内容体系出发,可归纳为以下 5 类(见表 2.23)。

表 2.23　城市土地定级因素表

定级因素	繁华程度	交通条件			基本设施状况		环境状况			人口状况
	商服繁华影响度	道路通达度	公交便捷度	对外交通便利度	路网密度	生活设施完善度	公用设施完善度	环境质量优劣度	文体设施影响度	绿地覆盖度	自然条件优越度	人口密度
选择性	必选	至少一种必选		必选		至少一种必选		备选			备选
重要性顺序	1	2 或 3				3 或 2		4 或 5			5 或 4
权重值范围	0.2～0.4	0.3～0.05				0.3～0.05		0.2～0.03			0.15～0.02

a.繁华程度方面。主要是指商服繁华影响度因素。该因素是土地定级工作中必须涉及的因素,是反映土地经济区位最重要的指标。衡量繁华程度有多项指标,如人口密度、商业繁华程度等,其中商业、服务业繁华程度相对易测,便于衡量,也较直观,是衡量繁华程度的重要指标。一般随着距商服中心距离的增大,城市经济活动相对变弱,商服中心对其吸引力也逐渐减小,地段繁华程度下降。因此,选用商服中心对其服务半径之内经济活动吸引力的大小反映相应地段的繁华程度。

b.交通条件方面。主要有道路通达度、公交便捷度、对外交通便利度、路网密度等因素。城市地段上交通条件优劣,包括市内交通和对外交通。从城市在区域中的作用和地位而言,对外交通起重要作用;对一般城市内部而言,市内交通则更为重要。而体现地段通达性的,首先是道路的宽度、类型、等级、道路的相对位置,如果道路上有便捷的公共交通,则无疑提高了路线经济活动或旅行的方便程度。快速便捷的交通,使人流、物流、信息流运动加快,物质交换和能量交换增多,节约时间,减少运费,为土地使用者带来可计量和不可计量的许多经济利益和心理满足。

c.基础设施方面。城市的含义之一就是城市型基础设施通过的区域。我们选用生活设施完善度、公共设施完备度两个因素来表示。生活设施指居民生活、生产所必不可少的供水、排水、供电、供气、供热、电讯等设施;而公共设施则指与居民日常生活密切相关的公众共同合用的服务设施如中学、小学、幼儿园、粮店、煤店、菜场、医院、邮电局(所)、银行(储蓄所)等。这两类设施的完善与完备程度直接影响居民生产、生活的方便程度,影响生产效率、投资效益的高低,对居民生活水平的提高也有重要意义。

d.环境条件方面。环境是一个广泛的概念,一般可选择自然条件优越度、环境质量优劣度、文体设施影响度、绿地覆盖度等因素。自然条件主要是指地形、工程地质、水文和气候条件;环境质量主要是指大气、水、声环境质量;绿地覆盖度是单位面积土地上绿地面积所占的比率;文体设施主要是指图书馆、影剧院、文化馆、体育场馆、公园等文化娱乐体育设施。环境条件与城市特点密切相关,其评价因素可依城市特点具体选择。如在风景旅游城市,还可以选择风景影响度指标。除此之外,无论哪一种因素,还须从投资效益上考虑使用者能得到满足的程度,它直接或间接地影响土地级别高低。在有些情况下,环境条件成为经济发展、投资的限制性因素,土地级别受到很大影响。例如,严重空气污染地区,土地级别不可能很高;地形、地质条件差的地区,起码在近期由于投资额高昂,土地级别也难于上扬。

e.人口状况方面。主要从数量上考察,包括常住人口、暂住人口、流动人口、工作人口。

②定级因素选择原则

a.影响大,对定级有重要作用;

b.覆盖面广,适用于城市各类用地;

c.因素指标值有较大的变化范围。

③定级因素确定方法

定级因素的确定要遵循定级因素选择的原则,一般可有两种方法:由定级工作组确定;运用特尔菲法与权重调查相结合。

以上两种方法本身并不矛盾,一般对于中小城市或性质单一的城市,如果有较为丰富和全面的资料,则可自己确定定级因素;而对于大城市或多功能城市,则宜选出较多的因素,将范围适当放宽,请熟悉城市状况的专家来确定因素选与不选及权重大小。

2)因素权重的确定

定级因素的权重是该因素对土地质量影响程度的体现。定级因素权重一般应满足下列要求:权重值的大小与因素对土地质量的影响成正比。权重值越大,因素对土地质量的影响越大。各因素权重值在 0~100 或 0~1 赋值,各选定因素的权重值之和必须分别等于 100 或 1。

因素权重确定方法通常有 3 种:特尔菲法、因素成对比较法和层次分析法。

①特尔菲测定法

特尔菲测定法是一种常用的技术测定方法,它能客观地综合多数专家经验与主观判断的技巧,它能对大量非技术性的无法定量分析的因素作出概率估算。并将概率估算结果告诉专家,充分发挥信息反馈和信息控制的作用,使分散的评估意见逐渐收敛,最后集中在协调一致的评估结果上。该方法自 1946 年由美国兰德公司的道尔奇(N. dalkdy)和赫尔曼(O. Hermer)发明以来,诸多领域的实践证明它是一种有效的方法。影响土地质量的城市经济、社会、自然因素,有定性和定量的,必须定性定量因素统一量化,纳入同一评价体系。特尔菲测定法可以满足这一要求,用该方法确定定级因素权重,行之有效,简单实用。

特尔菲法测定权重按以下程序进行:

第 1 步:专家选择。

第 2 步:评估意见征询表设计。

第 3 步:专家征询和轮询的信息反馈。

第 4 步:权重测定结果的数据处理。

②因素成对比较法

该方法主要通过因素间的成对比较,对比较结果进行赋值、排序,从而确定权值,也是系统工程中一种常用的方法。

③层次分析法

层次分析法简称 AHP 法,也称多层次权重分析决策方法。这种方法把定性和定量结合起来,具有高度的逻辑性、系统性、简洁性和实用性,是针对大系统、多层次、多目标规划决策问题的有效决策方法。

这种方法的基本原理就是把所要研究的复杂问题看作一个大系统,通过对系统的多个因素的分析,划分出各因素间相互联系的有序层次,上一层次的元素对相邻的下一层次的全部或部分元素起着支配作用,从而形成一个自上而下的逐层支配的关系。再请专家对每一层次的因素进行较客观的判断后,相应给出相对重要性的定量表示;进而建立数学模型,计算出每一层次全部因素的相对重要性权重值,并加以排序;最后根据排序结果进行规划决策和选择解决问题的措施。

3)评价单元划分与单元内指标取样

①评价单元划分

定级单元是评定土地级别的基本空间单位,是各定级因素分值计算的基础。单元划分与指标取样正确合理与否直接影响到土地级别界线的位置,而土地级别界线又与土地使用者利益密切相关。

a.单元划分的原则

● 单元内主要定级因素的影响大体一致、同一。单元内的主要因素分值差异不得 $\geqslant 100/(n+1)$(n 为拟划分的土地级数目)。

● 单元面积确定在 $5\sim 25\ hm^2$,特殊使用性质的单元面积可以适当放大,在城镇中心区单元面积较小些,边缘区较大些。

● 商服中心、文体设施、交通枢纽等整体起作用的区域,不能分割为不同单元。

● 划分的单元能方便地进行因素取样,并能保证分值计算的准确性和科学性。

b.单元边界选用(依下列次序优先采用)

● 定级底图上依比例尺表示的自然线状地物,如河流山丘等。

● 铁路。

● 交通道路(兼有商业、娱乐等多重作用的干道除外)。

● 权属界线或经属单位内部的土地类型界线,如围墙、房屋基底等易定位的线状地物。

● 行政区划界线。

● 其他地物。

c.单元划分方法

● 主导因素判定法:主导因素即对土地级别有重大影响,在定级因素权重体系中所占权重较大的因素。划分单元时,选择两个以上的主导因素,作为划分单元、检测单元内部均值的标准。根据主导因素分值变化规律特点,选择突变曲线段、突变点的位置作为单元边界,结合城市结构和其他定级因素分值变化特点,把因素得分基本一致的区域,划为一个单元。

● 网格法:网格法是以一定大小的网格作为定级单元。其中,固定网格法的网格面积大小统一,将面积和几何形状相同的网格覆盖整个定级区域,网格不再变动。这种方法比较机械,但在机助处理情况下,因网格面积较小,故也能满足精度要求。

动态网格法与固定网格法的不同在于其网格大小可以变化。先选用一定大小的网格覆盖定级区域,作为初分的单元体系,然后根据单元内部均值程度要求,对超标的单元以四等分加密网格,调整网格大小,多次重复上述工作直到单元内部差异满足要求为止。一般可先将网格划大些,对繁华地段、用地结构比较复杂的地块单元进行细分,形成市中心网格小,市区边缘区网格大的格局。

●均质地域法:城市地域中存在的与周围毗邻地域存在明显职能差别的连续地段,即为均质地域,如商业区、住宅区、工厂区。在这些区域,定级因素对其影响的差异较小,以此作为定级单元的划分单元方法,称为均质地域法。实践中不常单独采用此法,通常与其他方法结合使用。

●主导因素判定法和均质地域法结合划分单元。

②单元内指标取样

单元内指标取样是指在已划定的单元中测取各因素的影响值。单元内指标取样方法有面积加权法、重心法、几何中心法等。对特殊因素如道路通达度和公交便捷度因素在单元内取值还需进行通达系数修正。

4)土地级别确定

①单元总分值计算

一般运用多因素综合评定法公式计算单元总分值。

②土地级初步划分

土地级的数目,根据城市性质、规模及地域组合的复杂程度,一般规定:

大城市:5~10级;

中等城市:4~7级;

小城市以下:3~5级。

在具体划分土地级别时,根据计算的单元总分值,分析其变化规律,以不同的土地对应不同的总分值区间,按从优到劣的顺序分别对应于 $1,2,3,\cdots,n$ 个土地级别值(n 为正整数)。

总分值区间的划分有总分数轴法、总分剖面图法、总分频率曲线法、多元统计聚类判别法等。

a. 总分数轴法。总分数轴法把单元总分值看成是一维变量,绘制于数轴上方,按分值在数轴上方的分布状况划分土地级的分界线,以此为标准划分土地级别。具体方法如下:建立数轴,每一个单元的总分值在数轴正上方有唯一的一个点与之对应;将每个单元的总分值标注在相应的数轴上方;根据总分值在数轴上分布的密集与疏散程度,在分值点相对稀疏处设立分界线,得到与土地级别相对应的总分值区间;根据所划分的总分值区间划分土地级别。

b. 总分剖面图法。选择能反映土地质量变化规律的方向,将该方向单元总分值绘制成分值随距离变化的剖面图,根据剖面图总分值曲线形状、变化规律划分土地级别。这种方法的主要依据是,认为土地质量的变化在一定的区域内是连续的,特定方向上的总分剖面图能反映土地质量总的变化规律。该方法在应用时要注意选择有代表性的特定方向,并仔细考察剖面图上总分值曲线变化特点,选择土地级的边界点。

c. 总分频率曲线法。这种方法是以总分值为样本,对其进行频率统计。绘出直方图和相应的频率曲线,结合土地实际情况,选择若干个频率曲线突变处,作为级别分界线。

实践中常综合运用上述几种方法。如总分数轴法比较直观,易于操作,与剖面图法互相参照,结合使用,可提高精度。

③土地级别的确定

通过上述方法初步划分的土地级别,还需要进行级差收益测算,对初步结果进行校核。如果测算结果表明初分土地级别对区位最敏感的行业在效益上存在明显差异,就可以将土地级别进行修订和归并,以确定土地级。

3. 土地定级因素分值计算方法

定级因素作用分值计算是根据选定的定级因素和因子体系,对各因素因子资料进行整理、分析、计算的过程,也是设定各因素因子评分标准的过程。

1)分值计算原则

多因素综合评定法将因素量化,计算因素作用分值,分值计算需遵循下列原则:

①总分值与土地优劣成正相关,即土地条件越好,得分值越高,总分值越大,土地质量越高,级别就越高。

②分值体系采用 0～100 分的封闭区间。

③得分值只与因素指标的显著作用区间相对应。因为某一因素指标值在某些区间上的变化对土地优劣无显著作用,如绿地盖度在 0～50% 对土地有一定影响,而大于 50% 的,其作用几乎和 50% 相当,这时 0～50% 就称为绿地盖度的显著作用区间。

2)商服繁华影响度作用分值计算

①商服中心级别确定

在大城市,商服中心一般划分为 4 个级别;在中等城市,商服中心一般划分为 3 个级别;在小城市以下则为 1～2 个。

根据划分的商服中心边界,求出标志商服中心级别的指标值,如销售总额、总利润、单位面积销售额、占地面积、营业面积、中心职能种类、商店总数、职工人数等指标。以上指标可结合实际选用一项或几项衡量商服中心级别。计算方法如下:

a. 求各项指标的标准化值,即单项规模指数

$$M_i = 100 \frac{B_i}{B_{max}} \qquad (2.3)$$

式中　M_i——标准化指标值;

　　　B_i——某指标值;

　　　B_{max}——某指标最大值。

b. 求综合规模指数

$$K = \sum_{i=1}^{n} W_i M_i \qquad (2.4)$$

式中　K——商服中心综合规模指数;

　　　W_i——指标权重值;

　　　M_i——标准化指标值。

c. 根据综合规模指数划分商服中心级别。

②商服中主内各级繁华作用分的分割计算

商服中心内职能不同其服务范围也不同,高级商服中心包含了低能商服中心职能。为此,需要对商服中心各级繁华作用分进行分割计算。功能分分割计算按下式进行:

$$f_i = M_i - M_j \tag{2.5}$$

$$f_{\min} = M_{\min} \tag{2.6}$$

式中　f_i——某级商服繁华作用分;

　　　　M_i——某级商服中心规模指数;

　　　　M_j——比 i 级中心次一级中心规模指数;

　　　　$f_{\min}$——最低级商服中心的繁华作用分;

　　　　$M_{\min}$——最低级商服中心规模指数。

③商服中心影响半径确定

繁华影响度是距离的函数,其大小随距离递减。因此,繁华影响度是指在某一相对距离上的繁华作用分——繁华影响衰减分值。商服繁华对土地的影响随距离增加,呈指数衰减,其计算公式为:

$$f_i = F^{(1-r)} \tag{2.7}$$

式中　F_i——繁华影响衰减分值;

　　　　F——商服中心内某级繁华作用分;

　　　　r——相对距离。

相对距离按以下公式计算:

$$r = \frac{d_i}{d} \tag{2.8}$$

式中　d_i——影响半径内某一点距商服中心边缘的实际距离;

　　　　d——商服中心的影响半径。

一般影响半径是根据各级中心规模确定的,近似地把商服中心所在的区域和服务范围看做其影响范围,从中心到范围边缘的距离作影响半径。

④地块繁华影响度分值计算

繁华影响度与各中心级别、数目、距离有密切关系,各地块上繁华程度由各影响度分值叠加、修正后取得。受单中心影响的单元,其繁华程度为该中心的各作用分值的直接叠加;当单元受多中心影响时,其繁华程度取不同级别中心的各作用分值叠加之和。

3)道路通达度的分值计算

①道路作用指数和通达作用分计算

根据道路等级、功能、作用等确定道路的作用指数。按道路在城市通中所起的作用分为主干道、次干道、支路等类型,主干道、次干道又由于其运输功能不同分为生活型、交通型、混合型3种。生活型道路上主要行驶非机动车和公共客运车辆,而交通型道路上则主要是货运机动车辆,如连接城市内部仓库与工厂的货运线、城市过境道路等,混合型则兼有上述功能。一般在大中城市道路功能区分明显,而在小城市、小城镇多为混合型道路。各类城市划分的道路类型数目为:

大城市:5~7类;

中等城市:3~5 类;

小城市以下:1~3 类。

道路通达作用分大小顺序一般为:混合型主干道、生活型主干道、交通型主干道、生活型次干道、交通型次干道、支路。道路作用分大小可定性分析得到,也可结合定性分析,根据道路宽度、机动车流量、非机动车流量等进行计算求得,计算方法与商服中心规模指数计算方法相同。

②道路影响距离、相对距离及作用分值计算

道路影响距离按下列公式推算:

$$d = S \div 2L \tag{2.9}$$

式中 d——主干道或次干道影响距离;

S——城镇建成区面积;

L——主干道或次干道长度。

支路以下的影响半径一般按市内路的疏密状况确定,为 0.3~0.75 km。

相对距离计算与商服繁华影响度因素分值计算中相对距离计算方法相同。各类道路在不同距离上的作用分值——道路通达度分值是按指数衰减公式计算的,即

$$f_i = F^{(1-r)}$$

③地块(单元)上道路通达度分值及其修正

地块(单元)道路通达度分值是指在不同相对距离上的各类道路通达作用分。当地块(或单元)上存在多种道路类型影响时,取其中最多的得分值;当受单一道路影响时,地块(单元)道路通达作用分就是该道路在这一距离上的作用分。得到通达度得分后必须加以修正,即通达系数修正。将地块上的得分值乘以通达系数,即为道路通达度分值。

4)公交便捷度作用分值计算

影响公交便捷度的因素主要有线路多少、车流量大小和站点多少,这几个因素可以通过"有站流量"这一指标来反映。公交便捷度在大城市通常是必选因素,对土地级别影响较大。根据计算出的有站流量分布状况分级,并根据每级平均站流量大小,依下式计算各个级别站点的作用分:

$$f_i = 100b_i \div b_{max} \tag{2.10}$$

式中 f_i——公交便捷作用分;

b_i——某级平均有站流量;

b_{max}——有站流量最大值。

①计算影响半径

根据公交线路总长度除以站点点数,得出平均站距,取平均站距一半,结合城市规划要求作为站点影响半径,一般为 0.3~0.5 km。

②公交便捷度分值计算与修正

在公交站点的影响范围内,远离站点的地块(单元)公交便捷度比邻近站点的地块差,并且总是以公交站点为中心向周围递减的。便捷随距离变化的规律,一般是符合直线衰减公式:

$$f_i = F(1 - r) \tag{2.11}$$

式中 F——某站点流量级别分;

f_i——公交便捷度分值;

r ——相对距离。

以上计算的公交便捷度分值,还需按线路方向数确定的通达系数进行修正后,才能取得正确的分值。

5)基本生活设施完善度作用分值计算

基本生活设施完善度一般从 3 个方面衡量,即设施类型是否齐备,设施水平,作用保证率。设施类型一般包括给水、排水、供电、电讯、供热、供气,不同城市齐备标准不同。如北方城市供热因子比较重要,而南方则不必考虑。同样是供水,到户、到院、到街坊 3 种情况下技术水平就不相同。都有自来水到户而有的地区则因水压低而通常在夏季高峰用水期出现断水现象,因此,设施的保证率也相当重要。

基本生活设施完善度作用分值按下式计算:

$$F_i = 100 \times a_i \times b_i \tag{2.12}$$

式中　F_i——某设施完善度作用分值;

　　　a_i——某设施的某个水平指数;

　　　b_i——某设施的某个使用保证率。

设施水平指数依照技术水平、分布密度、服务方式等相对差异,为 0 ~ 1;设施使用保证率、持续率或可靠率以% 表示。

6)环境质量优劣度作用分值计算

环境质量是一个综合概念,此处是指大气环境、水环境、声环境质量。对环境质理评价一般应由环保部门进行。我国环境质量评价工作在全国范围内进展不均衡,因此,计算环境质量优劣度作用分值也要区别对待,用不同的计算方法。

①已开展了环境质量综合评价的城市,可直接采用环境质量综合指数作为环境质量优劣的指标。计算前应先检查综合评价成果中是否包含了大气、噪声等各种污染,对环境质量影响较大而没有考虑的环境因素,要补充进去。计算时采用下列公式:

$$F_i = \frac{100(X_i - X_{\min})}{X_{\max} - X_{\min}} \tag{2.13}$$

式中　F_i——优劣度作用分;

　　　$X_{\max}, X_{\min}, X_i$——评价指数最优值、最差值、某评价指数。

②只有单项污染评价的城市,首先分析各单项污染对土地环境状况的污染程度,按影响大小决定各自的作用系数。系数与影响大小成正比,为 0 ~ 1,各系数之和等于 1。该作用系数也可与权重调查一起进行。

对各项环境状况评分用下列公式:

$$f_i = \frac{F_i(X_i - X_{\min})}{X_{\max} - X_{\min}} \tag{2.14}$$

式中　f_i——某单项环境质量作用分值;

　　　$X_{\max}, X_{\min}, X_i$——单项环境质量指数的最优值、最差值、某指标值。

③无定量不境质量资料时只能用定性判别方法确定环境质量优劣度作用分值。一般分 3 步进行:

a. 分析污染程度与功能分区的相关关系:在了解城市污染源分布、功能分区、风向、水流向等的情况下,分析污染程度与功能分区的相关关系。一般认为,工业区的大气、水、噪声污染严重、商业区、交通干道汽车废气、噪声污染严重;文教科研区环境相对清洁。

b. 根据城市环境污染状况,分析污染源与各功能区相对位置及风向、水流向等,将功能区按环境质量优劣排序。有污染、污染重的功能区排在后面,无污染、污染小的功能区排在前面。

c. 将具有两种功能的混合功能区插在两个相似区域之间,按环境质量从优至劣,从 100～0 分赋值,就得到城市地域空间上环境质量作用分值。

地块环境质量优劣度分值的计算:对于采用环境质量综合评价成果或定性资料进行环境质量优劣度评定的,则为该地块同区域环境作用分对照所得的分值;对于用单项环境污染数据进行环境质量评定的,则为地块各单项环境质量的作用分值的加和所得的分值。

7)公用设施完备度、文体设施影响度、对外交通便利度作用分值计算

这 3 个因素对土地级别影响的内容和方式虽然不同,但在土地定级中计算方法相近,分值计算公式一般都采用直线衰减公式。

这 3 个因素作用分值计算过程如下:确定设施类型,要选择那些对土地级别影响较大的设施类型;设施作用分值和服务半径的计算和确定;设施作用分值主要根据设施级别、规模和设施的重要性计算和确定,服务半径则按出行和使用各设施的方便程度,参照城市规划标准,结合当地实际情况计算和确定。一般对外交通设施服务半径 0～20 km,公用服务设施 0.3～0.7 km,文体设施市级 4～8 km,区级 2～3 km。

8)人口密度、绿地盖度、路网密度作用分值计算

这 3 个因素的指标值和分值均与面积有关,计算指标值的区域大小对指标值影响很大,在划分区域时应把握这一特点,尽量使区域指标值反映该区域的特征,避免掩盖区域内的重大差别。因素分值计算公式如下:

$$F_i = \frac{100(X_i - X_{\min})}{X_{\max} - X_{\min}} \tag{2.15}$$

式中　F_i——因素作用分值;

　　　X_i,$X_{\min}$——某因素指标值、最小值;

　　　$X_{\max}$——对于路网密度和绿地盖度是最大的指标值,对于人口刻度是最佳指标值。

运用以上公式计算人口密度作用分值时,须按下式对大于人口密度最佳的指标值修正后方可代入式(2.15),则

$$X_i = 2X_q - X_t \tag{2.16}$$

式中　X_i——修订后的指标值;

　　　X_q——人口刻度最佳值;

　　　X_t——大于 X_q 的指标值。

4. 农用土地分等定级特点

目前,我国对农用土地分等定级工作还没有十分成熟的实践经验和方法,其理论和方法体系等都有待作进一步的探讨和研究。因此,仅对现有国内农用土地分等定级工作的特点作一概略的介绍。

1)农用土地的特点

土地是农业的主要生产资料,其质量的优劣直接决定农作物的产量和经济收益,农用土地

具有如下特点：影响农用土地质量的诸因素区域差异大；土地的自然肥力是农用土地质量的基础；农用土地的农作物具有多种适宜性和利用上的多变性；影响农用土地质量的因素可以分为长期稳定因素和短期易变因素。

2）农用土地分等定级体系

①体系的层次特征

农用土地分等定级体系的层次特征，是由农用地分等定级的目的所决定的。为了实现使土地等级成为确定土地税额、征用补偿标准、承包转让奖罚数量和调整农用地合理利用的依据的目标，就需通过等级把土地的质量、潜力、收益等自然、经济特征，综合地、定量化地表现出来，并在微观和宏观尺度上都具有可比性。

目前，我国农用地的分等定级采用"等""级"两个层次划分体系。土地分等是以稳定因素为基本依据的，定级则以易变因素作为基本依据。

在农用土地分等中，土地稳定因素的好坏只是土地生产力高低的基础，土地等反映的是土地生产力高低的总体趋势，不是最终产量，土地等不必严格对应到某个产量上去。土地定级是在土地稳定因素的基础上依据土地易变因素进行评定。土地评定的结果表示的是土地具体生产力的高低，可以和某个产量对应。因此，土地分等和定级是两个互相联系又有所独立的步骤。定级是在分等的基础上进行的，是把分等的评定结果作为定级的一个重要因素进行考虑并参与计算，只有先进行了分等，才便于进行定级。

②农用地评定方法体系

以往在农用地评定时，常用的方法系统主要有两种：一种是间接评定的方法，以适宜性评价为代表；另一种是直接评定的方法，以经济评价为代表。两种方法的特点如下：

a. 农地适宜性评价法

• 基本思路：适宜性评价主要以土地的自然属性对土地利用能力或土地利用适宜性的影响大小为评定尺度，同时也考虑社会经济因素的影响。

• 适宜性评价的方法。

针对不同的土地利用类型或作物类型，选出土地鉴定指标，按利用或作物生态需要确定临界值标准，结合生产、技术水平考虑，划分出土地适宜性类型。

将鉴定指标进一步细分，划分不同的适宜性程度或级别。常用的方法有：定性判别（经验法）。如：一级地，利用上无限制；二级地，利用上有轻度限制……。指数方法，常采用把指标转化为指数，用指数和法或指数乘法等划分土地等级，必要时还可以求出权重。采用聚类、判别等数学方法。

b. 农用土地经济评价法

• 基本思路：土地的生产力，最终要用土地的自然属性和生产过程赋予它的人工作用的综合影响所产生的结果来反映。为了确定其数量，必须计算同一土地在相等生产费用条件下的单位面积产出效果。也就是活劳动和物化劳动综合消耗的生产率。由于土地的自然生产率不同，等量劳动耗费可能得到的产出效果是不一样的。因此，土地经济评价是在不同的自然条件与经济条件下，通过评定不同质量土地上生产耗费量与提供产品量的对比关系，或通过衡量在相同投入量下取得不同产出量的经济指标，划分土地等级。

• 评定方法：评定中所用的方法主要有求算单元内的产出量、耗费水平的方法，按实际情况,分别采用简单平均、加权平均、复合分组、回归计算等方法。生产力水平计算常用的指标有产量、产值、净产值、纯收入、成本产值率、单位产品成本、成本效果系数、级差收益等。

c. 现行农用地分等定级方法

农地适宜性评价和农地经济评价,两种评价方法的着眼点和处理手段均有明显的差异。现行分等定级方法是将上述两方面结合起来进行,综合采用直接评定和间接评定两种方法。按目前各种自然和经济指标获得的现实可能性,以相对宏观的、概括性强的经济指标反映社会平均投入产出水平,并结合相对易测的、造成具体地块质量差异的自然指标,共同体现不同地块在社会平均投入产出水平条件下,因质量、潜力不同而形成的级差收益状况,从而划分出土地等级。

3)农用土地分等定级指标系统

①指标类型

影响土地质量的指标很多,正确区分各指标的类型和性质,是评定工作中合理使用各指标的关键,是正确评定农用土地等级的基础。在影响土地质量的众多因素中,可以归为 4 类基本因素,即土地自然因素、土地区位因素、土地利用水平和利用方式因素、土地利用效益因素。每类因素都由若干种因素组成,如自然因素中可分为气候、地貌、土壤等。而每种因素又可以通过若干个土地鉴定指标反映。如此,可构成一个多层次的指标体系。

②指标特征

农用土地分等定级因素中,各因素由不同的指标构成。按各指标同土地质量的关系和土地指标本身的特性、性质,土地指标具有如下特点:土地分等定级指标从测定手段的表现形式上有定性和定量两种;土地分等定级指标从指标性质和人们改造利用的程度上可表现为稳定指标和易变指标两大类;土地分等定级因素在地域分布上,有明显的地域性特征。

4)农用土地分等的方法

①农用土地分等的特点

a. 土地分等以建立全国土地等级序列为目的。为此,必须按土地潜力、利用水平、经济特征综合进行分析,确定标准条件、标准作物,寻找可比指标,在全国统一的基础上划分等级。

b. 土地分等与不同作物种类和不同耕作制度相联系,在标准约束条件下进行。评价土地优劣,划分土地等级必须和作物种类联系起来,针对不同利用方式下的作物类型,逐个对土地的优劣进行"分类评定"。然后综合各"分类评定"结果,以"总体评定"的形式划分土地等级。在土地分等时以粮食作物为基准。

c. 土地分等采用适宜的投入产出指标,在统一标准下进行产出量采用标准粮单位。不同产品折合标准粮的数量采用产量比法折算。产量比是以国家指定的标准的粮食作物为基础,按各地各作物单位面积最高理论产量比算出的各作物产品与标准粮单位折算的比率。利用产量比可分别将各作物产量换算为标准粮产量,用以统一衡量产出水平。

投入可分两大部分。物质投入采用国家统一规定的指令价格,非工业品的物质投入,如农家肥等按当地平均折算价。活劳动投入按当地社会平均实际劳动报酬计算。

在综合衡量土地经济特征时,采用产量一成本综合指标。以期从土地的产出量和利用效益上综合反映土地的收益状况,并据此划分土地等级。

d. 土地分等工作体系采用参数体系,在规范化的条件下进行。在土地分等的工作中依次评出:土地分等因素指标得分——从土地因素与作物的关系中获得,反映各指标值对作物的相对优劣;土地质量分——用各指标得分的几何平均值,反映土地对作物相对适宜程度;土地潜力——通过理论标准粮总量多少算出,表示土地潜力的相对高低;土地指数——由土地潜力经过利用系数和经济系数的修订后获得,体现土地因自然和经济造成的土地收益的差异,并据此划分土地等。

②农用土地分等的方法

土地分等综合采用自然和经济评定的方法。

首先,按土地的自然条件计算土地的潜力,以反映土地质量的优劣和土地对作物生长适宜程度的本质差异;其次,用体现社会平均开发利用水平的土地利用系数,将土地潜力订正为现实产出水平;最后,在现实产出水平的基础上,且土地经济系数衡量在目前社会平均产出水平上土地收益的差异。土地分等主要采用的方法要点如下:

a.各指定作物气候产量的计算采用农业生态带法。

b.土地质量的衡量采用参数法。

c.不同土地上各作物理论产量估算采用分估—理论产量对照法。

d.各作物产量之间的换算采用标准粮产量比值折算法。

e.土地潜力采用标准粮产出总量比较法。

f.土地利用系数和土地经济系数的计算采用相对值法。

5)农用土地定级的方法

①基本思路

为合理利用和保护有限的土地资源,并能在利用过程中不断提高土地的生产能力,必须用经济手段鼓励使用者提高地力,改造土地,促进适度规模经营,因而要通过土地定级的方法,在一定区域范围内对土地级差收益(含级差收益Ⅰ和级差收益Ⅱ)进行评定,并成为正确处理级差收益分配,调节国家、集体和个人三者利益的基础。通过比较土地等和土地级的状况,反映出级收益Ⅱ的变化。在我国当前的社会条件下,级差收益Ⅱ是由承包土地的农户、个人和集体,在承包合同期间由于对土地进行追加投资和集约经营而形成的超额收入。在当前农村生产力比较低,活劳动投入比重(主要靠人力、畜力生产)较大的情况下,级差收益Ⅱ的收入大部分应归劳动农民所得,而且在土地承包使用权转移(转包)或中止时,应通过土地定级,对改良土地、提高土地生产能力的合用者,给予奖励、补偿;相反,对于破坏土地,造成水土流失,地力下降的使用者要给予惩罚。

②土地定级方法特点

土地定级由于所要达到的目的和土地分等有所差异,故其工作方法和土地分等比较具有一定的差别,不必考虑全国横比,不必计算光温生产力、气候产量等;选择的因素也多为易变因素。但两类工作过程仍有很多相似的工作步骤及方法,根据土地自然、经济差异规律,采用评分法、指数法等进行土地评定;同样采用"标准产出量"作为经济指标等。因此,土地定级除原则上要遵循土地分等的原则及方法外,要注意做好下列各项:

a.准备工作。土地定级同样包括组织工作人员队伍、收集资料和野外调查,但要广泛吸收当地有经验的农民参加。对影响土地生产率起主导作用的某种因素,要进得加细的补充调查,或取样进行化验分析。还要充分利用现有土肥、农经资料。定级的工作底图,一般可利用县、乡 1∶10 000 地形图或土壤图放大编绘;或者用小平板仪进行草测,其比例尺可根据土地定级的范围及评级单元面积的大小,采用 1∶2 000 或更大的比例尺。如有地籍图,则直接利用地籍图最方便。

b.定级基本单元的划分。定级的基本单元,要结合承包地块的现界,按划分土地评价单元的基本原则进行。属于同一个定级单元的地块,其地形、坡向、坡度、土种(或土属)及其土质、肥力、农田水利设施等主要因素的指标要基本一致,否则,还要进行续分。定级基本单元的划分,既要考虑土地因素的一致性,也要注意保持承包户地块的完整性。

c.定级因素指标的选择。农用土地定级是在土地分等的基础上进行的土地质量细分。在选择反映土地定级指标时,凡已用于土地分等的土地属性指标,不能再用于土地定级。同时,土地定级的指标一般可以选择受人为影响大,易变化的要素(如土地离居民点的距离,土壤中 P,N,K 含量,离灌溉水源的距离、地块大小、地块平整状况,等等)。

土地定级中,土地在相同劳动投入水平下的产出,仍用"标准粮产量"来表示。只是对各地块计算出的产量要求更精确;指标对产量的影响关系,要求更详细、具体。还须组织有经验的农民,通过民主协商评议的办法,核实各地块产量以及指标和产量的关系。

5.土地估价

1)土地估价概述

①地价评估的意义

商品经济的发展,使得本来不属于商品范畴的自然资源在巨大的经济利益冲击下也卷入商品化的经营过程。随着我国土地使用制度改革的不断深入,人们对土地价值的认识也越来越丰富。土地不再仅仅被看做是进行社会物质生产的基本条件,是不可替代的主要生产资料,而且也是社会的一笔巨大财富——资产。国家不仅要查清土地资源的数量,而且要查清土地的资产数量——地产的价值量,从而地价评估工作成为我国土地使用制度深化改革的客观需要。

地价评估工作是地价管理的一项重要内容,随着地产市场的发育与成熟,城市地价评估工作更是一项迫在眉睫的任务。地价评估的意义可以归纳为以下 3 个方面:

a. 为深化土地使用制度改革提供理论和计量的依据。随着地产市场的发育和逐步地放开,土地价格成为调节土地供给和需求,促进土地使用权合理流动合理配置和产生最大效益的重要手段。通过地价可以使地价公开化、明朗化,并在这个基础上通过各种市场管理措施使隐形市场公开化。同时,地价评估不仅为发展和完善地产市场起到调控作用,而且还为土地出让、转让提供成交地价的依据,减少人为的盲目性因素。地价评估还为土地使用权转让中的地产增值及增值税的计算提供依据和方法。

b. 为股份制企业作价入股提供依据。国有土地是国家的一笔重要资历产,它可以与股东单位的其他资产一样,作为国有资产股一并入股。凡以国有土地使用权作价入股的,须由政府认证的具有评估资格的评估机构进行国有土地资产价值的评估,最后经政府审核确认后,可作为股权界定的依据。为此,地产评估是国家实行股份制企业的客观需要和必要的手段。

c. 为土地使用权的抵押、出租等提供作价依据和方法。我国有关法律规定,土地使用权可以抵押、出租和继承,以及房地产的抵押贷款、保险事业的发展,在客观上都要求进行地产评估工作。地产评估可为抵押物作价、确定抵押率和贷款额,以及为继承者计算土地使用权折价款额和为合理确定租金等提供依据和方法。

②土地定级与土地估价的关系

土地定级与土地估价是城市地产评估的两个侧面，它们都是对城市土地利用适宜性和土地价值的评定，都是以城市土地区位和土地使用效益的集聚程度及其差异规律为基本依据，前者用等级表示，后者用货币量表示。当然，在成果应用和在地产评估中的作用等方面还是有差别的。前者为确定税率、对地价评估起区域控制作用，对地产评估起到量化范围的作用；后者主要为土地出让、转让、抵押等提供价格，是地产评估定量化的主要内容。

土地定级与估价之间的关系还可以归纳为以下3点：

a. 土地定级为估价提供可比的地价评估区域，为运用比较法评估地价提供基础。土地定级因素一般包括繁华程度、交通条件、环境条件、基础设施状况和人口密度5个方面。这些因素基本上反映了土地的区位条件和区域特征，它们既有一般因素、又有区域因素，甚至不乏个别因素。这些因素是较为稳定、相对易测和易于定性研究的，与土地价格变化基本成正相关，是地价基本影响因素的一部分。土地级别及其地价水平（级别的基准地价水平）是以上诸影响因素及其子因素在一定区域上的不同组合而形成的综合效应的体现。可见，区域差异是土地定级和地价评估乃至地产评估的基本依据。这里的区域是指从城市土地用途角度所区分的区域，其用途不是城市规划的用途，而是实际上形成的使用分区，也是不同的功能分区。土地价格不仅受本区域特性的影响，而且还受近邻地区和类似地区的影响。

近邻地区是指待估土地所在地区，它是以特定用途为中心，显示地区性集中，但对于地产价值或价格的形成又具有直接的影响。

类似地区是指与待评估土地所在的近邻地区相类似的其他地区。

土地定级单元一般小于近邻地区规模，单元界线的选择一般要考虑不将整体起作用的区域和设施分开。因此，以单元总分值为准而划分的同一土地级别内部就存在着类似地区，为运用比较法评估地价奠定基础。因为，在一个级别范围内，存在一组或几组类似地区，以级别为控制确定的地价，实际上是类似地区的平均地价或地价幅度范围。在地产交易实例资料少的情况下，已知一类似地区的地价，根据比较法原理，即可求出其他类似地区的地价。

b. 土地定级和地价评估的成果可以互为依据。土地定级是对土地价值空间差异的评定，因而其结果表现为无量纲的相对值，即用等级表现这种差异的空间分布规律。地价评估是对土地未来收益的直接评估，其结果是用货币形式表示其绝对量。土地定级又是作为地产市场发育不完善、不易用土地收益直接评估地价时计算级差收益和基准地价的基本依据。同时，地价评估的成果又可以用以校核土地级别，如根据级差收益测定结果对级差收益不明显的土地级别予以合并；在条件许可的情况下，还可以用估价结果对级别边界进行个别调整。在地产市场发育较好，市场交易量较大的条件下，地价能更合理真实地反映供求关系，体现地产价值。在这种情况下，可以直接用地产交易资料评估地价，并按地价水平的差异划分地价区，求取路线价、片价，并根据地价变动的空间分布规律划分地价级别，达到土地级别与土地价值、土地收益的更直接的结合，地价评估的成果也可以作为土地定级的依据。

从长远看，土地定级与地价评估两项工作可以进一步结合，逐步融合在同一项工作中进行，从而可以节省更多的人力和物力，避免重复环节。但是，这种结合还有待于地产市场的进一步发展和土地使用制度改革的进一步深化。

c.土地定级因素为标定地价评估中微观区位修正系数的确定提供基础资料。根据马克思地租理论,地价是地租的资本化。地租包括绝对地租和级差地租,特别是级差地租取决于土地的位置、区位,以及同一块土地劳动投入所能得到的超额利润。实践证明,大部分影响级差地租的因素都与土地级别有关,或者说,地价评估和土地定级所考虑的主要影响因素,大多数是一致的。

标定地价评估是以基准地价为基础,通过微观区位因素系数修正而得到的。土地定级因素中包括影响地价的微观区位因素,可以作为标定地价评估中微观区位修正系数的基础。如住宅用地的标定地价评估常选用距商服中心的距离,距公交站点的距离,距中学、小学、医院的距离等因素。这些因素也是土地定级应选用的因素,并标注在图上。在确定标定地价微观区位修正系数时,即可直接利用这些资料所提供的数据。

③影响地价的因素

影响地价的因素复杂众多,可根据其对地价影响作用方式的不同划分为一般因素、区域因素、个别因素。

一般因素对所有土地价格均有影响,不易体现个别地块之间的价格差异。一般是宏观的社会、经济、行政因素,如人口状况、城市形成过程、经济发展水平、产业结构、税收、物价、工资、交通以及土地利用规划和控制、土地制度、土地住宅政策等因素。一个国家或地区的土地制度对地价有极大影响。我国的土地过去是无偿无限期使用,且土地不允许出租、买卖,因此,地价几乎不存在,隐形的地价也极低。一旦实行了土地使用制度改革,地价将随着国家、城市经济的发展而不断上升。经济发展水平的高低决定了城市地价的总水平。

区域因素是指土地所在区域自然条件与社会、经济、行政等因素相结合形成的地区特性,一般划分为住宅区、工业区、商业区、农业区等区域。在不同区域,影响地价的因素也不同。住宅区中影响地价的因素主要是离市中心的距离、交通设施状况以及居住环境是否优良等。商业区中影响地价的因素主要是:腹地的大小,顾客的质量,顾客的交通手段及交通状况,营业类别及竞争状况,商业区繁荣程度,土地利用的管制,等等。工业区则重视下列因素:与产品市场及原材料采购市场的位置关系,交通运输设施状况,能源动力及排水费用,劳动力市场供求状况,等等。

个别因素是指土地本身的具体微观因素,如位置、面积、地形、地质、日照、通风以及道路系统状况与公共设施接近程度,基础设施状况。上述因素因用途不同而不同。由于土地的固定性,不论何种用途,位置对地价影响都很大,只是商业较住宅较工业更为敏感。面积大小也随不同用途和其所在区域不同而在不同程度上影响地价。地质状况良好会使土地适宜建筑高层建筑;而地基松软,将使高楼大厦的建设增加工程费用,并且限制建筑向地下空间发展,因此地质地基状况会影响地价。宗地的临街宽度、深度、形状、宽深比也对地价有较大影响。不规则的三角形、不整形地与规则的方形或矩形地相比,由于利用起来不太方便,因而价格较低。在商业用途中,街角地由于两面临街,价格也相应较高。随着城市建筑密度和容积率的增大,通风、日照对地价的影响也日益重要。在个别因素中,宗地与街道的接近程度,与公共设施、服务设施的接近程度,基础设施的完备程度等因素都会影响地价。

④地价评估的原则

由于土地的不动性、稀缺性、个别性等特性,土地市场是一个不完全竞争,即不充分市场。

土地价格通常依交易要求个别形成,受许多非常因素影响,因此需要对土地价格进行评估以满足土地市场交易的需要。土地估价必须遵循一定的原则:

a. 综合分析原则。影响地价的因素多而复杂,有一般因素、区域因素,又有个别因素。这些因素对地价的影响很难计量,也无法叠加,而是有机结合,综合起来影响地价的形成。因此,在估价时应遵循综合分析原则,全面考虑各种因素,而不是只重视某个或某些因素。

b. 替代原则。根据经济学的替代原理,同一商品或服务的市场上商品或服务价格相同。使用价值相同的土地,由于市场竞争的影响,必然使其价格趋于一致。依据这一原理,在评估地价时,在土地同一供需圈内,可以通过调查近期发生交易的,与待估地块有替代可能的地块的地价及条件,对待估地块与已交易的地块进行地价和条件比较,从而确立地价。因此替代原理是估价中比较法的理论基础。我国目前在基准地价评估中,先进行土地定级,将条件相近的土地划为同一类,确立土地级,然后在每一级内设定基准地价,也是替代原理的实际应用之一。

c. 预期收益原则。地价是资本化的地租,是未来地租的贴现值。因此,地价的评估重要的不是过去,而是未来。过去收益则是为推测未来土地收益提供依据。在地价评估中,必须综合分析影响地价的各种因素,特别是未来这些因素的变化趋势,包括国际国内政治经济形势、城市建设规划、社会因素等,客观现实合理地预测地块未来可能的收益。对于宗地地价评估,则还要具体分析土地市场上各类土地供需情况,投资者经营能够给权利人带来的利润总和,以此预期地块价格。在土地估价实践中,剩余法及收益还原法都应用了预期收益原则。

d. 供需原则。在完全竞争的自由市场中,一般商品的价格由该商品供给和需求的均衡点决定。如果需求大于供给,则价格上升;反之,供给大于需求,则价格下降。这就是经济学中的供求均衡法则。其成立的条件是:供给者与需求者各为同质的商品而进行竞争;同质的商品随价格变动而自由调节其供给量。土地也是一种商品,它的价格也是由土地供给和需求的相互关系决定的。但是,由于土地具有与一般商品不同的自然和人文特性,因此,它不完全遵循上述供求均衡法则,而形成它所特有的供给和需求原则。土地特有的自然和人文特性如位置的固定性、自然供给的固定性、地块的个别性,都限制了供给,而需求则不断膨胀。它决定了某些地块的垄断性占有或使用,从而获得垄断利润,使土地具有垄断高价。同时,土地交易时,不像一般商品是同种商品成批量交易,而是个别地块交易,不同地块往往有其独特的性质,因此,由于替代性有限,也使供给和需求形成不同的特点。

e. 最有效使用原则。土地可以做多种用途使用,有商业、工业、住宅等各种用途。但同一地块在不同用途状况下其收益并不相同。土地权利人为了获得最大收益总是希望土地达到最佳使用。但是土地的最有效使用必须在法律、法规允许的范围内,必须受城市规划的制约。在市场经济条件下,土地用途可以通过竞争决定,使土地达到最有效使用。我国由于长期土地无偿使用,土地严重失管,因此,许多地区土地乱用,未达到最有效使用,包括用途不合理以及集约利用度低下。因此,在地价评估时,不能仅仅考虑地块现时的用途和利用方式,而是应结合预期原则考虑在何种情况下土地才能达到最有效使用及实现的可能,以最有效使用所能带来的收益来评估地块的价格。

f. 变动原则。由于影响地价的因素是经常变动的,各种因素相互作用形成的地价也就常处于变动之中。进行土地估价时,必须以动态的眼光去分析土地市场的变化趋势,不能将地价视作一成不变的量。实际上预测原则也要以变动原则为基础。

g. 多种方法比较原则。由于地价形成受多种因素的影响,土地本身又具有独特的性质,如交易的个别性。因此,评估地价方法也有多种。不同方法依据的经济原理也不太相同。为了使具有个别特性的地块价格评估得更为准确,在实践中应该根据评估地块的条件与特点合理选用多种方法分别评估,将不同方法得出的结果互相校核,确定地块最终的估定价格。如对市区一块商业大楼用地地价评估,可用收益法和比较法同时评估,将评估结果综合后得出地块评估地价。尤其在我国现时土地市场发育尚不成熟的情况下,土地交易中地价随意性更大,更应将多种方法结合使用,以求得更加合理的地价。

2)土地估价方法

常用的土地估价方法主要有成本法、比较法、收益还原法、剩余法及路线价法等。

①成本法

成本法,也称原价法、承包者法、合同法或加法,它是以建筑或建筑改良物重新建造的费用,扣减折旧求得建筑物价格的方法。其表达公式为

$$建筑物价格 = 重新建造原价 - 折旧总额 \tag{2.17}$$

式中,重新建造原价是指在估价期重新建筑与待估建筑物完全相同的建材标准、设计、配置及施工质量的新建成筑物所需的建筑成本费,即重建成本。

土地估价的成本法与上述不动产估价的成本法有所区别,它的实质含义为成本逼近法。其计算公式为

$$土地价格 = 征地费 + 土地开发费 + 税费 + 利息 + 利润 \tag{2.18}$$

根据上述公式,地价是以开发土地所耗费的各项费用之和为主要依据,再加上一定的利润和应缴纳的税金以及投资贷款利息。其中征地费用和土地开发费作为国家预先垫付和投入的资金在土地出让后所得到的补偿,都属于价值补偿。

成本法一般适用于新开发土地的地价评估,特别适用于土地市场狭小,土地成交实例不多,无法利用市场比较法进行估价时采用。同时,对于既无收益又很少有交易情况的学校、公园等公共建筑、公益设施等特殊性的大面积土地估价也比较适用。但在现实生活中,土地的价格大部分是取决于它的效用,并非是它所花的成本,因此,成本法在土地估价中有其局限性,且有一定的争议。

根据成本法计算地价的公式,地价由征地费、土地开发费和利税等部分构成。

征地费是国家征用集体土地而支付给集体经济组织的费用,包括土地补偿费、地上附着物和青苗补偿费及安置补助费等。土地补偿费是按该地块被征用前3年平均年产值的3~6倍计算。地上附着物和青苗补偿费是对被征地单位已投入土地而未收回的资金的补偿,类似地租中所包含的投资补偿部分。安置补助费是为保证被征地农业人口在失去其生产资料后的生活水平不致降低而设立的,因而也带有对土地未来收益进行补偿的含义。以上3部分之和按规定不得超过土地被征用前3年平均年产值的20倍。

从征地行为的性质看,它是国家依法采取的限制性行政手段,不是土地买卖活动,征地费用因而不能是土地购买价格,与土地价格的含义和形成机制不完全相同,但有一定的一致性。因此,我国征地费用可以称为转换用途土地的非市场购买价格。

土地开发费的计算比较复杂,它因具体的土地开发状况不同而不同。理论上多数把它作为土地资本来看待。事实上,投入土地的资本究竟哪些应计入地价,这一问题较难以论述清

楚,不同学者之间也存在争议。实践中土地开发费主要指用于土地开发的投资折旧及利息。包括三通一平(或五通一平、或七通一平)等基础设施建设费用以及市政设施分摊费用,小区设施配套费用及利息,上述开发费构成随土地开发状况不同而不同。

②市场比较法

市场比较法,也称比较法,是土地估价方法中最重要、最常用的方法,也是国际上通用的估价方法之一。

比较法的基本含义是在求取一宗待估土地的价格时,可将待估土地与在较近期内已经发生交易的类似土地进行对照比较,并依据后者已知的价格,修正得出待估土地最可能实现的合理价格。类似土地是指其所在地区的区域特性,以及其影响地价的因素和条件均相同或相近的土地。

比较法以经济学的替代原理为主要理论依据。在同一市场上,具有相同使用价值和质量的商品,应具有同一的价格,即具备完全替代关系;从另一方面看,在同一市场上两个以上具有替代关系的商品同时存在时,商品的价格是经过两者相互影响之后才决定的。根据替代原理,不动产的待评估的标的物与比较标的物在同一个类似地区或同一供需圈时,就具有这种替代关系。同一供需圈是指用于某种用途(住宅、商业、工业)的土地,在其使用条件和效用比较一致,且可以互相替代,或者影响地价的因素在空间分布和组合形式上大致接近的区域。因此,同一供需圈能与待评估的土地建立替代关系,城市内各类用地的供需圈为地价评估提供了可比的地价评估区域,为运用比较法提供了具有替代关系的相似地区。

运用替代原理,用比较法评估地价适用下列条件:

a. 地产市场交易案例资料的数量能满足分析、比较的需要。一般认为,理想的标的物有10 个以上,其中最理想的有 3 个,才能满足要求。

b. 交易案例资料与待评估土地具有相关性。在必须具备的 10 个交易案例资料中,3 个基本的交易案例资料必须具备最大的相关程度。

c. 资料的可靠性。一要保证资料来源的可靠性,二要对交易案例资料进行交易情况、地区因素、个别因素的补正和交易期日的修正等,从而保证资料的可靠性和适用性。

d. 合法性。评估地价时必须遵守有关法律规定,评估地块与标的物的有关法律规定必须基本相同。

比较法估价,一般要遵循下列步骤:

• 收集交易资料。

必须收集大量房地产市场交易资料。收集交易案例资料,内容一般包括土地坐落、用途、面积、形状、地段交通条件、交易价格、成交日期、交易双方基本情况以及交易市场状况等。可通过政府部门、报刊及经纪人等多种途径收集资料。

• 确定比较参照交易案例。

要选择与待估土地用途相同、交易类型相同、属正常交易的区域特性及宗地个别条件相近的交易案例。而交易案例成交日期在评估时有效期一般不超过 5 年。

• 市场交易情况修正。

目的是为排除交易行为中的一些特殊因素造成的价格偏差,如交易有特殊动机急欲出售等。

● 时间差异修正。

可用地价指数及测定地价变动率等方法修正。

● 因素差异修正。

主要指对区域因素和个别因素修正。不少学者提出了各种修正方法,其中日本学者在运用比较法时,对以上交易市场情况、交易时间、因素差异等各项修正采用下列公式:

$$待估土地价格 = 比较基准地价 × \frac{正常情况买卖情况}{买卖时价格} × \frac{现实价格}{} × \frac{比较案例情况}{待估土地情况} \quad (2.19)$$

式(2.19)可对应于下式

$$待估土地价格 = 比较基准地价 × \frac{100}{(\ \ )} × \frac{(\ \ )}{100} × \frac{100}{(\ \ )} × \frac{100}{(\ \ )} \quad (2.20)$$

式中,第 1 个百分比为交易情况修正;第 2 个百分比时间修正;第 3 个百分比为区域因素修正;第 4 个是个别因素比较。

● 确定可能实现的合理价格。

在一次估价中选取的比较参照交易案例往往有多个,通过以上各种修正以后,每个交易案例都得出一个价格。对多个价格进得处理,得出可能的合理价格的基本方法有简单平均法、加权平均法、取中位数或众位数等几种方法。在估价的实际操作中,为确定最后的合理价格,除进行以上简单的数学处理外,还要进行多方面的经验分析和判断。

③收益还原法

收益还原法,又称收益法、资本化法,它是将土地的总收益减去总费用而得到的纯收益,利用还原利率加以还原的估价方法。

a.收益还原法的基本思路及功能。由于土地具有永续利用的特性,其耐用年限相当长久,因此,占有某一块土地,不仅现在能取得一定的纯收益,而且能期待在将来源源不断地继续取得这纯收益。这样,这一块土地的价格等于它将来所能产生的期望纯收益折算为现值的总和。因此,收益还原法是以还原利率将纯收益还原,求得待估土地的试算价格的方法。如果待估土地目前还没有收益(如空地),可采用间接方法求算纯收益,即在近邻地区或类似地区搜集租赁或交易实例,并对其情况进行补正、期日修正、区域因素和个别因素比较,求得待估土地的纯收益。

由于收益还原法以求得纯收益为途径,它对于有收益的土地和建筑物,或是房地产的估价都是非常有效的,同时,由于纯收益和还原利率受市场变化影响,因此,确定纯收益和还原利率也不是很容易的事。

b.收益还原法估价的步骤。收益还原法是将单个收益趋势或一系列收益趋势化成现在一次性付款时的币值,这种方法的基本步骤如下:估价纯收益。土地或不动产的纯收益都可以通过总收益或总费用求得,即纯收益 = 总收益 – 总费用。确定还原利率。纯收益资本的还原,即得土地或不动产的收益价格。

c.收益还原法的估价方法。收益还原法的基本公式为

$$P = \frac{a}{r} \quad (2.21)$$

式中　P——地价;

　　　a——土地纯收益;

r——还原利率。

式(2.21)的前提条件是 a 每年不变;r 每年也不变,且大于零。

纯收益是指归属于土地或不动产的适当收益。这种收益是以收益为目的的土地或不动产及与此有关的设施、劳力及经营诸要素相结合所产生的总收益,扣除资本、劳力和经营等所产生的收益后残余下来的收益。还原利率随不动产的种类不同而不同,对投资风险大的不动产,其还原利率高;反之,风险小,还原利率愈低。选择的还原利率不同,评估出的价格就会发生很大差别。如果各年的纯收益及还原利率不同,可利用下列公式计算:

$$P = \frac{a_1}{1 + r_1} + \frac{a_2}{(1 + r_1)(1 + r_2)} + \cdots + \frac{a_n}{(1 + r_1)(1 + r_2)\cdots(1 + r_n)} \qquad (2.22)$$

式中　P——地价;

$a_1, a_2, \cdots, a_n$——未来各年的纯收益额;

$r_1, r_2, \cdots, r_n$——未来各年的还原利率。

d. 级差收益测算法。级差收益测算法是收益还原法的一种应用。由于收益还原法中的纯收益取得的途径不同,因此有不同的地价测算方法。级差收益测算法是其中的一种比较通用的方法。

影响企业利润的因素地多种多样的,除了土地区位因素以外,一般还有资金的投入量、活劳动的投入量、土地使用面积、企业管理水平、企业技术水平和人员素质等。其中,后两项因素对于企业利润的影响,在测算过程中可以通过一定的技术手段消除或减弱。而且在测算的某一地区、同一时间范围内,这些因素的影响水平不会相差太大,因此,可以把企业利润看成主要是土地因素、资金因素以及活劳动投入因素共同作用的结果。它们共同形成企业的利润。单位面积土地的级差收益满足下列函数关系:

$$Y = F[x_1, x_2, f(x_3)] \qquad (2.23)$$

式中　Y——单位面积土地的利润;

x_1——单位面积土地的资金投入量;

x_2——单位面积土地的活劳动投入量;

$f(x_3)$——单位面积土地的级差收益,是土地收益的函数。

通过抽样调查,分析各个变量之间的相关关系,选择合适的数学模型,从而测算出各级土地的级差收益,然后还原为地价。

e. 租金剥离法。租金剥离法是把铺面租金构成因素中的地租分离出来,再用地租的理论构成应包括折旧费、维修费、管理费、投资利息、保险费、税金、利润及地租 8 项因素。如果把地租从房租中剥离出来,则得到下列公式:

$$地租 = 房租 - (折旧费 + 维修费 + 管理费 + 利息 + 保险费 + 税金 + 利润) \qquad (2.24)$$

$$地价 = \frac{地租}{还原利率} \qquad (2.25)$$

由此可见,租金剥离法也是收益还原法的一种应用方法。由于该方法能广泛应用现有的房地产市场资料,因此已得到初步应用。

④剩余法

a. 剩余法的基本原理。剩余法也称倒算法、残余法、余值法等。它的基本思路是:把土地及其地上建筑物价值进行分离计算。或者说,它是把包含在建筑物价格中的地价剥离出来的一种地价测算方法。运用剩余法测算地价,可以通过倒算方式,也可以通过求取残余的纯收益进行资本还原的方式。香港习惯把前一种方式称为倒算法或假设开发法;台湾把后一种方式称为残余法或余值法。其中,残余法还分为土地剩余法和建筑物剩余法两种。

土地剩余法是以收益还原法以外的方法能求得建筑物价格时,从建筑物及其基底所产生的纯益中扣除属于建筑物的部分,从而得到归属于土地的纯收益,然后再以土地的还原利率还原来求得基地的收益价格的一种方法。

b. 用剩余法估算地价的基本公式。剩余法的基本公式为

$$\text{地价} = \text{房屋的预期售价} - \text{建筑总成本} - \text{利润} - \text{税收} - \text{利息} \tag{2.26}$$

根据国外经验,国内对剩余法研究成果认为,上述公式可写为

$$\text{地价} = \text{楼价} - \text{建筑费} - (\text{建筑费} \times i) - (\text{建筑费} + \text{专业费用} + \text{地价}) \times$$
$$r - (\text{建筑费} + \text{专业费用} + \text{地价}) \times P - \text{税收} \tag{2.27}$$

式中　i——专业费用占建筑费的百分比,%;

　　　r——正常利息率;

　　　P——正常利润率。

经整理,得到公式为

$$\text{地价} = \frac{\text{楼价} - \text{建筑费}(1 + i + r + P + ir + iP) - \text{税收}}{1 + r + P} \tag{2.28}$$

c. 剩余法的适用范围。剩余法一般适用于所搜集的资料为土地及其地上建筑物合为一体时,对土地或建筑物的估价。不过,剩余法仅当建筑物比较新且处于最有效使用状态,同时可以求取其经济租金时,才是最有效的方法;否则,运用这种方法不一定能保证求得适当价格。

剩余法不仅适用于待拆迁改造再开发的房地产的估价,还广泛适用于成片待开发土地的地价评估。尤其是具有潜在开发价值的成片土地,除成本法外,剩余法是比较适用的一种估价方法。剩余法评估地价,一般还应与收益还原法、市场比较法、成本法等结合进行。

当剩余法应用于成片待开发土地的地价评估时,地价公式变为

$$\text{生地地价} = \text{熟地地价} - \text{土地开发费用} - \text{利润} - \text{税金} \tag{2.29}$$

利用剩余法评估房地产价格的可靠性主要取决于评估中是否坚持了最有效使用原则,从而正确判断未来开发完成的房地产的出售价格。

d. 剩余法的应用。应用剩余法原理评估地价的方法主要有私房交易契价测算法、商品房售价倒算法和联合建房地价计算法等。

● 契价测算法又称契价剥离法。在房地产交易中,房地产交易的价格大致有3部分构成:房产价格、土地价格和交易成本与费用。契价测算法就是用房屋交易契价(交易价)减去其他各项非土地因素的余额作为地价的一种计算方法,其计算公式为

$$\text{地价} = \text{房屋交易价格} - \text{房产价格} - \text{交易费用} - \text{利息} \tag{2.30}$$

● 商品房售价倒算法。商品房售价倒算公式为

$$\text{地价} = \text{商品房售价} - \text{房屋建筑成本} - \text{税金} - \text{利润} - \text{投资利息} \tag{2.31}$$

如果建筑成本仅指建筑物本身所花费的费用,那么倒算出来的地价就等于土地开发费、征地费和超额利润之和。这样,计算出的地价就与私房契价剥离法相一致。如果建筑成本包含

了征地费、土地开发费,则倒算出的地价只是超额利润。

●联合建房地价计算法。联合建房在目前仍属非法交易,但因这种交易反映了土地的市价,因此,也可用来推算地价。联合建房,一般是指甲、乙双方,一方(甲方)提供地皮,另一方(乙方)出资联合共同建筑住宅楼(以住宅用途居多)的土地使用权有偿转让活动。

联合建房的一般模式假定:甲方仅提供一定数量的土地,或其他条件可以抵消或剔除;乙方提供全部资金或其他条件可以抵消或剔除。由此得出地价计算公式为

$$地价 = 甲方分成建筑面积 / 乙方分成建筑面积 \times 建筑面积 \times 单位建筑面积造价$$

(2.32)

其中,甲方分成建筑面积 + 乙方分成建筑面积 = 总面积。具体甲、乙双方分成比例取决于当时的房地产市场供求状况、地段区位条件、双方协议条件等。

⑤路线价估价法

a. 路线价估法原理。市场比较法、收益还原法等估价方法对个别宗地地价评估非常适用,而对大量迅速的宗地估价则颇费时日。路线价估价法基于土地价值高低随距街道距离增大递减的原理,在特定街道上设定单价,以这个单价配合深度百分率表及其他修正率来查估临接同一街道的其他宗地的地价,这种方法为税收、资产评估等需要大量迅速估价的工作提供了有力的工具。

上述单价即为路线价;指对面临特定街道而接近距离相等的市街土地,设定标准深度,求取的该标准深度的若干宗地的平均单价。路线价估价法在英美早已施行,应用于课税标准价格的确定。日本1923年最初采用此方法,用于市地重划时补偿余额的确定以及课税标准确定。

路线价估价法认为,市区内各宗土地价值与其离开街道的距离远近关系很大,这个距离即为临街深度。土地价值随临街深度增大而递减,一宗地越接近道路部分价值越高,离开街道愈远价值愈低。临接同一街道的宗地根据可及性大小,可划分为不同的地价区段,以不同的路线价区段来表示宗地的不同可及性。在同一路线价区段内的宗地,虽然可及性基本相等,但由于宗地的深度、宽度、形状、面积、位置等有差异,可用性相差很大,故需制订各种修正率,对路线价进行调整。可及性即指宗地距城市内各类设施的接近程度,可用性是指同一地价区的宗地之间利用状况的差异。根据上述原理,路线价估价法的关键是路线价的附设和深度修正率的确定。

b. 标准宗地及路线价表示方法。路线价是标准宗地的单位价格,路线价的高定必须先确定标准宗地面积。标准宗地的面积大小随各国而异。美国把位于街区中间宽1尺(1尺 = 0.333 3 m),深100尺的细长形地块作为标准宗地。日本现在的标准宗地是宽3.63 m,深16.36 m的长方形土地。

将标准宗地的平均价格作为路线价,以此为标准,也可以评定同一地价区段内其他宗地的价格,路线价在美国以绝对值货币额表示,即美元。而在日本,是以相对数点数表示。采用点数表示有以下优点:易换算成金额;不受币值变动影响;直接估算估价前后的价值差;易求取地价上涨率。而采用货币金额表示则较直观,易理解,在交易中,便于参考,便于接受监督。

c. 深度百分率原理。依临街深度长短表示土地价格变化的比率,称为深度价格递减比率。

d. 路线价设定方法。路线价无论以货币额还是点数表示,其测算方法一般仍要依据市

面上地的估价原则。日本对于路线价的决定,主要采用两种方法:第 1 种是熟练的估价员依买卖实例价用市场比较法等一般市地估价方法确定;第 2 种是采用路线价系数法或称评分方式,将形成土地价格的种种因素分成几种项目加以评分,然后合计,换算成附设于路线价上的点数。

上述日本采用的第 1 种方法,也是各国通用的方法,首先要选定标准宗地、确定标准宗地形状、大小,然后评估标准宗地价格,根据标准宗地价格水平及街道状况、公共设施的接近情况、土地利用状况,将地价相等、地段相连的地段划分为同一路线价区段,附设路线价。标准宗地价格计算适用宗地价计算方法。因此,路线价估价法不是独立的估价方法,它是以宗地估价方法作为基础的。

e.路线价修正。应用路线价估价法评估宗地地价,是根据设定的特定街道路线价,配合深度百分率表及其他修正率表,用数学方法查估临接同一街道的其他宗地的地价。路线价修正方法因标准宗地大小、路线价表求方法等到不同而有一定差异。路线价法则,著名的有美国的四三二一法则、苏慕斯法则、霍夫曼法则等,英国的哈柏法则、爱迪加法则。其中,苏慕斯法则应用最广。

美国用路线价法计算宗地地价的公式为

$$V = U \times dv \times f \tag{2.33}$$

日本用路线价法计算宗地地价的公式为

$$V = U \times dv \times (d \times f) \tag{2.34}$$

式中　　V——地价;

　　　　U——路线价;

　　　　f——临街宽度;

　　　　dv——宗地深度百分率;

　　　　d——地块深度。

美国的深度百分率表,是从路线境界点出发,顺序增加其比率,呈递增现象;日本因采用累计深度百分率,深度表呈递增现象。美国的深度百分率在深度大于和小于标准深度时均有分级;日本在小于标准深度时不分级。

路线价修正以正街深度修正为主,同时不同国家和地区根据宗地临街状况、宗地地形、宗地大小、宗地宽度等拟定了各种修正率,与深度修正率一起对路线价进行修正,以求宗地地价合理公平。但不同国家和地区除深度修正率有差异外,其他因素修正的数学计算方法也不尽相同。

3)城市土地估价

①城市地价体系

在地产市场中,土地价值的表现形式并不是单一的,而是在不同的环境中表现出不同的形式。这样,就形成了各种各样的地价。不论哪一种地价,都是地产市场在运作过程中为满足客观环境的需要而产生的。这些不同形式的地价在相互联系和相互作用中形成一个特定的为地产市场和地产市场管理者服务的体系。因此,地价体系是在一定的地产市场条件和地产市场管理制度下,由若干个相互联系的不同表现形式的地价组成的一个价格系列。

地价体系不是一成不变的,它随时间、地点和客观环境的变化而有所变动。但它在一定时期内又必须是相对稳定的。地价体系与国民经济政策和地价管理政策有关,为地产市场的管理者提供服务。地价体系的形成,必须符合适时的地产市场环境的客观需要,而不是主观臆造。否则,形成的地价体系很难为地产市场的健康发育提供有效服务。

根据我国目前地产市场和地产市场管理制度的特点,我国现行的地价体系由基准地价和宗地地价构成。

a. 基准地价。基准地价是按城镇土地级别或均质地域分别评估的商业、住宅、工业等各类用地和土地级别的土地使用权的平均价格。基准地价评估以城镇整体为单位进行。把握基准地价概念,一般要注意以下6点:

• 基准地价是区域性的价格,是一个特定区域内的平均价格。这个区域可以是级别区域,也可以是区段或路段,因而,基准地价的表现形式通常为区片价和路段价,或两者结合起来共同反映某种用途的土地的使用权价格。

• 基准地价是土地使用权的价格。

• 因为基准地价是区域性的价格,因而必定是平均价格。确定平均价格的方法可以是简单平均法和众数平均法等,但在此之前,一般都有要对样本数据进行数理统计检验。

• 基准地价一般都覆盖整个市域。在整个市域内具有可比性。

• 基准地价是单位土地面积的地价。

• 基准地价具有现势性,是评估出的一定时期内的价格。根据《城镇土地估价规程》规定,地价评估成果使用两年,要对城镇土地价格进行全面或局部评定,更新成果。

基准地价的作用主要表现在以下6个方面:

• 具有政府公告(示)作用。

• 宏观调控地价,反映地产市场中地价变化趋势。

• 国家征收土地使用税等的依据。

• 政府参与土地有偿使用收益分配的依据。

• 进一步评估宗地地价的基础。

• 对地产科学利用和合理流动进行引导。

b. 宗地地价。宗地地价是城镇内某一宗地在当地市场供求状况和一般经营管理水平下的评估价格。宗地地价按评估目的可分为标定地价、土地使用权出让底价和交易底价等。从上述定义中,可以看到以下6点:

• 宗地地价是某一具体地块的地价。

• 宗地地价是一定地产市场状况下的价格,因而,宗地地价一般都具有基准评估日期。

• 宗地地价是地产交易时的参考价格。

• 宗地地价是政府管理地产市场的参考依据之一。它可以有效反映瞒价和偷漏税现象。

• 宗地地价一般不进行大面积评估,而只是在土地使用权发生流转或进行股份制企业资产评估时才进行。

• 宗地地价是一种评估价格。它随估价师的经验不一而不尽相同。

宗地地价的作用主要有以下6个方面:

• 确定土地使用权出让价格优惠程度的依据。

• 企业清产核资和股份制企业土地入股作价的依据。

- 政府行使优先购买权的衡量标准。
- 核定土地增值税(费)的依据之一。
- 划拨土地使用权转移时,补交出让金的标准。
- 土地使用权流转过程中的参考依据之一。

②城市地价评估的技术路线

所谓技术路线,主要是指地价评估的基本思路、方法选择、成果表达方式和采用的技术手段等的设计。

a. 基本思路。由于我国土地市场刚刚发育,市场地价信息少,且大多是隐形交易和在不合理条件下形成的。因此,现阶段我国各城镇的基准地价评估的基本思路可以归纳为以下两种:

土地定级与估价结合进行。即以土地定级为基础,土地收益为依据,市场交易资料为参考评估基准地价。也就是说,在房地产市场地价信息少的情况下,地价评估一般先从评定土地使用价值入手,划分城市土地级别,然后测算各级别土地上的土地收益(地租)量,采用资本化法将土地收益还原为地价,同时参考市场的地价信息进行修订,得到基准地价;或以土地定级为控制,在试算交易样点或标准宗地的地价的基础上,计算各土地级别内交易样点或标准宗地的地价平均值或众数均值,并取其地价幅度,再经调整后确定基准地价。

直接用房地产市场资料评估基准地价,然后通过地价水平分区划分土地级别。第 2 种方法的前提条件是房地产市场比较发达,且房地产交易样点多,分布均匀。

宗地地价评估也有两种思路:一是在基准地价基础上,采用系数修正法评估宗地地价;二是采用市场比较法、收益还原法、剩余法、成本逼近法等评估宗地地价。

b. 方法选择。国外大多数国家将地价评估方法分成两大类:一类叫基本估价法,主要用于宗地地价的评估,其方法有收益法、比较法、剩余法等;另一类叫应用估价法,主要用于一个城市或区域内的宗地进行全面估价,其方法有路线价法、标准宗地估价法、模型(数理统计)法等。从我国国情出发,两种估价方法都要用到,并要不断探索和总结适合我国目前土地管理需要的土地估价方法。

在选择地价评估方法时,一般要着重考虑:可提供资料的情况;城市的性质、规模;地价体系——地价类型;用地类型——土地用途;地价评估人员的素质等。

c. 成果表达方式。城市地价评估主要成果的表达方式有地价图、地价表和地价评估报告等。地价图是地价水平在空间上分布状况的表达方式;地价表则是地价水平的量化表现,也是地价水平登记的明细表;地价评估报告是地价评估过程和方法的文字表达方式。不同用地类型的地价,可以选用不同的地价图件成果表达方式。

d. 技术手段。目前,全国地价评估的技术手段,已从单一测算方法,从手工操作向机动处理手段发展。借助机助处理手段进行土地定级和地价评估,已是形势所迫。

③城市地价评估程序

城市地价评估工作是一项涉及面广、技术性比较强的工作,它不仅要选择科学的方法,而且要按一定的工作程序进行,才能保证工作质量,避免盲目性和操作过程的返工浪费。我国城市地价评估工作大致可按下列基本程序进行。

a. 技术方案选定。开展城市土地估价的一个可行的技术方案一般应包括:估价范围,任务和要求,技术路线,工作程序、成果,等等。技术方案要经专家论证、修改、定稿和上报批准后方可实施。

b. 资料的收集、整理和分析。资料是土地估价的基础。地价评估资料一般分为背景资料和计算资料,前者如城市概况、社会统计资料等,后者则包括具体的各种估价方法所涉及的资料。资料收集与实地调查、核实相结合,且需将调查样点上图标注。调查的资料需经过整理,包括计算机预处理及因素补正、样本剔除等。

为提高地价资料的可信度和准确度,需根据资料不同来源、用途等,分别进行数据标准化、日期修正、瞒价修正和地域修正等。

c. 土地定级。根据国家土地管理局颁布的《城镇土地定级规程》(试行),主要采用多因素综合评定法进行土地定级。

d. 标准宗地地价测算。标准宗地地价是指所选定的具有地段代表性的标准宗地,通过近期交易测定的地价,或者通过区域因素比较和收益比较的方法测定的地价。因此,必须选择恰当的标准宗地,作为推算土地级别地价的基础。

e. 基准地价测算。基准地价包括各类用地基准地价,是以土地级别为控制,在交易样点地价和确定标准宗地地价的基础上计算各土地级别内标准宗地或交易样点的地价的平均值或众数均值,并取其地价幅度,再经调整后确定的。土地综合定级的基准地价常采用土地级差收益测算法确定其地价。土地综合基准地价也可以在各类用地基准地价的基础上,按最高、最有效的土地使用原则进行综合、调整和确定。

f. 宗地地价评估。在基准地价的基础上,进一步分析影响具体宗地或地块价格的因素和影响强度。对各区域内最高、最低实例及标准宗地的交易价、地块条件进行对比分析,采用比较法或内插法确定区域内各因素不同条件下的修正系数及相应的指标条件。同时用市场交易实例对修正系数进行检核和调整,最后编制出各类修正系数表,建立本城市宗地地价评估标准。宗地地价可分为标定地价、出让底价和交易价3种。

g. 地价成果分析和整理。城市土地估价成果分析应包括:地价总水平和各主要类型地价水平分析,以及地价比较分析。地价成果图应按规定进行整饰。地价表的编制是指基准地价地名表或地价落宗登记表的编制。城市土地估价工作完成后,应按规定撰写地价评估报告,其主要内容包括:土地估价工作概述,评估对象的自然、经济及社会概况,地价评估方法和过程,地价成果分析及成果应用方案和建议,等等。

子情境4 房地产调查

一、房地产调查概述

建筑物、构筑物是土地上的非常重要的附着物,建筑物、构筑物的情况是地籍资料不可缺少的重要组成部分。建筑物、构筑物调查是一项十分细致严肃的工作,同时也是一项准确性、技术性要求都很高的调查工作。建筑物、构筑物情况调查成果资料的好坏将影响地籍内容的准确性,也将直接影响到房地产登记和管理工作。一般情况下,构筑物主要是指道路、桥梁、堤坝、水闸等,建筑物主要是指房屋。

1. 与房屋有关的概念

1）房屋主体

房屋是指有承重墙、顶盖和四周有围护墙体的建筑。房屋包括一般房屋、架空房屋和窑洞等。一般的房屋很常见，对于架空房屋和窑洞进行如下说明：

①架空房屋。是指底层架空，以支撑物作为承重的房屋。其架空部位一般为通道、水域或斜坡，如廊房、骑楼、过街楼、吊脚楼、挑楼、水榭等。

②窑洞。是指在坡壁上挖成洞供人使用的住所。

③假层。是指房屋的最上一层，四周外墙的高度一般低于正式层外墙的高度，内部房间利用部分屋架空间构成的非正式层，其高度大于 2.2 m 的部分，面积不足底层 1/2 的叫做假层。

④气屋。利用房屋的人字屋架下面的空间建成并设有老虎窗的叫做气屋。

⑤夹层和暗楼。建筑设计时，安插在上下两层之间的房屋叫做夹层。房屋建成后，利用室内上部空间添加建成的房间叫做暗楼。

⑥过街楼和吊楼。横跨里巷两边房屋建造的悬空房屋叫做过街楼；一边依附于相邻房屋，另一边有支柱建筑的悬空房屋，叫做吊楼。

⑦天井和天棚。房屋内部无盖见天的小块空间叫作天井。天井上有透明顶棚覆盖的叫天棚。

2）房屋附属设施

①柱廊。是指有顶盖和支柱、供人通行的建筑物。

②檐廊。是指房屋檐下有顶盖，无支柱和建筑物相连的作为通道的伸出部位。

③架空通廊。是两幢房屋间上层贯通的架空建筑。

④底层阳台。是指突出于外墙面或凹在墙内的平面，挑出的称挑阳台，凹进的称凹阳台，还有半凹半挑阳台。底层阳台均为凸阳台。封闭的底阳台按房屋表示，不封闭的底阳台用虚线表示。

⑤门廊。是指建筑物门前突出有顶盖、有廊台的通道，如门斗、雨罩等。

⑥门顶。是指大门的顶盖。

⑦门、门墩。是指机关单位和大的居民点院落的各种门和墩柱。

⑧室外楼梯。是建筑物内上、下层间的交通疏散设施。

⑨台阶。是联系室内外地面的一段踏步。

2. 房屋调查的目的与内容

1）房产调查的目的

房地产调查是确定房屋和承载房屋的土地的自然状况与权属状况。为城镇的规划和建设、房地产的管理、开发、利用及征收房地产税收提供依据。房地产调查的主要成果是各种房地产平面图、有关数据及文档。房地产调查测绘的图件和调查成果资料一经审核批准作为权证的附件，便具有了法律效力。因此，对房地产调查而言，必须有严格的要求。

2）房地产调查的内容

房产调查分为房屋调查和房屋用地调查。其内容包括对每个权属单元的位置、权界、权属、数量和利用状况等基本情况，以及地理名称和行政境界的调查。

3. 房产调查表

房产调查应利用已有的地形图、地籍图、航摄像片以及产权产籍等资料。按表 2.24（房屋调查）和表 2.25（房屋用地调查表）的要求以丘和幢为单位逐项实地进行调查。

表 2.24 房屋调查表

市区名称或代码＿＿＿＿＿＿＿ 房产区号＿＿＿＿＿ 房产分区号＿＿＿＿＿ 丘号＿＿＿＿＿ 序号＿＿＿＿＿

坐落	区(县)			街道(镇)		胡同(街巷)号			邮政编码			
产权主				住址								
用途						产别			电话			

房屋状况	幢号	权号	户号	总层数	所在层次	建筑结构	建成年份	占地面积/m²	使用面积/m²	建筑面积/m²	墙体归属				产权来源
											东	南	西	北	

房屋权属界线示意图	附加说明
	调查意见

调查者：　　　年　　月　　日

表 2.25　房屋用地调查表

市区名称或代码＿＿＿＿＿＿＿　房产区号＿＿＿＿＿＿＿　房产分区号＿＿＿＿＿＿＿　丘号＿＿＿＿＿＿　序号＿＿＿＿＿＿

坐　落		区(县)街道(镇)胡同(街巷)号					电　话			邮政编码	
产权性质			产权主		土地等级		税　费				
使用人			住址				所有制性质				
用地来源							用地用途分类			附加说明	
用地状况	四　邻	东	南	西	北	界　标		东	南	西	北
	面积/m²	合计用地面积		房屋占地面积			院地面积		分摊面积		
用地略图											

4.房产调查单元的划分与编号

1)丘与丘号

①丘

房屋用地的调查以丘为单元分户进行。丘是指地表上一块有界空间的地块。一个地块只属于一个产权单元时称独立丘,一个地块属于几个产权时称组合丘。一般将一个单位、一个门牌号或一处院落划分为独立丘,当用地单位混杂或用地单位面积过小时划分为组合丘。

②丘的划分与编号

有固定界标的按固定界标划分,没有固定界标的按自然界线划分;丘的编号是按市、市辖区(县)、房产区、房产分区、丘五级编号。而房产区是以市行政建制区的街道办事处或镇(乡)的行政辖区,或房地产管理划分的区域为基础划定,根据实际情况和需要,可以将房产区再划分为若干个房产分区。丘以房产分区为单元划分。

房产区和房产分区均以两位自然数字从 01 至 99 依次编列;当未划分房产分区时,相应的房产分区编号用“01”表示。

丘的编号以房产分区为编号区,采用 4 位自然数字从 0001 到 9999 编列;以后新增丘接原编号顺序连续编立。其具体的编号格式如下:

市代码 ＋ 市辖区(县)代码 ＋ 房产区代码 ＋ 房产分区代码 ＋ 丘号
　(2 位)　　　　　(2 位)　　　　　　(2 位)　　　　　　(2 位)　　　　　(4 位)

丘的编号从北至南,从西向东以反 S 形顺序编列。组合丘内各用地单元以丘号加支号编立,丘号在前,支号在后,中间用短直线连接,称丘支号。

2)幢与幢号

①幢

房屋的调查以幢为单元分户进行。幢是一座独立的,包括不同结构和不同层次的房屋。同一结构的互相毗连的成片房屋,可按街道门牌号适当分幢。一幢房屋有不同层次的,中间用虚线分开。

②幢号

幢号以丘为单位,自进大门起,从左到右,从前到后,用数字1,2,…顺序按 S 形编号。幢号注在房屋轮廓线内的左下角,并加括号表示。

③房产权号

在他人用地范围内所建房屋,应在幢号后面加编房产权号,房产权号用标示符 A 表示。

④房屋共有权号

多户共有的房屋,在幢号后面家编共有权号,共有权号用标示符 B 表示。

二、房地产调查实施

1. 房屋用地调查

房屋用地调查的内容包括用地坐落、产权性质、等级、税费、用地人、用地单位所有制性质、使用权来源、四至、界标、用地用途分类、用地面积和用地纠纷等基本情况,以及绘制用地范围略图。房屋用地调查表见表2.25。

1)房屋用地坐落

房屋用地坐落是指房屋用地所在街道的名称和门牌号。房屋用地坐落在校的里弄、胡同和小巷时,应加注附近主要街道名称;缺门牌号时,应借用毗连房屋门牌号并加注东、南、西、北方位;房屋用地坐落在两个以上街道或有两个以上门牌号时,应全部注明。

2)房屋用地的产权性质

房屋用的产权性质按国有、集体两类填写。集体所有的还应注明土地所有单位的全称。

3)房屋用地的等级

房屋用地的等级按照当地有关部门制定的土地等级标准执行。

4)房屋用地的税费

房屋用地的税费是指房屋用地的使用人每年向相关部门缴纳的费用,以年度缴纳金额为准。

5)房屋用地使用权主

房屋用地的使用权主是指房屋用地的产权主的姓名和单位名称。

6)房屋用地的使用人

房屋用地的使用人是指房屋用地的使用人的姓名或单位名称。

7)用地来源

房屋用地来源是指土地使用权的时间和方式,如转让、出让、征用、划拨等。

8)用地四至

用地四至是指用地范围与四邻接壤的情况,一般按东、南、西、北方向注明邻接丘号或街道名称。

9）用地用途分类

用地用途分类按城镇地籍调查规程中的土地分类标准。

10）用地略图

用地略图是以用地单元为单位绘制的略图,表示房屋用地位置、四至关系、用地界线、共用院落的界线,以及界标类型的归属,并注记房屋用地界线边长。

2. 房屋调查

按地籍的定义,房屋调查的内容包括 5 个方面,即房屋的权属、位置、数量、质量和利用状况。

1）房屋的权属

房屋的权属包括权利人、权属来源、产权性质、产别、墙体归属、房屋权属界线草图。

①权利人。房屋权利人是指房屋所有权人的姓名。私人所有的房屋,一般按照产权证件上的姓名登记。若产权人已死亡则注明代理人的姓名;产权共有的,应注明全体共有人姓名;房屋是典当或抵押的,应注明典当或抵押人姓名及典当或抵押情况;产权不清或无主的可直接注明产权不清或无主,并作简要说明;单位所有的房屋,应注明单位全称;两个以上单位共有的,应注明全体共有单位全称。

②权属来源。房屋的权源是指产权人取得房屋产权的时间和方式,如继承、购买、受赠、交换、自建、翻建、征用、收购、调拨、拨用等。

③产权性质。房屋产权性质是按照我国社会主义经济 3 种基本所有制的形式,对房屋产权人占有的房屋进行所有制分类,共划分为全民(全民所有制)、集体(集体所有制)、私有(个体所有制)等 3 类。外产、中外合资产不进行分类,但应按实际注明。

④产别。房屋产别是根据产权占有和管理不同而划分的类别。按两级分类,一级分 8 类,二级分 4 类,具体分类标准及编号见表 2.26。

表 2.26　房屋产别分类标准

一级分类		二级分类		含　义
编号	名　称	编号	名　称	
10	国有房产			指归国家所有的房产。包括由政府接管、国家经租、收购、新建以及国有单位用自筹资金建设或购买的房产
		11	直管产	指由政府接管、国家经租、收购、新建、扩建的房产(房屋所有权已正式划拨给单位的除外),大多数由政府房地产管理部门直接管理、出租、维修,部分免租拨借给单位使用
		12	自管产	指国家划拨给全民所有制单位所有以及全民所有制单位自筹资金购建的房产
		13	军产	指中国人民解放军部队所有的房产。包括由国家划拨的房产、利用军费开支或军队自筹资金购建的房产

续表

一级分类		二级分类		含　义
编号	名　称	编号	名　称	
20	集体所有房产			指城市集体所有制单位所有的房产。即集体所有制单位投资建设、购买的房产
30	私有房产			指私人所有的房产。包括中国内地公民、港澳台同胞、海外侨胞、在华外国侨民、外国人所投资建造、购买的房产,以及中国公民投资的私营企业(私营独资企业、私营合伙企业和私营有限公司)所投资建造、购买的房产
		31	部分产权	指按照房改政策,职工个人以标准价购买的住房,拥有部分产权
40	联营企业房产			指不同所有制性质的单位之间共同组成新的法人型经济实体所投资建造、购买的房产
50	股份制企业房产			指股份制企业所投资建造或购买的房产
60	港、澳、台投资房产			指港、澳、台地区投资者以合资、合作或独资在祖国大陆举办的企业所投资建造或购买的房产
70	涉外房产			指中外合资经营企业、中外合作经营企业合外资企业、外国政府、社会团体、国际性机构所投资建造的购买的房产
80	其他房产			凡不属于以上各类别的房屋,都归在这一类,包括因所有权人不明,由政府房地产管理部门、全民所有制单位、军队代为管理的房屋以及宗教、寺庙等房屋

⑤墙体归属。房屋墙体归属是指四面墙体所有权的归属,一般分 3 类:自有墙、共有墙、借墙。在房屋调查时应根据实际的墙体归属分别注明。

⑥房屋权属界线示意图。房屋权属界线示意图是以房屋权属单元为单位绘制的略图,表示房屋的相关位置。其内容有房屋权属界线、共有共用房屋权属界线以及与邻户相连墙体的归属、房屋的边长,对有争议的房屋权属界线应标注争议部位,并作相应的记录。

⑦ 房屋权属登记情况。若房屋原已办理过房屋所有权登记的,在调查表中注明《房屋所有权证》证号。

2)房屋的位置

房屋的位置包括房屋的坐落、所在层次。

房屋坐落是描述房屋在建筑地段的位置,是指房屋所在街道的名称和门牌号。房屋坐落在小的里弄、胡同或小巷时,应加注附近主要街道名称;缺门牌号时,应借用毗连房屋门牌号并加注东、南、西、北方位;当一幢房屋坐落在两个或两个以上街道或有两个以上门牌号时,应全部注明;单元式的成套住宅,应加注单元号、室号或产号。

所在层次是指权利人的房屋在该幢的第几层。

3)房屋的质量

房屋的质量包括层数、建筑结构、建成年份。

房屋的层数是指房屋的自然层数,一般按室内地坪以上起计算层数。当采光窗在室外地坪线以上的半地下室,室内层高在 2.2 m 以上的,则计算层数。地下层、假层、夹层、暗楼、装饰性塔楼以及突出层面的楼梯间、水箱间均不计算层数。屋面上添建的不同结构的房屋不计算层数,但仍需测绘平面图且计算建筑面积。

根据房屋的梁、柱、墙及各种构架等主要承重结构的建筑材料确定房屋的结构,房屋结构的分类标准见表 2.27。

表 2.27　房屋建筑结构分类标准

类型		内　容
编号	名　称	
1	钢结构	承重的主要结构是用钢材料建造的,包括悬索结构
2	钢、钢筋混凝土结构	承重的主要结构是用钢、钢筋混凝土建造的。如一幢房屋一部分梁柱采用钢筋混凝土构架建造
3	钢筋混凝土结构	承重的主要结构是用钢筋混凝土建造的,包括簿壳结构、大模板现浇结构及使用滑模、开板等先进施工方法施工的钢筋混凝土结构的建筑物
4	混合结构	承重的主要结构是用钢筋混凝土和砖木建造的。如一幢房屋的梁用钢筋混凝土制成,以砖墙为承重墙,或者梁是木材制造,柱是用钢筋混凝土建造
5	砖木结构	承重的主要结构是用砖、木材建造的。如一幢房屋是木制房架、砖墙、木柱建造
6	其他结构	凡不属于上述结构的房屋都归此类。如竹结构、砖拱结构、窑洞等

一幢房屋一般只有一种建筑结构,如房屋中有两种或两种以上建筑结构组成,如能分清楚界线的,则分别注明结构,否则以面积较大的结构为准。

房屋的建成年份是指实际竣工年份。拆除翻建的,应以翻建竣工年份为准。一幢房屋有两种以上建筑年份,应分别调查注明。

4)房屋的用途

房屋的用途是指房屋目前的实际用途,也就是指房屋现在的使用状况。房屋的用途按两级分类,一级分 8 类,二级分 28 类,具体分类标准见表 2.28。一幢房屋有两种以上用途的,应分别调查注明。

表 2.28 房屋用途分类

一级分类		二级分类		内 容
编号	名 称	编号	名 称	
10	住宅	11	成套住宅	指有若干卧室、起居室、厨房、卫生间、室内走道或客厅等组成的供一户使用的房屋
		12	非成套住宅	指人们生活起居的但不成套的房屋
		13	集体宿舍	指机关、学校、企事业单位的单身职工、学生居住的房屋。集体宿舍是住宅的一部分
20	工业交通仓储	21	工业	指独立设置的各类工厂、车间、手工作坊、发电厂等从事生产活动的房屋
		22	公用设施	指自来水、泵站、污水处理、变电、燃气、供热、垃圾处理、环卫、公厕、殡葬、消防等市政公用设施的房屋
		23	铁路	指铁路系统从事铁路运输的房屋
		24	民航	指民航系统从事民航运输的房屋
		25	航运	指航运系统从事水路运输的房屋
		26	公交运输	指公路运输公共交通系统从事客货运输、装卸、搬运的房屋
		27	仓储	指用于储备、中转、外贸、供应等各种仓库、油库用房
30	商业金融信息	31	商业服务	指各类商店、门市部、饮食店、粮油店、菜场、理发店、照相馆、浴室、旅社、招待所等从事商业和为居民生活服务的房屋
		32	经营	指各种开发、装饰、中介公司从事经营业务活动所用的场所
		33	旅游	指宾馆饭店、乐园、俱乐部、旅行社等主要从事旅游服务所用的房屋
		34	金融保险	指银行、储蓄所信用社、信托公司、证券公司、保险公司等从事金融服务所用的房屋
		35	电信信息	指各种电信部门、信息产业部门,从事电信与信息工作所用的房屋
40	教育医疗卫生科研	41	教育	指大专院校、中等专业学校、中学、小学、幼儿园、托儿所、职业学校、业余学校、干校、党校、进修学校、工读学校、电视大学等从事教育所用的房屋
		42	医疗卫生	指各类医院、门诊部、卫生所(站)、检(防)疫站、保健院(站)、疗养院、医学化验、药品检验等医疗卫生机构从事医疗、保健、防疫、检验所用的房屋
		43	科研	指各类从事自然科学、社会科学等研究设计、开发所用的房屋

续表

一级分类		二级分类		内　容
编号	名　称	编号	名　称	
50	文化娱乐体育	51	文化	指文化馆、图书馆、展览馆、博物馆、纪念馆等从事文化活动所用的房屋
		52	新闻	指广播电视台、电台、出版社、报社、杂志社、通讯社、记者站等从事新闻出版所用的房屋
		53	娱乐	指影剧院、游乐场、俱乐部、剧团等从事文娱演出所用的房屋
		54	园林绿化	指公园、动物园、植物园、陵园、苗圃、花圃、花园、风景名胜、防护林等所用的房屋
		55	体育	指体育场(馆)、游泳池、射击场、跳伞塔等从事体育所用的房屋
60	公办	61	办公	指党政机关、群众团体、行政事业等行政、事业单位等所用的房屋
70	军事	71	军事	指中国人民解放军军事机关、营房、阵地、基地、机场、码头、工厂、学校等所用的房屋
80	其他	81	涉外	指外国使(领)馆、驻华办事处等涉外机构所用的房屋
		82	宗教	指寺庙、教堂等从事宗教活动所用的房屋
		83	监狱	指监狱、看守所、劳改场(所)等所用的房屋

5)房屋的数量

房屋的数量包括建筑占地面积、建筑面积、使用面积、共有面积、产权面积、宗地内的总建筑面积(简称总建筑面积)、套内建筑面积等。

①建筑占地面积(基底面积)。房屋的建筑占地面积是指房屋底层外墙(柱)外围水平面积,一般与底层房屋建筑面积相同。

②建筑面积。建筑面积是指房屋外墙(柱)勒脚以上各层的外围水平投影面积,包括阳台、挑廊、地下室、室外楼梯等,有上盖,结构牢固,层高2.20 m以上(含2.20 m)的永久性建筑。每户(或单位)拥有的建筑面积叫分户建筑面积。平房建筑面积指房屋外墙勒脚以上的墙身外围的水平面积。楼房建筑面积则指各层房屋墙身外围水平面积的总和。

③使用面积。使用面积是指房屋户内全部可供使用的空间面积,按房屋的内墙面水平投影计算。包括直接为办公、生产、经营或生活使用的面积和辅助用房如厨房、厕所或卫生间以及壁柜、户内过道、户内楼梯、阳台、地下室、附层(夹层)、2.2 m以上(指建筑层高,含2.2 m,以下同)的阁(暗)楼等面积。

④共有面积。共有面积系指各产权主共同拥有的建筑面积。主要包括有:层高超过2.2 m的单车库、设备层或技术层、室内外楼梯、楼梯悬挑平台、内外廊、门厅、电梯及机房、门斗、有

柱雨篷、突出屋面有围护结构的楼梯间、电梯间及机房、水箱等。

⑤房屋的产权面积。房屋的产权面积是指产权主依法拥有房屋所有权的房屋建筑面积。房屋产权面积由直辖市、市、县房地产行政主管部门登记确权认定。

⑥总建筑面积。总建筑面积等于计算容积率的建筑面积和不计算容积率的建筑面积之和。计算容积率的建筑面积包括使用建筑面积(含结构面积,以下简称使用面积)、分摊的共有面积(以下简称共有面积)和未分摊的共有面积。面积测量计算资料中要明确区分计算容积率的建筑面积和不计算容积率的建筑面积。

⑦成套房屋的建筑面积。成套房屋的套内建筑面积由套内房屋的使用面积、套内墙体面积、套内阳台面积3部分组成。

⑧套内房屋使用面积。套内房屋使用面积为套内房屋使用空间的面积,以水平投影面积按以下规定计算:套内使用面积为套内卧室、起居室、过厅、过道、厨房、卫生间、厕所、储藏室、壁橱、壁柜等空间面积的总和。套内楼梯按自然层数的面积总和计入使用面积。不包括在结构面积内的套内烟囱、通风道、管道井均计入使用面积。内墙面装饰厚度计入使用面积。

⑨套内墙体面积。套内墙体面积是套内使用空间周围的围护、承重墙体或其他承重支撑体所占的面积,其中各套之间的分割墙、套与公共建筑空间的分割墙以及外墙(包括山墙)等共有墙,均按水平投影面积的一半计入套内墙体面积。套内自有墙体按水平投影面积全部计入套内墙体面积。

⑩套内阳台建筑面积。套内阳台建筑面积均按阳台外围与房屋墙体之间的水平投影面积计算。其中,封闭的阳台按水平投影全部计算建筑面积,未封闭的阳台按水平投影的一半计算建筑面积。

3. 房产要素的编号

1)房产编号

这里的房产是指一个宗地内的房产。房产编号全长17位,字符型,见表2.29。编号前第13位为该房产/户地所属的宗地的编号。第14位为特征码(二值型)以"0"代表房产,以"1"代表户地(宅基地)。第15,16,17位为该房产/户地在所属地块范围内按"弓"型顺序编的房产序号/户地序号。户地指农村居民点的宅基地。

表2.29 房产编号

第1~13位	第14位	第15,16,17位
宗地 编号(同表2.1)	(一位数字)房产——"0" 户地——"1"	房产序号(3位数字) 000~999

2)房屋及构筑物要素编号

房屋及构筑物编号可依据《房产测量规范》的有关规定进行编制。房屋、构筑物编号全长9位,字符型,见表2.30。第1,2位为房屋产别,用2位数字表示到二级分类。第3位为房屋结构,用1位数字表示。第4,5位为房屋层数,用2位字符表示,1~99层用1~99表示,100层以上(含100层)用字母加数字表示,如100层用"A0"表示,115层用"B5"表示,其中A代表"10",B代表11以此类推。第6,7位为建成年限,用2位字符表示,取建成年份末两位数。如"85"代表1985建成,对1999年以后建成的房屋用字母加数字表示,如"A0"代表2000年

（1 900 ＋100 ＝2 000），"C4"代表 2024 年（1 900 ＋124 ＝2 024），对 1900 年以前建成的房屋，可在宗地图上特殊注记。第 8,9 位为房屋用途，用 2 位数字表示到二级分类。

表 2.30　房屋及构筑物编号

第 1,2 位		第 3 位		第 4,5 位		第 6,7 位		第 8,9 位	
产　别 （2 位）		结　构 （1 位）		层　次 （2 位）		建成年限 （2 位）		房屋用途 （2 位）	
11	公产	1	钢结构	01	1 层	00	1900 年	11	住宅
12	代管产	2	钢、钢筋混凝土结构	02	2 层	⋮	⋮	12	成套住宅
13	托管产	3	钢筋混凝土结构	⋮	⋮	85	1985 年	13	集体宿舍
14	拨用产	4	混合结构	99	99 层	⋮	⋮	21	工业
21	全民单位	5	砖木结构	A0	100 层	99	1999 年	22	共有设施
22	集体单位	6	其他结构	⋮	⋮	A0	2000 年	23	铁路
23	军产			A9	109 层	⋮	⋮	23	民航
31	私产			B0	110 层	A9	2009 年	⋮	⋮
41	外产			⋮	⋮	B0	2010 年		
42	中外合资产			B9	119 层	⋮	⋮		
43	其他产			C0	120 层	B9	2019 年		
				⋮	⋮	C0	2020 年		
				C9	129 层	⋮	⋮		
						C9	2029 年		

三、房地产面积测算

面积测算系指水平面积测算。其内容包括房屋建筑面积测算和用地面积测算，以及共有共用的房屋建筑面积、异产毗连房屋占地面积和共用院落面积的分摊测算等。各类面积测算应统一使用"房地产面积测算表"（见表 2.31）独立测算两次（以 m² 为单位，取至 0.01 m²），其较差应在规定的限差以内，取中数作为最后的结果。

1.房屋建筑面积测算

房屋建筑面积是指房屋外墙勒脚以上的外围水平面积，还包括阳台、走廊、室外楼梯等建筑面积。它要根据实测成果进行计算。其中有些要计算全部建筑面积，有些只计算一半建筑面积，还有一些不计算建筑面积。

1）计算全建筑面积的范围

• 单层建筑物，不论其高度如何，均按一层计算，其建筑面积按建筑物外墙勒脚以上的外围水平面积计算，单层建筑物内如带有部分楼层，也应计算建筑面积。

• 高低联跨的单层建筑物，如需分别计算建筑面积，高跨为边跨时，其建筑面积按勒脚以上两端山墙外表面间的水平长度乘以勒脚以上外墙表面至高跨中柱外边线的水平宽度计算；当高跨为中跨时，其建筑面积按勒脚以上两端山墙外表面间的水平长度乘以中柱外边线的水平宽度计算。

• 多层建筑物的建筑面积按各层建筑面积总和计算，其第一层按建筑物外墙勒脚以上外围水平面积计算,第二层及第二层以上按外墙外围水平面积计算。

表2.31 房地产面积

图幅号: 丘号: 序号:

坐落		区(县)		街道(镇)	胡同(巷)		号	
房屋产权人				用地单位人				
面积分类	幢号	层次	部位(室号)	图形编号	计算式	面积计算值/m²	较差/m²	平差后面积值/m²	备注
					1				
					2				
					1				
					2				
					1				
					2				
					1				
					2				

检查者: 测算者: 年 月 日

• 地下室、半地下室、地下车间、仓库、商店、地下指挥部等及相应出入口的建筑面积按其上口外墙(不包括采光井、防潮层及其保护墙)外围的水平面积计算。

• 坡地建筑物利用吊脚做架空层加以利用且层高超过2.2 m的,按围护结构外围水平面积计算建筑面积。

• 穿过建筑物的通道,建筑物内的门厅、大厅,不论其高度如何,均按一层计算建筑面积。门厅、大厅内回廊部分按其水平投影面积计算建筑面积。

• 图书馆的书库按书架层计算建筑面积。

• 电梯井、提物井、垃圾道、管道井、烟道等均按建筑物自然层计算建筑面积。

• 舞台灯光控制室按围护结构外围水平面积乘以实际层数计算建筑面积。

• 建筑物内的技术层或设备层,层高超过2.2 m的,应按一层计算建筑面积。

• 突出屋面的有围护结构的楼梯间、水箱间、电梯机房等按围护结构外围水平面积计算建筑面积。

• 突出墙外的门斗按围护结构外围水平面积计算建筑面积。

• 跨越其他建筑物的高架单层建筑物,按其水平投影面积计算建筑面积。

2)计算一半建筑面积的范围

• 用深基础做地下室架空加以利用,层高超过2.2 m的,按架空层外围的水平面积的一半计算建筑面积。

• 有柱雨篷按柱外围水平面积计算建筑面积;独立柱的雨篷按顶盖的水平投影面积的一半计算建筑面积。

● 有柱的车棚、货棚、站台等按柱外围水平面积计算建筑面积;单排柱、独立柱的车棚、货棚、站台等按顶盖的水平投影面积的一半计算建筑面积。

● 封闭式阳台、挑廊,按其水平面积计算建筑面积。凹阳台、挑阳台,有柱阳台按其水平投影面积的一半计算建筑面积。

● 建筑物墙外有顶盖和柱的走廊、檐廊按其投影面积的一半计算建筑面积。

● 两个建筑物间有顶盖和柱的架空通廊,按通廊的投影面积计算建筑面积。无顶盖的架空通廊按其投影面积的一半计算建筑面积。

● 室外楼梯作为主要通道和用于疏散的均按每层水平投影面积计算建筑面积;楼内有楼梯室外楼梯按其水平投影面积的一半计算建筑面积。

3)不计算建筑面积的范围

● 突出墙面的构件配件和艺术装饰,如柱、垛、勒脚、台阶、挑檐、庭园、无柱雨篷、悬挑窗台等。

● 检修、消防等用的室外爬梯。

● 层高在 2.2 m 以内的技术层。

● 没有围护结构的屋顶水箱,建筑物上无顶盖的平台(露台)。舞台及后台悬挂幕布、布景的天桥、挑台。

● 建筑物内外的操作平台、上料平台及利用建筑物的空间安置箱罐的平台。

● 构筑物,如独立烟囱、烟道、油罐、贮油(水)池、贮仓、园库、地下人防干、支线等。

● 单层建筑物内分隔的操作间、控制室、仪表间等单层房间。

● 层高小于 2.2 m 的深基础地下架空层、坡地建筑物吊脚、架空层。

● 建筑层高 2.2 m 及以下的均不计算建筑面积。

2. 用地面积测算

用地面积以丘为单位进行测算,包括房屋占地面积、院落面积、分摊共用院落面积、室外楼梯占地面积,以及各项地类面积的测算等。其中房屋占地面积是指房屋底层外墙(柱)外围水平面积,一般与底层建筑面积相同。

1)用地面积测算范围

①凡属编立丘号的地块,均应以丘号为单位计算用地使用范围面积,一个丘号计算一个用地使用面积。

②凡未编丘号的道路、河流等公共用地等不计入用地使用面积。

③一丘为一个房屋所有权人使用的,其使用用地范围包括房屋占地、天井、院落用地以及其他用地。

④一丘为多户房屋所有权使用的,各户使用用地范围包括房屋占地、独占地、分摊的功用院落等部分。各户使用用地面积之和应该等于该丘内用地的总面积。如分户面积计算误差、在允许范围内,可按各户使用用地面积平差。

⑤每一丘范围内的用地,按照不同的使用性质,分类计算各项面积,各个分类面积之和应该等于该丘内用地的总面积。如分类面积计算误差在允许范围内,可按比例平差。

2)用地面积测算方法

用地面积测算可采用坐标解析法、实地量距计算法和图上量算法等。坐标解析法是根据界址点坐标成果表上的数据进行计算;实地量距计算法是根据实量边长数据计算;图上量算法可选用三斜法、三线法及求积仪法进行计算。图上量算面积要在房地产原图或二底图上进行，其距离应量测至 0.2 mm。

3. 共有共用建筑面积的分摊

1) 共有面积的含义

共有面积由两部分构成，即应分摊的共有面积和不应分摊的共有面积。

应分摊的共有面积主要有室内外楼梯、楼梯悬挑平台、内外廊、门厅、电梯房及机房，多层建筑物中突出屋面结构的楼梯间、有维护结构的水箱等。

不应分摊的共有面积是前款所列之外，建筑报建时未计入容积率的共有面积和有关文件规定不进行分摊的共有面积，包括机动车库、非机动车库、消防避难层、地下室、半地下室、设备用房、梁底标高不高于 2 m 的架空结构转换层和架空作为社会公众休息或交通的场所等。

在房屋面积计算时，对于应分摊的共有面积，如果多个权利人拥有一栋房屋，则要求分户分摊；如果一个权利人拥有一栋房屋，则要求分层分摊，即使用面积按层计算，房屋的共有面积按层分摊。

由于房地产市场交易、抵押贷款等适应社会经济发展的各种经济活动形式的存在，对应分摊共有面积进行分摊时必须符合有关法律、法规的要求，严格按技术规程的要求进行计算。

无论从理论上，还是从实际情况看，自然层数等于或大于 2 的建筑物，一定有共有面积。如果在房屋调查报告中无共有面积，则这份报告是不合格的，是不能使用的。

2) 应分摊共有面积的分摊原则

① 按文件或协议分摊

有面积分割文件或协议的，应按其文件或协议分摊。这种情况一般是对一栋房屋有两个以上权利人而言，在实际情况中并不多见。

② 按比例分摊

无面积分割文件或协议的，按其使用面积的比例进行分摊，即

$$各单元应分摊的共有面积 = 分摊系数\,K \times 各单元套内建筑面积$$

其中
$$K = \frac{应分摊的共有面积}{各单元套内建筑面积之和}$$

③ 按功能分摊

对有多种不同功能的房屋（如综合楼、商住楼等），共有面积应参照其服务功能进行分摊，具体如下：

a. 对服务于整个建筑物所有使用功能的共有面积应共同分摊，否则按其所服务的建筑功能分别进行分摊。

b. 住宅平面以外，仅服务于住宅的共有面积（电梯房、楼梯间除外）应计入住宅部分进行分摊。住宅平面以外的电梯间、楼梯间，仅服务于住宅部分，但其通过其他建筑功能的楼层，则按住宅部分面积和其他建筑面积的各自比例分配相应的分摊面积。

c. 建筑物报建时计入容积率的其他共有面积均应分摊。

d. 共有面积的分摊除有特殊规定外，一般按所服务的功能进行分摊，分摊时凡属本层的共有面积只在本层分摊，服务于整栋的共有面积整栋分摊，只为某部分建筑物服务的共有部分只在该部分分摊。

另外，建筑物天顶部分的共有面积，如无特别要求，无条件整栋建筑物分摊。

3）应分摊共有面积的区分及分摊方法

在房屋调查过程中，各式各样的建筑物都有，其共有面积的服务功能区分也比较复杂，正确地区分及计算是保证房屋面积测算正确的关键。根据实际情况，不管房屋结构有多复杂，其综合概念图形可表示成图 2.58 和图 2.59。

图 2.58 为一综合概念楼立面图。A 为裙楼，B 为塔楼，A，B 两部分功能不一样，$G_i(i=1\sim5)$ 为应分摊的共有面积，其中 G_4 为天顶部分，G_5 为不通过 A 部分的共有面积。5 个部分的共有面积可以有如下分摊组合：

① G_1 只服务于 A 部分，则只在 A 内分摊。

② G_1 只服务于 B 部分，但通过 A，则由 A，B 两部分按比例分摊。

③ G_2 只服务于 B 部分，但通过 A，则由 A，B 两部分按比例分摊。

④ G_2 同时服务于 A，B 两部分，则整栋分摊。

⑤ G_3 只服务于 B 部分，则只在 B 部分分摊。

⑥ G_4 为天顶部分，整栋分摊。

⑦ G_5 只服务于 B 部分，但不通过 A，则只在 B 部分分摊。

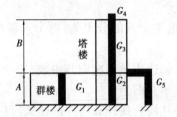

图 2.58　楼房概念立面图

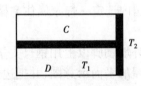

图 2.59　楼房概念层面图

对于图 2.59，为某栋房屋第 i 层建筑平面示意图，T_2 为在整栋房屋中本层应分得的共有面积。T_1 为本层的共有面积，仅服务于 C，D 两部分，C，D 两部分为本层功能不同或权利人不同的使用面积，而 $C+D+T_1$ 相对于整栋房屋来说又是使用面积。该图中，T_1+T_2 作为本层的共有面积分摊到 C，D 两部分。

以上两图只是一个综合表示，但无论多复杂的共有面积分摊计算都可由以上说明推出。

4）应分摊共有面积的特点

应分摊共有面积有以下特点：

①产权是共有的。应分摊的共有面积，其产权归属应属建筑物内部参与分摊共有面积的所有业主拥有，物业管理部门及用户不得改变其功能或有偿出租（售）。对于不应分摊的共有面积也是如此。

②应分摊共有面积的相对性。这一点在前一部分已有具体说明，这里实质上反映了在一栋房屋内拥有共有面积的实际情况。在图 2.59 中，T_2 是整栋房屋的权利人在法律意义上都拥有，数量上归第 i 层所有，而第 i 层的 C，D 权利人同样拥有其他各层的与 T_2 性质相同的共有面积。而 T_1 却不同，它只能是 C，D 两部分的权利人所共同拥有，本栋楼其他权利人是不能拥有的。

③各权利人拥有的应分摊共有面积在空间上是无界的。各权利人对共有面积只有拥有数量上的表达，而无空间位置界线的准确表达。

④从理论上讲，任何建筑物都有使用面积和共有面积，实际上无共有面积的建筑物是极少

的,仅限于只有一层的建筑物。因此,一份房屋调查报告有无共有面积是其是否完整性和规范的重要体现,也是办理房地产交易、抵押等手续时在法律上的要求。

技能训练2　房屋面积调查

1.技能目标

1)丈量一幢房屋的边长,计算该房屋基底的面积、建筑面积、绘制房屋的平面草图。

2)掌握用钢尺进行房屋丈量的测量、记录和计算的方法。

3)掌握房屋基底面积、建筑面积的计算方法。

4)掌握房屋调查表的填写。

2.仪器工具

1)每组准备经检验的钢尺1把,记录板1块,自备铅笔1支,三角板1块。

2)每组准备房屋调查表1份。

3.实训步骤

首先在校园内选定一幢家属住宅楼。实训小组4个人的分工为:两个人量距,一人记录,一人画草图。

1)沿房屋外墙勒脚以上用钢尺丈量房屋边长,每边丈量两次取其中数。

2)绘制房屋的平面示意图,并把边长数据标注示意图上。

3)按房屋的几何形状,利用实量数据和简单的几何公式计算房屋的建筑面积。

4)填写房屋调查表。

4.基本要求

1)钢尺操作要做到三清:零点清楚——尺子零点不一定在尺端,有些尺子零点前还有一段分划;读数认清——尺子读数要认清 m,cm 的注记和 mm 的分划数;尺段记清——尺段较多时,容易发生漏记的错误。

2)房屋面积测算中的误差

$$M_p = \pm (0.04\sqrt{P} + 0.003P)$$

式中　P——房屋面积,m。

3)丈量用的钢尺要进行检验,合格后方能使用。

4)房屋调查表内容要齐全。

5.提交资料

1)每人提交1份实训报告。

2)每组提交1份房屋调查表。

知识能力训练

1.试述我国土地权属的性质及其权属单位。

2.土地权属的确认方式有哪几种?如何确认土地权属?

3. 简述地块和宗地的概念及其划分原则。

4. 论述土地权属界址、边界系统和边界类型。

5. 简述土地权属调查的内容和基本程序。

6. 土地权属调查中,违约指界如何处理?

7. 土地权属界线的如何审查与调处?

8. 土地权属界线的争议如何调查处理?

9. 简述界址调查的指界方法。

10. 什么是飞地、间隙地及争议地?

11. 宗地草图的内容包括哪些?

12. 简述土地利用现状调查的目的和任务。

13. 简述土地利用现状调查的基本内容。

14. 为何要进行土地权属调查?

15. 简述土地利用现状调查的原则。

16. 一个区域面积为 S_0,一条界线将其分割为两个单位,如何通过调查确定两个单位的土地面积?

17. 如何理解土地利用现状调分类原则?

18. 简述土地利用现状调查基本要求。

19. 简述土地利用现状调查工作程序。

20. 航片调绘面积线如何确定?

21. 如何编制土地权属界线图?

22. 在 1:100 000 土地利用现状图上对地类最小上图图斑如何规定?

23. 零星地物如何调绘?

24. 补测的基本要求及方法是什么?

25. 航片转绘有哪些方法?

26. 土地面积量算的方法及原则是什么?

27. 举出 3 个相邻单位说明土地面积如何量算?

28. 图幅接合图表如何编制?

29. 田坎土坎系数测算技术路线是什么?

30. 土地利用现状图的基本内容是什么?

31. 简述土地利用现状调查的基础图件资料。

32. 简述土地利用现状调查的主要成果。

33. 航片室内判读的先后顺序是什么?

34. 村级权属界线图基本内容是什么?

35. 为什么要对城镇土地进行土地定级和估价?

36. 简述城镇土地分等定级 3 种方法的特点。

37. 土地分等定级要遵循哪些基本原则?

38. 简述城镇土地定级的基本程序。

39. 简述城镇土地定级的因素指标体系。

40. 什么叫因素权重? 确定因素权重的方法是什么?

41.为什么要划分评价单元？划分单元的主要方法是什么？

42.简述确定土地级别的主要方法。

43.简述土地定级因素分值计算的主要思路和公式。

44.农用土地分等定级有什么特点？

45.简述土地定级与土地估价的关系。

46.土地估价有哪些常规的方法？

47.简述我国城市面上地价体系的内容。

48.我国城市地价评估主要采取哪些技术路线？

49.试述房屋调查的主要内容。

50.房屋的数量包括哪些？试比较解析建筑占地面积、建筑面积、使用面积、共有面积、产权面积、总面积、套内建筑面积。

51.什么是共有面积？应分摊共有面积的分摊原则是什么？

52.房产调查的目的与内容是什么？

53.丘的含义及编号原则是什么？

54.关于建筑面积的计算有哪些具体规定？

学习情境 **3**

地籍测量

知识目标

能够正确陈述地籍控制网的等级与精度要求;能够正确陈述首级控制、图根控制的布设方法与工作程序;能够熟练陈述界址点的测量方法与精度要求;能够熟练陈述地籍图与地形图的区别与联系;能够正确陈述地籍图与宗地图、土地利用现状图的编绘方法;能够正确陈述房产图、分层分户图的绘图方法;能正确陈述土地面积量算的方法、面积统计的内容。

技能目标

能进行首级地籍控制网的方案设计、实地施测和数据处理;能熟练使用 GPS-RTK 做地籍图根控制测量;能熟练使用全站仪测定界址点坐标;能正确使用求积仪量算面积;能编程实现不规则几何图形的面积计算。

子情境 1　地籍控制测量

一、概述

1. 地籍控制测量的含义

地籍控制测量是地籍图件的数学基础,是关系到界址点精度的带全局性的技术环节。它是根据界址点及地籍图的精度要求,结合测区范围的大小、测区内现有控制点数量和等级情况,按控制测量的基本要求和精度要求进行技术设计、选点、埋石、野外观测、数据处理等的测量工作。

地籍控制测量包括基本控制测量和图根控制测量,前者是测区的首级控制点,后者则是用于直接测图服务的扩展控制点,两者构成了测区控制网的两个不同层次。这样既可保证测区控制点精度分布均匀,又可满足测区设站的实际要求。

2. 地籍控制测量原则

地籍控制点是进行地籍测量和测绘地籍图的依据。地籍控制测量必须遵循从整体到局部、由高级到低级分级控制(或越级布网)的原则。

地籍控制测量分为地籍基本控制测量和地籍图根控制测量两种。地籍基本控制测量可采用三角网(锁)、测边网、导线网和 GPS 相对定位测量网进行施测,施测的地籍基本控制网点分为一、二、三、四等和一、二级。精度高的网点可作精度低的控制网的起算点。在等级地籍基本控制测量的基础上,地籍图根控制测量主要采用导线网和 GPS 相对定位测量网施测,施测的地籍图根控制网点分为一、二级。

3. 地籍控制测量的特点

地籍控制测量有如下特点:

1)因地籍图的比例尺比较大(1∶500 ~ 1∶2 000),故平面控制精度要求较高,以保证界址点和图面地籍元素的精度要求。

2)地籍元素之间的相对误差限制较严,如相邻界址点间距、界址点与邻近地物点间距的误差不超过 0.3 mm。因此,应保证平面控制点有较高的要求。

3)城镇地籍测量由于城区街区街巷纵横交错,房屋密集,视野不开阔,故一般采用导线测量建立平面控制网。

4)为了保证实地勘丈的需要,基本控制测量和图根控制点必须有足够的密度,以满足细部测量的要求。

5)规程中规定界址点的中误差为 ±5 cm,因此,高斯投影的长度变形是不可忽视的。当城市位于 3°带的边缘时,可按照城市测量规范采取适当的措施。

6)地籍图根控制点的精度与地籍图的比例尺无关。地形图控制点的精度一般用地图的比例尺精度来要求(地形图根控制点的最弱点相对于起算点的点位中误差为 0.1 mm × 比例尺分母 M)。界址点坐标精度通常以实地具体的数值来标定,而与地籍图的精度无关。一般情况下,界址点坐标精度要求等于或高于其他地籍图的比例尺精度,如果地籍图根控制点的精度能满足界址点坐标精度要求,则也可满足测绘地籍图的精度要求。

现代地籍的一个重要用途,即是其资料能用于城市规划、土地利用总体规划的各类工程设计。因此,为了达到这个目的,所有的地籍数据和图在大区域内能进行拼接并且不发生矛盾,否则,不但给管理带来不便,而且其数据也难用于规划设计。所以,要求控制测量应有较高绝对定位精度和相对定位精度,同时其精度指标应有极高的可靠性。

4. 地籍控制测量精度指标

地籍控制测量的精度是以界址点的精度和地籍图的精度为依据而制订的。根据不同的施测方法,各等级地籍基本控制网点的主要技术指标见表 3.1 至表 3.5。

表 3.1　各等级三角网的主要技术规定

等级	平均边长/km	测角中误差/(″)	起始边相对中误差	导线全长相对闭合差	水平角观测测回数			方位角闭合差/(″)
					DJ$_1$	DJ$_2$	DJ$_3$	
二等	9	±1.0	1/30 0000	1/120 000	12	—	—	±3.5
三等	5	±1.8	1/200 000（首级）1/120 000（加密）	1/80 000	6	9	—	±7.0
四等	2	±2.5	1/120 000（首级）1/80 000（加密）	1/45 000	4	6		±9.0
一级	0.5	±5.0	1/80 000（首级）1/45 000（加密）	1/27 000		2	6	±15.0
二级	0.2	±10.0	1/27 000	1/14 000		1	3	±30.0

表 3.2　各等级三边网主要技术规定

等级	平均边长/km	测距相对中误差	测距中误差/mm	测距仪等级	测距测回数	
					往	返
二等	9	1/300 000	±30	I	4	4
三等	5	1/100 000	±30	I，II	4	4
四等	2	1/120 000	±16	I II	2 4	2 4
一级	0.5	1/33 000	±15	II	2	2
二级	0.2	1/17 000	±12	II	2	2

表 3.3　各等级测距导线主要技术规定

等级	平均边长/km	附合导线长度/km	测距中误差/mm	测角中误差/(″)	导线全长相对闭合差	水平角观测测回数			方位角闭合差/(″)
						DJ$_1$	DJ$_2$	DJ$_3$	
三等	3.0	15.0	±18	±1.5	1/60 000	8	12	—	±3$\sqrt{n}$
四等	1.6	10.0	±18	±2.5	1/40 000	4	6	—	±5$\sqrt{n}$
一级	0.3	3.6	±15	±5.0	1/14 000		2	6	±10$\sqrt{n}$
二级	0.2	2.4	±12	±8.0	1/10 000		1	3	±16$\sqrt{n}$

注：n 为导线转折角个数。当导线布设网状,结点与结点、结点与起始点间的导线长度不超过表中的附合导线长度的
0.7倍。

表 3.4　各等级 GPS 相对定位测量的主要技术规定(1)

等　级	平均边长 D/km	GPS 接收机性能	观测量	接收机标称精度优于(mm)	同步观测接收机数量
二等	9	双频(或单频)	载波相位	$10\ mm + 2 \times 10^{-6}$	≥2
三等	5	双频(或单频)	载波相位	$10\ mm + 3 \times 10^{-6}$	≥2
四等	2	双频(或单频)	载波相位	$10\ mm + 3 \times 10^{-6}$	≥2
一级	0.5	双频(或单频)	载波相位	$10\ mm + 3 \times 10^{-6}$	≥2
二级	0.2	双频(或单频)	载波相位	$10\ mm + 3 \times 10^{-6}$	≥2

表 3.5　各等级 GPS 相对定位测量的主要技术规定(2)

项　目	等　级				
	二等	三等	四等	一级	二级
卫星高度角	≥15°	≥15°	≥15°	≥15°	≥15°
有效观测卫星数	≥6	≥4	≥4	≥3	≥3
时段中任一卫星有效观测时间/min	≥20	≥15	≥15		
观测时间段	≥2	≥2	≥2		
观测时段长度/min	≥90	≥60	≥60		
数据采样间隔	15 ~ 60	15 ~ 60	15 ~ 60		
卫星观测值象限分布	3 或 1	2 ~ 4	2 ~ 4	2 ~ 4	2 ~ 4
点位几何图形强度因子/PDOP	≤8	≤10	≤10	≤10	≤10

二、地籍基本平面控制测量

1. 地籍基本平面控制网的布设要求

地籍基本平面控制网的要求主要是对控制网的基本精度和密度要求。地籍基本平面控制网的基本精度要求要满足下一级加密和测定界址点坐标精度的要求,并根据城镇测区的具体情况和发展远景,按照布网原则和有关规定,布设各等级基本平面控制网(首级网和加密网)。

1)精度要求

根据地籍测量测量《规程》规定:四等网中最弱相邻点的相对点位误差不得超过 5 cm;四等以下网最弱点(相对于起算点)的点位误差不得超过 5 cm。

2)密度要求

平面控制点的密度应根据界址点的精度和密度以及地籍图的比例尺和成图方法等因素来定(一般每幅图的控制点数为 10 ~ 20 个)。但还应考虑到地籍测量的特殊性,即应满足地籍测量资料的更新和恢复界址点位置的需要。

为了满足地籍测量资料的更新和恢复界址点位置的需要,不论何种成图方法,都要求每幅图内有一定数量的埋石点,具体规定见表 3.6

表 3.6　控制点的密度要求

比例尺	埋石点最小密度/幅
1:500	3
1:1 000	4
1:2 000	4

如果是城镇地籍测量,特别是南方城镇,旧城居民区内巷道错综复杂,建筑物多而乱,界址点非常多,在这种情况下,适当地增加控制点密度和数目,才能满足地籍测量的需求。

在通常情况下,地籍控制网点间的平均边长为:

①城镇地区:100~200 m(布设三级地籍控制);

②城镇稀疏建筑区:200~400 m(布设二级地籍控制);

③城镇郊区:400~500 m(布设一级地籍控制)。

3)控制网基本精度的初步分析

地籍测量《规程》中提出的对基本平面控制网的最弱相邻点位精度要求,这是一个相对的概念。四等基本平面控制网是一个关键性的等级,在一般中、小城市,可以作为首级平面控制网,在大、中城市(一般 100 km² 以上)它又是一个承上启下的环节。根据我国城镇地籍测量实践经验,四等网采用 2 km 的平均边长是合适的。《规程》规定四等网中最弱相邻点的点位误差不超过 5 cm,是指网中精度最薄弱处的相邻同级点而言。对于四等以下的网(一级、二级),其最弱点点位中误差是相对于起算点而言,保证最弱点点位中误差不超过 55 cm,就能保证图根控制测量和界址点测定的精度要求。对于二、三等控制网,则应根据能保证控制下级网而进行专门的设计。

按照《规程》和《规范》规定,计算四等网最弱两相邻点 i,j 的相对点位中误差为 M_{ij}。此时可以利用平差中所求协因数阵计算 i 相对于 j 的误差椭圆元素 A_{ij},B_{ij},则

$$M_{ij} = \sqrt{A_{ij}^2 + B_{ij}^2} \tag{3.1}$$

也可近似写成

$$M_{ij} = \sqrt{m_{\Delta x_{ij}}^2 + m_{\Delta y_{ij}}^2}$$

在做精度估算时,也可根据 i,j 两点的边长误差 $m_{s_{ij}}$ 和该边坐标方位角误差 $m_{\partial_{ij}}$ 进行计算,即

$$M_{ij} = \sqrt{m_{S_{ij}}^2 + \frac{m_{\partial_{ij}}^2}{\rho^2} s_{ij}^2} \tag{3.2}$$

此时系假定 i 点不动,j 点相对于 i 点在边长与方向两方面产生位移所致。

对于四等以下控制网,按《规程》和《规范》规定,其相对于起始的点位中误差 M_i 为

$$M_i = \sqrt{A_i^2 + B_i^2} = \sqrt{m_{x_i}^2 + m_{y_i}^2} \tag{3.3}$$

其中,C_i 和 B_i 为由协因数阵计算的 i 点的误差椭圆元素,m_{x_i},m_{y_i} 为 i 点相对于起始点纵、横坐标中误差。

例1　某地籍四等基本平面控制网(三角网),平均边长 $s = 2$ km,若取最不利情况,令最弱边相对于中误差为 1/45 000,方位角中误差 m_∂ 为 ±2.5″。

165

则最弱相邻点相对点位中误差 M_{ij} 为

$$M_{ij} = \sqrt{m_s^2 + \left(\frac{m_\partial}{\rho}\right)^2 s^2} = \sqrt{\left(\frac{1}{45\ 000} \times 2 \times 10^5\right)^2 + \left(\frac{2.5}{206\ 265}\right)^2 \times (2 \times 10^5)^2}$$

$$= \pm 5\ cm$$

这说明了四等网中规定最弱相邻点的相对点位中误差不超过 5 cm 是合理的。之所以规定为 5 cm,应从地籍基本平面控制网要以 ±5 cm(或 ±7 cm)的精度满足测量界址点坐标的要求来考虑。

4)坐标系的选择

坐标系的选择应以投影长度变形值不大于 2.5 cm/km(即 1:40 000)为原则,并根据测区地理位置和平均高程而定。可按系列顺序选择地籍平面控制网的坐标系。

①国家统一坐标系

国家花费大量的人力、物力、财力及几十年的努力,建立起了北京坐标系和全国大地控制网点,应尽可能利用,以便与国家坐标系成为一整体。使用国家统一坐标系有如下优点:

a. 它有利于地籍成果的通用性,便于成果共享,使地籍测量不仅能为地籍管理奠定基础,而且能为城市规划、工程设计、土地整理、管道建设等多种用途提供服务。如果坐标系不统一,则降低了它的品位和应用价值。

b. 统一坐标系有利于图幅正规分幅、图幅拼接、接合、使用和各种比例尺图幅的编绘。

c. 它有利于土地、规划、房地产等各部门之间的合作,这将加快地籍测量的进度,提高效益和节约经费。

综上所述,在一般情况下,城镇地籍测量和土地资源调查应使用北京坐标系,农村地区,地籍测量精度要求较低,则可在现有的国家各等级的大地控制网点的基础上加密地籍控制网点。

②城市坐标系

在城镇地区,则尽可能利用已有的城市坐标系和城市控制网点来建立当地的地籍控制网点。这些控制网点一般都与国家控制网进行了联测,并且有坐标变换参数。

在一些小城镇可能没有控制网点,则应以投影变形值小于 2.5 cm/km 为原则,建立坐标系和控制网点,并与国家网联测。面积小于 25 km² 的城镇,可不经投影直接建立平面直角坐标系,并与国家网联测。如果不具备与国家控制网点的联测条件,则可以用下面 3 种方法来建立独立坐标系:

a. 用国家控制网中的某一点坐标作为原点坐标,某边的坐标方位角作为起始方位角。

b. 从中、小比例尺地形图上用图解方法量取国家控制网中一点的坐标或一明显地物点的坐标作为原点坐标,量取某边的坐标方位角作为起始方位角。

c. 假设原点的坐标和一边的坐标方位角作为起始方位角。

③任意投影带独立坐标系

当测区(城、镇)地处投影带的边缘或横跨两带时,那么长度投影变形一定较大,或测区内存在两套坐标,这将给使用造成麻烦,这时应该选择测区中央某一子午线作为投影带的中央子午线,由此建立任意投影带独立坐标系。这既可使长度投影变形小,又可使整个测区处于同一坐标系内,无论对提高地籍图的精度还是拼接以及使用都是有利的。

④独立平面直角坐标系

在不具备经济实力的条件下,而又要快速完成本地区的地籍调查和测量工作,可考虑建立

独立平面坐标系,建立方法如下:

a. 起始点坐标的确定

在图上量取起始点平面坐标。先准备 1 张 1:10 000(或 1:250 000)的地形图,在图上标绘出所要进行地籍测量的区域。在此区域内选择一适当的特征点,如主要道路交叉点,或某一固定地物作为起始待定点,然后对实地进行勘察,认为可行后,做好长期保存的标志,并给予编号。回到室内后,在地形图上量取该点的纵横坐标作为首级控制网的起始点坐标。

假定坐标法。如果在地籍测量区域搜集正规分幅的地形图有困难时,也可直接假定起始点坐标。例如,计划施测九峰乡全乡宅基地地籍图,以便核发土地使用证,经研究确定采用独立坐标系。在实地踏勘后,认为该区域西南角之水塔作为坐标起始点较为合适,并令它的坐标值为 $x = 1\,000.00$,$y = 2\,000.00$。数值是任意假定的,但必须注意,用它发展该地区的控制点和界址点,应不使其坐标出现负值。

采用交会或插点的方法确定原点坐标。在施测农村居民地地籍图中,一般使用岛图形式,并不要求大面积拼接。因此,当本地无起始点,而在几公里范围内找得到大地点时,可采用交会或插点的方法确定一点的坐标,做好固定标志后,用它作为该地独立坐标系的起始点,这样既经济又简便。

b. 起始方位角的确定

由坐标计算基本原理知,当假定了一点的坐标后,如图 3.1 所示的 A 点(水塔),还必须有一个起始方位角和一条起始边,方能发展新点,进行局部控制测量。起始边长用红外测距仪测距或钢尺量距(具体方法见测量学方面的教材),而方位角可由以下几种方法确定:

量算方位角。在准备好的地形图上标出起始点和第一个未知点,如图 3.1 所示的 A 点(水塔)和 B 点(乡政府楼上),用直线连接两点,过 A 点作坐标纵线,将透明量角器置于其上,测出其夹角 α_{AB} 即可。

磁方位角计算法。在起始点 A 设置带有管状罗针的经纬仪(或罗盘仪),按有关测量学教材的方法测出磁北 M 至 B 点的磁方位角 m,然后按下式计算出方位角 α:

$$\alpha = m + \delta - \gamma - \Delta\gamma \tag{3.4}$$

式中　δ——磁偏角,可从地磁偏角等线图上查取;

　　　γ——子午线收敛角,可用该地的经纬度计算;

　　　$\Delta\gamma$——罗针改正数,用作业罗针与标准罗针比较而得,当定向角的精度要求不高或罗针磁性较强时可省略此项。

2. 地籍基本平面控制网设计

地籍平面控制网的设计的拟定是测量工作中的一个重要环节,它将直接影响后续测量工作能否顺利开展以及能否布设最佳控制网等问题,因此一定要加以重视。

1)收集和研究资料

要使设计做到切合实际,就必须充分收集测区内各种有关资料,包括:

①各种比例尺地形图、地籍图、交通图。

②已有的各等级控制点成果表、点之记、布网图和技术总结;便于选定测区的坐标系。

③控制点保存情况。

④测区内的水文、气象和地质、地下水位及冻土层深度等资料,以便建标、埋石、安排作业时间等时参考。

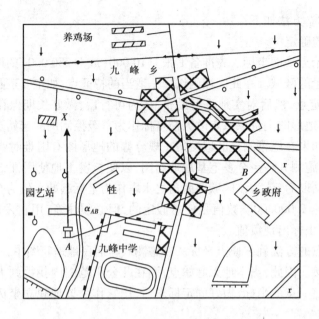

图 3.1　独立坐标系的建立

⑤城镇总体规划图。

⑥测区内有关政治、经济、文化以及风土人情等情况。

对已经收集到的资料进行分析研究,以确定网的布设形式,起始数据如何获得,网的坐标系、投影带和投影面的选择及网的未来扩展等。取其有价值的部分作为设计的参考。

2)首级平面平面控制网等级的确定

首级平面控制网的等级主要由测区面积来确定,参照表 3.7。

表 3.7　首级控制网等级确定

首级控制网等级	三角网或边角网				导线网			
	三等	四等	一级	二级	三等	四等	一级	二级
测区面积/km²	30～300	4～60	2～10	1～2	100～300	4～100	<4	<1

在确定首级平面控制网的等级时,还应考虑测区已有的控制点情况、仪器设备条件和委托单位的具体要求。在首级控制确定的情况,布设下一级别的控制点,基本平面控制网发展层次的框图表示如图 3.2 所示。

3)图上设计

根据测量任务的要求和测区具体情况,在测区内已有合适的比例尺地形图上,设计出最适宜的布点方案,拟定出最佳的点的位置。

①控制点的布点方案

首先在图上绘制地籍测量范围线,标出已有控制点的位置,确定起算数据和起算方位角。然后设计控制点的布点方案。首级控制网点数一般较少,以减少首级控制网的图形单元,增强网的图形强度,同时应与测区附近的国家或城市控制网联测。首级控制网全面控制整个测区,

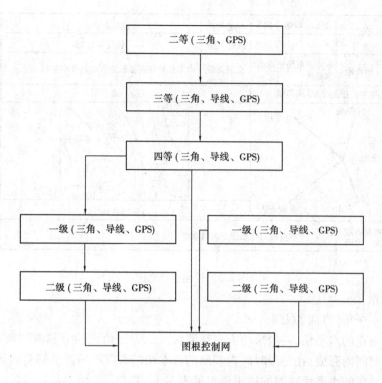

图 3.2　逐级布网框图

并顾及向外扩展便利。

图上选点后,应到实地进一步核对和调整点位,尤其要检查控制点之间的通视情况,注意三角的图形和导线网的节点位置。不管是在图上选点或实地选点,对点位的布设应满足有关规定的要求。

②控制网精度估算

在图上选点和实地选点结束以后,应对拟初步构成图形的控制网进行精度估算,以衡量所构成的控制网在相应等级预期观测条件和方法下,预计最终成果能否达到预期的精度要求。在力求节省工作量和经费的情况下,从中选择满足精度要求的优化设计方案。精度估算有严密计算法和近似估算法,对于二、三、四等基本平面控制网采用严密计算法,对于一、二级小三角(或导线)可采用近似估算法。

3.基本平面控制测量的外业施测

1)造标和埋石

对于城镇测区一、二级以上的基本平面控制网应视控制网的等级和测区土质条件,埋设相应的不同规格的标石,它是基本控制点的永久性标志。标石的类型有中心标石、岩上标石、屋顶标石及一般混凝土标石。

按规定,二、三等控制点应建立觇标,四等控制点视需要而定,一、二级小三角(导线)一般不建觇标。当然是否建标还要根据城镇测区具体情况和需要而定。觇标的类型有双锥标、复合标、屋顶标、墩标及寻常标。

埋石和造标结束后,对各等级的控制网基本控制点(原则上有一、二级导线点或三角点)均应做点之记(见图3.3),二、三、四等基本平面控制网点还要办好标致委托保管手续。

169

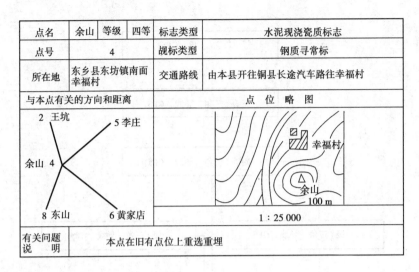

点名	余山	等级	四等	标志类型	水泥现浇瓷质标志
点号	4			觇标类型	钢质寻常标
所在地	东乡县东坊镇南面幸福村			交通路线	由本县开往铜县长途汽车路往幸福村

图 3.3　控制点点之记

2)角度测量

①三角点水平角(方向)观测

各等级三角点的水平角,一般采用方向观测法。二等三角点的全部测回数应在两个或两个以上时段的时间内完成,在一段时间内观测的基本测回数应不超过全部测回数的2/3。

各等级三角点的水平角观测的技术要求见表3.8。

②导线点水平角(测回)观测

对于三、四等导线点来说,如果只有两个方向时,应按测回法左、右角观测。一般以总测回数的一半测回(奇数测回)观测左角,以另一半测回数(偶数测回)观测右角。左角和右角分别取中数得 β_L 和 β_R 后,按 $\beta_L + \beta_R - 360° = \Delta c$ 所计算的 Δc 值称为测站圆周角度闭合差,Δc 不得超过各等级测角中误差的2倍,即三等不超过 $\pm 3.0''$,四等不超过 $\pm 5.0''$。各等级导线点测回法水平角观测的主要技术要求见表3.8。

表3.8　三角测量水平角(方向)观测主要技术指标

控制网等级		二等	三等		四等		一级		二级	
仪器型号		DJ1	DJ1	DJ2	DJ1	DJ2	DJ2	DJ6	DJ2	DJ6
方向观测测回数		12	6	9	4	6	2	6	1	2
各项限差	光学测微器两次重合读数差/(″)	1	1	3	1	3	3	—	3	—
	半测回归零差/(″)	6	6	8	6	8	8	18	8	18
	1测回内2c互差/(″)	9	9	13	9	13	13	—	13	—
	同一方向值各测回互差/(″)	6	6	9	6	9	6	24	—	24
	三角形闭合差/(″)	±3.5	±7.0		±9.0		±15.0		±30.0	
	测角中误差/(″)	±1.0	±1.8		±2.5		±5.0		±10.0	

为了减少对中误差和照准误差的影响。各等级导线测量宜采用三联脚架法。凡不符合限

差要求的,均应进行重测。重测数按需重测的基本方向测回数计算。因对错度盘、测错方向以及不完整的测回,均不计入重测数。当重测数超过总基本方向测回数的 1/3 时,该测站成果应全部重测,总基本方向测回数 $N=(n-1)\times m$,其中 n 为方向数,m 为规定的测回数。

地籍平面控制网的点位以标石中心为准。因此,观测水平方向(角度)时,要求测站上的仪器中心语标石中心应在同一铅垂线上,同时还要求照准点目标中心语标石中心也应在同一铅垂线上,即所谓"三心"一致。只有这样,测站上所观测的方向值才是两控制点标石中心连线的方向观测值。但由于各种原因影响,一般难以达到上述"三心"一致。这样就可能导致仪器中心偏离测站标石中心,称为测站点偏心;照准目标中心偏离标石中心,称为照准点偏心。因此,要对方向观测值进行归心改正(计算归心改正数),为此必须测定归心元素。测定归心元素的方法有图解法、直接法和解析法等。

3)距离测量

地籍平面控制网的起算边(基线)和边长应主要使用相应精度的光电测距仪进行距离测量,光电测距技术要求见表 3.9。光电测距仪的精度等级一般依出厂的标称精度,按每一公里测距中误差 m_D 的大小划分为 3 个等级:

Ⅰ级:$m_D\leqslant 5$ mm;

Ⅱ级:5 mm $<m_D\leqslant 10$ mm;

Ⅲ级:10 mm $<m_D\leqslant 20$ mm。

其中,$m_D=a+bD$(标称精度)。a 为测距仪标称精度中的固定误差(mm),b 为测距仪标称精度中比例误差(mm/km),D 为测距边长(以 km 计)。

表 3.9 　光电测距技术规定

等级	测距仪等级	测回数		一测回读数较差/mm	各测回间较差/mm	往返或不同时段较差/mm
		往	返			
二等	Ⅰ	4	4	5	7	
三等	Ⅰ	4	4	5	7	
	Ⅱ	4	4	10	15	
四等	Ⅰ	2	2	5	7	
	Ⅱ	4	4	10	15	$\sqrt{2}(a+bD)$
一级	Ⅰ,Ⅱ,Ⅲ	2		10	15	
		4		20	30	
二级	Ⅰ,Ⅱ,Ⅲ	2		10	15	
		4		20	30	

注:a. 在基本平面控制网光电测距中,电照准 1 次,读 4 次数,称为一个测回。

b. 往返或不同时间段(上、下午)较差应将斜距化算到同一水平方向上方可比较。

在进行光电测距时,应同时由气压计和温度计测定气压和气温等气象参数,以便进行距离的气象改正。测定气象数据的主要规定见表 3.10。

表 3.10　测定气象数据的主要规定

等　级	最小读数			测定时间间隔	气象数据的取用
	温度/℃		气压/mmHg		
	干	湿			
二、三、四等	0.2	0.2	0.5	一测站同时段观测始末	测边两端的平均数
一级	0.5		1.0	每边测定一次	观测一端的数据
二级	0.5		1.0	一时段始末各测定一次	取平均值作为各边气象数据

4. 地籍基本控制测量内业计算

1）观测成果的概算和验算

外业观测结束以后,应进行概算和验算。

对于大面积测区,考虑到地球曲率的影响及投影变形等因素,验算前应进行概算,其任务是检查与整理外业观测成果,将地表上的观测成果归化至椭球面;将椭球面上的成果归化到高斯平面上。然后进行验算,其任务是计算控制网的各种几何条件闭合差,并与其限差做比较,检查观测成果的质量。

①概算的内容

a. 外业观测成果的整理与检查。

b. 绘制控制网略图(见图 3.4),编制观测数据和起算数据。

c. 有关起算数据的换算。

d. 观测成果归化至标石中心的计算。

e. 观测成果归化至椭球面上的计算。

f. 椭球面上的成果归化至高斯平面上的计算。

g. 编制高斯平面上的观测数据和起算数据表。

②验算的内容

a. 三角形闭合差的计算。

b. 测角中误差的计算。

c. 圆周条件闭合差的计算。

d. 极条件闭合差的计算。

e. 基线条件闭合差的计算。

f. 坐标方位角条件闭合差的计算。

g. 图形条件闭合差的计算。

h. 测角中误差的计算。

i. 导线边长中误差的计算。

j. 导线全场相对中误差的计算。

2）控制网平差及精度评定

二、三、四等平面控制网应采用严密平差,平差后进行精度评定,其中包括单位权中误差、最弱点、最弱相邻点点位中误差,最弱边的边长及方位角中误差,等等。

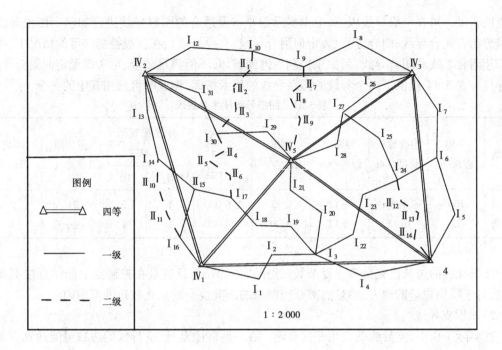

图 3.4　地籍控制网略图

四等以下平面控制网可采用近似平差和按近似法评定其精度。采用近似平差方法的导线网,其边长及方位角成果应由坐标平差值反算获得。

手工平差时,应由两人独立计算,确保无误。利用计算机进行平差时,应选择经过鉴定、功能齐全的程序。对数据的输入应进行仔细核对,计算的成果也应进行校验。

地籍首级控制网测量的方法主要有 GPS 测量、导线测量、三角测量、航测法等。近年来由于 GPS 发展迅猛,其具有精度高、费用省优点等逐步成为地籍控制网的首选方法,将在后面重点介绍 GPS 在首级控制测量中的应用。

三、地籍图根平面控制测量

为了满足地籍细部测量和界址点坐标测量及日常低级管理的要求,应在测区基本平面控制网(点)的基础上,加密控制网,建立满足地籍细部测量精度与密度要求的图根控制网。图根控制网测量可以采用图根导线测量、图根三角和交会测量的方法。GPS-RTK 技术的成熟,其作为地籍图根控制测量所具有的优点是其他方法所不能比拟的。在城镇建成区,由于房屋密集,通视条件差,常用导线形式布设图根控制网,本小节主要结合导线来讲解图根控制的测量的实施。

1.图根控制网的布设

1)图根导线

地籍图根控制网在精度上应该满足以 ±5 cm(或 ±7.5 cm)精度测量界址点坐标的要求,因此,布网规格(点位精度、密度)与测图比例尺大小基本无关,而地形图测绘的图根控制网布设规格由当时的测图比例尺来决定。目前一、二级导线的平均边长都在 100 m 以上,这样的控制点密度用于测定复杂隐蔽的居民地的界址点势必要做大量的过渡点(多为支导线形式),不但工作量大,作业率低,在精度方面也不能保证。因此,经济而又可靠的方法是布网时增加控制点的密度。可在二级导线以下,根据实际需要布设适合的图根导线进行加密。图根导线的测量方法有闭合导线、附合导线、无定向附合导线、支导线等。在首级控制许可的情况下,尽可能采用附合导线和闭合导线,但如果控制点遭到破坏,不能满足要求,可考虑无定向附合导线、支导线。表3.11提供了两个等级的图根导线的技术指标,作业时可选用其中的一个。

表3.11 图根导线技术参数表

等级	平均边长/m	附合导线长度/km	测距中误差/mm	测角中误差/(")	导线全长相对闭合差	水平角观测测回数		方位角闭合差/(")	距离测回数
						DJ$_2$	DJ$_6$		
一级	100	1.5	±12	±12	1/6 000	1	2	±24$\sqrt{n}$	2
二级	75	0.75	±12	±20	1/4 000	1	1	±40$\sqrt{n}$	1

图根导线的边长已充分考虑复杂居民点的实际情况,目的是在控制点上能够直接测到界址点,对于特别隐蔽的地方,界址点离开控制点的距离也会约束在较短的范围内。

2)图根支导线

在实际工作中,支导线的应用非常普遍。在一些较隐蔽处,支导线的边数可能达到3条或更多,因缺乏检核条件致使支导线出现粗差和较大误差也不能及时发现,造成返工,给工作带来损失。因此,应加强对支导线的检核,采取一些措施以保证支导线的精度,从而保证界址点的测量精度。

①闭合导线法

如图3.5所示,M,N,Q 为已知点,为求出界址点 B 的坐标,首先要求出 A 点的位置。P_1,P_2,P_3,P_4,P_5 为只起连接作用的导线点,且 P_1 与 P_2,P_4 与 P_5 的距离很近。导线点观测顺序为 M,P_1,P_2,P_3,P_4,P_5,A,类似闭合导线的观测方法,但又与闭合导线的观测顺序不同。当观测结束后,按闭合导线 $M,P_1,P_3,P_5,A,P_4,P_3,P_2,M$ 计算。这时 P_3 可以得到两组坐标,起到一种检核作用。然后根据 A 的坐标可以很方便地求出界址点 B 的坐标。这种方法虽然增加一点外业工作量,但较好地解决了位于隐蔽处界址点的施测问题,同时导线点也得到了检核和精度保证。

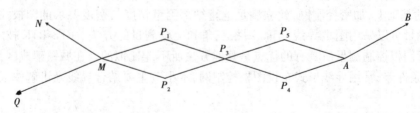

图3.5 闭合导线法图示

②利用高大建筑物检核

高大建筑物,如烟囱、水塔上的避雷针和高楼顶上的共用天线等,在地籍控制测绘中有很好的控制价值。作业时,高大建筑物的交会随首级地籍控制一次性完成,这样做工作量增加不多。用前方交会求出高大建筑物上的避雷针等的平面位置后,即可按下面的方法施测支导线。

如图3.6所示,M,N,Q 为已知点,B 为高大建筑物上的避雷针,且平面位置已知。为了求

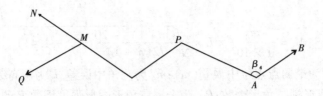

图 3.6　高大建筑物检核

出 A 点的坐标,并观测 β_4。根据测得的角度和边长计算各导线点坐标。

求 AP 和 AB 边的坐标方位角:

$$\alpha_{AP} = \arctan((Y_P - Y_A)/(X_P - X_A)) \tag{3.5}$$

$$\alpha_{AB} = \arctan((Y_B - Y_A)/(X_B - X_A)) \tag{3.6}$$

设 $\beta'_4 = \alpha_{AB} - \alpha_{AP}$,$\beta'_4$ 与观测值 β_4 比较,当 $|\beta'_4 - \beta_4|$ 小于限差时,成果可以采用。该法能够发现观测和计算中的错误,起到了检核支导线的作用。

③双观测法

如图 3.7 所示,因受地形条件的限制,布设支导线时,可布设不多于四条边、总长不超过 200 m 的支导线。为了防止在观测中出现粗差和提高观测的精度,支导线边长应往返观测,角度应分别测左、右角各一测回,其测站圆周角闭合差不应超过 40″。此法在计算中容易出现错误,因此,在计算各导线点的坐标时一定要认真检查,仔细校核,尤其在推算坐标方位角时更要细心。

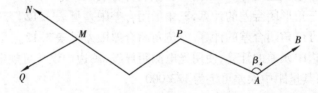

图 3.7　双观测法图示

3)图根小三角

在建筑物稀少,通视良好的地区,可采用图根三角网的方法进行布设。

较为典型的图根三角网的图形为小三角网、线形锁等。

图根三角网的平均边长不宜超 85 m(光电测距可适当放宽),传距角一般不应小于 30°(特殊情况下不应小于 20°)。线形锁三角形个数不得超过 12 个。线形锁可以发展两次。

图根三角网的水平角观测,使用 DJ6 级经纬仪按方向法观测一测回。观测方向多于 3 个时应归零。水平角观测各项限差不应超过表 3.12 的规定。

表 3.12　图根三角网水平角观测的各项限差

仪器类型	测回数	测角中误差/(″)	半测回归零差/(″)	方位角闭合差/(″)	三角形闭合差/(″)
DJ6	1	±20	±24	$±40\sqrt{n}$	±60

注:n 为测站数。

图根三角网有用线形锁布设,现列出线形锁最弱点点位中误差的计算公式(未顾及起算

数据误差)为

$$M = \frac{m_\beta}{\mu \times 10^6} \times L \times \sqrt{\frac{(n+1)^2 + 20}{72(n+1)}(R_{\text{平}} + 4.43)} \tag{3.7}$$

式(3.7)中:M 为最弱点点位中误差(m);m_β 为测角中误差;L 为两高级点间距离(m);$\mu = 0.434\ 29$;n 为线形锁三角形个数;$R_{\text{平}}$ 为全锁三角形图形强度因数 R 的平均值。

4)交会测量

角度交会测量包括前方交会、侧方交会等。采用交会测量法,其交会角度不应小于30°和不应大于150°前、侧方交会应有3个方向。有两组图形计算出的交会点坐标互差,不得超过图上0.2 mm。侧方交会时,检查角 ε 的限差 Δ_ε 可按下式计算:

$$\Delta_\varepsilon = \frac{0.2M}{S}\rho \tag{3.8}$$

式(3.8)中,M 为测图比例尺分母;S 为交会点至检查控制点距离(mm);$\rho = 206\ 265$。

交会法水平角观测的主要技术要求参照表3.12的有关规定,与图根三角测量相同。

2. 图根控制测量观测成果的验算

图根控制测量外业工作结束以后,要认真检查观测手簿,检查手簿中各观测成果是否满足各项限差的规定要求,然后才可以进行有关计算。图根控制测量观测成果验算的方法和基本公式和基本平面控制网测量成果的验算一样。此处只列出验算主要项目及限差:

1)图根导线方位角闭合差的计算,方位角闭合差限差见表3.11。

2)图根导线测角中误差的计算,测角中误差应符合表3.11。

3)图根三角网三角形闭合差的计算,三角形闭合差限差见表3.12。

4)图根三角网方位角闭合差的计算,方位角闭合差限差见表3.12。

5)图根导线测边中误差的计算,使用光电测距导线,测边中误差可规定为 ±15 m。

当钢尺量距时,其量距中误差可定为1/3 000。

四、GPS 在地籍控制测量中的应用

1. GPS 概述

1)GPS 技术的发展与优点

GPS 全球定位系统(Global Positioning System,GPS)是美国从20世纪70年代开始研制,历时20年,耗资200亿美元,于1994年全面建成,具有在海、陆、空进行全方位实时三维导航与定位能力的新一代卫星导航与定位系统。早期仅限于军方使用,由美国国防部(Depart of Defense,DoD)所计划发展,其目的针对军事用途,如战机、船舰、车辆、人员、攻击标的物的精确度定位等。时至今日,GPS 早已开放给民间作为定位使用,这项结合太空卫星与通讯技术的科技,在民间市场已正在蓬勃的展开,除了能提供精确的定位之外,对于速度、时间、方向及距离也能准确的提供信息,运用的范围相当广泛。

1957年由苏联发射的史波尼克(Sputnik)人造卫星,它是人类历史上的第一颗人造卫星,至第二次大战时,美国麻省理工学院无线电实验室成功地开发了精密导航系统,以利用陆地上的无线电基地台为架构,计算无线电波长及电波到达的时间并以三角定位法计算出自己所在的位置,以当时的技术来说,虽然误差到达1 km 以上,但在当时的运用却是相当广泛。当苏联成功的发射第一颗人造卫星时,美国约翰霍普金斯大学(John Hopkims University)展示了可以由人造卫星的无线电讯号的杜卜勒移动现象来定出个别的卫星运行轨道参数,虽然这只是逻辑上的一点小进展,但假如能够得到卫星运行轨道参数,那么就能计算出在地球上的位置。1960—1970 年,美国和苏联开始研究利用军事卫星来做导航用途,到 1974 年,军方对 GPS 做了整合,即现在所熟知的 NAVSTAR 系统。1980 年代后期开始,所有 Navstar 系统的商业运用均归美国海岸防卫队负责,现在 GPS 已和地面基地台为架构的 LORAN 和 OMEGA 无线电导航系统结合,成为美国国家导航信息服务的一环。

GPS 实施计划共分 3 个阶段:第一阶段为方案论证和初步设计阶段。1973—1979 年,共发射了 4 颗试验卫星。研制了地面接收机及建立地面跟踪网。第二阶段为全面研制和试验阶段。1979—1984 年,又陆续发射了 7 颗试验卫星,研制了各种用途接收机。实验表明,GPS 定位精度远远超过设计标准。第三阶段为实用组网阶段。1989 年 2 月 4 日第一颗 GPS 工作卫星发射成功,表明 GPS 系统进入工程建设阶段。1993 年底实用的 GPS 网(即(21 + 3)GPS 星座)已经建成,今后将根据计划更换失效的卫星。

GPS 系统是目前在导航定位领域应用最为广泛的系统,它以高精度、全天候、高效率、多功能、易操作等特点著称,比其他导航定位系统具有更强的优势。GPS 与 GLONASS 和 NAVSAT 主要特征比较见表 3.13 所示。

表 3.13　GPS 与 GLONASS 和 NAVSAT 主要特征比较

卫星系统	GPS	GLONASS	NAVSAT
卫星数/颗	21 + 3	21 + 3	12 + 6
轨道面数/个	6	3	7
轨道倾角/(°)	55	64.8	63.45
平均高度/km	20 200	19 100	20 178
周期/min	718	675	720
卫星射电频率 L_1/MHz	1 575.42	1 602 ~ 1 616	1 561 ~ 1 569
卫星射电频率 L_2/MHz	1 227.6	1 246 ~ 1 256	1 224 ~ 1 232
C/A 码频率	1.023 MHz	511 KHz	3.937 MHz
C/A 码码长/bit	1 023	511	3 937

GPS 定位技术能够达到毫米级的静态定位精度和厘米级的动态定位精度。所达到的定位精度相对于其他的测量技术如图 3.8 所示。

GPS 可为各类用户连续提供动态目标的三维位置、三维速度及时间信息。GPS 测量主要特点如下:

①功能多、用途广。GPS 系统不仅可以用于测量、导航,还可以用于测速、测时。测速的精度可达 0.1 m/s,测时的速度可达几十毫微秒。其应用领域不断扩大。

②定位精度高。大量的实验和工程应用表明,用载波相位观测量进行静态相对定位,在小于 50 km 的基线上,相对定位精度可达 $1 \times 10^{-6} \sim 2 \times 10^{-6}$ m,而在 100 ~ 500 km 的基线上可达 $10^{-6} \sim 10^{-7}$ m。随着观测技术与数据处理方法的改善,可望在大于 1 000 km 的距离上,相对定位精度达到或优于 10^{-8} m。

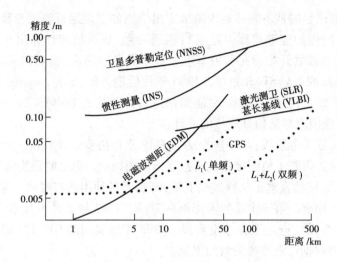

图 3.8 几种定位方法的精度比较

在实时动态定位(RTK)和实时差分定位(RTD)方面,定位精度可达到厘米级和分米级,能满足各种工程测量的要求。其精度如表 3.14 所示。随着 GPS 定位技术及数据处理技术的发展,其精度还将进一步提高。

表 3.14 GPS 实时定位、测速与测时精度

采用的测距码	P 码	C/A 码	L_1/L_2
单点定位/m	5 ~ 10	10 ~ 15	—
差分定位/m	1	3 ~ 5	0.02
测速/($m \cdot s^{-1}$)	0.1	0.3	—
测时/ns	100	500	—

③实时定位。利用全球定位系统进行导航,即可实时确定运动目标的三维位置和速度,可实时保障运动载体沿预定航线运行,也可选择最佳路线。特别是对军事上动态目标的导航,具有十分重要的意义。

④观测时间短。目前,利用经典的静态相对定位模式,观测 20 km 以内的基线所需观测时间,对于单频接收机在 1 h 左右,对于双频接收机仅需 15 ~ 20 min。采用实时动态定位模式,流动站初始化观测 1 ~ 5 min 后,并可随时定位,每站观测仅需几秒钟。利用 GPS 技术建立控制网,可缩短观测时间,提高作业效益。

⑤观测站之间无须通视。经典测量技术需要保持良好的通视条件,又要保障测量控制网的良好图形结构。而 GPS 测量只要求测站 15°以上的空间视野开阔,与卫星保持通视即可,并不需要观测站之间相互通视,因而不再需要建造觇标。这一优点即可大大减少测量工作的经费和时间(一般造标费用占总经费的 30% ~ 50%)。同时,也使选点工作变得非常灵活,完全可以根据工作的需要来确定点位,可通视也使电位的选择变得更灵活,可省去经典测量中的传算点、过渡点的测量工作。

在此也应指出,GPS 测量虽然不要求观测站之间相互通视,但为了方便用常规方法联测的需要,在布设 GPS 点时,应该保证至少一个方向通视。

⑥操作简便 GPS 测量的自动化程度很高。对于"智能型"接收机,在观测中测量员的主要任务只是安装并开关仪器、量取天线高、采集环境的气象数据、监视仪器的工作状态,而其他工作(如卫星的捕获、跟踪观测和记录等)均由仪器自动完成。结束观测时,仅需关闭电源,收好接机,便完成野外数据采集任务。

如果在一个测站上需要做较长时间的连续观测,还可实行无人值守的数据采集,通过网络或其他通讯方式,将所采集的观测数据传送到数据处理中心,实现全自动化的数据采集与处理。GPS 用户接收机一般重量较轻、体积较小。例如,Ashtech 单频接收机——LOCUS 最大重量 1.4 kg,是天线、主机、电源组合在一起的一体机,自化程度较高,野外测量时仅"一键"开关,携带和搬运都很方便。

⑦可提供全球统一的三维地心坐标。经典大地测量将平面和高程采用不同方法分别施测。GPS 测量中,在精确测定观测站平面位置的同时,可以精确测量观测站的大地高程。GPS 测量的这一特点,不仅为研究大地水准面的形状和确定地面点的高程开辟了新途径,同时也为其在航空物探、航空摄影测量及精密导航中的应用,提供了重要的高程数据。

GPS 定位是在全球统一的 WGS-84 坐标系统中计算的,因此,全球不同点的测量成果是相互关联的。

⑧全球全天候作业。GPS 卫星较多,且分布均匀,保证了全球地面被连续覆盖,使得在地球上任何地点、任何时候进行多项观测工作,通常情况下,除雷雨天气不宜观测,一般不受天气状况的影响。因此,GPS 定位技术的发展是对经典测量技术的一次重大突破。一方面,它使经典的测量理论与方法产生了深刻的变革;另一方面,也进一步加强了测量学与其他学科之间的相互渗透,从而促进了测绘科学技术的现代化发展。

2)GPS 系统的组成

①空间星座部分

全球定价系统的空间卫星星座部分,由 24 颗卫星组成。其中,包括 3 颗备用卫星。工作卫星分布在 6 个轨道面内,每个轨道面上有 4 颗卫星。卫星轨道面相对地球赤道面的倾角为 55°,各轨道平面升交点的赤经相差 60°,在相邻轨道上,卫星的升交距角相差 30°。轨道平均高度约为 20 200 km,卫星运行周期为 11 h58 min。因此,同一观测站上每天出现的卫星分布图形相同,只是每天提前约 4 min。每颗卫星每天约有 5 h 在地平线以上,同时位于地平线以上的卫星数目随时间和地点而异,最少为 4 颗,最多可达 11 颗。工作卫星空间分布情况如图 3.9 所示。

不过,GPS 卫星的上述分布,使得在个别地区仍可能在某一短时间内(如数分钟)只能观测到 4 颗图形结构较差的卫星,因而无法达到必要的定位精度。

GPS 卫星的主体呈圆柱形,直径约为 1.5 m,重约 774 kg(包括 310 kg 燃料),两侧设有两块双叶太阳能板,能自动对日定向,以保证卫星正常工作的用电(见图 3.10)。每颗卫星装有 4 台高精度原子钟(2 台铷钟和 2 台铯钟),这是卫星的核心设备。它将发射标准频率,为 GPS 测量提供高精度的时间标准。GPS 卫星的基本功能是:接收和储存由地面监控站发来的导航信息,接收并执行监控站的控制指令;进行部分必要的数据处理工作;通过星载的高精度铷钟和铯钟提供精密的时间标准;向用户发送导航与定位信息;在地面监控站的指令下,通过推进器调整卫星的姿态和启用备用卫星。

②地面监控部分

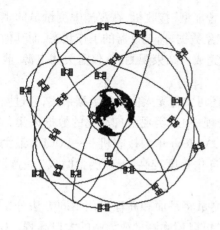

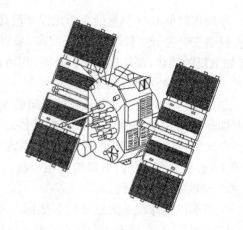

图 3.9　GPS 卫星　　　　　　　　　　　　图 3.10　GPS 工作卫星

目前,GPS 的地面监控部分主要由分布在全球的 5 个地面站所组成,其中包括卫星监测站、主控站和注入站。

a. 监测站。现有 5 个地面站均具有监测站的功能。监测站是在主控站直接控制下的数据自动采集中心。站内设有双频 GPS 接收机、高精度原子钟、计算机各 1 台和若干台环境数据传感器。接收机对 GPS 卫星进行连续观测,以采集数据和监测卫星的工作状况。原子钟提供时间标准,而环境传感器收集有关当地的气象数据。所有观测资料由计算机进行初步处理并存储和传送到主控站,用以确定卫星的精密轨道。

b. 主控站。主控站 1 个。主控站除协调和管理所有地面监控系统的工作外,其主要任务是:根据本站和其他监测站所有观测资料推算编制各卫星的星历、卫星钟差和大气层的修正参数等,并把这些数据传送到注入站;提供全球定位系统的时间基准。各监测站和 GPS 原子钟均应与主控站的原子钟同步或测出其间的钟差,并把这些钟差信息编入导航电文送到注入站;调整偏离轨道的卫星,使之沿预定的轨道远行;启用备用卫星以代替失效的工作卫星。

c. 注入站。注入站现有 3 个,分别设在印度洋的迭哥加西亚、南大西洋的阿松森岛和南太平洋的卡瓦加兰。注入站的主要设备包括一台直径为 3.6 m 的天线、一台 C 波段发射机和一台计算机。其主要任务是在主控站的控制下,将主控站推算和编制的卫星星历、卫星钟差、导航电文和其他控制指令等注入到相应卫星的存储系统,并监测注入信息的正确性。

③用户设备部分

全球定位系统的空间部分和地面监控部分,是用户广泛应用该系统进行导航和定位的基础,而用户只有通用户设备,才能实现应用 GPS 导航和定位的目的。

用户设备的主要任务是接收 GPS 卫星发射的信号,以获得必要的导航和定位信息及观测量,并经数据处理而完成导航和定位工作。GPS 卫星发射两种频率的载波信号,即频率为 1 575.42 MHz 的 L_1 载波和频率为 1 227.60 MHz 的 L_2 载波。在 L_1 和 L_2 上分别调制着多种信号,如调制在 L_1 载波上的 C/A 码(又称粗码),被调制在 L_1 和 L_2 载波上 P 码(又称精码)。C/A 码是普通用户用以测定测站到卫星的距离的一种主要信号。在实施 AS 时,P 码与 W 码进行模二相加生成保密的 Y 码,因此,一般用户无法利用 P 码来进行精密定位。

2. GPS 定位模式

1）GPS 定位的原理

①基本原理

测量学中的交会法测量里有一种测距交会确定点位的方法。与其相似，GPS 的定位原理就是利用空间分布的卫星以及卫星与地面点的距离交会得出地面点位置。简言之，GPS 定位原理是一种空间的距离交会原理。

设想在地面待定位置上安置 GPS 接收机，同一时刻接收 4 颗以上 GPS 卫星发射的信号。通过一定的方法测定这 4 颗以上卫星在此瞬间的位置以及它们分别至该接收机的距离，据此利用距离交会法解算出测站 P 的位置及接收机钟差 δ_t。

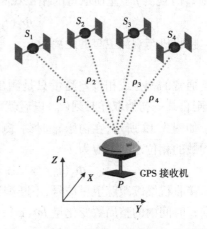

图 3.11　GPS 定位原理

如图 3.11 所示，设时刻 t_i 在测站点 P 用 GPS 接收机同时测得 P 点至 4 颗 GPS 卫星 S_1,S_2,S_3,S_4 的距离 $\rho_1,\rho_2,\rho_3,\rho_4$，通过 GPS 电文解译出 4 颗 GPS 卫星的三维坐标 (X^j,Y^j,Z^j)，$j=1,2,3,4$，用距离交会的方法求解 P 点的三维坐标 (X,Y,Z) 的观测方程为

$$\begin{cases} \rho_1^2 = (X-X^1)^2 + (Y-Y^1)^2 + (Z-Z^1)^2 + c\delta_t \\ \rho_2^2 = (X-X^2)^2 + (Y-Y^2)^2 + (Z-Z^2)^2 + c\delta_t \\ \rho_3^2 = (X-X^3)^2 + (Y-Y^3)^2 + (Z-Z^3)^2 + c\delta_t \\ \rho_4^2 = (X-X^4)^2 + (Y-Y^4)^2 + (Z-Z^4)^2 + c\delta_t \end{cases} \tag{3.9}$$

式中　c——光速；

　　　δ_t——接收机钟差。

②伪距法定位原理

卫星根据自己的星载时钟发出含有测距码的调制信号，经过 Δt 时间的传播后到达接收机，此时接收机的伪随机噪声码发生器在本机时钟的控制下，又产生一个与卫星发射的测距码结构完全相同的"复制码"。通过机内的可调延时器将复制码延迟时间 τ，使得复制码与接收到的测距码"对齐"。在理想情况下，时延 τ 就等于卫星信号的传播时间 Δt，将传播速度 c 乘以时延 τ，即可求得卫星至接收机的距离 $\bar{\rho}$ 为

$$\bar{\rho} = c \times \tau \tag{3.10}$$

考虑到卫星时钟和接收机时钟不同步的影响、电离层（高度在 50～1 000 km 的大气层）和对流层（高度在 50 km 以下的大气层）对传播速度的影响，故称为伪距。真正距离 ρ 和伪距 $\bar{\rho}$ 之间的关系式为

$$\rho = \bar{\rho} + \delta\rho_{ion} + \delta\rho_{trop} - cv_{ta} + cv_{tb} \tag{3.11}$$

式中　$\delta\rho_{ron},\delta\rho_{trop}$——电离层和对流层的折射改正；

　　　v_{ta},v_{ta}——卫星时钟的钟差改正和接收机的钟差改正。

③载波相位定位原理

载波相位测量的观测量是 GPS 接收机所接收的卫星载波信号与接收机本振参考信号的

相位差。以 $\varphi_k^j(t_k)$ 表示 k 接收机在接收机钟面时刻 t_k 时所接收到的 j 卫星载波信号的相位值，$\varphi_k(t_k)$ 表示接收机在钟面时刻所产生的本地参考信号的相位值，则 k 接收机在接收机钟面时刻 t_k 时观测 j 卫星所取得的相位观测量为

$$\Phi_k^j(t_k) = \varphi_k^j(t_k) - \varphi_k(t_k) \tag{3.12}$$

接收机与观测卫星的距离为

$$\rho = \Phi_k^j(t_k) \times \lambda \tag{3.13}$$

通常的相位或相位差测量只是测出 1 周以内的相位值，实际测量中，如果对整周进行计数，则自某一初始取样时刻(t_0)以后就可以取得连续的相位测量值。

如图 3.12 所示，在初始 t_0 时刻，测得小于 1 周的相位差为 $\Delta\varphi_0$，其整周数为 N_0^j，此时包含整周数的相位观测值应为

$$\Phi_k^j(t_0) = \Delta\varphi_0 + N_0^j = \varphi_k^j(t_0) - \varphi_k(t_0) + N_0^j \tag{3.14}$$

接收机继续跟踪卫星信号，不断测得小于 1 周的相位差 $\Delta\varphi(t)$，并利用整波计数器记录从 t_0 到 t_i 时间内的整周数变化量 $Int(\varphi)$，只要卫星从 t_0 到 t_i 之间信号没有中断，则初始时刻整周模糊度 N_0^j 就为一常数，这样，任一时刻 t_i 卫星到 k 接收机的相位差为

$$\Phi_k^j = \varphi_k^j(t_i) - \varphi_k(t_i) + N_0^j + Int(\varphi) \tag{3.15}$$

④相对定位原理

从以上的的讨论中不难看出，不论是测码伪距绝对定位还是载波绝对定位，由于卫星星历误差、接收机钟与卫星钟同步差、大气折射误差等各种误差的影响，导致其定位精度较低。虽然这些误差已做了一定的处理，但是实践证明绝对定位的精度仍不能满足精密定位测量的需要。为了进一步消除或减弱各种误差的影响，提高定位精度，一般采用相对定位法。

相对定位是用两台 GPS 接收机，分别安置在基线的两端，同步观测相同的卫星，通过两测站同步采集 GPS 数据，经过数据处理以确定基线两端点的相对位置或基线向量（见图 3.13）。这种方法可以推广到多台 GPS 接收机安置在若干条基线的端点，通过同步观测相同的 GPS 卫星，以确定多条基线向量。相对定位中，需要多个测站中至少一个测站的坐标值作为基准，利用观测出的基线向量，去求解出其他各站点的坐标值。

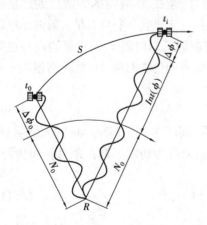

图 3.12　载波相位测量原理

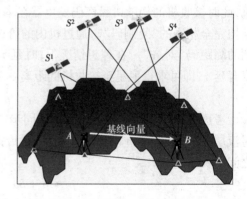

图 3.13　GPS 相对定位

在相对定位中，两个或多个观测站同步观测同组卫星的情况下，卫星的轨道误差、卫星钟差、接收机钟差以及大气层延迟误差，对观测量的影响具有一定的相关性。利用这些观测量的

不同组合,按照测站、卫星、历元 3 种要素来求差,可以大大削弱有关误差的影响,从而提高相对定位精度。在静态相对定位中,利用这些观测量的不同组合求差进行相对定位,可以有效地消除这些观测量中包含的相关误差,提高相对定位精度。目前的求差方式有 3 种:单差、双差和三差,其定义如下

a. 单差(Single-Difference):不同观测站同步观测同一颗卫星所得观测量之差,即

$$\Delta\varphi^j(t) = \varphi_2^j(t) - \varphi_1^j(t) \tag{3.16}$$

b. 双差(Double-Difference):不同观测站同步观测同组卫星所得的观测量单差之差,即

$$\nabla\Delta\varphi^k(t) = \Delta\varphi^k(t) - \Delta\varphi^j(t)$$
$$= [\varphi_2^k(t) - \varphi_1^k(t)] - [\varphi_2^j(t) - \varphi_1^j(t)] \tag{3.17}$$

c. 三差(Triple-Difference):不同历元同步观测同组卫星所得的观测量双差之差,即

$$\delta\nabla\Delta\varphi^k(t) = \nabla\Delta\varphi^k(t_2) - \delta\nabla\Delta\varphi^k(t_1)$$
$$= [\Delta\varphi^k(t_2) - \Delta\varphi^j(t_2)] - [\Delta\varphi^k(t_1) - \Delta\varphi^j(t_1)]$$
$$= \{[\varphi_2^k(t_2) - \varphi_1^k(t_2)] - [\varphi_2^j(t_2) - \varphi_1^j(t_2)]\} -$$
$$\{[\varphi_2^k(t_1) - \varphi_1^k(t_1)] - [\varphi_2^j(t_1) - \varphi_1^j(t_1)]\} \tag{3.18}$$

2)定位模式

GPS 技术作为提供精确三维位置的工具,在地籍测绘中主要用于地籍控制测量、地籍图测绘和土地动态监测。对应的 GPS 测量方式有经典静态测量、快速静态测量、常规差分 GPS、广域差分 GPS、事后差分 GPS、实时动态定位(RTK)、网络 RTK、单点定位及精密单点定位。

①经典静态相对定位

经典静态定位是历史最为悠久的相对定位方式,自从载波相位开始应用,这种测量模式就应用于测量工作之中。目前,这种方式已经广泛应用于地壳形变监测、大地测量、工程测量、地籍测量、地球勘探以及各种变形监测之中。经典静态测量方式主要是用于建立测量控制网。

经典静态测量就是将两台(或以上)的 GPS 接收机,分别放置一条(或数条)基线的终点,同步观测 4 个以上卫星,根据基线的长度和精度要求,每时段长 45 min 至 2 h 或更长。其定位精度可达到 5 mm $+1 \times 10^{-6} \times D$($D$ 为基线长度,以 km 计)。这种测量方式所建立的独立基线边,构成闭合图形(见图 3.14)有利于成果的检核,提高成果的可靠性和精确性,基线的长度数千米至上千千米,在地籍控制测量中主要用于远距离已知控制点的联测。

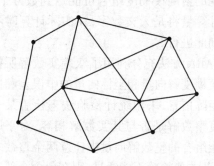

图 3.14　经典静态相对定位

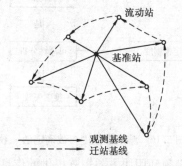

图 3.15　快速静态定位

②快速静态定位

为了提高经典静态 GPS 测量模式的效率,缩短观测时间,特别是对于短基线(<10 km),

导致了快速静态测量的产生和发展。快速静态测量是在测区的中部选择一个基准站,并安置一台接收设备连续跟踪所有可见卫星,另一台接收机依次到各点流动设站,每个点上观测数分钟至十几分钟。该作业模式要求在观测时段中,必须有 5 颗卫星可供观测,同时流动站与基准站相距不超过 15 km。快速静态测量模式如图 3.15 所示。接收机在流动站之间移动时,不必保持对所测卫星的连续跟踪,因而可关闭电源以降低能耗。该模式作业速度快、精度高。流动站相对于基准站的基线中误差为 $5\text{ mm} + 1 \times 10^{-6} \times D$。缺点是两台接收机工作时,构不成闭合图形,可靠性较差。目前,这种方法应用于地籍测量、碎部测量、工程测量、边界测量、小范围控制测量和控制加密等。

快速静态定位模式的成功应用,得益于整周模糊度的快速逼近技术的突破。利用载波相位进行短基线定位时,仅当正确确定整周模糊度参数后,才能达到厘米级的相对定位精度。整周模糊度的可靠性取决于所观测卫星的数量和观测时间。在经典静态测量模式中,就是依靠延长观测时间来提高整周模糊度的可靠性。诸如电离层延时和多路径等系统偏差随时间而变化,较长时间的观测数据可大大削弱以至消除这些误差的影响;观测时间越长,卫星的几何构形变化也越大,从而提高确定参数的精度。

据 Frei 和 Beutler 在 1989 年的研究成果,若能够观测到 8 颗卫星,只需要观测 3 ~ 4 min 就能以 30 mm 的中误差来固定整周模糊度;但是,如果只能观测到 4 颗卫星,观测时间不少于 17 min 才能达到上述精度。基于以上发现,1990 年,Frel 和 Beutler 提出了著名的整周模糊度的快速逼近算法——Fara(FAST Ambiguity Resolution Approach)法,对于小于 10 km 的短基线,使 GPS 观测时间由几十分钟缩短为几分钟。快速静态 GPS 测量中,由于观测时间很短,由双差观测值解算得到的整周模糊度实数解的中误差很大,若取 3 倍的中误差的范围作为置信区间,落在置信区间的整数不止一个。在这种情况下,简单地取与实数解最近的整数来固定整周模糊度不甚可靠,不能保证厘米级的定位精度。为此,必须对所有卫星所有可能的整周模糊度解进行组合,寻找一组模糊度整数解向量作为最优解(见图 3.16)。

最优解得评判标准是分别固定各种可能的整周模糊度解向量组合,重新进行平差计算,比较所得的验后单位权中误差,那一组最小就是最优解。由于观测时有多个卫星,可能出现的整周模糊度组合可能达到数万个,如此计算量将是天文数字,在实际计算时不可能如此进行。

FARA 方法充分利用了双差实数解所提供的模糊度解向量和坐标向量的中误差和协方差矩阵信息,采用统计检验法来检验某个模糊度整数解是否与其实数解相容,对于所有可能组合的整数解向量中任意两个整数之

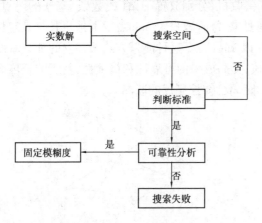

图 3.16 整周模糊度参数确定的一般规则

差,也必须利用协方差矩阵提供的信息进行统计检验。若差值检验不能通过,则在包含全部容许的整数解向量的解空间中,可剔除包含这两个整数的所有模糊度解向量,从而可大大减小须进行最优探索的容许的整数模糊度解向量的个数。

由于采用 FARA 方法,在小于 10 km 的静态测量中,观测时间由原来的 1 h 缩短为几分

钟,而定位精度没有降低。Lelca 公司率先采用该方法,推出了商用的基线解算软件——SKI,使该方法得到了广泛应用。随后,在短基线 GPS 测量中,快速静态测量模式逐渐取代了经典测量模式。

③常规差分 GPS 和 PPK 测量技术

常规差分 GPS 和 PPK 同属于伪距差分技术。常规差分 GPS 是在某一已知位置建立一个参考站,在参考站上计算所有可见卫星的伪距改正数和改正数变化率,并将这些改正信息发布给附近用户,用户利用这些信息修正自己接收的观测伪距,从而提高定位精度。常规差分 GPS 的定位精度与用户至参考站的距离有关,精度的衰减率为 1 cm/km,在 50 km 之内,定位精度优于 1 m。

PPK(Post-Processing kinematic)模式是最早的 GPS 动态差分技术方式,其定位原理类似于常规差分 GPS,只是采用数据后处理,在参考站和流动站之间不需要建立无线电通讯数据链。它的缺点和常规差分 GPS 一样,定位的精度受参考站和流动站之间的距离限制。

在常规差分 GPS 定位中,概括而言,定位误差主要来源于 3 部分:

a. 空间相关误差:定位参考站至用户之间的距离增加,受到轨道、对流层延时、电离层延时等误差在空间分布及投影方向上的影响,差分改正信息精度在下降。

b. 时间相关误差:它也成为改正信息的有效时间(或等待时间——Latency);在一般的差分系统中,有效时间为 10 s,即每 10 s 更新一次改正信息,由于电离层延时和卫星钟差是快变化量,随着时间的推移,改正信息的精度下降。

c. 不相关误差:在用户和参考站,伪距地观测噪声、多路径效应等影响不同,这些误差不能通过差分方式加以改正,但是,它们都能够影响用户的定位精度,故这部分误差统称为“不相关误差”。

为了便于比较,表 3.15 总结了差分 GPS 中不同误差源的影响,图 3.17 给出了伪距误差的增长曲线,由于定位误差是几何精度因子与伪距观测误差的乘积,由此可以推出常规差分 GPS 的定位精度。

表 3.15　常规差分 GPS 定位误差的残差分析

	无 DGPS 改正		零基线延时		时间相关		空间相关 /[m·(100 km)$^{-1}$]
	偏差/m	随机/m	偏差/m	随机/m	速度 /(m·s^{-1})	加速度 /(m·s^{-2})	
接收机噪声	0.5	0.2	0.5	0.3	0.0	0.0	0.0
多路径效应	0.3 ~ 3	0.2 ~ 1.0	0.4 ~ 3.0	0.2 ~ 1.0	0.0	0.0	0.0
卫星钟差	1.0 ~ 2.0	0.2 ~ 1.0	0.0	0.1	0.0	0.0	0.0
卫星钟差-SA	21.0	0.1	0.0	0.14	0.21	0.004	0.0
轨道误差	10.0	0.0	0.0	0.0	—	—	<0.05
电离层延时	2 ~ 10	0.0	0.0	<0.14	<0.02	—	<0.2
对流层延时	2.0	0.0	0.0	>0.14	—	—	<0.2

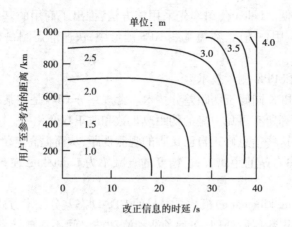

图 3.17　伪距误差的增长曲线

④广域差分 GPS 技术

常规差分 GPS 技术只能用于局部区域。当用户与参考站之间的距离增加时,空间相关开始减弱,定位精度明显下降。

在广域差分 GPS 中,伪距的定位误差分为 3 大类,即轨道误差、卫星钟差和电离层误差;根据大区域内若干个 GPS 参考站的观测资料和位置信息,联合解算出每个卫星的卫星钟差、轨道改正数、电离层改正数,然后将这些改正数发送给覆盖范围内的用户,用户利用这些改正信息修正观测伪距,可以提高定位精度。这种定位方式打破了常规差分 GPS 中精度与距离的依赖关系,在参考站数千公里之外,仍然能够达到 2~4 m 的定位精度,因此,在全国或省级土地动态监测中,这项定位技术大有作为。

广域差分 GPS 系统主要由控制站、监测站、通讯链和用户组成。各监测站装备高质量的 GPS 接收机和时钟,将可见卫星的观测数据发送到控制站,控制站根据已知的监测站位置和观测数据,分别计算出卫星的轨道改正、卫星钟差改正和电离层延时改正模型,然后,将这些信息发布给用户,用户使用这些信息修正观测到的 GPS 数据,计算出最后的定位结果。具体的工作流程如下:

a. 测站接收可见卫星的伪距和相位观测值。

b. 伪距和相位观测值发送到控制站(或中心)。

c. 控制中心计算改正数向量。

d. 改正数向量发送给用户。

e. 用户使用改正信息和观测到的伪距,计算位置。

广域差分 GPS 改正信息的发布可以采用通信卫星、FM 载波或其他合适的广播系统,广播格式可以采用国际通行的 RTCM 格式。

广域差分 GPS 系统可以为覆盖区域内的用户提供 2~3 m 的定位精度,也就是说,系统仍然受到残余误差的影响。具体而言,这些误差包括轨道误差、卫星钟差、电离层延时、对流层延时、接收机噪声、多路径效应。为了减小接收机噪声的影响,可以平均多个观测值;采用相位平滑伪距的方式可以降低多路径的影响。

⑤RTK 测量技术

实时动态(Real Time Kinematic,RTK)测量技术是以载波相位测量为根据的实时差分 GPS

测量技术,是 GPS 测量技术发展中的一个突破。其他的 GPS 作业模式观测数据需在测后处理,不仅无法实时地给出观测站的定位结果,而且也无法对基准站和用户观测数据的质量进行实时地检核;而实时动态 GPS 测量是在基准站上安置一台 GPS 接收机,对所有可见的 GPS 卫星进行连续观测,并将其观测数据通过无线电传输设备,实时地发送给用户观测站。在用户观测站上,GPS 接收机在接收 GPS 卫星信号的同时,通过无线电接收设备接收基准站传输的观测数据,然后根据相对定位的原理,实时地计算并显示用户站的三维坐标及其精度。

RTK 测量技术为 GPS 测量工作的可靠性和高效率提供了保障,对 GPS 测量技术的发展和普及具有重要的现实意义。根据用户的要求,目前实时动态测量采用的作业模式主要有快速静态测量、准动态测量、动态测量。

⑥网络 RTK 测量技术

在 RTK 定位系统中,受到数据通讯链的限制,作用距离一般为 10 km 左右。但是,如果数据发射设备的功率足够大,作用的距离大于 30 km,RTK 定位系统仍然不能正常工作,其原因主要是整周模糊度参数不能快速确定。因为随着参考站和流动站之间的距离增加,轨道误差和电离层延时误差等空间相关性降低,模糊度参数的整周特性也降低,增加了固定整周模糊度的难度,有时甚至不能固定。

网络 RTK 技术也称"虚拟参考站技术"(Virtual Reference Station,VRS)。20 世纪 90 年代后期,GPS 长距离快速精密定位方法出现突破,根据大区域多个 GPS 观测站的数据,卫星轨道误差和大气折射误差可以得到消除或削弱,模糊度的整周特性得到加强,导致了网络 RTK 系统的产生和发展。

网络 RTK 系统最为重要的功能是长距离高精度快速动态定位。其核心思想是:根据用户的位置,系统生成一个观测值,如同在用户附近有一个虚拟的观测站;用户根据该观测值,采用常规的 RTK 方法,就能实现精密定位。

a. 网络 RTK 定位系统的组成

网络 RTK 定位系统由以下部分组成:

• 基准站单元:GPS 卫星定位数据和气象数据跟踪、采集、传输和设备完好性监测。

• 数据通信系统:采用无线或有线方式,把基准站 GPS 观测数据和气象数据传输至监控分析中心。

• 监控分析中心:数据处理、系统管理、服务提供。

• 数据发播系统:采用互联网、GSM 或 FM 等方式,把原始 GPS 数据或差分改正信息发送给用户。

• 用户应用系统:根据用户需求进行不同精度的定位。

网络 RTK 系统是一个综合的多功能定位服务系统,根据基准站的分布,其作用区域可以覆盖一个城市或一个行政区划,甚至一个国家和地区。

b. 网络 RTK 定位系统提供的定位服务

• 实时应用。以 FMHDS 技术或 UHF/VHF 作为主要的通信手段,其应用如下:

实时厘米级精度定位测量,技术上依靠高精度的载波相位差分实现(简称 RTK),主要用于城市实时控制测量,实时小区域大中比例尺测图与修测、工程放样和工程监测。

亚米级(分米量级的)精度定位测量,主要适合于 GIS 更新或相应工程应用。

1~5 米级差分精度定位测量,技术上主要依靠伪距差分实现(伪距差分),主要服务对象是船舶、车辆导航和车辆监控用户。

● 事后应用。以 Internet 作为主要的数据传输手段,其应用如下:

毫米或亚厘米量级定位测量,由监控分析中心提供高精度的载波相位差分数据,用户依靠自身软件进行事后或准实时处理得到毫米量级的精密定位。主要服务于精密控制、变形监测和精密工程建设。

米级和亚米级事后差分,主要用于事后 GIS 数据更新,如道路更新、城市管线测量等。厘米级快速事后静态定位,主要应用于某些工程。

如图 3.18 所示,在一个城市建立网络 RTK 系统,基本上能够满足各种精度要求的定位服务。系统本身提供的定位服务种类,也涵盖了目前所有的 GPS 测量手段,如差分 GPS 定位、静态定位、RTK 定位等。

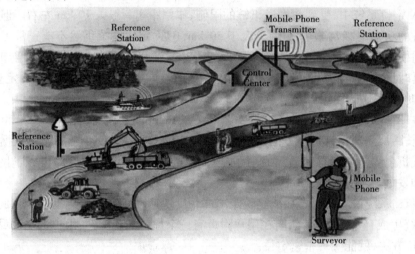

图 3.18　网络 RTK 系统组成

⑦精密单点定位

20 世纪 90 年代末,由于全球 GPS 跟踪站的数量急剧上升,全球 GPS 数据处理工作量不断增加,计算时间呈指数上升。为了解决这个问题,作为国际 GPS 服务组织(IGS)的一个数据分析中心,JPL 提出了这一方法,用于非核心 GPS 站的数据处理。该技术的思路非常简单,在 GPS 定位中,主要的误差来源有 3 类,即轨道误差、卫星钟差和电离层延时。如果采用双频接收机,可以利用 LC 相位组合,消除电离层延时的影响。这样,定位误差只有轨道误差和卫星钟差两类。如果能够提供精确的卫星轨道和卫星钟差,利用观测得到的相位值,就能精确地计算出接收机位置、对流层延时等信息。

假设 LC 的观测方程如下:

$$\phi_{LC} = \rho + c(\mathrm{d}T - \mathrm{d}t) + D_{\mathrm{trop}} + \lambda_{LC} \cdot N_{LC} \qquad (3.19)$$

其中

$$\phi_{LC} = \frac{f_1^{\,2}}{f_1^{\,2} - f_2^{\,2}} \phi_{L1} - \frac{f_2^{\,2}}{f_1^{\,2} - f_2^{\,2}} \phi_{L2}$$

$$\lambda_{LC} = \frac{c}{f_1^{\,2} - f_2^{\,2}}$$

$$N_{LC} = f_1 N_1 + f_2 N_2$$

式中,ϕ_{L1} 和 ϕ_{L2} 为相位观测值,单位为 m;f_1 和 f_2 为频率,N_1 和 N_2 为模糊度参数,c 为光速,$\mathrm{d}T$ 和 $\mathrm{d}T$ 为接收机和卫星钟差参数,D_{trop} 为对流层延时,ρ 为星站间的几何距离,包含卫星和接收机的位置、地球自转参数等。

如果选择地心地固系表示卫星轨道,计算时采用的参考框架同为地心地固系,可以消去观测方程中的地球自转参数。于是,几何距离 ρ 可以表示为

$$\rho = \sqrt{(X_S - X_U)^2 + (Y_S - Y_U)^2 + (Z_S - Z_U)^2} \tag{3.20}$$

式中,X_S, Y_S, Z_S 是卫星在地心地固坐标系中的位置,X_U, Y_U, Z_U 是接收机在地心地固坐标系的位置数据。如果给出 X_U, Y_U, Z_U 的近似值 X_0, Y_0, Z_0,线性化后得

$$\rho = \rho_0 + [l \quad m \quad n] \cdot [\mathrm{d}x \quad \mathrm{d}y \quad \mathrm{d}z]^T \tag{3.21}$$

式中,$[\mathrm{d}x \quad \mathrm{d}y \quad \mathrm{d}z]$ 为接收机坐标的改正数,ρ_0 为近似几何距离,$[l \quad m \quad n]$ 为系数,它们的定义分别为

$$\rho_0 = \sqrt{(X_S - X_0)^2 + (Y_S - Y_0)^2 + (Z_S - Z_0)^2}$$
$$l = (X_0 - X_S)/\rho_0$$
$$m = (X_0 - X_S)/\rho_0$$
$$n = (Z_0 - Z_S)/\rho_0$$

如果卫星的轨道和精密钟差已知,将式(3.21)代入到式(3.19)并写成矩阵形式后,得

$$V = A \cdot x + L \tag{3.22}$$

式中,V 为残差,A 为系数矩阵,L 为常数项,x 为位置数向量,其定义分别为

$$A_i = [l \quad m \quad n \quad c \quad m_{\mathrm{trop}} \quad \lambda_{LC}]$$
$$x = [\mathrm{d}x \quad \mathrm{d}y \quad \mathrm{d}z \quad \mathrm{d}t \quad X_{\mathrm{trop}} \quad N_{LC}]^T$$
$$L_i = \rho_0 - C \cdot \mathrm{d}T - \phi_{LC}$$

如果有多个观测历元,每个历元有多个卫星,根据最小二乘法则,容易计算出接收机的位置、钟差、模糊度以及对流层延时参数。

3. GPS 技术在地籍控制测量中的应用

不同的 GPS 测量模式,精度不同,需要的设备条件和外部资源也不同,应用的领域也不相同。表 3.16 简要归纳了不同测量模式的定位精度、系统组成和应用实例。

表 3.16　不同测量模式的定位精度、系统组成和应用实例

测量模式	定位精度	系统组成	生成信息	应用实例
单点定位	30 m	单频机	无	手握式 GPS 接收机
经典静态定位	$50\ \mathrm{mm} + 1 \times 10^{-6} \times D$	至少两台双频 GPS 接收机	无	中国地壳形变监测网、国家高精度 GPS 网等
快速静态定位	$(5 \sim 10\ \mathrm{mm}) + 1 \times 10^{-6} \times D$	至少两台单频或双频 GPS 接收机	无	城市 GPS 控制网等
常规差分 GPS	$1 \sim 5$ m(离差分站 500 km 之内),定位精度下降速度:1 cm/km	基准站、监控中心、数据链、用户	伪距修正量	我国沿海地区的 20 各 GPS 信标站

续表

测量模式	定位精度	系统组成	生成信息	应用实例
广域差分 GPS	水平 1 m,高程 1.5 m	监测站(至少 4 个)、主站、数据链、用户	轨道改正数、卫星钟差改正数和电离层模型	美国的广域增强系统(WAAS),欧洲 EGNOS 系统
PPK	1～5 m(离差分站 100 km 之内),定位精度下降速度:1 cm/km	基准站、用户	伪距修正量或坐标修正量	公路中线测量
RTK	水平 1～2 cm,高程2～3 cm	参考站、数据链、用户	参考站坐标和观测值	商用 RTK 测量系统,如 LEICA,TRIMBLE 等
网络 RTK	水平 1～2 cm,高程2～3 cm	参考站、数据链、用户	参考站坐标和虚拟观测值	深圳连续运行卫星定位系统、江苏连续运行定位系统
精密单点定位	事后 1～2 cm,实时 10～50 cm	双频 GPS 接收机	精密轨道和精密钟差	美国喷气推进实验室(JPL)的对流层延时产品等

利用 GPS 技术进行地籍控制测量,不要求通视,这样避免了常规地籍控制测量点位选取的局限条件,没有常规三角网(锁)布设时要求近似等边及精度估算偏低时应加测对角线或增设起始边等繁琐要求,只要使用的 GPS 仪器精度与地籍控制网精度相匹配,控制点位的选取符合 GPS 点位选取要求,那么布设的 GPS 网精度就完全能够满足地籍规程要求。

由于 GPS 定位技术的不断改进和完善,其测绘精度、测绘速度和经济效益都大大地优于常规控制测量技术。目前,常规静态测量、快速静态测量、RTK 技术已经逐步取代常规的测量方式,成为地籍控制测量的主要手段。边长大于 15 km 的长距离 GPS 基线向量,只能采取常规静态测量方式。边长在 10～15 km 的 GPS 基线向量,如果观测时刻的卫星很多,外部观测条件好,可以采用快速静态 GPS 测量模式;如果是在平原开阔地区,可以尝试 RTK 模式;边长小于 5 km 的一、二级地籍控制网的基线,优先采用 RTK 方法,如果设备条件不能满足要求,可以采用快速静态定位方法。边长为 5～10 km 的二、三、四等基本控制网的 GPS 基线向量,优先采用 GPS 快速静态定位的方法;设备条件许可和外部观测环境合适,可以使用 RTK 测量模式。

4. GPS 技术在地籍控制测量中的应用实例

近年来,地籍控制测量基本采用了以上 3 种 GPS 测量模式。例如,在大庆 5.5 万公顷油田用地的地籍调查中,采用常规静态的作业方式建立了首级地籍控制网,然后采用 RTK 测量方式,加密了低级一级地籍控制点。下面以一个具体的实例来说明 GPS 在地籍控制测量中的应用。

1）概况

某地区地籍测量首级控制面积为 64 km²，要求施测 1∶500 数字化地籍测图面积约为 18 km²。采用 GPS 技术建立地籍控制测量网。其网形设计如图 3.19 所示。

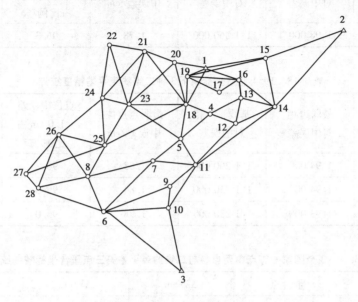

图 3.19　GPS 首级控制网

采用 1954 年北京坐标系及相应的椭球参数。根据测区实际情况，为使投影变形最小，采用任意带，即选择 116°经线作为投影带的中央子午线。投影面选择测区平面高程面，其值为 200 m。测区内 1—3 号点为国家一等三角点，作为本次 GPS 网起算数据，4—6 号点为四等点作为检核点。由于起算起算点 1—3 号属 6°带 20 带成果。参考点 4—6 号属中央子午线 115°30′任意带成果。为便于新 GPS 网平差计算利用与比较，把它们的二维坐标统一换算到中央子午线 116°任意带上。

外业采用 Topcon Turbo-S 型 GPS 双频接收机 3 台；并用 2 台 Topcon GTS 211D 全站仪用于边长对比测量，以保证测量成果的可靠性。GPS 数据处理的全过程均采用随机提供的 Turbo-survey 软件。该软件具有测量计划、基线解算、网平差等功能。其中，基线解算为用户增设了坐标和基准的转换（即由 WGS-84 的地心直角坐标或地理坐标向国家或地方坐标系转换）功能，只要做有关相依参数的设置，则可自动或手工处理以 4 种方式（静态测量、快速静态、走-停方式、测量）采集的数据，在一个数据文件中可同时包含这 4 种方式的观测数据，解算时软件能对其进行自动识别，并形成相应的基线结果文件。

2）GPS 首级网平差及精度分析

①平差方案

以网中 1 号点为基准，在 WGS-84 坐标系内对 GPS 首级网进行三维无约束平差，以分析其内部符合精度；其次以网中 1—3 号国家 54 坐标一等点为已知点，116°任意带的高斯平面坐标，对其进行 3 种方式的二维约束平差，用以分析 3 个国家点间的兼容性等。

②平差结果精度分析

首级网平差结果精度分析见表 3.17、表 3.18 和表 3.19。

表 3.17　WGS-84 坐标系三维无约束平差精度统计

约束点号	最弱边相对中误差	基线平均相对中误差	最弱点点位中误差/cm	点位中误差<1.0 cm占比例/%	平均点位中误差/cm
1	1:98 000	1:1 360 000	1.78	96.3	0.62

表 3.18　1954 北京坐标系下 3 种二维约束平差精度统计

约束点号	最弱边相对中误差	基线平均相对中误差	最弱点点位中误差/cm	点位中误差<1.0 cm占比例/%	平均点位中误差/cm
1,2	1:94 000	1:1 260 000	1.83	96.2	0.65
1,3	1:94 000	1:1 250 000	1.84	96.2	0.66
1,2,3	1:93 000	1:1 230 000	1.98	96.0	0.69

表 3.19　3 个国家一等点中两点参与二维约束平差第三点重合坐标较差统计

约束点	重合点	ΔX/cm	ΔY/cm	ΔS/cm
1,2	3	1.6	1.5	2.2
1,3	2	2.3	0.9	2.5

从表 3.17 至表 3.19 结果可以看出:三维约束平差精度较高,无明显粗差;引入 1,2 或 1,3 点号进行二维约束平差,彼此精度基本相同,而且与重合点坐标较差相差不大,说明 1 号点与 2,3 号点兼容性接近;引入 1,2,3 同时进行二维约束平差,精度与引入 1,2 或 1,3 点进行二维约束平差基本相同,说明 3 个已知点兼容性良好。

比较上述几种方案的平差结果,最弱点点位中误差及最弱边边长相对中误差,均小于常规四等 ±5 cm 和 1:45 000 规范规定,具有较大的精度储备。

为了考察原城建四等点 4,5,6 稳定性状况,并与 GPS 首级网点最终结果进行分析,结果见表 3.20。比较结果说明,原城建四等点与同名 GPS 首级网点成果有差异,但差异不大。

表 3.20　GPS 首级网点最终结果与原城建四等重合点坐标差比较统计

重合		4		5		6	
ΔX/cm	ΔY/cm	2.4	3.6	0.2	4.3	1.1	3.2
ΔS/cm		4.3		4.3		3.4	

3)GPS 加密网平差及结果精度分析

①加密网平差方案

由于加密网 238 个点中共纳入首级 GPS 网点 17 个,其点号为(1,4,5,6,7,8,9,11,15,17,18,19,21,23,25,26,28),采用引入 13 个和 17 个首级 GPS 网点的高斯平面坐标对加密网进行二维约束平差,目的在于分析其重合点精度及点位中误差的变化情况。

②加密网平差各方案结果精度分析

加密网平差各方案结果精度分析见表 3.21、表 3.22。加密网内符合精度较好,无明显粗差,引入 13 个已知点进行二维约束平差结果重合点坐标差标明,首级网与加密网兼容性良好,对同级 GPS 已知点引入约束点数增加,对次级 GPS 网的精度略有提高,但并不明显,证明 GPS 网布存在误差积累。

表 3.21　二维约束平差精度统计

约束点数	最弱边相对中误差	最弱点点位中误差/cm	点位中误差/cm		平均点位中误差/cm	限差/cm
			0 ~ 1.0	1 ~ 2.0		
13	1:38 000	2.0	72.9%	27.1%	0.98	5.0
17	1:39 000	1.7	77.3%	22.7%	0.82	5.0

表 3.22　引入 13 个已知点的二维约束平差结果重合点坐标较差统计

重合点号		1		7		11		18	
ΔX/cm	ΔY/cm	0.5	0.7	0.5	1.7	1.0	1.7	1.5	0.8
ΔS/cm		0.9		1.8		2.0		1.7	

③加密网正式成果与光电测距边比较精度分析

首级 GPS 网、加密网正式平差成果出来以后,对加密网部分边进行光电测距边长检验,测距边均匀分布全网,测距仪采用拓普康 GIS-211D 全站仪,所测边经各项改正及投影归算后与 GPS 边长比较精度列于表 3.23。

表 3.23　加密网 GPS 边长与光电测距边比较精度统计

相对精度区间	1:30 000 ~ 1:50 000	1:50 000 ~ 1:100 000	1:100 000
边数	10	14	5
比例/%	34.5	48.2	17.3

④一、二级导线实测精度统计分析

边长比测后,为满足 1:500 数字地籍图需要,首先在一街区进行了一、二级图根导线加密,在 GPS 控制点下,采用 GTS-211D 全站仪测角度、边长各一测回,电子手簿自动记录,共测 55 条无定向闭合导线,规范要求一、二级导线全长相对精度分别为 1:5 000 和 1:3 000,实测结果精度列于表 3.24。

表 3.24　一、二级图根导线精度统计

全长相对精度	1:10 000 ~ 1:20 000	1:21 000 ~ 1:30 000	1:31 000
导线条数	30	16	9
占百分比/%	54.5	29.1	16.4

从表 3.23、表 3.24 统计结果表明:GPS 首级及加密图根很理想,一、二级图根导线精度指标远优于规范要求,完全可以满足城市大比例尺地籍测量、规划测量及工程测量的精度要求。

子情境 2 界址测量

一、界址点的测量

界址点坐标是在某一特定的坐标系中界址点地理位置的数学表达。它是确定地块(宗地)地理位置的依据,是量算宗地面积的基础数据。界址点坐标对实地的界址点起着法律上的保护作用。一旦界址点标志被移动或破坏,则可根据已有的界址点坐标,用测量放样的方法恢复界址点的位置。如把界址点坐标输入计算机,则可以方便地进行管理和用于规划设计。

界址点坐标的精度,可根据土地经济价值和界址点的重要程度来加以选择。德国、奥地利、荷兰等国家对界址点坐标的精度要求很高,一般为 $\pm(3\sim5)$ cm。在日本则分为 6 个等级,具体见表 3.25。表中列出的界址点位置误差是指界址点相对于邻近控制点的误差。具体的施测精度等级由日本国土厅官房长官确定。

表 3.25 日本地籍测量规范中对界址点测量精度的规定

精度等级	界址点位置限差	
	中误差/cm	最大限差/cm
甲 1	2	6
甲 2	7	20
甲 3	15	45
乙 1	25	75
乙 2	50	150
乙 3	100	300

在我国,考虑到地域之广大和经济发展不平衡,对界址点精度的要求有不同的等级,具体规定见表 3.26。

表 3.26 《城镇地籍调查规程》中对界址点精度的规定

级别	界址点相对于对邻近控制点的点位中误差/cm		相邻界址点之间的允许误差/cm	适用范围
	中误差	允许误差		
一	±5.0	±10.0	±10	地价高的地区、城镇街坊外围界址点街坊内明显的界址点
二	±7.5	±15.0	±15	地价较高的地区,城镇街坊内部隐蔽的界址点及村庄内部界点
三	±10.0	±20.0	±20	地价一般的地区

注:界址点相对于对邻近控制点的点位中误差系指采用解析法测量的界址点应满足的精度要求;界址点间距允许误差是指采用各种方法测量的界址点应满足的精度。

1. 界址点测量的方法

当实地确认了界址点的位置并埋设了界址点标志后,即可测量界址点坐标。界址点坐标测量的方法主要有以下 5 种:

1)解析法

根据测区平面控制网,通过测边、测角,计算界址点坐标的方法,称为解析法。解析法是目前界址点测量的主要方法。这种方法的优点如下:

①每个界址点都有自己的坐标,一旦丢失或地物变化,也可使界址点点位准确复原。

②有了界址点坐标即可编绘任意比例尺的地籍图,且成图精度高。

③有了界址点坐标使面积的计算速度快,精度高,且便于计算机管理。

④从长远角度看,在经济上也是合算的。

解析法测得的界址点精度高,完全可以满足城镇地区的房地产地地籍管理的要求,解析法测定界址点,野外作业工作量大,生产成本高和成图周期长,如果进行大面积的地籍测量,则需要投入大量的人力、物力,随着现代测绘技术的采用,这一问题已得到解决。

2)图解法

图解法是以测得的大比例尺地形图或地籍图为基础,在图上确定界址点的位置,量取界址点坐标。图解法的野外工作量少,生产工艺简单,速度快、成本低,适合已有大比例尺地形图或地籍图的地区。但它受地形图、地籍图的现势性和成图精度的影响较大,其图上量测确定的坐标和图上量算面积的精度,均取决于原图上地物点的精度,它一般比解析法精度低。

3)测算法

通常是以解析法施测街坊周围能够直接测量的界址点坐标,而对街坊内部隐蔽的无法直接施测得界址点,则可利用已测界址点坐标和各宗地界址点间勘丈值及已知条件,灵活运用各种公式,计算隐蔽界址点的坐标值。

4)航测法

航测法是采用大比例尺成图技术,先外业调绘、后内业成图的方法作成大比例尺地形图或地籍图。界址点的坐标可直接从相片上量算,其精度一般高于图解的点位精度,而低于解析法的精度。

航测法适合于大面积地籍测量的地区。它既可以弥补图解法精度较低的不足,又克服了解析法效率较低,成本较高的缺点。

5)全站仪、GPS-RTK 自动获取法

地籍测量数据采集自动化,一般可采用全站仪或 GPS-RTK 测量技术,它可以直接实现界址点坐标的测定,并可将其坐标值存入电子手簿,到室内与计算机绘图仪连接,绘出地籍图或建立地籍数据库。这种方法不仅速度快、效率高,而且便于自动化管理,是目前和今后地籍测量的主要手段。

2. 界址点坐标计算

在野外通常是利用各种测量工具来获得界址点的观测数据,在室内需要利用数学公式计算出界址点的坐标。由于在野外测量过程中,根据不同的情况选用了不同的方法,因此,在坐标计算时,需要采用不同的数据公式计算界址点坐标。

1)方位与方位交会

①方向交会

最典型的方位与方位交会的方法就是方向交会法，方向交会法是分别在两个测站上对同一界址点测量两个角度进行交会以确定界址点的位置。如图 3.20 所示，A,B 两点为已知测站点，其坐标为 $A(X_A,Y_A),B(X_B,Y_B)$，观测 α,β 角，P 点为界址点，其坐标计算公式（公式推导见有关测量学教材）如下：

$$\left.\begin{aligned}
X_P &= \frac{X_B\cot\alpha + X_A\cot\beta + Y_B - Y_A}{\cot\alpha + \cot\beta}\\[2mm]
Y_P &= \frac{Y_B\cot\alpha + Y_A\cot\beta - X_B + X_A}{\cot\alpha + \cot\beta}
\end{aligned}\right\} \tag{3.23}$$

也可用极坐标法公式进行计算，此时图 3.20 中的 $S = S_{AB}\sin\alpha/\sin(180 - \alpha - \beta)$。其中 S_{AB} 为已知边长，与图 3.20 对照，将其相应参数代入极坐标法计算即可。

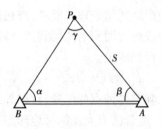

图 3.20　方向交会法

方向交会法一般适用于在测站上能看见界址点位置，但无法测量出测站点至界址点的距离。交会角 $\angle P$ 应在 $30° \sim 150°$ 的范围内。A,B 两测站点可以是基本控制点或图根控制点。

②两直线相交

界址点若在四墙相交的中心位置或在河渠中央，可先测定其外围 4 个辅助点的坐标，再使用直线相交的方法。如图 3.21 所示，先测定 A,B,C,D 4 点坐标，再由 AB,CD 两直线交点求出点坐标，计算时已知数据为 $A(X_A,Y_A),B(X_B,Y_B)$，$C(X_C,Y_D),D(X_D,Y_D)$。

故可由 α_{AB} 和 α_{CD} 得到 α_{AP} 和 α_{CP}，便可用式(3.23)计算出 X_P,Y_P 的坐标。

③方向与直线交会法

规则建筑物外侧的界址点常呈直线状排列（必须经实地确认），如图 3.22 所示。用极坐标法或其他定点方法测定两端或接近两端的界址点后，该直线的方位 α 即可得到。此时可在直线外侧的已知点上测定从该点到直线上未知界址点的方位角 α_{Ai}，进而以方位与方位交会的方法求出这些界址点的坐标。

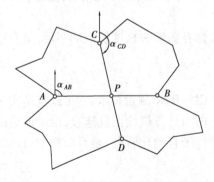

图 3.21　两直线相交　　　　　　　　　　图 3.22　界址点呈直线排列

④已知点到已知直线的垂足

这不是一种常用的方法，它属于方位与方位交会的方法。如图 3.23 所示，从已知直线 AB 得到 α_{AP} 得到，减去 90° 又得到 α_{CP}，根据式(3.23)计算出 X_P,Y_P 的坐标。

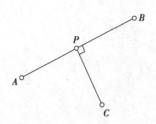
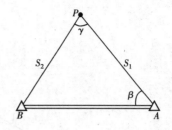

图 3.23　已知点与已知直线的垂足　　　　　　图 3.24　距离交会法

2）距离与距离交会

距离与距离交会广泛用于测定二类界址点。如图 3.24 所示，用光电测距仪或钢卷尺丈量已知点 A,B 到未知点 P 的距离 S_1,S_2，便可按式（3.23）计算 P 点坐标，即

$$\left.\begin{array}{l}X_P = X_B + L(X_A - X_B) + H(Y_A - Y_B) \\ Y_P = Y_B + L(Y_A - Y_B) + H(X_B - X_A)\end{array}\right\} \tag{3.24}$$

式中

$$\left.\begin{array}{l}L = \dfrac{S_2^2 + S_{AB}^2 - S_1^2}{2S_{AB}^2} \\[3mm] H = \sqrt{\dfrac{S_2^2}{S_{AB}^2} - L^2}\end{array}\right\} \tag{3.25}$$

由于测设的各类控制点有限，因此，可用这种方法来解析交会出一些控制点上不能直接测量的界址点。A,B 两已知点可能是控制点，也可能是已知的界址点或辅助点（为测定界址点而测设的）这种方法仍要求交会角 $\angle P$ 在 $30° \sim 150°$。

3）方位与距离交会

极坐标法是最典型的方位与距离交会方法。由于该法的方位与距离重合，因此精度最高，这里先介绍一般的方位与距离交会的方法。

如图 3.25 所示，观测了从已知点 A 到未知点 P 的方位角 α 和已知点 B 到 P 得距离 S，交会公式为

$$\left.\begin{array}{l}t = (X_B - X_A)\cos\alpha + (Y_B - Y_A)\sin\alpha \\ u = (Y_B - X_A)\cos\alpha - (X_B - X_A)\sin\alpha \\ d = \sqrt{S^2 - U^2}\end{array}\right\} \tag{3.26}$$

$$\left.\begin{array}{l}t_1 = t + d \\ X_P = X_A + t_1\cos\alpha \\ Y_P = Y_A + t_1\sin\alpha\end{array}\right\} \tag{3.27}$$

式（3.27）是 X_P,Y_P 的第一组解，若 $t > d$，则给出另一组解为

$$\left.\begin{array}{l}t_2 = t - d \\ X_P = X_A + t_2\cos\alpha \\ Y_P = Y_A + t_2\sin\alpha\end{array}\right\} \tag{3.28}$$

在极坐标法作业时，若在测站上测定了未知点的方位角但难以直接量取距离，而在该未知点附近却另有已知点（往往是已经测定的界址点）便于量距，便可以应用本方法。

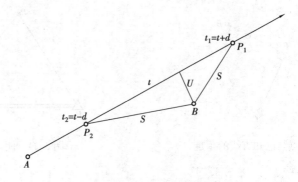

图 3.25 方位与距离交会

4）极坐标法

极坐标法是测定界址点坐标最常用的方法（见图 3.26）。

已知数据 $A(X_A,Y_A),B(X_B,Y_B)$，观测数据 β,S，则界址点 P 的坐标 $P(X_P,Y_P)$ 为

$$X_P = X_A + S\cos(\alpha_{AB} + \beta)$$
$$Y_P = Y_A + S\sin(\alpha_{AB} + \beta) \tag{3.29}$$

其中，$\alpha_{AB} = \alpha_{AB} = \arctan \dfrac{Y_B - Y_A}{X_B - X_A}$

测定 β 角的仪器有光学经纬仪、电子经纬仪、全站型电子速测仪等，S 的测量一般都采用电磁波测距仪、全站型电子速测仪或鉴定过的钢尺。

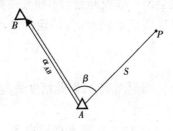

图 3.26 极坐标法图示

5）内外分点法

当未知界址点在两已知点的连线上时，则分别量测出两已知点至未知界址点的距离，从而确定出未知界址点的位置。如图 3.27 所示，已知 $A(X_A,Y_A),B(X_B,Y_B)$，观测距离 $S_1 = AP,S_2 = BP$，此时可用内外分点坐标公式和极坐标法公式计算出未知界址点 P 的坐标。

由距离交会图可知：当 $\beta = 0°,S_2 < S_{AB}$ 时，可得到内分点图形；当 $\beta = 180°,S_2 > S_{AB}$ 时，可得到外分点图形。

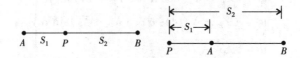

图 3.27 内外分点法

从公式中可以看出，P 点坐标与 S_2 无关，但要求作业人员量出 S_2 以供检核之用，以便发现观测错误和已知点 A,B 两点的错误。

内外分点法计算 P 点坐标的公式为

$$\left.\begin{aligned} X_P &= \frac{X_A + \lambda X_B}{1 + \lambda} \\ Y_P &= \frac{Y_A + \lambda Y_B}{1 + \lambda} \end{aligned}\right\} \tag{3.30}$$

式中,内分时,$\lambda = S_1/S_2$;外分时,$\lambda = -S_1/S_2$。由于内外分点法是距离交会法的特例,因此,距离交会法中的各项说明、解释和要求都适用于内外分点法。

6)直角坐标法

直角坐标法又称截距法,通常以一导线边或其他控制线作为轴线,测出某界址点在轴线上的投影位置,量测出投影位置至轴线一端点的位置。如图 3.28 所示,$A(X_A,X_B)$,$B(X_B,Y_B)$ 为已知点,以 A 点作为起点,B 点作为终点,在 A,B 间放上一根测绳或卷尺作为投影轴线,然后用设角器从界址点 P 引设垂线,定出 P 点的垂足 P_1 点,然后用鉴定过的钢尺量出 S_1 和 S_2,则计算公式为

$$S = S_{AP} = \sqrt{S_1^2 + S_2^2}, \beta = \arctan\left(\frac{S_2}{S_1}\right) \tag{3.31}$$

将式(3.31)计算出的 S,β 和相应的已知参数代入极坐标法计算公式即可。

这种方法操作简单,使用的工具价格低廉,要求的技术也不高,为确保 P 点坐标的精度,引设垂足时的操作要仔细。

3. 测定界址点坐标的工作程序

测定界址点的方法比较多,解析法是测定界址点的重要方法,以解析法为例说明测定界址点工作程序。解析法测定界址点坐标的工作分为准备工作、野外实测和内业整理 3 个阶段。

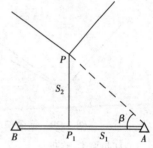

图 3.28　直角坐标法

1)准备工作

①界址点位的确定

在土地权属调查时所填写的地籍调查表中详细地说明了界址点实地位置的情况,并丈量了大量的界址边长,草编了宗地号,详细绘有宗地草图。这些资料都是进行界址点测量所必需的。

②界址点位置野外踏勘

踏勘时应有参加地籍调查的工作人员引导,实地查找界址点位置,了解权属主的用地范围,并在工作图件上(最好是现势性强的大比例尺图件)用红笔清晰地标记出界址点的位置和权属主的用地范围。如无参考图件,则要详细画好踏勘草图。对于面积较小的宗地,最好能在一张纸上连续画上若干个相邻宗地的用地情况,并充分注意界址点的共用情况。对于面积较大的宗地,要认真地注记好四至关系和共用界址点情况。在画好的草图上标记权属主的姓名和草编宗地号。在未定界线附近则可选择若干固定的地物点或埋设参考标志,测定时按界址点坐标的精度要求测定这些点的坐标值,待权属界线确定后,可据此补测确认后的界址点坐标。这些辅助点也要在草图上标注。

③踏勘后的资料整理

进行地籍调查时,一般不知道各地籍调查区内的界址点数量,只知道每宗地有多少界址点,其编号只标识本宗地的界址点。因此,在地籍调查区内统一编制野外界址点观测草图,并统一编上草编界址点号,在草图上注记出与地籍调查表中相一致的实量边长及草编宗地号或权属主姓名,主要目的是为外业观测记簿和内业计算带来方便。

2)野外实测

界址点坐标的测量工作可以单独进行,也可以和地籍图的测量同时进行。界址点坐标测

量时应使用预制的界址点观测手簿。记簿时,界址点的观测序号直接用观测草图上的草编界址点号。观测用的仪器设备有光学经纬仪、钢尺、测距仪、电子经纬仪、全站型电子速测仪和GPS接收机等。这些仪器设备都应进行严格的检验。

测角时,仪器应尽可能地照准界址点的实际位置,方可读数。角度观测一测回,距离读数至少两次。当使用钢尺量距时,其量距长度不能超过一个尺段,钢尺必须检定并对丈量结果进行尺长改正。

使用光电测距仪或全站仪测距,则不仅可免去量距的工作,而且还可以隔站观测,免受距离长短的限制。用这种方法测距时,由于目标是一个有体积的单棱镜,因此,会产生目标偏心的问题。偏心有两种情况:其一为横向偏心。如图 3.29 所示,P 点为界址点的位置,P' 点为棱镜中心的位置,A 为测站点,要使 $AP = AP'$,则在放置棱镜时必须使 P,P' 两点在以 A 点为圆心的圆弧上,在实际作业时达到这个要求并不难;其二为纵向偏心。如图 3.30 所示,P,P',A 的含义同前,此时就要求在棱镜放置好之后,能读出 PP',用实际测出的距离加上或减去 PP',以尽可能减少测距误差。这两种情况的发生往往是因为界址点 P 的位置是墙角。

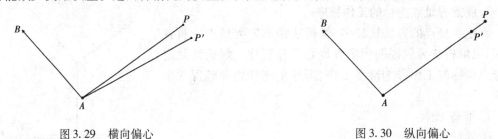

图 3.29　横向偏心　　　　　　　　　　　图 3.30　纵向偏心

3)内业资料整理

界址点的外业观测工作结束后,应及时地计算出界址点坐标,并反算出相邻界址边长,填入界址点误差表中,计算出每条边的 Δ_1。如 Δ_1 的值超出限差,应按照坐标计算、野外勘丈、野外观测的顺序进行检查,发现错误及时改正。

当一个宗地的所有边长都在限差范围以内才可以计算面积。

当一个地籍调查区内的所有界址点坐标(包括图解的界址点坐标)都经过检查合格后,按界址点的编号方法编号,并计算全部的宗地面积,然后把界址点坐标和面积填入标准的表格中,并整理成册。

技能训练 3　解析法测定界址点

1. 技能目标

1)掌握解析法测定界址点外业工作流程。

2)掌握界址点坐标内业计算方法。

2. 仪器工具

1)每组准备全站仪 1 套、对中杆 2 根。

2)每组记录板 1 块,界址点成果表 1 张。

3)学院内控制点资料。

3. 实训步骤

首先在室外分好每个组的实训地点,找到宗地附近的控制点。

1)宗地的每个界址点做好标记。

2)在一控制点上架设全站仪,测出已知方向与界址点之间的角度和距离。

3)内业计算每个界址点的坐标。

4. 基本要求

1)界址点相对于邻近界址点的点位误差不超过 10 cm。

2)对界址点坐标计算,每个人必须单独完成,计算过程随其他资料一同上交。

5. 提交资料

1)每人提交 1 份实训报告。

2)每组提交 1 份界址点成果表。

二、勘界测绘

1. 勘界测绘概述

中国在行政区划问题上,从秦朝设立郡县到 20 世纪 80 年代,从未全面精确划定过行政区划界线。我国各级行政区域的界线绝大部分为传统习惯线,缺乏能够准确描述边界位置及其走向的文字和图纸资料。当界线位置位于河流之中或没有明显边界地物的平坦区域等处时,容易造成土地争议,甚至引起争议双方的冲突,给边界管理工作带来困难,影响社会生产活动的正常进行,制约国民经济的健康发展。

为了与社会生产力的发展水平相适应,保证各级政府部门制定社会经济发展的长期规划,我国在 1986 年开始在新疆昌吉回族自治州进行勘界试点,并从 1996 年起在全国陆续展开了各级行政区域界线的勘界工作。通过勘界工作,核对法定线、法定习惯线,解决争议线。

勘定行政区域界线即行政勘界,是指毗邻行政区的人民政府在上一级人民政府的指导下,实地明确勘定毗邻行政区之间的政区界线,并采取一定的技术措施,如树立界桩、进行测绘、标绘边界线、签订边界线协议书等,运用法律手段将各级行政区域界线固定下来,以达到稳定边界且便于管理的目的。

勘界测绘即勘定行政区域界线的测绘工作,是在确定界线实际走向以后,在实地埋设界桩,测定界桩点位,测绘边界地形图,并在地形图上表述边界线走向等工作。勘界测绘的目的是通过获取和表述行政区域界线的位置和走向等信息,为勘界和边界管理工作提供基础资料和科学依据。

勘界测绘必须在毗邻行政区组成的联合勘界领导小组的统一领导下,民政、土地、测绘部门密切配合,由测绘行政主管部门组织实施。由于勘界测绘涉及行政管辖权,与地形测绘相比具有的以下特点:

1)勘界测绘是政府行政行为,其测绘成果具有法律效力。

2)勘界测绘以规定的地形图作为工作底图,测量的主要对象是界桩及边界线的位置和走向。

3)勘界测绘的最终成果是界桩成果表、边界线位置和走向说明、边界线地形图。

4)勘界测绘成果可靠性强,对施测结果均有严格的检核,界桩及边界线位置和走向施测的误差不允许超出限差。

2. 勘界测绘的工作内容及流程

1）勘界测绘的内容

勘界测绘的内容包括：界桩的埋设与测定，边界线的标绘，边界协议书附图的绘制，边界线走向和界桩位置说明的编写，中华人民共和国省级行政区域界线详图集的编纂和制印。

①界桩的埋设和测定

为提高工作效率，防止勘界工作中出现反复，界桩的埋设工作一般与实地勘界同步进行。界桩是指示边界线位置的永久性人工标志。

首先根据勘界工作图在实地核实界线的位置及走向，根据各级行政区域界线的界桩密度要求，现场确定界桩埋设位置、界桩类型和编号、界点的测量位置等。

在无争议地段，要及时在工作图上注明界线的位置及周围地物地貌情况，标明埋设界桩的位置和点号。当出现边界争议时，要及时地进行调解和裁决。对个别难以在短期内解决的地段，可根据争议范围的大小，预留出恰当个数的界桩编号后，继续进行勘界工作。

界桩位置确定后要及时埋设界桩，量取 3 个明显方位物的距离（精确到 0.1 m），量测磁方位角，并绘制界桩位置略图，拍摄界桩实地照片。界桩埋设后，及时进行测量工作。

②边界线的标绘

边界线的标绘是将双方确定的边界线、界桩点的位置准确地标绘在规定的地形图上。地形图比例尺的选择以能清晰反映边界线走向为原则，一般可选择最新 1:50 000 地形图。地形图的内容不能满足需要时，需对边界线两侧一定范围内与确定边界线以及界桩位置有关的地物、地貌及地理名称注记进行补测、修测。在人烟稠密、情况复杂的地区，也可采用航摄像片进行调绘。

③边界协议书附图的绘制

边界协议书附图是详细表示边界线位置的重要勘界测绘成果。由双方政府负责人签字、经上级政府批准的边界协议书附图是具有法律效力的边界线画法图。

边界协议书附图根据实测的界桩点坐标、协商确定或裁定的边界线及边界线的调绘成果认真标绘、整理而成。各类要素符号、颜色及规格要求与边界线的标绘成果一致。

④边界线走向和界桩位置说明

边界线走向说明是对边界线实地走向的完整描述，是边界协议书的核心内容。边界协议书附图是对边界线和界桩位置的图形表示，是勘界工作成果的重要组成部分。

边界线走向说明以明确描述边界线实际走向为原则。其内容一般包括每段边界线起讫点、界线在实地的标志、界线转折的方向、界线延伸的长度、界线经过的地形特征点、两界桩间界线长度等。边界线走向说明的编写一般以两界桩间为一自然段。根据界线所依附的自然地理情况分为若干条，每条可含若干自然段。

边界线走向说明中所涉及的方向，采用 16 方位制，以磁北方向为基准，如北偏东北 $111°15' \sim 33°45'$。

界桩位置说明根据界桩登记表中所填内容编写，包括界桩号、类型、材质、界桩与周围地物地貌的关系、界桩与边界线的关系、界桩与方位物的关系等内容。界桩位置说明的编写一般以一个界桩为一自然段，与边界线走向说明的分条方法相一致。

2）勘界测绘的流程

勘界测绘按其工作流程主要分为准备工作、野外测量和调绘、内业成果整理、质量检查验

收 4 个阶段。界桩的制作和埋设由民政部门与国土部门共同完成,一般分如下 5 个阶段的工作:

①准备阶段。该阶段的工作主要是资料收集、勘界测绘工作图的转标、编写勘界测绘技术设计书的编写和人员、仪器、设备和物质准备。

②野外测量和调绘。该阶段的工作主要是界线位置确定、界桩的埋设和测定、边界线局部带状地形图的修测、补测或调绘。

③内业成果整理。该阶段的工作主要是制作界桩成果表、制作界桩登记表、边界线走向说明和界桩位置说明、编写检查验收报告、界线转标、界桩实地照片整理、协议书附图的图面整饰、面积量算、编写测绘技术工作总结等。

④各级检查验收。

⑤成果上交。

3. 勘界测绘的技术问题

勘界测绘采用全国统一的大地坐标系统、平面坐标系统和高程系统。勘界测绘必须满足《省级行政区域界线勘界测绘技术规定》和各地制订的《行政区域界线勘界测绘技术规定》以及国家现行有关测绘技术规范等的要求,并且在勘界测绘工作中还要从实际出发,注意一些技术问题。

1)地形图补调

补调范围除了规程要求范围之外,还应考虑到地貌地物的连续性,应尽可能将与边界线有关的交通道路、大型厂矿等大型连续性地貌地物全部包括在内。

补调时要充分利用现有测绘成果,对已有土地详查资料的地区,可对照最新土地利用现状图、土地所有权属图、基本农田保护区分布图等,进行野外补调,并转绘到地形图上;补调地物的平面位置精度应与相应基本比例尺地形图测绘标准一致;对地物变化较大的地区,可先独自进行调绘工作,对荒漠、高山等地貌地物变化较小的地区,可在地形图上标绘边界线的同时,参照最新资料进行补调工作;在 1:50 000 地形图上不能详细表示边界线位置和走向时,应在更大比例尺地形图上进行调绘。

界桩点、界线拐点及界线经过的独立地物点相对于邻近固定地物点的平面误差一般不大于图上 ±0.2 mm;修测、补调的其他与确定边界线有关的地物地貌相对于邻近固定地点的平面误差一般不大于图上 ±0.5 mm,同时保证界桩点与各类地物点相关位置的准确。

2)界桩点坐标的测定

界桩点坐标一般要求实测。当实地测量确有困难,但能在图上准确判定界桩点位时,可在现有最大比例尺的地形图上量取,误差不得超过图上 ±0.3 mm,同时必须保证其与周围地物的相关位置准确。界桩点高程从较大比例尺地形图上根据等高线内插确定,误差不得超过1/3基本等高距。

3)边界线标绘

边界线的标绘一般要求在实地进行,但在某些情况下,边界线走向清晰,也可在室内进行标绘。在荒漠、戈壁地区,没有明显地物和地貌特征点、线,边界线根据特定界点的连线确定,可在室内标绘。

界桩点和边界线在地形图上的标绘要按照其与地貌、地物的相互关系进行标绘。界桩点和边界线拐点难以在地形图上直接判定其准确位置时,可量测界桩点和边界线拐点与邻近地物点或地貌特征点之间的距离,用图解的方法在地形图上进行标绘。一般情况下,不宜采用展点法确定界桩点在地形图上的位置,而要根据其与邻近地物、地貌之间的相关距离标绘在地形图上。

4)界桩方位物的选择与测定

每个界桩所选择的方位物最好均匀分布在界桩周围,必须明显,固定,不易移动和损毁,具有永久性,应离界桩较近,且尽可能通视,便于测距和测方位;以大物体作为方位物时,要明确方位物中心点的具体部位;实地缺少可利用的地物作方位物时,可以增设人工方位物,如地上栽插水泥桩等。

界桩至方位物的距离,一般应实地量测,精确到 0.1 m;当界桩点附近缺少永久性地物和地貌特征点,且对点位的精度要求又不很高时,可从图上量取,取位到图上 0.1 mm。界桩至方位物的磁方位角注记到 0.1°,测定精度 0.2°。

4. 勘界测绘各级检查验收及成果上交

勘界测绘工作结束后,由双方勘界工作机构组织对测绘成果成图资料的完整性和正确性进行全面检查、整理,并由双方负责人签名。内容包括:边界线标绘资料,边界线走向和界桩位置说明,边界协议书附图,界桩埋设位置和界桩号编排,界桩成果表和界桩登记表,观测手簿和计算手簿。经双方勘界工作机构组织对测绘成果检查合格后,报上级政府勘界工作领导小组办公室组织。

上报的主要成果如下:

1)技术设计书。

2)观测手簿、计算手簿、计算成果、边界线调绘资料、航片等。

3)界桩登记表、界桩点成果表。

4)边界走向说明、界桩点位置说明、界桩点照片。

5)界桩点、边界上部分拐点展点图。

6)边界协议书附图。

7)技术总结,检查报告。

上级政府勘界工作领导小组办公室组织对上报成果进行检查验收。勘界测绘成果的基本要求是:各类图表清晰易读,项目填写齐全,文字叙述简明确切,地理名称调注准确,简化字和少数民族语地名译音正确,一切原始记录和计算成果均正确无误,精度符合规定要求。

子情境 3 地籍图测绘

一、地籍图的测绘

1. 地籍图概述

1)地籍图的概念

地籍图是按照特定的投影方法、比例关系和专用符号把地籍要素及其有关的地物和地貌测绘在平面图纸上的图形,是地籍的基本资料之一。

地籍图即要准确完整地表示基本地籍要素,又要使图面简明、清晰,便于用户根据图上的基本要素去增补新的内容,加工成用户各自所需的专用图。

一张地籍图并不能表示所有应该表示或描述的地籍要素。在图上主要直观地表达自然的或人造的地物、地貌,各类地物所具有的属性。在地籍图上,用各种符号、数字、文字注记表达有限内容并与地籍数据和地籍簿册建立了一种有序的对应关系,从而使地籍资料有机地联系在一起。这不仅是因为受到地图比例尺的限制,而且还使地籍图具有可读性和艺术性。

2)地籍图的种类

按表示的内容可分为基本地籍图和专题地籍图;按城乡地域的差别可分为农村地籍图和城镇地籍图;按图的表达方式分为模拟地籍图和数字地籍图;按用途可分为税收地籍图、产权地籍图和多用途地籍图。

在地籍图集合中,我国现在主要测绘制作的有城镇分幅地籍图、宗地图、农村居民地地籍图、土地利用现状图、土地所有权属图等。

为了满足土地登记和土地权属管理需要,目前我国城镇地籍调查需测绘的地籍图为:

①宗地草图。宗地草图是描述宗地位置、界址点、线和相邻宗地关系的实地记录,在地籍调查的同时实地测绘,是处理土地权属的原始资料。

②基本地籍图。基本地籍图是地籍测量的基本成果之一,是依照规范、规程的规定,实施地籍测量的成果。一般按矩形或正方形分幅,又称为分幅地籍图。

③宗地图。宗地图一般以一宗地为单位绘制,是土地证书及宗地档案的附图。它是从基本地籍图上蒙绘,按照宗地的大小确定其比例尺。

3)地籍图比例尺

地籍图比例尺的选择应满足地籍管理的需要。地籍图需准确地表示土地的权属界址及土地上附着物等的细部位置,为地籍管理提供基础资料,特别是地籍测量的成果资料将提供给很多部门使用,故地籍图应选用大比例尺。考虑到城乡土地经济价值的差别,农村地区地籍图的比例尺比城镇地籍图的比例尺可小一些。即使在同一地区,也可视具体情况及需要采用不同的地籍图比例尺。

①选择地籍图比例尺的依据

相关规程或规范对地籍图比例尺的选择规定了一般原则和范围。但对具体的区域而言,应选择多大的地籍图比例尺,必须根据以下的原则来考虑。

a. 繁华程度和土地价值

就土地经济而言,地域的繁华程度与土地价值密切相关,对于城镇尤其如此。城镇的商业繁华程度主要是指商业和金融中心,如武汉市的建设路和中南路,上海市的南京路等。显然,对城镇黄金地段,要求地籍图对地籍要素及地物要素的表示十分详细和准确,因此必须选择大比例尺测图,如1:500,1:1 000。

b. 建设密度和细部粗度

一般来说,建筑物密度大,其比例尺可大些,以便使地籍要素能清晰地上图,不至于使图面负载过大,避免地物注记相互压盖。若建筑物密度小,选择的比例尺就可小一些。另外,表示房屋细部的详细程度与比例尺有关,比例尺越大,房屋的细微变化可表示得更加清楚。如果比例尺小了,细小的部分无法表示,影响房产管理的准确性。

②我国地籍图的比例尺系列

世界上各国地籍图的比例尺系列不一,目前比例尺最大的为1:250,最小的为1:50 000。

例如,日本规定城镇地区为1:250～1:5 000,农村地区为1:1 000～1:5 000;德国规定城镇地区为1:500～1:1 000,农村地区为1:2 000～1:50 000。

根据国情,我国地籍图比例尺系列一般规定为:城镇地区(指大、中、小城市及建制镇以上地区)地籍图的比例尺可选用1:500,1:1 000,1:2 000,其基本比例尺为1:1 000;农村地区(含土地利用现状图和土地所有权属图)地籍图的测图比例尺可选用1:5 000,1:11 000,1:25 000,1:50 000,其基本比例尺为1:10 000。

为了满足权属管理的需要,农村居民地及乡村集镇可测绘农村居民地地籍图。农村居民地(或称宅基地)地籍图的测图比例尺可选用1:1 000或1:2 000。急用图时,也可编制任意比例尺的农村居民地地籍图,以能准确地表示地籍要素为准。

4)地籍图的分幅与编号

①城镇地籍图的分幅与编号

城镇地籍图的幅面通常采用50 cm×50 cm和50 cm×40 cm,分幅方法采用有关规范所要求的方法,便于各种比例尺地籍图的连接。

当1:500,1:1 000,1:2 000比例尺地籍图采用正方形分幅时,图幅大小均为50 cm×50 cm,图幅编号按图廓西南角坐标公里数编号,X坐标在前,Y坐标在后,中间用短横线连接,如图3.31所示。

1:2 000比例尺地籍图的图幅编号为:689-593;

1:1 000比例尺地籍图的图幅编号为:689.5-593.0;

1:500比例尺地籍图的图幅编号为:689.75-593.50。

当1:500,1:1 000,1:2 000比例尺地籍图采用矩形分幅时,图幅大小均为40 cm×50 cm,图幅编号方法同正方形分幅,如图3.32所示。

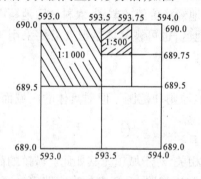

图3.31　正方形分幅

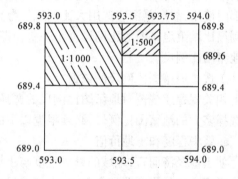

图3.32　矩形分幅

1:2 000比例尺地籍图的图幅编号为:689-593;

1:1 000比例尺地籍图的图幅编号为:689.4-593.0;

1:500比例尺地籍图的图幅编号为:689.60-593.50。

若测区已有相应比例尺地形图,地籍图的分幅与编号方法可沿用地形图的分幅与编号,并于编号后加注图幅内较大单位名称或著名地理名称命名的图名。

②农村地籍图的分幅和编号

农村居民地地籍图的分幅和编号与城镇地籍图相同。若是独立坐标系统,则是县、乡(镇)、行政村、组(自然村)给予代号排列而成。

农村地籍图(包括土地利用现状图和土地所有权属图)按国际标准分幅编号,其具体方法见有关测量学教材,这里不再详述。

无论是城镇地籍图,还是农村地籍图,均应取注本幅图内最著名的地理名称或企事业单位、学校等名称作为图名,以前已有的图名一般应沿用。

③农村地籍图的图幅元素

图幅元素是表示图幅位置和大小的一组数据。由于城镇地籍图比例尺大,图幅尺寸大小不随经纬度而变化,图幅元素由规定的方法确定。农村地籍图比例尺一般为 1:5 000 ～ 1:50 000,多采用梯形分幅,图廓线为经纬线,图幅元素构成如下:

大地经纬度	L,B
高斯平面直角坐标	X,Y
南北及东西图廓线长	a 南$,a$ 北$,c(\text{cm})$
图幅对角线长	$d(\text{cm})$
图幅面积	$p(\text{km}^2)$
子午线收敛角	r

地籍调查技术人员接到农村地籍图的测绘任务后,应查取图幅元素,以了解图幅的位置和大小,展绘图廓点。在整理成果时,图幅元素还必须填写到图历档案中去,以供内业使用。在土地利用现状调查中,图幅理论面积将作为真值,用以乡、村和各类土地面积的量算与平差的控制。

由高斯投影可知,当知道图廓的地理坐标之后,可用高斯投影正算公式解出图幅元素。测绘部门编制了高斯投影图廓坐标表(可查取 1:5 000 和 1:10 000 比例尺图幅元素)、高斯-克吕格三度带投影图廓坐标表(可查取 1:2 000 ～ 1:10 000 比例尺图幅元素)和高斯-克吕格六度带投影图廓坐标表(可查取 1:10 000 ～ 1:200 000 比例尺图幅元素),用于查取图幅元素,方便适用。

2. 地籍图的内容

地籍图上应表示的内容:一部分可通过实地调查得到,如街道名称、单位名称、门牌号、河流、湖泊名称等;另一部分内容则要通过测量得到,如界址位置、建筑物、构筑物等。城镇地籍图和农村地籍图样图分别见图 3.33、图 3.34。

1)地籍图的基本要求

①以地籍要素为基本内容,突出表示界址点、线。

②有必需的数学要素。

③必须表示基本的地理要素,特别是与地籍有关的地物要素应予表示。

④地籍图图面必须主次分明、清晰易读,并便于根据多用户需要加绘专用图要素。

2)地籍要素

①各级行政界:不同等级的行政境界相重合时只表示高级行政境界,境界线在拐角处不得间断,应在转角处绘出点或线。

②地籍区(街道)与地籍子区(街坊)界:地籍区(街道)是以市(县)行政建制区的街道办事处或乡(镇)的行政辖区为基础划定的;地籍子区(街坊)是根据实际情况有道路或河流等固定地物围成的包括一个或几个自然街坊或村镇所组成的地籍管理单元。

③宗地界址点或界址线:当图上两界址点间距小于 1 mm 时,用一个点的符号表示,但应正确表示界址线。当界址线与行政境界、地籍区(街道)界或地籍子区(街坊)界重合时,应结合线状地物符号突出表示界址线,行政界线可以为表示。

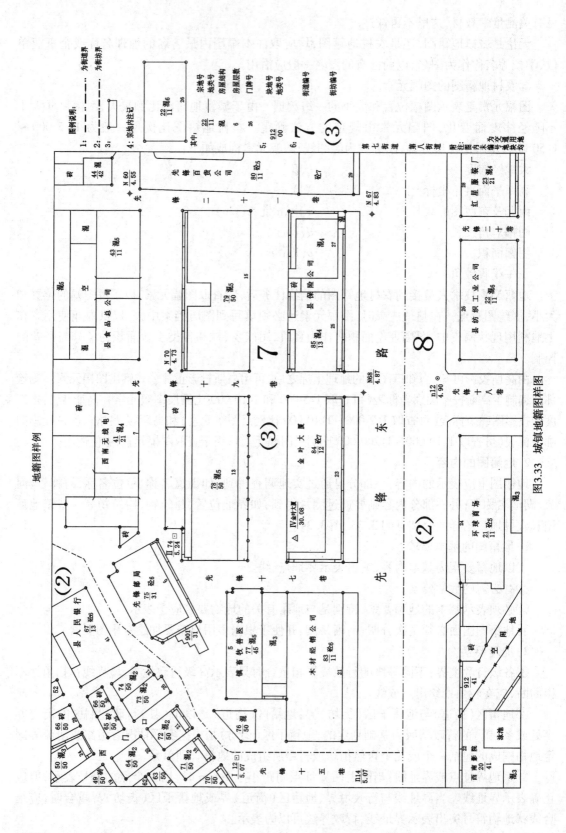

图3.33 城镇地籍图样图

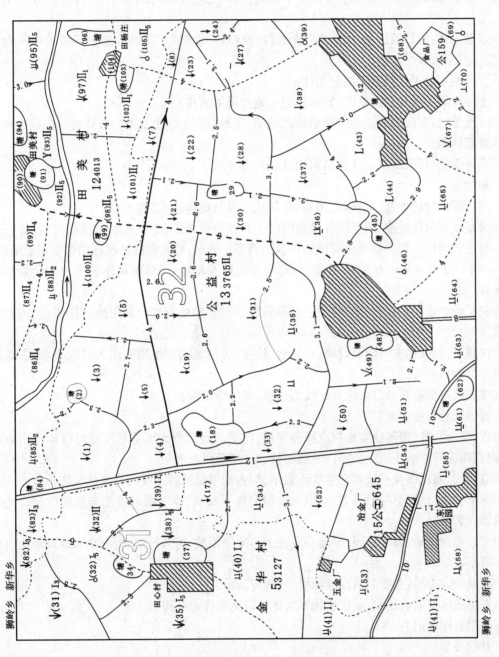

图3.34　农村地籍图样图

④地籍号注记:包括街道(地籍区)号、街坊(地籍子区)号、宗地号或地块号、房屋栋号、土地利用分类代码、土地等级等,分别注记在所属范围内的适中位置,当被图幅分割时应分别进行注记。如宗地或地块面积太小注记不下时,允许移注在宗地或地块外空白处并以指示线标明。

⑤宗地坐落:由行政区名、街道名(或地名)及门牌号组成。门牌号除在街道首尾及拐弯处注记外,其余可跳号注记。

⑥土地利用分类代码按二级分类注记。

⑦土地权属主名称:选择较大宗地注记土地权属主名称。

⑧土地等级:对已完成土地定级估价的城镇,在地籍图上绘出土地分级界线并注记出相应的土地级别代码。

⑨宗地面积:每宗地都应注出其面积,以 m^2 为单位。

3)地物要素

①作为界标物的地物(如围墙、道路、房屋边线及各类垣栅等)应表示。

②房屋及其附属设施:房屋以外墙勒脚以上外围轮廓为准,正确表示占地状况,并注记房屋层数与建筑结构。装饰性或加固性的柱、垛、墙等不表示;临时性或已破坏的房屋不表示;墙体凸凹小于图上 0.4 mm 不表示;落地阳台、有柱走廊及雨篷、与房屋相连的大面积台阶和室外楼梯等应表示。

③工矿企业露天构筑物、固定粮仓、公共设施、广场、空地等绘出其用地范围界线,内置相应符号。

④铁路、公路及其主要附属设施,如站台、桥梁、大的涵洞和隧道的出入口应表示,铁路路轨密集时可适当取舍。

⑤建成区内街道两旁以宗地界址线为边线,道牙线可取舍。

⑥城镇街巷均应表示。

⑦塔、亭、碑、像、楼等独立地物应择要表示,图上占地面积大于符号尺寸时应绘出用地范围线,内置相应符号或注记。公园内一般的碑、亭、塔等可不表示。

⑧电力线、通讯线及一般架空管线不表示,但占地塔位的高压线及其塔位应表示。

⑨地下管线、地下室一般不表示,但大面积的地下商场、地下停车场及与他项权利有关的地下建筑应表示。

⑩大面积绿化地、街心公园、园地等应表示。零星植被、街旁行树、街心小绿地及单位内小绿地等可不表示。

⑪河流、水库及其主要附属设施如堤、坝等应表示。

⑫平坦地区不表示地貌,起伏变化较大地区应适当注记高程点。

⑬地理名称注记。

4)其他要素

①图廓线、坐标格网线的展绘及坐标注记。

②埋石的各级控制点位的展绘及点名或点号注记。

③图廓外测图比例尺的注记。

5)地籍图与地形图的差别

①服务对象与用途上的差别

地形图是基础用图,它广泛地服务于国民经济建设过国防建设。地籍图是专门用图,主要地应用于土地的权属管理,形势国家对土地的行政职能。

地形图反映自然地理属性,它完整地描绘地物地貌,真实地反映地表形态。而地籍图主要反映土地的社会经济属性,完整地描绘房地产位置、数量,有选择地描绘地物,或概略地描绘地貌。

地形图可以作为工程设计、铁路、公路、地质勘察等施工的工程用图。地籍图作为不动产管理、征税、有偿转让土地的依据,是处理房地产民事纠纷的法律文件。

地形图在图上量测地面坡度、纵横断面、土石方量、水库容量、森林覆盖面积和水源状况等。地籍图能在图上准确地量测土地面积、土地利用现状面积,可供分析土地利用合理配置等基本情况。

地形图可作为编制专题地图和小比例尺地形图的基础图件和底图,是国家地理信息数据库的重要资料来源,接受用户关于测绘信息等方面的查询。地籍图可作为编制土地利用现状图和城市规划图的重要图件,是国家土地信息数据库的重要资料来源,接受用户关于房地产转让、贷款、税收等方面的查询。

②表示内容的差别

在地籍图上出来某些地物、地貌符号(如道路、水域等)与地形图表示方法基本相同外,主要表示地籍内容,如宗地、界址点和权属关系等。地形图与地籍图的内容对照表见表3.27。

表3.27 地形图与地籍图内容对照表

	表示内容	地形图	地籍图
数学要素	控制点	√	√
	坐标网	√	√
	比例尺	√	√
	经纬线	√	农村土地利用图有
	磁偏角	√	无
	界址点	无	√
自然要素	地貌	√	择要表示
	水域	√	表示主要的
	植被	√	土地详查表示,城镇地籍简要表示
	农用土地	概括分类	详细分类
人工要素	房屋建筑	有时综合表示	详尽表示
	独立工厂	√	√
	独立地物	√	择要表示
	管线	√	选择表示
	道路	√	表示主要的

续表

	表示内容	地形图	地籍图
地籍要素	境界（县以上）	√	√
	权属界（乡以下）	一般不表示	详细表示
	房产状况	仅注记建筑材料	详细调查
	土地利用分类	概略或不表示	详细分类
	街坊和单元编号	无	√
	权属主法人代表	无	√
文字注记	地理名称	√	√
	房屋边长和面积	无	√
	楼层和门牌号	√	√
	高程注记	√	概略或不注
	图廓注记	√	√
	比例尺注记	√	√
	其他注记	√	择要注记

③作业过程的差别

地籍与地形测量在作业过程上的差别,如图 3.35 所示。图中左边框图是地形测量过程,它的最后产品时地形图,右边框中为地籍测量过程,它的最后成果包含地籍图和地籍簿。因此,地籍测量对社会的涉及面比地形测量要广得多,它包括测绘作业技能、土地政策、法律法规,涉及社会成员(如市民、村民)的切身利益,如住房、财产、继承、民事纠纷等,是一项不动产的确认、保护、分割、合并、转移等因素的社会系统工程。为了搞好这项工作,地籍测量不仅需要测绘专业知识,还应具备城市规划的土地法规方面的知识,方能熟练地履行职责。

3. 分幅地籍图的测绘

分幅地籍图又称为基本地籍图,现有的地形图测绘方法都可用于测绘分幅地籍图。既可通过野外平板仪测图,也可以利用摄影测量方法和编绘法成图,这些都是一些常规的方法。随着科学技术的发展,全野外数字测图成为地籍测绘的主要方法。

1)平板仪测图

平板仪测图的方法,一般适用于大比例尺的城镇地籍图和农村居民地地籍图的测制,其作业顺序为测图前的准备(图纸的准备、坐标格网的绘制、图廓点及控制占的展绘),测站点的增设,碎部点(界址点、地物点)的测定,图边拼接,原图整饰,图面检查验收等工序。

碎部点的测定方法一般都采用极坐标法和距离交会法。在测绘地籍图时,通常先利用实测的界址点展绘出宗地位置,再将宗地内外的地籍、地形要素位置测绘于图上。这样做可减少地物测绘错误发生的概率。

2)航测法成图

摄影测量在地籍测量中的应用主要有以下 4 个方面:

①测制多用途地籍图。

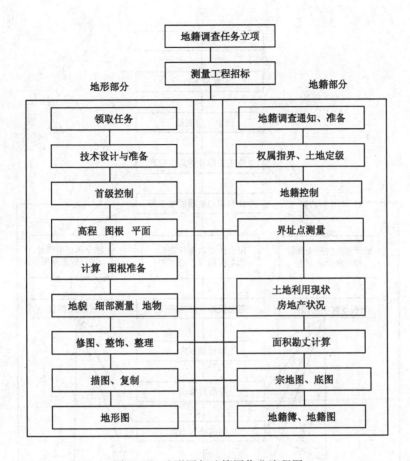

图 3.35　地形图与地籍图作业流程图

②用于土地利用现状分类的调查、制作农村地籍图和土地利用现状图。

③加密界址点坐标(主要用于农村地区土地所有权界址点)。

④作为地籍数据库的数据采集站。

当用于制作城镇地籍图时,通常用全站仪实测界址点坐标。

摄影测量作为有别于普通测量技术的另一种测量技术,已从传统的模拟法过渡到解析法并向数字摄影测量方向发展,并广泛应用于地籍测量工作中。无论摄影测量处于何种发展阶段,制作地籍图和其他图件的作业流程大致如图 3.36 所示。

现阶段,摄影测量技术主要用于测制农村地籍图。对农村地籍,界址点的精度要求较低,一般为 0.25 ~ 1.50 m(居民点除外),因此,可在航片上直接描绘出土地权属界线的情况。如有正射像片或立体正射像片,则可直接从中确定出土地利用类别和土地权属界线,并方便地测算出各土地利用类别的面积和土地权属单位的面积。借助数字摄影测量系统可制作出数字线划土地利用现状图和农村地籍图。

3)编绘法成图

大多数城镇已经测制有大比例尺的地形图,在此基础上按地籍的要求编绘地籍图,不失为快速、经济、有效的方法。例如,地形图已数字化,则可直接在计算机上编绘地籍图。为满足对地籍资料的急需,可利用测区内已有地形图、影像平面图编制地籍图。

①模拟地籍图的编绘

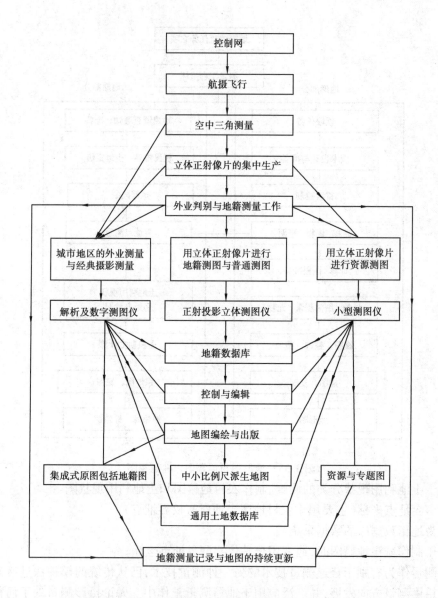

图 3.36　包括在地籍测量在内的集成式测图系统的作业流程图

a. 首先选用符合地籍测量精度要求的地形图、影像平面图作为编绘底图(即地形图或影像平面图地物点点位中误差应在±0.5 mm以内)。编绘底图的比例尺大小应尽可能选用与编绘的地籍图所需比例尺相同。

b. 由于地形图或影像平面图的原图一般不能提供使用,故必须利用原图复制成二底图。复制后的二底图应进行图廓方格网变化情况和图纸伸缩的检查,当其限差不超过原绘制方格网、图廓线的精度要求时,方可使用。

c. 外业调绘工作可在该测区已有地形图(印刷图或紫、蓝晒图)上进行,按地籍测量外业调绘的要求执行。外业调绘时,对测区的地物的变化情况加以标注,以便制订修测、补测的计划。

d. 补测工作在二底图上进行。补测时应充分利用测区内原有控制点,如控制点的密度不够时则应先增设测站点。必要时也可利用固定的明显地物点,采用交会定点的方法,施测少量所需补测的地物。

补测的内容主要有界址点的位置,权属界址线所必须参照的线状地物,新增或变化了的地物等地籍和地形要素。补测后相邻界址点和地物点的间距中误差,不得大于图上 ±0.6 mm。

e. 外业调绘与补测工作结束后,将调绘结果转绘到二底图上,并加注地籍要素的编号与注记,然后进行必要的整饰、着墨,制作成地籍图的工作底图(或称草编地籍图)。

f. 在工作底图上,采用薄膜透绘方法,将地籍图所必需的地籍和地形要素透绘出来,舍去地籍图上不需要的部分(如等高线)。蒙透绘所获得的薄膜图经清绘整饰后,即可制作成正式的地籍图。

模拟地籍图编绘的精度取决于所利用的地形图或影像平面图的精度。当地形原图的精度超过一定限值时,该图就不适用于编绘地籍图。当利用测区已有较小一级比例尺地形图放大后编制地籍图,如用 1:1 000 比例尺地形图放大为 1:500 比例尺地形图,以编绘 1:500 比例尺地籍图时,首先必须考虑放大后地形原图的精度,能否满足地籍图的精度要求。通常模拟编绘的地籍图上,界址点和地物点相对于邻近地籍图根控制点的点位中误差及相邻界址点的间距中误差不得超过图上 ±0.6 mm,具体公式推导见有关书籍。

②数字地籍图的编绘

如图 3.37 所示,利用地形(地籍)图编制数字地籍图就是以现有的满足精度要求的大比例尺地形(地籍)图为底图,结合部分野外调查和测量对上述数据进行补测或更新,然后数字化,经编辑处理形成以数字形式表示的地籍图。为了满足地籍权属管理的需要,对界址点通常采用全野外实测的方法。编制数字地籍图的基本步骤为编辑准备阶段、数字化阶段、数据编辑处理阶段和图形输出阶段。

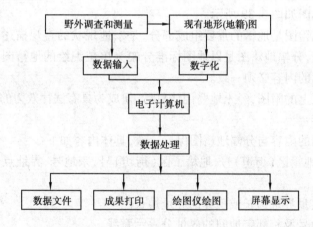

图 3.37　利用地形(地籍)图编制数字地籍图

4)数字化成图

数字化成图是指利用测量仪器如全站仪、GPS-RTK 等,在野外对界址点、地物点进行实测,以获得观测值(水平角、天顶距、距离等),然后将观测值存入存储器,再通过结构,将数据传输到计算机,由计算机进行数据处理,从而获得界址点、地物点坐标,最后利用计算机内的各种成图软件,将地籍资料按不同的形式输出。如屏幕上显示各种成成果表及图形,打印机打印各种数据,资料存入磁盘。野外数字化成图作业流程如图 3.38 所示。

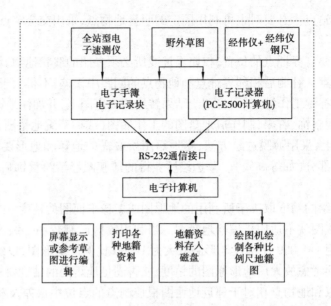

图 3.38　野外数字化成图作业流程

二、宗地图测绘

1. 宗地图的概念

宗地图是以宗地为单位编绘的地籍图。它是在地籍测绘工作的后阶段,当对界址点坐标进行检核后,确认准确无误,并且在其他的地籍资料也正确收集完毕的情况下,依照一定的比例尺制作成的反映宗地实际位置和有关情况的一种图件。日常地籍工作中,一般逐宗实测绘制宗地图。宗地图样图如图 3.39 所示。

宗地图和分幅地籍图是地籍的重要组成部分,是宗地现状的直观描述。宗地图是以宗地为单位编制的地籍图,分幅地籍图是以地图标准分幅为单位编绘的地籍图。宗地图上表示的内容与地籍图上表示的内容必须一致。

宗地图是土地证上的附图,经土地登记认可后,便成为具有法律效力的图件。

2. 宗地图的内容

通常要求宗地图的内容与分幅地籍图保持一致,具体内容如下:

1)所在图幅号、地籍区(街道)号、地籍子区(街坊)号、宗地号、界址点号、利用分类号、土地等级、房屋栋号。

2)用地面积和实量界址边长或反算的界址边长。

3)邻宗地的宗地号及相邻宗地间的界址分隔示意线。

4)紧靠宗地的地理名称。

5)宗地内的建筑物、构筑物等附着物及宗地外紧靠界址点线的附着物。

6)本宗地界址点位置、界址线、地形地物的现状、界址点坐标表、权利人名称、用地性质、用地面积、测图日期、测点(放桩)日期、制图日期。

7)指北方向和比例尺。

8)为保证宗地图的正确性,宗地图要检查审核,宗地图的制图者、审核者均要在图上签名。

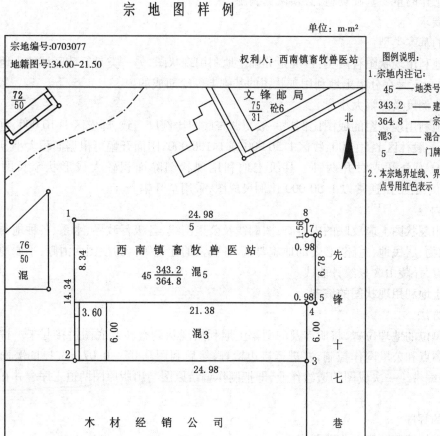

图 3.39　宗地图样图

3. 宗地图的绘制

宗地图绘制的方法是将透明的绘图膜蒙贴在分幅地籍图上,蒙绘宗地图所需的内容并补充加绘相关内容。编绘宗地图时,应做到界址线走向清楚,坐标正确无误,面积准确,四至关系明确,各项注记正确齐全,比例尺适当。

宗地图图幅规格根据宗地的大小选取,一般为 32 开、16 开、8 开等,界址点用 1.0 mm 直径的圆圈表示,界址线粗 0.3 mm,用红色或黑色表示。

宗地图在相应的基础地籍图或调查草图的基础上编制,宗地图的图幅最好是固定的,比例尺可根据宗地大小选定,以能清楚表示宗地情况为原则。

三、土地利用现状图和农村地籍测绘

1. 土地利用现状图绘制

土地利用现状图是土地利用现状调查工作结束需要提交的主要成果之一。它是地籍管理

和土地管理工作的重要基础资料,必须认真编制。

1)基本要求

①成图的基本类型

目前土地利用现状图有两类:一类是分幅土地利用现状图,另一类是行政区域的土地利用现状图(岛图),它是在分幅土地利用现状图的基础上编绘而成的。

②成图比例尺及图幅大小

乡级土地利用现状图的成图比例尺一般与调查底图比例尺一致,即农区1:10 000、重点林区1:25 000、一般林区1:50 000、牧区1:50 000或1:100 000,图面开幅可根据面积大小、形状、图面布置等分为全开或对开两种。县级土地利用现状图除面积较大或形状窄长的县用1:100 000比例尺图外,通常以1:50 000比例尺成图,采用全开幅。

2)图的内容

土地利用现状图上应反映的内容有:图廓线及公里网线、各级行政界、水系、各种地类界及符号、线状地物、居民地、道路、必要的地貌要素、各要素的注记等。为使图面清晰,平原地区适当注记高程点,丘陵山区只绘计曲线。

2. 乡级土地利用现状图的编制

1)编制方法

按乡级单位的地理位置,将所涉及的图幅土地利用现状调查转绘底图拼接起来。拼接时以4个内图廓点和公里网作控制,并进行接边检查,然后利用0.05~0.07 mm厚的磨面聚酯薄膜,采用连编带绘一次成图的透绘作业,即把制作编绘原图与出版原图两道工序合并在一起的作业方法。

2)编制的程序

图上内容的编制顺序及作业要点

a. 图廓线及公里网线。内图廓线、经纬线、公里网线。附图图廓线粗0.15 mm、外图廓线粗1.0 mm,图内公里网线长1 cm、粗0.1 mm。其精度要求:图廓线边长误差±0.1 mm,对角线边长误差±0.3 mm,公里网连线误差±0.1 mm。

b. 水系。湖泊、双线河、大中小型水库、坑塘、单线河(先主后支)、渠道等及其附属物,按原图全部透绘。图式符号及尺寸按《规程》附录清绘。

c. 居民地。农村居民点、城镇、独立工矿用地等均按底图形状进行透绘,其外围线用粗0.15 mm实线表示。图形内,根据需要可用粗0.1 mm线条与南图廓线成45°角加绘晕线,线隔0.8 mm。

d. 道路。按主次依次透绘铁路、公路、农村路,其符号及尺寸见《规程》。

e. 行政界。省、地、县、乡、村各级行政界,自上而下依次透绘。线段长短、粗细、间隔均按《规程》要求。行政界相交时要做到实线相交,相邻行政界只绘出2~3节。飞地权属界按其地类用相应符号表示。

f. 地类界。以0.2 mm实线表示。作业过程中,需注意不要因跑线及移位而使图形变形。

g. 进行各要素的注记。

h. 整饰。按图面设计要求,图名配置在图幅上方中间为宜,字体底部距外图廓线1.0~1.5 cm,图签配置在图的右下方。

3）自检、互检、审核、修改、图幅清绘

整饰完成后，应按设计要求，对照底图全面进行自检、互检，再交作业组、专业队审核。对检查出的问题进行修改，最后提交验收。

4）复制、着色

①复制。乡级土地利用现状图的复制，一般可采用静电复印（照）的方法，也可用熏图复制成图的方法直接晒成蓝图。限于条件，一般不采用线划套印。

②着色。一般采用水彩着色，也可用油彩着色。

3. 县级土地利用现状图的编制

1）编图的原则和依据

①制图单元以土地利用现状分类单元为编图依据，进行制图综合。

②制图综合时，应贯彻"表示主要的、去掉次要的"原则。根据土地利用类型的区域特征，对各种地类要素进行科学分析，从水系综合、图形碎部综合、面积综合等 3 个方面对图斑进行简化、概括，力求保持地貌单元的完整性，注意图斑形状、走向同地貌单元相吻合，使综合后的图斑面积与原图斑面积相一致。

③通过不同的制图单元和图斑间的不同组合差异来反映土地利用现状的分布规律和区域特征的差异性。

2）编绘草图

①按 1∶50 000 比例尺图的编绘要求，在 1∶10 000 分幅土地利用现状图上进行综合取舍，逐一编制。

②以 1∶50 000 地形图或素图的数学基础作为编制县级土地利用现状成果图的数学基础。在 1∶50 000 工作底图上标绘出相应的 16 幅 1∶10 000 地形图的图廓点，以图廓点、经纬网、公里网和控制点作控制。

③将经过综合取舍、编制的 1∶10 000 土地利用现状图的各类要素缩编到 1∶50 000 地形图或素图上，编绘成 1∶50 000 的分幅土地利用现状草图。缩编可采用机械缩放仪法、复照法等。

3）编稿原图

①把 1∶50 000 分幅的土地利用现状草图，按县级制图范围进行拼幅。拼幅时以图廓点、经纬网、公里网和控制点作控制，并进行图幅接边检查。

②用 0.05 ~ 0.07 mm 厚的聚酯薄膜蒙到已拼幅的草图上，进行透绘、整饰，清绘成县级 1∶50 000 土地利用现状编稿原图。

③图面清绘。按《规程》规定的图式符号进行清绘、透绘，清绘的顺序与乡级土地利用现状图相同。

4）复制

已编制好的县级土地利用现状原图，需复制若干份，以提供各部门使用和报上级土地管理部门。其复制方法有：熏图复制、晒蓝复制、印刷复制等。

4. 土地所有权属图的编制

1）分幅土地权属界线图的编制

土地权属界线图是地籍管理的基础图件，也是土地利用现状调查的重要成果之一。

土地权属界线图与其他专题地图一样，除了要保持同比例尺线绘图的数学基础、几何精度外，在专题内容上，应突出土地的权属关系。它以土地利用现状调查成果图为依据，用界址拐点、权属界址线相应的地物图式符号及注记。

分幅土地权属界线图与土地利用现状调查工作底图比例尺相同。土地权属界址线、界址拐点可利用分幅土地利用现状调查底图透绘得到。编制方法与内容如下：

①用 0.05 ~ 0.07 mm 厚的聚酯薄膜覆盖在分幅的土地利用现状调查底图上，透绘图廓点及内、外图廓线和公里网线，并以此作控制进行编制。

②用直径 0.1 mm 的小圆点准确透刺权属拐点，并用半径 1 mm 的圆圈整饰。无法用圆圈整饰时，需以 0.3 mm 小圆点表示权属界线，用 0.2 mm 粗的实线透绘。同一幅图内各拐点用阿拉伯数字顺序编号。图上拐点密集，两拐点间的距离小于 10 mm 时，可用 0.3 mm 小圆点只标拐点位置，不画界址点圆圈。

③县、乡、村等各行政单位所在地表示出建成区的范围线。并分别注记县、乡村名。

④图上面积小于 1 cm² 的独立工矿用地及居民点以外的机关、团体、部队、学校等企事业单位用地，界址点上不绘小圆圈，只绘权属界线，并在适当集中注记土地使用者的名称。

⑤依比例尺上图的线状地物，在对应的两侧同时有拐点且其间距小于 2 mm 时，只透绘拐点，不绘小圆圈。依比例尺上图的铁路、公路等线状地物，只绘界址线，不绘其图式符号，但应注记权属单位名称。

⑥不依比例的单线线状地物与权属界线重合，用长 10 mm、粗 0.2 mm、间隔 2 mm 的线段沿线状地物两侧描绘。当行政界线与权属界线重合时，只绘行政界而不绘权属界。行政界线下一级服从于上一级。

⑦飞地用 0.2 mm 粗的实线表示，并详细注记权属单位名称，如县、乡、村名。

⑧增绘。根据需要，可增绘对权属界址拐点定位有用的相关地物及说明权属界线走向的地貌特征。

2）土地证上所附的土地所有权界线图的蒙绘

土地证上所附的土地权属界线图，以 0.05 mm 厚的聚酯薄膜蒙在分幅的 1:10 000 比例尺土地利用现状图上，将本村权属界址点刺出，以半径 1 mm 小圆圈整饰并编号，用 0.2 mm 红实线表示界址线。从拐点引绘出四至分界线，用箭头表示分界地段，并注明相邻土地所有权单位和使用单位名称。

5. 农村居民地地籍图

农村居民地是指建制镇（乡）以下的农村居民地住宅区及乡村圩镇。由于农村地区采用 1:5 000,1:10 000 较小比例尺测绘分幅地籍图，因而地籍图上无法表示出居民地的细部位置，不便于村民宅基地的土地使用权管理，故需要测绘大比例尺农村居民地地籍图，用作农村地籍图的加细与补充，是农村地籍图的附图（见图 3.40），以满足地籍管理工作的需要。

农村居民地地籍图的范围轮廓线应与农村地籍图（或土地利用现状图）上所标绘的居民地地块界线一致。农村居民地地籍图采用自由分幅以岛图形式编绘。

城乡接合部或经济发达地区的农村居民地地籍图一般采用 1:1 000 或 1:2 000 比例尺，按城镇地籍图测绘方法和要求测绘。急用图时，也可采用航摄像片放大，编制任意比例尺农村居民地地籍图。

居民地内权属单元的划分、权属调查、土地利用类别、房屋建筑情况的调查与城镇地籍测量相同。

农村居民地地籍图的编号应与农村地籍图（或土地利用现状图）中该居民地的地块号一

致,居民地集体土地使用权宗地编号按居民地的自然走向1,2,3,…顺序进行编号。居民地内的其他公共设施(如球场、道路、水塘等)不作编号。

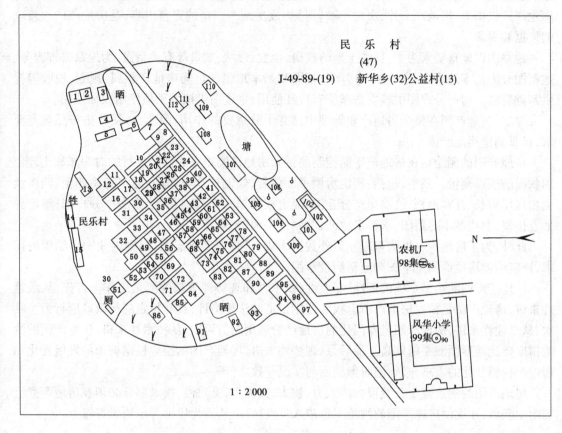

图 3.40 农村居民地地籍图样图

农村居民地地籍图表示的内容一般包括如下:

1)自然村居民地范围轮廓线、居民地名称、居民地所在的乡(镇)、村名称,居民地所在农村地籍图的图号和地块号。

2)集体土地使用权宗地的界线、编号、房屋建筑结构和层数,利用类别和面积。

3)作为权属界线的围墙、垣栅、篱笆、铁丝网等线状地物。

4)居民地内公共设施、道路、球场、晒场、水塘和地类界等。

5)居民地的指北方向。

6)居民地地籍图的比例尺等。

子情境4 房产图测绘

房地产测绘最重要的成果是房地产平面图。房地产平面图是房产图和地籍图的总称,是一种系列图。房产图是一套与城镇实地房屋相符的总平面图,以房产要素为主,反映房屋和房屋用地的有关信息,是房地产产权、产籍管理的基本资料,是房地产管理的图件依据。通过它可以全面掌握房屋建筑状况、房产产权状况和土地使用情况。借助于房产图,可以逐幢、逐处地清理房地产产权,计算和统计面积,作为房地产产权登记和转移变更登记的根据。房产图与房地产产权档案、房地产卡片、房地产簿(册)构成房地产产籍的完整内容,是房地产产权管理的依据和手段。

地籍图以地籍要素为主,反映土地的权属、位置、形状、数量等有关信息,为地籍管理服务。地籍图分为基本地籍图、宗地图。房产分幅图和基本地籍图可为房地产权属、规划、税收等提供基础资料。房产分户图供核发房屋所有权证使用,宗地图供核发土地使用权证使用。

总之,房地产图在整个房地产业管理中具有十分重要的作用,因此,必须严格按照规范要求,认真测绘房地产图。

房地产图的测绘是在房地产平面控制测量和房地产调查完成后所进行的对房屋和土地使用状况的细部测量。其中,包括:测定房屋平面位置,绘制房产分幅图;测定房屋四至、归属及丈量房屋边长、计算面积、绘制房产分丘图;测定权属单元产权面积,绘制房产分户图;测定界址点位置、制作基本地籍图、求算宗地面积、制作宗地图,等等。

此外,为了房地产变更测量以及野外数据采集,进行数字化成图,根据内业图形编辑的需求,还应绘制房地产测量草图和地籍测量草图。

房地产图的测绘是一项政策性、专业性、技术性和现势性很强的测量工作。首先,从政策性来讲,房地产图是核发房地产所有权和使用权证的法律图件,具有特定的行政政府行为。其次,从专业性来讲,房地产图是专门化的房地产管理用图。再次,从技术性来讲,房地产图的测绘精度要比地形图测绘精度高。最后,从现势性来讲,房地产图测绘应根据城市的发展变化和房地产权属变化的需求,必须随时做到图与实况一致。

房地产图的测绘需要花费很大的人力、物力,投资大,见效慢,投入部分必须在房地产登记测绘中获取,才能使房地产图的测绘工作步入良性循环,从而为房地产市场做好服务。

一、房产图的基本知识

1. 房产图的分类

房产图是房屋产权、产籍、产业管理的重要资料。按房产管理需要,分为房产分幅平面图(分幅图)、房产分丘平面图(分丘图)和房产分层分户平面图(分户图)。此外,为了野外施测的需要,通常还应绘制房产测量草图。

2. 房产图的作用

房产分幅图、分丘图、分户图以及房产测量草图,因图上所反映的内容不同,各有侧重。因此,房产分幅图、分丘图、分户图和房产测量草图所起的作用也各不相同。

1)房产分幅图的作用

房产分幅图是全面反映房屋及其用地的位置、形状、面积和权属等状况的基本图,是测绘分丘图和分户图的基础资料,同时也是房产登记和建立产籍资料的索引和参考资料。房产分幅图以幅为单位绘制。

2)房产分丘图的作用

房产分丘图是房产分幅图的局部图,反映本丘内所有房屋及其用地情况、权界位置、界址点、房角点、房屋建筑面积、用地面积、四至关系、权利状态等各项房地产要素,也是绘制房产权证附图的基本图。房产分丘图以丘为单位绘制。

3）房产分户图的作用

房产分户图是在分丘图基础上绘制的细部图表。以一户产权人为单位，表示房屋权属范围的细部图表。根据各户所有房屋的权属情况、分幢或分居，对本户所有房屋的坐落、结构、产别、层数、层次、墙体归属、权利状态、产权面积、共有分摊面积及其用地范围等各项房产要素，明确房产毗连房屋的权利界线，供核发房屋所有权证的附图使用。房产分户图以产权登记户为单位绘制。

4）房产测量草图的作用

房产测量草图包括房产分幅图测量草图和房产分户图测量草图。房产分幅图测量草图是地块、建筑物、位置关系和房地产调查的实地记录，是展绘地块界址、房屋、计算面积和填写房产登记表的原始依据，是十分重要的原始记录，可以代替过去某些调查和观测手簿。在进行房产图测量时，应根据项目的内容，用铅笔绘制房产测量草图。房产分户图测量草图是产权人房屋的几何形状、边长及四至关系的实地记录，是计算房屋权属单元套内建筑面积、阳台建筑面积、共用分摊系数、分摊面积及总建筑面积的原始资料凭证。房产测量草图要存入档案作永久保存。

3. 房地产图的比例尺

房地产由于内容的需要，一般比例尺都比较大。城镇建成区的分幅图一般采用 1∶500 比例尺，远离城镇建成区的工矿企事业单位及其相毗邻的居民点，也可采用 1∶1 000 比例尺。分丘图的比例尺可根据丘的面积的大小和需要，在 1∶100 ~ 1∶1 000 选用。分户图的比例尺一般为 1∶200，当房屋图形过大或过小时，比例尺可适当放大或缩小。

4. 房产图的分幅

房产图采用国家坐标系统或沿用该地区已有的坐标系统，地方坐标系统应尽量与国家坐标系统联测。分幅图可根据测区的地理位置和平均高程，以投影长度变形不超过 2.5 cm/km 为原则选择坐标系统。测区面积小于 25 km² 时，可不经投影，采用平面直角坐标系统。

房产图的分幅，主要是分幅图的分幅。分幅图一般采用 40 cm×50 cm 的矩形分幅，或 50 cm×50 cm 的正方形分。图幅的编号按图廓西南角坐标公里数编号，X 在前，Y 在后，中间加短线连接；已有分幅图的地区可沿用原有的的编号方法。

分丘图和分户图没有分幅编号问题。分丘图可用 32 开 ~ 4 开的幅面，分户图可用 32 开或 16 开的幅面。它们的编号按照分幅图上的编号。

二、房产分幅图测绘

1. 房产分幅图内容

1）行政境界

一般只表示区、县、镇的境界线。街道或乡的境界线可根据需要而取舍。若两级境界线重合时，则应用高一级境界线表示；当境界线与丘界线重合时，则应用境界线表示，境界线跨越图幅时，应在图廓间注出行政区划名称。

2）丘界线

丘界线是指房屋用地的界线，包括共用院落的界线，由产权人（用地人）指界与邻户认证来确定。对于明确而又没有争议的丘界线用实线表示，有争议而未定的丘界线用虚线表示。为确定丘界线的位置，应实测作为丘界线的围墙、栅栏、铁丝网等围护物的平面位置（单位内部的围护可不表示）。丘界线的转折点即为界址点。

3）房屋及其附属设施

房屋包括一般房屋、架空房屋和窑洞等。房屋应分幅测绘,以外墙勒脚以上外轮廓为准。墙体凹凸小于图上 0.2 mm 一级装饰性的柱、垛和加固强等均不表示。临时性房屋不表示。同幢房屋层数不同的,应测绘处分层线,分层线用虚线表示。架空房屋以房屋外围轮廓投影为主,用虚线表示,虚线内四角加绘小圆圈表示支柱。窑洞只测绘住人的,符号绘在洞口处。

房屋附属设施包括柱廊、檐廊、架空通廊、底层阳台、门、门墩、门顶和室外楼梯。柱廊以柱外围为准,图上只表示四角和转折处的支柱,支柱位置应实测。底层阳台以栏杆外围为准。门墩以墩外围为准,门顶以顶盖投影为准,柱的位置应实测。室外楼梯以投影为准,宽度小于图上 1 mm 者不表示。

4）房产要素和房产编号

分幅图上应表示的房产要素和房产编号(包括丘号、幢号、房产权号、门牌号)、房屋产别、建筑结构、层数、建成年份、房屋用途和用地分类等,要根据房地产调查的成果以相应的数字、文字和符号表示。当注记过密,图面容纳不下时,除丘号、幢号和房产权号必须注记,门牌号可在首末两端注记、中间挑号注记外,其他注记按上述顺序从后往前省略。

5）地形要素

与房产管理有关的地形要素包括铁路、道路、桥梁、水系和城墙等地物均应测绘。铁路以两轨外沿为准,道路以路沿为准,桥梁以外围为准,城墙以基部为准,沟渠、水塘、河流、游泳池以坡顶为准。地理名称按房产调查中的规定。

2. 房产用地界址点测定精度

按《房产测量规范》规定,房产用地界址点(以下简称界址点)的精度分为三等,一级界址点想对于邻近基本控制点的点位中误差不超过 0.05 m;二级界址点相对于邻近控制点的点位中误差不超过 0.10 m;三级界址点相对于邻近控制点的点位中误差不超过 0.25。对大中城市繁华地段的界址点和重要建筑物的界址点,一般选用一级或二级,其他地区选用三级。若一级、二级控制点不在固定地物点上,则应埋设固定标志,并记载标志类型和方位。界址点点号应以图幅为单位,按丘号的顺序顺时针统一编号,点号前冠以大写字母"J"。

根据界址点的精度要求,为保证一级、二级界址点的点位精度,必须用实测法求得其解析坐标。在实测时,一级界址点按 1:500 测图的图根控制点的方法测定,从基本控制点起,可发展两次,困难地区可发展 3 次。二级界址点以精度不低于 1:1 000 测图的图根控制点的方法测定,从邻近控制点或一级界址点起,可发展 3 次,从支导线上不得发展界址点。而对于三级界址点可用野外实测或航测内业加密方法求取坐标,业可以从 1:500 地图上量取坐标。

3. 房产分幅图的测绘方法

房产分幅图的测绘方与一般地形图的测绘和地籍图测绘并无本质的不同,主要是为了满足房产管理的需要,以房地产调查为依据,突出房产要素和权属关系,以确定房屋所有权和土地使用权权属线为重点,准确地反映房屋和土地的利用现状,精确的测算房屋建筑面积和土地使用面积。测绘分幅图应按照《房产测量规范》的有关技术规定进行。

房产分幅图的测绘方法,可根据测区的情况和条件而定。当测区已有现势性较强的城市大比例尺地形图或地籍图时,可采用增测编绘法,否则应采用实测法。

1）房产分幅图实测法

若无地物现势性较强的地形图或地籍图时,为建立房地产档案,配合房地产产权登记,发放土地使用权与房产所有权证,必须进行房产分幅图的测绘。测图的步骤与地籍图测绘基本相同,在房产调查和房地产平面控制的基础上,测量界址点坐标(一级、二级界址点)、界址点平面位置(三级界址点)和房屋等地物的平面位置。实测的方法有:平板仪法、小平板与经纬仪测绘法、经纬仪与光电测距仪测记法、全站仪采集数据法、GPS-RTK 采集数据等。采用实测法测绘的房产分幅图质量较高,且可读性强。

2)房产图的增测编绘法

①利用地形图增测编绘

利用城市已有的 1∶500 或 1∶1 000 大比例尺地形图编绘成房产分幅图时,在房地产调查的基础上,以门牌、院落、地块为单位,实测用地界线,构成完整封闭的用地单元—丘。丘界线的转折点(界址点)如果不是明显的地物点则应补测,并实量界址边长;逐幢房屋实量外墙边长和附属设施的长宽,丈量房屋与房屋或其他地物之间的距离关系,经检查无误后方可展绘在地形图上;对原地形图上已不符合现状部分应进行修册或补测;最后注记房产要素。

②利用地籍图增补测绘

利用地籍图增补测绘成图是房产分幅成图的方向。因为房产和地产是密不可分的,土地是房屋的载体,房屋依地而建,房屋所有权和土地使用权的主体应该一致,土地的使用范围和使用权限应根据房屋所有权和房屋状况来确定。从城市房屋地产管理上来说,应首先机型地籍调查和地籍测量,确定土地的权属、位置、面积等,而其利用状况、用途分类、分等定级和土地估价等又与土地上的房产有密切的关系,因此,在地籍图的测绘中也应测绘宗地内的主要房屋。房产调查和房产测绘是对该地产方位内的房屋作更细致的调查和测量,在已确定土地权属的基础上,对宗地范围内房屋的产权性质、面积数量和利用状况做分幢、分层、分户的细致调查、确权和测绘,已取得城市房地产管理的基础资料。

土地的权属单元为"宗",房屋用地的权属单元为"丘"。在我国的社会主义制度下,土地只有全民所有和集体所有两种所有制。因此,在绝大多数情况下,宗与丘的范围是一致的,在个别的情况下,一宗地可分为若干丘,根据地籍图编绘房产图时,其界址点一般只需进行复核而不需要重新测定。对于图上的房屋不仅需要复核,还需要根据房产分幅图测绘的要求,增测房屋的细部和附属物,以及根据房地产调查的资料增补房地产要素——产别、建筑结构、幢号、层数、建成年份、建筑面积等。

3)城市地形图、地籍图、房屋分幅图的三图并测法

城市地形图是一种多用途的基本图,主要用于城市规划、建筑设计、市政工程设计和管理等;地籍图主要用于土地管理;房产图主要用于房产管理;这 3 种图的用途虽有不同,但它们都是根据城市控制网来进行细部测量的,而且最大比例尺都是 1∶500,图面上都需要表示出城市地面上的主要地物——房屋建筑、道路、河流、桥梁及市政设施等。由于这 3 种图都具有上述共性,因此,最合理、最经济的施测方法应该是在城市有关职能部门(规划局、房管局、国土资源局、测绘院等单位)的共同协作下,采用三图并出的测绘方法。

三图并出法首先应建立统一的城市基本控制网和图根控制网,实测三图的共性部分,绘制成基础图,并进行复制。然后在此基础上按地形图、地籍图、房产分幅图分别测绘各自特殊需要的部分。对于地形图,增测高程注记(或等高线)和地形要素如电力线、通讯线、各种管道、井、消防龙头、路灯等。对于地籍图,在地籍调查的基础上,增测界址点和各种地籍要素。对于房产分幅图,在房产调查的基础上,增测丘界点和各种房产要素,而且仍然是地在地籍图的基础上来完成房产分幅图的测绘是最合理的。房产分幅平面图样图见图 3.41。

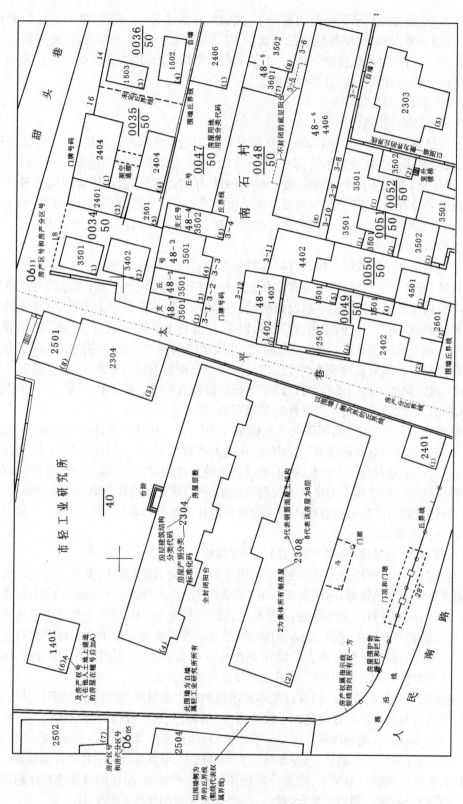

图3.41 房产分幅平面图样图

三、房产分丘图的测绘

分宗图是分幅图的局部图件,是绘制房产权证附图的基本图。

1. 分宗图测绘的有关规定

分宗图是分幅图的局部图件,它的坐标系与分幅图的坐标系一致;比例尺可根据宗地图面积的大小和需要在 1:100~1:1 000 选用;幅面大小在 32 开~4 开选用。分宗图可在聚酯薄膜上测绘,也可选用其他图纸。分宗图是房屋产权证的基本图。分宗图的测绘精度要求是地物点相对于邻近控制点的点位误差不超过 0.5 mm。

2. 分宗图测绘的内容和要求

1) 分宗图除表示分幅图的内容外,还表示房屋产权界线、界址点、挑廊、阳台、建成年份、用地面积、建筑面积、用地面积、宗地界线长度、房屋边长、墙体归属和四至关系等房产要素。

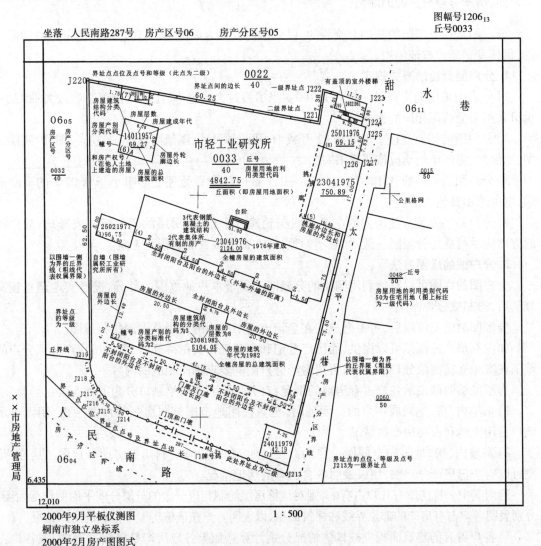

图 3.42　房产分宗平面图样

2)房屋应分栋丈量边长,用地按宗地丈量边长,边长量测到0.01 m,也可以界址点坐标反算边长。对不规则的弧形,可按折线分段丈量。

3)挑廊、挑阳台、架空通廊,以栏杆外围投影为准,用虚线表示。

4)分宗图中房屋注记内容有产权类别、建筑结构、层数、幢号、建成年份、建筑面积、门牌号、宗地号、房屋用途和用地分类、用地面积、房屋边长、界址线长、界址点号,各项内容分别用数字注记。房产分宗平面图样,如图3.42所示。

3. 分丘图的测绘方法

分丘图是以房产分幅平面图为基础的,因此其测量方法是利用已有的分幅图,结合房地产调查资料,按本丘范围展绘界址点,描绘房屋等地物,实地丈量界址边、房屋边长等长度,修测、补测成图。

四、房产分层分户图的测绘

分户图是在分宗图的基础上绘制的,以一个产权人为单位,表示房屋权属范围内的细部图件,供核发房屋产权证使用。

1. 分户图测绘的有关规定

1)分户图采用的比例尺一般为1:200。当房屋过大或过小,比例尺也可适当放大或缩小,也可采用与分幅图相同的比例尺。

2)分户图的幅面规格一般采用32开或16开两种尺寸,图纸图廓线、产权人、图号、测绘日期、比例尺、测图单位均应按要求书写。

3)分户图图纸一般选用厚度为0.07~0.1 mm、经定型处理变形率小于0.02‰的聚酯薄膜,也可选用其他的图纸。

4)分户图的方位应使房屋的主要边线与轮廓线平行,按房屋的朝向横放或竖放,分户图的方向应尽可能与分幅图一致,如果不一致,需在适当位置加绘指北方向。

2. 分户图的成图方法

分户图的成图可以直接利用测绘的分幅图上属于本户地范围的部分,进行实地调查核实修测后,绘制成分户图。

分幅图测绘完成以后,可根据户主在登记申请书指明的使用范围制作分户图。

如没有房产分幅图可以提供,而房产登记和发证工作又亟待开展,可以按房产分宗分户的范围在实地直接测绘分户图,然后再按房产分户图的要求标注相应的内容。

为了能够明确表示各户占有房地的情况,对分户平面图的绘制可分为下列5类:

1)宗地内,房、地同属一户的。发证时,也只按用地范围复制房产分户图一份,用以表示该户占用土地和占有房产的情况。

2)宗地内,房、地不完全同属一户的。发证时,有几户应复制几份房产分户图。这样,每户可以有一份房产分户图,用以表明各自占有的房地情况。

3)对其中一栋房屋有几户占有的,则对该栋房屋绘制相应分数的分层分间平面图作为附图,分别表明各户占有房产的部位界线和建筑面积,以表明一户在该栋房屋中占有的房产情况。

4)各户占有的建筑面积应按具体情况分别计算。如果各户房产是分层占有的,或各户占有的房产有明确的界线,则各户占有的建筑面积应分层或按明确界线分开计算。如各户占有的房产无明确界线,则可按各户占有的房屋使用面积的比例,分摊计算各户建筑面积。

5）对多户共用的房屋，如果占有的部位界线不能明确划分开，则只能作为共有产—户处理，除应在图上标明共有的房屋部位共有界线和建筑面积外，尚应详细记载共有人姓名，说明共有情况，如有可能应详细记载各人占有房屋比例。

3. 分户图测绘的内容和要求

1）分户图的内容

分户图测绘的内容主要是房屋、土地以及围护物的平面位置与各地物点之间的相对关系，并着重与房屋的权属界线、四面墙体的归属、楼梯、过道等公用部位，门牌号码、所在层次、室号或户号、房屋建筑面积和房屋边长。

2）分户图的表示方法与测绘要求

分户图以宗地为单位绘制，一宗地内的房屋，不论是一户或数户所有，均绘制在一张图纸上。一个宗地内的房屋、土地如果分属二幅图上的，应绘制一张分户图上，用铅笔标定其图幅的接边线。

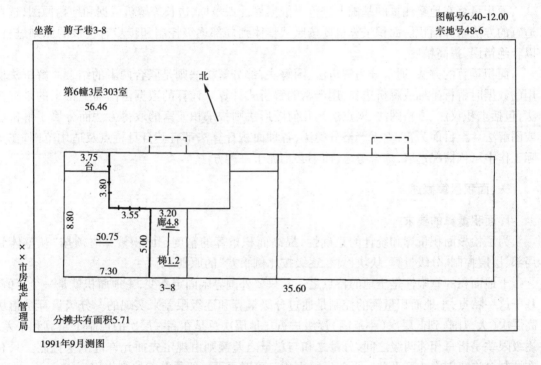

图 3.43　房屋分户平面图

一个宗地内只有一个产权时，房屋轮廓线用实线表示；一个宗地内有数户房产权时，房屋轮廓线用房屋所有权界线表示。房屋轮廓线、房屋所有权界线与土地使用权界线重合时，用土地使用权界线表示。

房屋的权属界线，包括墙体归属，按图式要求表示。墙体归属应标示出自有墙、借墙、共有墙符号，楼梯、过道等共同部位在适当位置加注。

房屋轮廓线长度注记在房屋轮廓线内测中间位置，注记至 0.01 m。

房屋边长应实地丈量，房屋前后、左右两相对边边长之差和整栋房屋前后、左右两相对边边长之差符合有关规定。

不规则图形的房屋边长丈量应加辅助线,辅助线的条数等于不规则多边形边数减3,图形中每增加一个直角,可少量一条辅助线。

分户房屋权属面积应包括共有公用部位分摊的面积。注在房屋所在层次的下方;房屋建筑面积注在房屋图形内,下加一条横线;共有公用部位本户分摊面积注在左下角。

户(室)号和本户所在栋号、层次注记在房屋图形上方。

房屋分户平面图如图3.43所示。

子情境5　土地面积量算

面积量算是地籍测量的重要内容,通过土地面积量算,以取得各级行政单位、权属单位的土地面积和分类面积的数据资料。

面积量算在地籍测量的基础上进行。依据界址点坐标、边长等解析数据和地籍原图,选择适宜的方法求算面积。面积量算也要按照从整体到局部逐级控制和步步有检核的原则进行,以杜绝错误,提高精度。

面积量算的方法,通常分为解析法、图解法,部分解析法则是联合两者的结合。解析法使用的数据时解析坐标或解析边长,用严密的解析式计算。计算的数据由图面上得来的是解析法,包括求积仪法、方格网法、网点法。几何图形法则按求积元素的取得方法而分属于解析法或图解法。至目前为止,尚无严格分类法,各种面积计算法都有其自身特点及适用范围,在实际工作中可依情况选取,综合考虑,而不必拘泥于一种方法。

一、面积量算概述

1. 面积量算的要求

为了检核面积量算和统计的正确性,提高面积量算的精度。面积量算时须按"从整体到局部、层层控制、分级量算、块块检核,逐级按比例平差"的原则。

土地面积的有限性是土地的特点之一。只要外围界限固定不变,土地面积就是一个定值。基于这一特点,土地面积量测的控制是通过分级量算和逐级限差来实现的。分级量算是指从高层次(大范围)到低层次(小范围)逐级进行。地层次总是在高一层次的控制下量算和平差。逐级限差是指每相邻两级之间,分量之和与总量之差额则由规定先插允许范围来控制。只有在控制允许范围内才可平差。平差后得面积又可对再下一级量算起控制作用。

在面积计算过程中,以基本控制范围总面积作为最可靠的面积值。基本控制可以有两种:

1)以公里格网为基本控制范围,由于地籍图上公里格网绘制的精度很高,公里格网的面积是固定的。图廓点的站点误差不超过 ±0.1 mm,公里格网点的误差约在 ±0.2 mm。因此,规定图幅理论面积作为第一面积控制是完全可行的。

2)由坐标解析法计算的总面积,其精度很高,可作为面积的基本控制。

以图幅作为面积控制时,若为正方形或矩形图形,则可按几何关系来求算图幅面积值。如所用图件日久,则应实量图廓尺寸求出图幅实际面积值,作为图幅的控制面积,若为梯形分幅,则可根据经、纬度从《高斯投影图廓坐标表》中查出图幅面积值。

当采用部分解析法进行地籍勘丈时,先由解析法求出每个街坊面积,在用街坊面积值控制本街坊内各宗地面积与其他区块面积之后,若两者之差满足限差要求,则将误差按比例分配到各宗地,但边长丈量数据可以不变。

当采用图解法进行地籍勘丈时,要求在聚酯薄膜原图上量算街坊面积,面积量算一般以图幅理论面积为基本控制,图幅内各街坊及街坊外其他区块面积之后与图幅理论面积之差小于 $\pm 0.002\ 5P(P$ 为图幅理论面积,单位为 $m^2)$ 时,将闭合差按比例配赋给各街坊及其他区块,得出平差后得各街坊及各区块的面积。

图面面积量算应在地籍原图上进行,两次量算的较差 ΔP 应小于 $\pm 0.003\ M\sqrt{P}(P$ ——量算面积,M ——地籍图比例尺分母),凡地块面积小于图上 $5\ cm^2$ 时,不宜采用求积仪量算。图解法时用实丈数据计算规则图形的宗地面积也不参加平差。

应该指出,当全部采用解析法或部分采用解析法时,街坊、宗地、其他区块常被图廓线分割。如果采用图幅理论面积作为首级控制时,必须求出跨图幅的街坊外围宗地界址边与图廓线交点的坐标,利用跨幅街坊在所在图幅的外围界址点及相应点(有时还没有图廓点)的坐标,分别计算出街坊和街坊外其他区块在不同图幅的面积,即可进行图幅面积控制。经首级控制检核的面积作为二级控制,平差后须将不同图幅的同名街坊(区块)不同图幅的街坊(区块)内同名宗地(区块)面积相加,最后街坊(区块)面积和应等于街坊内所有宗地(区块)面积和。

无论采用何种方法量算面积,均应独立两次量算,两次较差在限差内取中数。

2. 准备工作

量算有关资料的正确性和完整性是保证免检量算质量和工作正常进行的基础,必须经过严格检查验收,确认无误后方能使用。量算前应准备好以下资料:基本地籍图分幅表;基本地籍图铅笔原图;解析界址点坐标成果表及其计算和记录手簿;地籍调查表;二底图的蓝晒图或原图的宗地透写图等。

地籍原图上地籍要素必须齐全,并能满足土地分类面积统计的要求。

界址点的内容取舍恰当,图面清晰易读、原图平整。

地籍调查表内的宗地草图和勘丈数据应符合《规程》的精度要求,填写的项目字迹清楚、内容齐全。

拟定量算计划时应确定量算面积的方法。在地籍分幅表上标出量算计划的进度。在二底图的蓝晒图或原图的宗地透写图上标出行政界线、对街坊外、街坊内宗地外无地类注记区块的应予标界和给予临时编号,临时编号不应与正式的街坊、宗地编号重复或混淆。

二、土地面积量算方法

面积量算的方法比较多,但概括起来分为两种:解析法面积测算(简称解析法)与图解法面积测算(简称图解法)。解析法是一种在实地直接量测有关边、角元素进行解析面积计算的方法;图解法通常是指从图上直接量算面积。

1. 几何要素法

所谓几何要素法是指将多边形划分成若干简单的几何图形,如三角形、梯形、四边形、矩形等,在实地或图上测量边长和角度,以计算出各简单几何图形的面积,再计算出多边形总面积的方法。

1)三角形

如图 3.44 所示,三角形面积计算公式为

$$P = \frac{1}{2}ch_c = \frac{1}{2}bc \sin A = \sqrt{p(p-a)(p-b)(p-c)} \qquad (3.32)$$

其中，$p = (a + b + c)/2$。

2）四边形

如图 3.45 所示，四边形面积计算公式为

$$
\begin{aligned}
P &= (ad \sin A + bc \sin C)/2 \\
&= [ad \sin A + ab \sin B + bd \sin(A + B - 180°)]/2 \\
&= d_1 d_2 \sin/2 \qquad (3.33)
\end{aligned}
$$

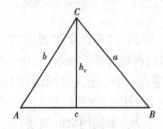
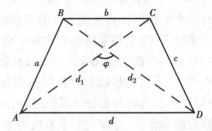

图 3.44　三角形面积　　　　　图 3.45　四边形面积

3）梯形

如图 3.46 所示，梯形面积计算公式为

$$P = \frac{d^2 - b^2}{2(\operatorname{ctan} A + \operatorname{ctan} D)} \qquad (3.34)$$

2. 膜片法

膜片法是指用伸缩性小的透明的赛璐珞、透明塑料、玻璃或摄影软片等制成等间隔网板、平行线板等膜片，把膜片放在地图上适当的位置进行土地面积测算的方法。常用的方法有格值法（包括格网法和格点法）、平行线法等，本书着重介绍格值法。所谓格值法是指在膜片上建立了一组有单位面积值的格子或点子，然后用这些不连续的格子或点子去逼近一个连续的图斑（地块），从而完成图上面积测算的方法。

1）格网法（方格法）

在透明板材上建立起互相垂直的平行线，平行线间的间距为 1 mm，则每一个方格是面积为 1 mm² 的正方形，把它的整体称为方格网求积板。

图 3.46 中 abmn 为要量测的图形，可将透明方格网置于该图形的上面，首先累积计算图形内部的整方格数，再估读被图形边线分割的非整格面积，两者相加即得图形面积。

2）格点法

将上述方格网的每个交点绘成 0.1 mm 或 0.2 mm 直径的圆点。去掉互相垂直的平行线，则点值（每点代表图上的面积）就是 1 mm²；若相邻点子的距离为 2 mm，则点值就是 4 mm²。

图 3.47 中 abcd 为待测的图形，将格点求积板放在图上数出图内与图边线上的点子，则按下列公式可求出图形面积：

$$P = (N - 1 + L/2)D \qquad (3.35)$$

式中　N——图形内的点子数；

　　　L——图形轮廓线上的点子数；

　　　D——点值。

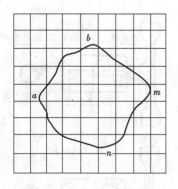

图 3.46 格网法图示

图 3.47 格点法图示

从图 3.47 中得出:$N = 11, L = 2$,设 $D = 1 \text{ mm}^2$,则 $P = 11.0 \text{ mm}^2$。

3. 沙维奇法

沙维奇法适用于大面积的测算,其优点在于减少了所量图形的面积,因而提高了精度。其原理如图 3.48 所示。构成坐标方里网整数部分面积 P_0 不量测,只需测定不足整格部分 P_{a_1},P_{a_2}, P_{a_3} 与 P_{a_4} 的面积和以及与之对应构成整格的补格部分 $P_{b_1}, P_{b_2}, P_{b_3}$ 与 P_{b_4} 的面积。从图上可以看出整格面积 $P_1 = P_{a_1} + P_{b_1}, P_2 = P_{a_2} + P_{b_2}, P_3 = P_{a_3} + P_{b_3}, P_4 = P_{a_4} + P_{b_4}$。

设 $P_{a_1}, P_{a_2}, P_{a_3}, P_{a_4}$ 面积的相应分划数为 a_1,a_2, a_3 及 a_4;$P_{b_1}, P_{b_2}, P_{b_3}, P_{b_4}$ 面积相应分划数为 b_1, b_2, b_3, b_4 整格面积的分划数为 $a_1 + b_1, a_2 + b_2$,$a_3 + b_3, a_4 + b_4$。

已知面积与求积仪分划值读数之间有下列正比关系:

$$P_{a_i} = \frac{P_i}{a_i + b_i} a_i \qquad (3.36)$$

则用式(3.36)可计算不足整格部分的面积,故所求图形面积为

$$P = P_0 + P_{a_1} + P_{a_2} + P_{a_3} + P_{a_4}$$
$$= P + \sum_{i=1}^{n} P_{a_i} \qquad (3.37)$$

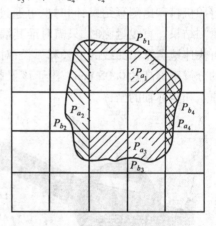

图 3.48 沙维奇法

4. 求积仪法

求积仪是一种以地图为对象测算土地面积的仪器,最早使用的是机械求积仪,由于科技的进步,近几年来研制出多种数字式求积仪,如数字求积仪、光电求积仪等。

1)数字求积仪

在国内市场上,此种仪器来源于日本的测机舍,主要型号有 3 种:定极式 KP-80(见图 3.49)、动极式 KP-90(见图 3.50)和多功能 x-PLAN360i(见图 3.51)。

用 KP-80 和 KP-90 可求出允许测量面积范围内的任意闭合图形的面积,可进行面积的累加计算,可求出多次量测值(可多达 10 次)的平均值。测算时可选择比例尺和面积单位,测量精度在 ±0.2% 以内。

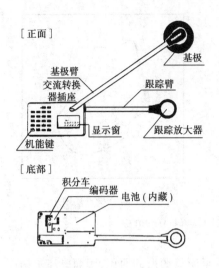

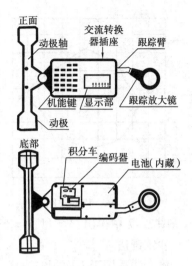

图 3.49　定极式 KP-80　　　　　　　图 3.50　动极式 KP-90

x-PLAN360i 是一种多功能的仪器,它集数字化和计算处理功能为一体,是一种十分方便的量测工具。x-PLAN360i 可以量测面积、线长(直线或曲线)、坐标、弧长和半径等,并通过小型打印机打印出测算结果,同时也可通过 RS232C 接口接收来自计算机的指令或向计算机输出量测结果。直线量测时,只需对准其端点;规则曲线的量测只需对准其端点和一个中间点,便可快速地测算出曲线的半径和弧长;对于不规则曲线可通过跟踪的方式进行量测,其长度量测的分辨率可高达 0.05 mm。由于该仪器具有数字功能,可以计算出图纸上任意点相对于坐标原点和坐标轴的坐标。

图 3.51　多功能 x-PLAN360i

2)光电求积仪

光电求积仪主要有光电面积量测仪与密度分割仪两种,具有速度快、精度高(当然低于解析法)等优点,但仪器价格昂贵。

光电求积仪是利用光电对地图上要量测的地块图形进行扫描,并通过转换处理,变成脉冲信号,从而计算出地块的面积。

①GDM-1 型光电面积测量仪

该仪器是将量测图形经过处理后,置于滚筒上进行扫描,通过光电变换,即把图像各单元反射光强的变化转换为光电流,经放大、整形变成电位的脉冲信号,从而驱动电子计数,达到自动量测面积的目的。其有效扫描面积为 200 mm × 400 mm,但一次只能量测一种颜色的图斑。

②密度分割仪

与光电面积量测原理基本相同,也是应用光电扫描方法求积的。不同之处在于密度分割仪可以对图面上不同密度等级的面积同时进行扫描,从而得到各自的面积数据。

密度分割仪是用一个光导摄像进行光电扫描,把图像上每一点的密度值变换为模拟电压信号,该信号经模数变换,成为具有不同电平等级的数字信号,再经彩色编码电路处理,用不同色彩表示不同电平等级的信号,为此在彩色电视监视器的屏幕上,得到一幅经过分割的等密度假彩色图像。这种图像上具有相同色彩的部分就具有相同的密度。通过电子求积装置,可在显示窗口上读出相应颜色面积的百分比,利用面积相对值可测算图上各类土地的面积。

5. 坐标法

通常一个地块的形状是一个任意多边形,其范围内可以是一个街道的土地,也可以是一个宗地或一个特定的地块。坐标法是指按地块边界的拐点坐标计算地块面积的方法。其坐标可以在野外直接实测得到,也可以是从已有地图上图解得到,面积的精度取决于坐标的精度。

当地块很不规则,甚至某些地段为曲线时,可以增加拐点,测量其坐标。曲线上加密点越多,就越接近曲线,计算出的面积越接近实际面积。

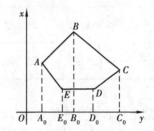

图 3.52　坐标法面积计算图示

许多地块都会被图廓线分割,通常需要计算出地块在各图幅中的地块面积,此时应计算出界址线与图廓线交点的坐标,然后分别组成地块,并计算出面积。由平面解析几何可知,界址点是由相邻的两个已知界址点相连,故可建立一个以斜率表示的直线方程如 $Y = k_1 X + a$;同理,图廓线由两图廓点相连,利用图廓点坐标也可建立一个方程如 $Y = k_2 X + b$。这两个方程联立求出交点坐标,分割后的地块面积即可求出。

如图 3.52 所示,已知多边形 $ABCDE$ 各顶点的坐标为 (X_A, Y_A), (X_B, Y_B), (X_C, Y_C), (X_D, Y_D), (X_E, Y_E),则多边形 $ABCDE$ 的面积为

$$
\begin{aligned}
P_{ABCDE} &= P_{A_0ABCC_0} - P_{A_0AEDCC_0} \\
&= P_{A_0ABB_0} + P_{B_0BCC_0} - (P_{CC_0D_0D} + P_{DD_0E_0E} + P_{EE_0A_0A}) \\
&= (X_A + X_B)(Y_B - Y_A)/2 + (X_B + X_C)(Y_C - Y_B)/2 + (X_C + X_D)(Y_D - Y_C)/2 + \\
&\quad (X_D + X_E)(Y_E - Y_D)/2 + (X_E + X_A)(Y_A - Y_E)/2
\end{aligned}
$$

化成一般形式为

$$2P = \sum_{i=1}^{n} (X_i + X_{i+1})(Y_{i+1} - Y_i)$$

$$2P = \sum_{i=1}^{n} (Y_i + Y_{i+1})(X_{i+1} - X_i) \tag{3.38}$$

$$2P = \sum_{i=1}^{n} X_i (Y_{i+1} - Y_{i-1})$$

$$2P = \sum_{i=1}^{n} Y_i (X_{i-1} - X_{i+1}) \tag{3.39}$$

其中,X_i, Y_i 为地块拐点坐标。当 $i - 1 = 0$ 时,$X_0 = X_n$;当 $i + 1 = n + 1$ 时,$X_{n+1} = X_1$。

为了简便计算工作,一般利用表格的形式进行计算,采用不同的计算公式,表格有关部分应随公式作相应的变化,现按上述公式举例计算(见表 3.28),即

$$2P = 12\ 053\ 157.51\ \text{m}^2$$

则
$$P = 9039.9\ \text{亩}$$

表 3.28　解析法测算面积计算表

点号	坐标值/m		坐标差/m		乘差/m²
	X	Y	$Y_i + Y_{i+1}$	$X_{i+1} - X_i$	$(X_i + Y_{i+1})(X_{i+1} + Y_i)$
1	34 625.36	55 738.42	114 153.50	– 912.96	– 104 217 579.36
2	33 712.40	58 415.08	118 996.38	580.56	69 084 538.37
3	34 292.96	60 581.30	118 586.82	1 738.52	206 165 558.31
4	36 031.48	58 005.52	114 237.75	– 667.16	– 77 357 234.79
5	35 354.32	56 232.23	111 970.65	– 728.96	– 81 622 155.02
6	34 625.36	55 738.42			

　　某土地面积呈五边形,经闭合导线测量,并计算得该图形角顶点的坐标值,欲计算其面积。

　　先按表(3.28)抄写点号及坐标(x,y)值,然后按表格逐项进行计算。如坐标点"$y_i + y_{i+1}$"栏第 1 项为 114 153.50,由第 1 点的 y 值(55 738.42)与第 2 点的 y 值(58 415.08)之和求得;"$x_{i+1} - x_i$"栏第 1 行数 912.96,由第 2 点的 x 值(33 712.40)与第 1 点的 x 值(34 625.36)之差求得;而乘积栏的第 1 行数,则由坐标差栏的两个数相乘而得,即 114 153.50 × (– 912.96) = – 104 217 579.36。按上述方法逐一计算,然后将乘积栏相加除 2,即得该图形面积值。

　　解析法测得面积的精度,仅与地面测量精度有关,而与成图精度无关。它是一种精确的面积测算方法,适宜于控制面积的量算如图 3.53 所示。运用解析法量算的结果也可用来作为检验其他方法量算面积的依据,解析法需要的基础数据必须准确可靠,依靠皮尺、绳及一般的罗盘仪测得的数据不能作为解析法量算面积的基础。因此,在实际工作中该法应用范围较为有限。同时,此法也不适用于图斑界线呈曲线状的图形。

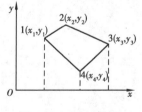

图 3.53　坐标解析法

6. 电算法

　　这里讲的电算法测算面积,是指有数字化器与计算机联合进行图形面积量算。

　　数字化器是指用手扶跟踪数字化器,使用时,将图形轮廓拐点作起点,使指示器十字丝交点对准改点,启动开关,记录改点坐标;然后沿图形边界顺时针移动手扶跟踪器,根据图的特点,每隔一定距离量取一点坐标,并自动记录存储,直至返回起点记录坐标,还可自动调解坐标闭合差。当将记录的坐标输入计算机时,可根据坐标法计算公式计算出图形面积。

　　此法量算面积的精度直接与作业人员的熟练程度有关,如对点精度的影响,其误差在 0.1 ~ 0.2 mm,仪器本身分辨率及各部件的稳定性也影响量算精度。此外,量算面积的精度还与特征点密度有关,一般地,点越密,图形越逼真;但点多又会增加对点误差,因此,取点密度要适当。

根据对仪器性能与结构的研究,并配合实量成果的分析,该法在图形面积大于 100 cm^2 时,量算面积精度可达 $1/1\ 000$ 以上。从自动化程度与精度来看,此法式很有发展潜力的。

7. 求地球表面倾斜面的面积

这是一个比较复杂的问题。通常地面不是一个平面,更不是一个水平面,但如果地面起伏不大,可近似地看成水平面,这里所讲的是求一个倾斜面或近似的倾斜面的面积。

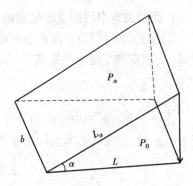

图 3.54　倾斜面积与水平面积图示

如图 3.54 所示,设 P_α 为自然地表倾斜面的面积,P_0 为 P_α 所对应的水平面积,其倾斜角为 α(单位为 rad),则

$$P_\alpha = b \times L_\alpha = b \times \frac{L_0}{\cos \alpha} = \frac{P_0}{\cos \alpha} \tag{3.40}$$

$$\cos \alpha = 1 - \frac{\alpha^2}{2!} + \frac{\alpha^4}{4!} - \cdots$$

式中,α 为弧度,取前两项,可得近似公式为

$$P_\alpha \approx \frac{P_0}{1 - \frac{\alpha^2}{2}} \approx P_0 \left(1 + \frac{\alpha^2}{2}\right) \tag{3.41}$$

其中,$\alpha^2/2$ 即为倾斜自然地表面图形面积的改正数。用不同的 α,则可算出 α 的大小对面积的影响情况,如表 3.29 所示。

表 3.29

α	$\alpha^2/2$	α	$\alpha^2/2$	α	$\alpha^2/2$	α	$\alpha^2/2$	α	$\alpha^2/2$
0.6	1:18 240	4.0	1:410	7.4	1:120	10.8	1:56	14.0	1:33
1.1	1:5 427	4.6	1:310	8.0	1:103	11.3	1:51	14.6	1:31
1.7	1:2 272	5.1	1:252	8.5	1:91	11.9	1:46	15.1	1:29
2.3	1:1 241	5.7	1:202	9.1	1:79	12.4	1:43	15.6	1:27
2.9	1:781	6.3	1:165	9.6	1:71	13.0	1:39	16.2	1:25
3.4	1:568	6.8	1:142	10.2	1:63	13.5	1:36	16.9	1:23

注:α 以度为单位计算。

另外,各类地籍成图软件都有面积量算功能。

三、面积量算成果处理

上面所讲的土地面积测算方法,只对单一图形而言。但实际工作中通常要求测算的是某一区域范围内的全部分类面积,如一个城市各区、街道、街坊与各种用地分类面积,为此涉及各种问题,如区域土地总面积与各类用地间和各图斑面积间协调一致的问题,保证各级土地面积测算精度的问题,如何防止测算层次多、用地类型多和图斑量大的情况下出错的问题等,故必须遵循一定的平差原则和满足一定的精度要求。

1. 面积量算中底图变形的影响

用数字化仪量算,底图的变形必然会影响到计算的精度。设 L 为底图变形后量得直线长度,L_0 为相应的实地水平距离,k 为变形系统,则

$$k = \frac{L_0 - L}{L} \tag{3.42}$$

此处 k 为一幅图中平均的变形系数,它在 X,Y 坐标轴上的投影分量分别为 kx 和 ky,底图变形改正后,直线的真实坐标增量为

$$\Delta X_0 = \frac{\Delta X}{1 - k_x} \quad \Delta Y_0 = \frac{\Delta Y}{1 - k_y}$$

$$\Delta X_0 = \Delta X(1 + k_x) \quad \Delta Y_0 = \Delta Y(1 + k_y)$$

$$L_0^2 = \Delta X_0^2 + \Delta Y_0^2 = \Delta X^2(1 + k_x)^2 + \Delta Y^2(1 + k_y)^2$$

$$= L^2 + 2(\Delta X^2 k_x + \Delta Y^2 k_y) + \cdots$$

设 $k_x = k_y$,其差值不超过 20%,则可用 k 代替。

$$L_0^2 = L^2(1 + 2k)$$

若设 L_0 为三角形的底,h_0 为其高,同理有

$$h_0^2 = h^2(1 + 2k)$$

则三角形的面积为

$$P_0 = \frac{1}{2}L_0 \cdot h_0 = \frac{1}{2}L \cdot h(1 + 2k) = P(1 + 2k) = P + 2kP \tag{3.43}$$

式中,P 为由变形的底图所量算的面积。式 3.43 右端第 2 项为底图变形后量算面积的改正数。

2. 土地面积平差

1)平差原则

平差遵循"从整体到局部,层层控制,分级测算,块块检核,逐级按比例平差"的原则,即分级控制、分级测算、分级平差。

①按两级控制、三级测算。第一级:以图幅理论面积为首级控制。当各区块(街坊或村)面积之和与图幅理论面积之差小于限差值时,将闭合差按面积比例配赋给各区块,得出各分区的面积。第二级:以平差后的区块面积为二级控制。当测算完区块内各宗地(或图斑)面积之后,其面积和与区块面积之差小于限差值时,将闭合差按面积比例配赋给各宗地(或图斑),则得宗地(或图斑)面积的平差值。

②在图幅或区块内,采用解析法测算的地块面积,只参加闭合差的计算,不参加闭合差的配赋。

2)平差方法

由于量测误差、图纸伸缩的不均匀变形等原因,致使测算出来各地块面积之和 $\sum P_i'$ 与控制面积不等,若在限差内可以平差配赋,即

$$\Delta P = \sum_{i=1}^{k} P_i' - P_0 \quad K = -\Delta P / \sum_{i=1}^{k} P_i'$$

$$V_i = KP_i' \quad P_i = P_i' + V_i$$

式中　ΔP——面积闭合差；

　　　　P'_i——某地块量测面积；

　　　　P_0——控制面积；

　　　　K——单位面积改正数；

　　　　V_i——某地块面积的改正数；

　　　　P_i——某地块平差后的面积。

平差后的面积应满足检核条件：

$$\sum_{i=1}^{k} P_i - P_0 = 0$$

3）控制面积的测算方法

控制是相对的,二级被一级控制,又对下一级起控制作用。控制级别越高,精度要求就越高。控制面积测算的方法有以下 3 种：

①坐标法。测量控制区块界线拐点的坐标,根据坐标法面积计算公式计算其面积。

②图幅理论面积。土地面积测算通常以图幅为单位。图幅有两种,即梯形与正（矩）方形分幅。图幅大小均是固定的,面积可直接计算或从相关书籍中查取。

③沙维奇方法。在难以采用上述方法时,可采用沙维奇法。其精度低于上述两种,适用于特殊情况。

3. 土地面积量算精度要求

1）两次测算较差要求

①求积仪测算

求积仪对同一图形两次测算,分划值的较差不超过表 3.30 的规定。

表 3.30　求积仪对同一图形两次测算的分划值的较差

求积仪量测分划值数	允许误差分划数
< 200	2
200 ~ 2 000	3
> 2 000	4

注:其指标适用于重复绕圈的累计分划值。

②其他方法测算

同一图斑两次测算面积较差与其面积之比应小于表 3.31 的规定。

表 3.31　同一图斑两次测算面积较差与其面积之比

图上面积/mm²	允许误差	图上面积/mm²	允许误差
< 20	1/20	1 000 ~ 3 000	1/150
50 ~ 100	1/30	3 000 ~ 5 000	1/200
100 ~ 400	1/50	> 5 000	1/250
400 ~ 1 000	1/100		

注:图上面积太小的图斑,可以适当放宽。

2)土地分级测算的限差要求

为了保证土地面积测算成果精度,通常按分级与不同测算方法来规定它们的限差。

①分区土地面积测算允许误差,按一级控制要求计算,即

$$F_1 < 0.002\ 5P_1 = P_1/400 \tag{3.44}$$

式中 F——与图幅理论面积比较的限差,hm^2;

P_1——图幅理论面积,hm^2。

②土地利用分类面积测算限差,作为二级控制,分别按不同公式计算。

求积仪法:

$$F_2 \leqslant \pm 0.08 \times \frac{M}{10\ 000} \sqrt{15P_2} \tag{3.45}$$

方格法:

$$F_3 \leqslant \pm 0.1 \times \frac{M}{10\ 000} \sqrt{15P_2} \tag{3.46}$$

式中 F_2,F_3——不同测算方法与分区控制面积比较的限差,hm^2;

M——被量测图纸的比例尺分母;

P_2——分区控制面积,hm^2。

四、土地面积测算与汇总统计

1. 土地面积测算

土地面积测算的程序(见图3.55)与统计和土地面积测算的层次与方法有关。通常可以是解析法与图解法。前两种一般用于城镇地籍;后一种适用于农村地籍。在城镇地籍中,对宗地面积精度要求比较高。从土地面积测算的全过程来看,一般是三级测算两级控制:图幅土地面积测算为第一级测算,其理论面积作为首级控制;街坊(或村)为第二级测算,其平差后的面积和为第二级控制;宗地(或农村地类)面积为第三级测算。

如果要弄清农村居民地每户宅基地面积时,应测量大比例尺(不小于1:2 000)居民地籍图(或称岛图)。

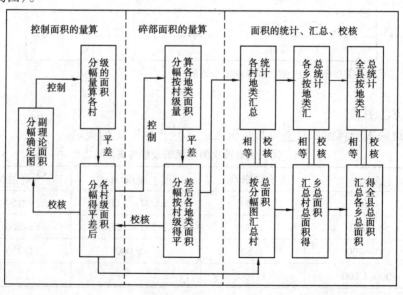

图 3.55 土地面积测算程序

1）图幅面积测算

①图幅理论面积查算

a. 梯形图幅面积。根据不同比例尺,以图幅纬度为引数,直接在《大比例尺图幅元素表》中的"图廓大小与图幅面积"栏内查取图幅理论面积。

b. 正方(矩)形图幅面积。可以根据不同比例尺和图廓边的理论尺寸,直接计算其图幅的理论面积。正方形图幅理论面积为 $50 \times 50 \times M^2 \times 10^{-10}(\mathrm{km}^2)$,矩形图幅理论面积为 $40 \times 50 \times M^2 \times 10^{-10}(\mathrm{km}^2)$。式中 M 为图幅比例尺分母。

②图幅实际面积测算

当图纸为聚酯薄膜,其伸缩变形较小时,可以直接引用图幅的理论面积;否则应在图纸上量取图廓尺寸与对角线长度,然后组成两组不同的三角形,根据三角形面积公式,计算其面积(要进行图纸形变改正)。两组结果可以起检核作用。具体量测时可以利用格网尺量至 0.1 mm。同理,将图上面积根据比例尺换算为实地面积。

2）街坊(或村)面积测算

①用解析法测算街坊(或村)面积。用解析法野外施测出各街坊拐点的坐标,组成一个闭合多边形,根据式(9.6)计算出街坊面积,并以此控制街坊内各宗地和其他地类面积。

②用图解法测算街坊(或村)的面积

a. 以图幅为单位,用数字面积仪法或其他方法,在图上量测出各街坊(村)的面积。

b. 求其闭合差。将其图幅内各街坊面积相加,与图幅理论面积比较,求出面积闭合差。

c. 闭合差在限差内,将不符合值配赋到各街坊(或村)的面积中。

d. 检核。平差配赋后各街坊(村)的面积之和,应与图幅理论面积相等。

3）宗地与地类面积测算

宗地面积可采用解析法和图解法,地类(如道路、水系、空闲地等)面积采用图解法测算。平差方法和误差分配同前。

2. 土地面积汇总统计

控制面积和碎部面积测算工作结束之后,要对测算的原始资料加以整理、汇总。整理、汇总后的面积才能为土地登记、土地统计提供基础数据,为社会提供服务。

面积汇总统计与面积测算的程序及原则有关。汇总内容取决于社会对资料的需求。汇总工作可分两个阶段进行:第一阶段为村、乡、县土地总面积的汇总,可在控制面积测算之后进行,它是第二阶段的控制基础;第二阶段为村、乡、县分类面积汇总,在碎部面积测算之后,按权属单位及行政单位汇总统计分类土地面积,它是第一阶段工作的继续。两个阶段的工作不一定相继进行,但两者汇总统计结果应起到相互校核的作用,发现问题应及时处理。

1）村、乡、县土地面积总面积汇总

村、乡、县土地总面积汇总以分幅图上的村级控制面积测算原始记录为汇总的基本单元,自下而上,按行政界线汇总出村、乡、县三级行政单位的土地总面积。先以乡为单位填写,汇总各村及乡的土地总面积,然后以县为单位,汇总各乡及县的土地总面积。汇总过程中,用图幅理论面积作校核。

可设计《乡、县土地总面积汇总表》来实现汇总工作(见表3.32)。先以乡为单位填写,汇总出各村级及乡的土地面积总面积,然后以县为单位,汇总出各乡及县的土地总面积。

表 3.32　乡、县土地总面积汇总表

$\dfrac{乡}{县}$ 土地总面积汇总表

涉及图幅＿＿＿＿＿＿张　　　　界内单位个数：　　　　　　　　单位：公顷(0.00)

序号	图幅号 图幅理论面积 单位编码及名称					合　计
	界内合计					
	界内合计					
	图幅合计					

填表员：　　　　　年　月　日　　　　　　检查员：　　　　　年　月　日

以乡为单位填表时,单位名称栏内应先填写属本乡界内的村、分场、企事业等列为二级控制区量算的村级单位。若同一乡内村间插话地未加扣除,则在乡界内合计之后再接着填写邻乡面积,若有邻县面积,也视作一单位填入,以便于使本表起到平衡表的作用,在作乡界外合计。每幅图中、乡界内、外面积之和应等于图幅理论面积。同理,汇总出县界内土地总面积,它是县办理初始土地登记的全部面积。

县、乡土地总面积,往往分布在较大数量的图幅上,为便于检查接边,必须标出土地调查单位所在图幅间的关系,避免面积测算和汇总过程中因图幅数量太多而出现遗漏或重复。因此,在面积测算前,要预先编制县、乡级图幅控制面积接合图表。

县(乡)级图幅控制面积接合图表上应标出县(乡)界、相邻县(乡)的名称及图幅号。有县(乡)界穿越的图幅,需按图幅测算出县(乡)内、外面积,并标在图幅上。无县(乡)界穿越的图幅,可直接标出该县(乡)行政范围所包括的图幅数,编制图幅控制面积接合图(见图3.56),计算出该县(乡)行政范围所包括的图幅数,以汇总土地总面积。

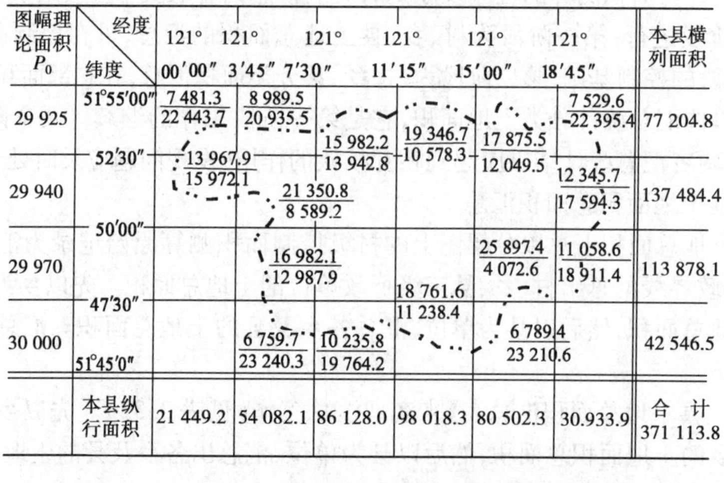

图幅理论面积 P_0　　经度　纬度	121° 00′00″	121° 3′45″	121° 7′30″	121° 11′15″	121° 15′00″	121° 18′45″	本县横列面积
29 925　51°55′00″	$\dfrac{7\,481.3}{22\,443.7}$	$\dfrac{8\,989.5}{20\,935.5}$				$\dfrac{7\,529.6}{-22\,395.4}$	77 204.8
52′30″	$\dfrac{13\,967.9}{15\,972.1}$		$\dfrac{15\,982.2}{13\,942.8}$	$\dfrac{19\,346.7}{-10\,578.3}$	$\dfrac{17\,875.5}{12\,049.5}$		
29 940			$\dfrac{21\,350.8}{8\,589.2}$			$\dfrac{12\,345.7}{17\,594.3}$	137 484.4
50′00″							
29 970		$\dfrac{16\,982.1}{12\,987.9}$			$\dfrac{25\,897.4}{4\,072.6}$	$\dfrac{11\,058.6}{18\,911.4}$	113 878.1
47′30″				$\dfrac{18\,761.6}{11\,238.4}$			
30 000　51°45′0″		$\dfrac{6\,759.7}{23\,240.3}$	$\dfrac{10\,235.8}{19\,764.2}$		$\dfrac{6\,789.4}{23\,210.6}$		42 546.5
本县纵行面积	21 449.2	54 082.1	86 128.0	98 018.3	80 502.3	30.933.9	合　计 371 113.8

图 3.56　图幅控制面积接合图

2）分类土地面积汇总统计

第二阶段汇总工作以碎部面积测算成果为对象，分别按土地权属单位和行政单位整理、汇总统计分类土地面积及土地总面积。

①土地权属单位分类面积的汇总

土地权属单位分类面积汇总，按村、乡两级进行。先汇总出村级土地权属单位分类面积，再汇总出乡级不同所有制性质的土地总面积及分类面积。

a. 村级土地权属单位分类面积汇总。村级土地权属单位面积是指村集体经济组织所有的集体土地、国营农场分场使用的国有土地、乡镇级各用地单位使用国有或集体土地的面积。以碎部面积测算原始记录表中的图斑为基本单元进行汇总。它们直接为土地登记和土地统计提供依据。

村级权属单位分类面积汇总可以通过《村（分场）权属单位土地分类面积汇总表》（见表3.33）和《村（分场）界内其他权属单位土地分类面积汇总表》（见表3.34）来进行。两张表可以对照着填写，以碎部面积原始记录表中的图斑为基本单元进行汇总。表3.33中的界内权属面积合计栏表示村界内权属图斑面积的加总；飞地栏为村界外（飞地）权属图斑面积的加总；土地使用总面积，即村或分场土地权属总面积，它是界内权属面积与飞地面积之和。表3.33中，按权属性质区集体土地和国有土地两类，填写村（分场）界内所有其他用地（权属）单位的土地分类面积。它包括外村、外乡、外县的插花地以及国有储备地等。每个单位的图斑自行排序，填写完后应有一个小计栏，栏后再继续填写另一个单位。不同单位的图斑不连续排序。若图斑较多，也可每表填一个单位的所有图斑，并汇总其面积。左后两表合计汇总得村行政界内土地总面积及分类面积，并应与表3.33中的村界内面积合计相等。

b. 乡界内土地权属单位分类面积汇总。在村界内土地权属单位土地面积的基础上，便可填写《乡（场）界内权属单位分类面积汇总表》（见表3.35）。表上先按权属分单位填写集体所有土地小计，然后再填使用国有土地面积小计和国有后备土地小计，最后再加总乡界内的插花地面积、乡界外的飞地面积和乡（场）行政界线土地总面积、乡（场）土地使用总面积（即土地权属总面积）。乡（场）行政界线内土地总面积等于集体所有土地、使用国有土地、国家后备土地及乡界内的插花地的面积总和，即表上（6）＝（1）＋（2）＋（3）＋（4）。乡（场）土地使用总面积等于乡（场）行政界内土地总面积减去乡界内的外单位插花地面积，加上乡（场）界外本乡（场）的飞地面积，即（7）＝（6）＋（5）－（4）。

②村、乡、县行政界内分类面积汇总

在村、乡、县三级分类面积汇总中，以村级行政界内的分类面积汇总为基础，乡（镇）行政界内土地总面积及分类面积等于各村的界内权属分类面积与各村界内其他用地单位分类面积之和。县土地总面积及各分类面积则由各乡（镇）的土地总面积及各分类面积汇总而来。

3）土地面积汇总统计中几种特殊地块的处理

①飞地，利用《飞地通知书》通知的所属单位，由该单位汇总。

②图面上按规定未绘出的零星地块，须根据外业调查记载的实勘面积，汇总在相应地类中，并在相应地类中扣除。

③线状地物与上述零星地同样处理。其长度可在图上量出，宽度应是实量值，如宽度不等可分段勘丈。

表 3.33 村(分场)权属单位土地分类面积汇总表

村(分场)权属单位土地分类面积汇总表

涉及图幅_____张   隶属_____   县(市,区,旗)_____   乡(分场)_____   权属性质_____

单位:公顷(0.00)

序号	涉及图幅		图斑号	地类毛面积	隶属 名称 编号																		备注
	图幅编号	二级控制编号																					
界内权属面积合计																							
飞地																							
土地使用总面积																							

填表员: 年   月   日   检查员: 年   月   日

244

表 3.34 村(分场)界内其他用地(权属)单位土地分类面积汇总表

村(分场)界内其他用地(权属)单位土地分类面积汇总表

涉及图幅 ____ 张 　隶属 ____ 县(市、区、旗) ____ 村(分场) ____ 乡(分场)

单位:公顷(0.00)

序号	图幅编号 二级控制区编号	图斑号	单位名称	权属性质	地类 名称 编号 毛面积		备注
合　计							

填表员:　　　　　年　月　日　　　　　　　　　　检查员:　　　　　年　月　日

245

表3.35 乡（场）界内权属单位分类面积汇总表

乡（场）界内权属单位分类面积汇总表

乡编码：　　　　　　　　　　　　　　　年　月　日

填表员：　　　　检查员：　　　　　　　　年　月　日　　　　　　单位：公顷(0.00)

单位编号	村级单位名称	权属性质	土地总面积	耕地						园地						…	未利用土地				…		
				小计	灌溉水田	望天田	水浇地	旱地	菜地	小计	果园	茶园	桑园	橡胶园	其他园地	…	小计	荒草地	盐碱地	沼泽地	…	田坎	其他
				1	11	12	12	14	15	2	21	22	23	24	25		8	81	82	83		87	88
	(1) 集体所有土地小计																						
	××村																						
	…																						
	(2) 使用国有土地小计																						
	××村（分场）																						
	…																						
	(3) 国家后备土地小计																						
	(4) 乡界内的外单位插花地																						
	(5) 乡界外本单位的飞地																						
	(6) 乡（场）行政界内土地*																						
	(7) 乡（场）土地使用界内总面积**																						

注：* (6)＝(1)＋(2)＋(3)＋(4)

　　** (7)＝(6)＋(5)－(4)

④田坎或田埂也是线状地物,由于数量过多而不能逐个量测,可划分若干类型,依不同类型抽样实测,得

$$净耕地面积 = 毛耕地面积 - 田坎面积$$

从而求得耕地系数或田坎系数为

$$K_{耕} = \frac{净耕地面积}{毛耕地面积}$$

$$K_{坎} = \frac{田坎面积}{毛耕地面积}$$

$$K_{耕} = 1 - K_{坎}$$

依不同类型求出不同的 K 值,即可在测算出毛耕地面积之后,按上式求出净耕地面积和应扣除的田坎面积。

知识能力训练

1. 什么是地籍控制测量? 地籍控制测量的原则是什么?

2. 为什么地籍图根控制点的精度与地籍图比例尺无关?

3. 地籍控制测量常用的坐标系有哪些?

4. 什么是大地坐标系? 大地坐标系参考面和基准面是什么?

5. 什么是高斯平面直角坐标系? 有什么特点?

6. 地籍控制点的密度是如何确定的?

7. 简述在工作实践中提高支导线精度的方法。

8. 使用国家统一坐标系有哪些优点?

9. 面积小于 25 km² 的城镇,如果不具备与国家控制网点的联测条件,如何建立独立坐标系?

10 地球表面、椭球面、高斯平面 3 个面上的距离有何关系?

11. 土地权属界址点坐标的作用是什么?

12. 制订界址点坐标精度的依据是什么? 我国对界址点坐标精度有何要求?

13. 简述测定土地权属界址点的方法。

14. 试述地面实测土地权属界址点坐标的原理、方法和应用条件。

15. 高精度摄影测量方法加密界址点坐标的条件有哪些?

16. 试述摄影测量方法加密界址点坐标的作业要点。

17. 试述勘界测绘的含义及其内容。

18. 什么是地籍图? 我国现在主要测绘制作的地籍图有哪些?

19. 试述选择地籍图比例尺的依据和我国的地籍图比例尺系列。

20. 简述地籍图内容选取的基本要点。

21. 比较宗地图与宗地草图。

22. 简述编绘法成图的作业步骤。

23. 简述野外采集数据机助成图的作业流程。

24. 为什么要测绘农村居民地地籍图(岛图)? 其主要内容有哪些?

25. 试述地籍图和地形图有什么不同?

26. 分幅地籍图的测制方法有哪些?

27. 试述宗地图。

28. 什么是解析法面积测算? 常用的方法有哪些?

29. 什么是图解法面积测算? 常用的方法有哪些?

30. 土地面积测算有哪几项改算? 试述改算的基本原理。

31. 土地面积测算与平差的原则是什么?

32. 试述只有一个权利人的宗地应计算土地面积的项目和关系。

33. 试述共有使用权宗地应计算土地面积的项目和关系。

34. 试述共有使用权宗地面积计算中,分摊土地面积的原则和方法。

35. 简述用图解法测算街坊(或村)面积的基本步骤。

36. 试述膜片法求算面积的原理。

37. 试推导坐标法计算面积的公式。

学习情境 **4**
变更地籍调查与测量

 知识目标

　　能够基本正确陈述变更地籍调查与测量的目的与特点、基本内容;能够熟练陈述变更地籍调查与测量的工作流程;能够正确陈述城镇地籍界址变更的调查与测量方法;能够正确陈述测绘新技术在农村地籍变更调查中的应用;能够熟练陈述日常地籍中土地勘测定界的工作程序。

 能力目标

　　能够在现场组织实施地籍变更调查;能够根据宗地界址变化情况重新给界址点编号;能够在现场绘制变更宗地草图并填写变更地籍调查表;能够根据宗地的变化情况,选择相应的测量方法进行地籍变更测量;能够应用全球定位系统和遥感技术进行农村土地变更调查与测量及土地利用动态监测;能够熟练应用全站仪进行土地勘测定界界桩放样工作。

　　变更地籍调查与测量是指在完成初始地籍调查与测量之后,为适应日常地籍工作的需要,为保持地籍资料的现势性而进行的土地及其附着物的权属、位置、数量、质量和利用状况的调查。通过变更地籍调查与测量,从而实现动态的、规范的、科学的日常地籍管理。

子情境1　城镇地籍变更地籍调查与测量

一、变更地籍调查与测量概述

1. 变更地籍调查与测量的任务与特点

　　初始土地登记后,依照土地管理法规定:"依法改变土地的所有权和使用权的,必须办理土地权属变更登记手续,更换证书。"因此,土地管理部门要通过变更地籍调查与测量随时掌握土地所有权或使用权的权利主体及权利客体经常发生的转移和变动情况,并以变更登记的法律手段把上述的转移和变动限制在合法的范围内。通过变更地籍调查与测量,不仅可以使地籍资料保持现势性,还可以使地籍成果提高精度、逐步完善。

1)变更地籍调查与测量的任务

①根据土地变更登记申请的变更项目进行变更地籍调查。

②界址点变更测量,或重新测量宗地新增界址点坐标或按宗地的设计坐标实地放样界址点。

③地籍图修测,在原有地籍图上标绘权属界址点,修测新增地物并编绘地籍图。

④面积量算。

⑤填写土地变更调查记录表、土地证。

2)变更地籍测量的特点

①区域分散、范围小。变更地籍测量一般不进行控制测量及测绘地籍图,而利用原界址点或原控制点作为控制,利用原地籍图作为基础图件。

②变更地籍测量精度要求高。变更地籍测量精度应不低于变更前地籍测量精度。

③变更同步,手续连续。进行了变更测量后,与本宗地有关的表、卡、册、证、图均需进行变更。

④变更地籍测量任务急。在接受变更权属调查移交的资料后,应立即进行变更地籍测量,才能满足变更土地登记或设定土地登记的要求。变更权属调查和变更地籍测量,通常由同一个外业组一次性完成。

2. 变更地籍调查的内容与类型

1)变更地籍调查的内容

变更地籍调查的内容包括变更权属调查和变更地籍测量。变更地籍调查是要查清每一宗地变更后宗地的位置、权属、界线、数量和用途等基本情况及对土地出让、转让、出租等果冻的复核性调查,满足土地变更登记及土地使用者的要求,同时使地籍资料保持现势性。

变更权属调查和变更地籍测量的具体内容又与变更登记申请的内容有关,土地变更登记按内容可分为:

土地权属变更登记,包括:土地征用、划拨引起土地所有权和使用权变更;以出让方式取得国有土地使用权;国有土地使用权转让使国有土地使用权转移;地上建筑物、附着物所有权转让引起国有土地使用权的变更;单位的合并分户、企业兼并引起宗地的合并和分割;依法继承土地使用权;交换、调整土地发生土地权属变更。

它项权利变更登记,除国有土地权属转移引起它项权利变更外,还有出租、抵押国有土地使用权的土地变更登记。

更名、更址登记,土地使用者和所有者和它项权利拥有者由于更改名称和通讯地址的登记。

主要用途的变更登记,原登记的用途发生变化。

注销登记,依法收回土地使用权、土地使用权出让期满、因自然灾害造成的土地的灭失、土地使用权抵押合同终止、土地使用权租赁合同终止。

从土地变更登记内容看,按地权主客体的变更,可归结为3类:地权主体的变更,只是土地所有权和使用权和它项权利的变更。地权客体的变更,只是宗地权属界址和主要用途的变更;地权主客体的同时变更,即宗地的权属和界址都发生变更。按界址变更情况又分为更改界址和不更改界址两类。随着土地变更登记申请内容的不同,变更权属调查和变更地籍测量的具体内容和方法也有所不同。

2)变更地籍调查的类型

变更地籍调查可分为更改地籍调查和更新地籍调查。

更改地籍调查是指原调查区内分散宗地的变更调查,调查的内容取决于土地变更登记申请的内容,调查工作要及时连续。它按界址变更情况又可分为更改界址调查和不更改界址的变更地籍调查。发生宗地的分割、合并、边界调整属于前者,发生宗地的出让、转让、抵押和地类变化及更名更址属于后者。通常将更改地籍调查称为变更地籍调查。

更新地籍调查是指原调查区内全部或局部地籍资料已失去作用的情况下,重新进行的全面调查,如地籍图图幅内由于旧城改造、更改界址的变更调查面积达 50%,又如在特殊情况下原有地籍资料发生失散和损坏,或逐步用解析法更新部分用解析法和图解法建立的初始地籍资料。

二、变更权属调查

1. 变更地籍调查申请

地籍变更申请一般有两种情况:一是间接来自于社会的申请,二是来自于国土管理部门的日常业务申请。所谓间接来自于社会的地籍变更申请是指土地管理部门接到房地产权利人提出的申请或法院提出的申请后,根据申请报告由国土管理部门的业务科室向地籍变更业务部门提出地籍变更申请。土地管理部门的业务科室在日常工作中经常会产生新的地籍信息,如监察大队、地政部门、征地部门等,这些业务科室应向地籍变更业务主管部门提出地籍变更申请。

地籍变更的资料通常由变更清单、变更证明书和测量文件组成。一般来说,如变更登记的内容不涉及界址的变更,并且该宗地原有地籍几何资料是用解析法测量的,则经地籍管理部门负责人同意后,只变更地籍的属性信息,不进行变更地籍测量,而沿用原有几何数据。

2. 变更地籍调查资料的准备

变更地籍调查与测量的技术、方法与初始地籍调查与测量相同。变更地籍测量前必须充分检核有关宗地资料和界址点点位,并利用当时已有的高精度测量仪器,实测变更后宗地界址点坐标。因此,进行变更地籍调查与测量之前应准备下述主要资料:

1)变更土地登记或房地产登记申请书。

2)原有地籍图和宗地图的复制件。

3)本宗地及邻宗地的原有地籍调查表的复制件(包括宗地草图)。

4)有关界址点坐标。

5)必要的变更数据的准备,如宗地分割时测设元素的计算。

6)变更地籍调查表。

7)本宗地附近测量控制点成果,如坐标、点的标记或点位说明、控制点网图。

8)变更地籍调查通知书。

3. 变更地籍编号和界址点编号

变更地籍调查,无论宗地分割或合并,原宗地号一律不得再用。分割后的各宗地以原编号的支号顺序编列;数宗地合并后得宗地号以原宗地号中最小的宗地号加支号表示。如 18 号宗地分割成 3 个宗地,分割后的编号分别为 18-1,18-2,18-3;如 18-2 号宗地再分割为两宗地,则编号为 18-4,18-5;如果 18-4 号宗地与 10 号宗地合并,则编号为 10-1;如果 18-5 与 25 号合并,则编号为 18-6。

界址点编号,如果初始地籍调查的界址点为街坊统一编号,变更权属调查时,已废弃的界址点号不得再用,新增界址点按原编号原则,续编新的界址点。如果初始地籍权属调查以宗地为单位编号,则变更后的界址点以变更后的宗地为单位重新编号。

4. 发送变更地籍调查通知书

根据地籍土地登记申请书,发送变更地籍调查通知书,通知书的内容如表 4.1 所示。

表 4.1　变更地籍调查通知书

变更地籍调查通知书
根据你(或单位)提交的变更土地登记或房地产登记申请书,特定于　月　日　时到现场进行变更地籍调查。请你(单位或户主)届时派代表到现场共同确认变更界址。如属申请分割界址或自然变更界址的,请预先在变更的界址点处设立界址标志。
<div align="right">国土管理机关盖章 年　月　日</div>

5. 实地调查

不更改界址的变更权属调查,根据实际需要决定是否进行实地调查,更改界址的变更权属调查,应进行实地调查。

实地调查时,首先要核对变更土地登记申请者和委托代理人的身份证明、指界委托书(同初始地籍调查)和核实申请变更的项目及原因,并全面复核原地籍调查表内容与实地情况是否一致,如:土地使用者名称、单位法人代表或户主姓名、身份证号码、电话号码等;土地坐落、四邻宗地号或四邻使用者姓名;实际土地用途;建筑物、构筑物及其他附着物的情况,等等。

实地调查还应检查恢复界址点。对于更改界址的变更调查,在认定变更界址点前,应用原宗地图的勘丈数据和界址点坐标检查原界标是否移动。如果界标丢失,应用测量数据恢复。对于不更改界址的变更调查,如用解析法重新测定界址点坐标,亦应检查界址点。对于变更后废弃的界址点不恢复界标,如有废弃的界标应从现场清除。

实地调查中,发现检查界址点与邻近界址点或地物点间距离同原记录不符,但在限差内或经检查属新勘丈值错误,则保留原数据,如果超限,属原勘丈值错误,以新勘丈为准,如属界标移动,应使其复位。

实地调查中,对宗地合并、分割或边界调整需增设界址点时,应根据申请者要求直接在实地设置界标或预先准备的数据确定其实地位置和设置界标。且必须经过变更申请者及相关邻宗地的土地使用者或委托人共同认定。如有违约或不签章时,按初始地籍调查相应规定处理。

6. 地籍调查表的变更

对于不更改界址的变更调查,可在原调查表的基础上进行变更。在原调查表更改部分加盖"变更"字样印章;将变更内容填写在变更记事表内,并经原土地使用者和现土地使用者签章,并附在原调查表后,一并归档。变更记事表见表 4.2。

表 4.2　变更地籍调查记事表

变更后 土地使用者	姓　名	
	性　质	
	上级主管部门	
	土地坐落	

变更后法人代表或户主			代　理　人		
姓　名	身　份　证	电话号码	姓　名	身　份　证	电话号码

其他 变更 记事	

原土地使用者(法人代表或代理人)签章	现土地使用者(法人代表或代理人)签章

经办人		变更日期	

对于更改界址的变更调查需在实地调查时,对新形成的宗地按《规程》要求填写地籍调查表,并划去"初始"二字。在原调查表封面盖"变更"字样印章,在该表说明栏内注明变更原因及新宗地号。新增设的界址点、界址线应严格履行签章手续;对于未发生变化的界址点线,可不重新签字盖章,但必须在新调查表的备注栏内注记原地籍调查表号,并说明原因,如同一界址点变更前后的编号不同,还应注明原界址点点号。

如果原界址点、界址线确权时有误,应重新进行调查,按《规程》要求填写地籍调查表,其他调查资料做相应修改。

7. 宗地草图的变更

无论何种类型的变更调查,都不得在原宗地图上划改、修测。

不更改界址的变更调查,如不进行实地调查,则不重新绘制宗地草图。如进行实地调查并发现原勘丈数据有误,则应在原宗地草图复件用红细线划去错误数据,注记新勘丈的数据,重新绘制宗地草图并归档。

对于更改界址的变更调查,应在原宗地图上加盖"变更"字样印章,在其复印件上变更部分的界址点和线上加红色"×"标记,错误数据用红色细线划去;新增界址点用红色圆圈"。"表示,新增界址线用红色表示,争议界址线用红色虚线表示;新的勘丈值用红色标在图上相应处。在现场依据变更的原宗地草图复制件,按《规程》要求绘制新形成宗地的宗地草图,前者归到原宗地的档案中。

对于原界址点和界址线确权时有误,应在重新调查后绘制宗地草图。

三、变更地籍测量

在变更地籍调查过程中,对于确定依法变更后的权属界址、宗地形状、面积及使用状况的测量工作,称为变更地籍测量。其主要任务是及时反映土地权属变更现状,为保持地籍资料的现势性提供测量技术保障。

不更改界址的变更地籍测量,一般仅在必要时对原界址点实地位置进行检查、鉴定和恢复;更改介质界址的变更地籍测量还要在测定变更界址点的位置后,对其他原地籍测量成果进行系统的变更。更新地籍测量与初始地籍测量基本相同。

变更地籍测量一般采用解析法,暂时不具备条件时,可采用《规程》规定的其他方法,但不应低于原有成果的精度。无论采用何种方法,均以地籍平面控制点或界址点为依据,首先要检查控制点和原界址点精度,确认无误后方能进行。

属于土地出让等精度要求较高的变更测量,应采用解析法,尽可能地采用城市统一坐标系统。

1. 变更地籍测量准备

变更宗地附近的地籍平面控制点资料和界址点坐标册;变更宗地所在的基本地籍图的二底图及其复制件;变更地籍调查表;变更测量的数据准备(如按申请者给定的预分割面积和条件计算的分割点坐标);测量仪器和工具准备。

2. 界址点的恢复与鉴定

1)界址点的恢复

在界址点位置上埋设了界标后,应对界标细心加以保护。界标可能因人为的或自然的因素发生位移或遭到破坏,为保护地产拥有者或使用者的合法权益,须及时地对界标的位置进行恢复。

在某一地区进行地籍测量之后,表示界址点位置的资料和数据一般有:界址点坐标,宗地草图上界址点的点之记、地籍图、宗地图等。对一个界址点,以上数据可能都存在,也可能只存在某一种数据。可根据实地界址点位移或破坏情况和已有的界址点数据及所要求的界址点放样精度,以及已有的仪器设备来选择不同的界址点放样方法。

恢复界址点的放样方法一般有直角坐标法、极坐标法、角度交会法及距离交会法。这4种方法其实也是测定界址点的方法,因此,测定界址点位置和界址点放样是互逆的两个过程。不管用哪种方法,都可归纳为两种已知数据的放样,即已知长度直线的放样和已知角度的放样。

①已知长度直线的放样

这里的已知长度是指界址点与周围各类点间的距离,具体情况如下:

a. 界址点与界址点间的距离。

b. 界址点与周围相邻明显地物点间的距离。

c. 界址点与邻近控制点间的距离。

这些已知长度可以通过坐标反算得到,也可以从宗地草图或宗地图上得到,并且这些距离都是水平距离。

在地面上,可以用测距仪或鉴定过的钢尺量出已知直线的长度,并且在作业过程中考虑仪器设备的系统误差,从而使放样更加精确。

②已知角度的放样

已知角度通常都是水平角。在界址点放样工作中,如用极坐标法或角度交会法放样,才要计算出已知角度,此时已知角度一般是指界址点和控制点连线与控制点和定向点之间连线的夹角。设界址点坐标(X_P, Y_P),放样测站点(X_A, Y_A),定向点(X_B, Y_B),则

$$\alpha_{AB} = \arctan\left(\frac{Y_B - Y_A}{X_B - X_A}\right) \qquad \alpha_{AP} = \arctan\left(\frac{Y_P - Y_A}{X_P - X_A}\right) \tag{4.1}$$

此时放样角度为$\beta = \alpha_{AP} - \alpha_{AB}$。把经纬仪架设在测站上,瞄准定向方向并使经纬仪读数置零,然后顺时针转动经纬仪的读数等于β,移动目标,使经纬仪十字丝中心与目标重合即可。

2)界址的鉴定

依据地籍资料(原地籍图或界址点坐标成果)与实地鉴定土地界址是否正确的测量作业,称为界址鉴定(简称鉴界)。界址鉴定工作通常是在实地界址存在问题,或者双方有争议时进行。

问题界址点如有坐标成果,且临近还有控制点(三角点或导线点)时,则可参照坐标放样的方法予以测设鉴定。如无坐标成果,则能在现场附近找到其他的明显界址点,应以其暂代控制点,据以鉴定。否则,需要新施测控制点,测绘附近的地籍现状图,再参照原有地籍图、与邻近地物或界址点的相关位置、面积大小等加以综合判定。重新测绘附近的地籍图时,最好能选择与旧图等大的比例尺并用聚酯薄膜测图,这样可以直接套合在旧图上加以对比审查。

正常的鉴定测量作业程序如下:

①准备工作

a.调用地籍原图、表、册。

b.精确量出原图图廓长度,与理论值比较是否相符,否则应计算其伸缩率,以作为边长、面积改正的依据。

c.复制鉴定附近的宗地界线。原图上如有控制点或明确界址点(越多越好),尤其要特别小心的转绘。

d.精确量定复制部分界线长度,并注记于复制图相应各边上。

②实地施测

a.依据复制图上的控制点或明确的界址点位,并判定图与实地相符正确无误后,如点位距被鉴定的界址处很近且鉴定范围很小,即在该点安置仪器测量。

b.如所找到的控制点(或明确界址点)距现场太远或鉴定范围较大,应在等级控制点间按正规作业方法补测导线,以适应鉴界测量的需要。

c.用光电测设法、支距法或其他点位测设方法,将要鉴定的界址点的复制图上位置测设于实地,并用鉴界测量结果计算面积,核对无误后,报请土地主管部门审核备案。

3.变更界址点的测定

更改界址的变更地籍测量中,当土地发生分割或调整时,须测定新增界址点的位置,废弃界址点的点号不得再用。当土地发生合并时,只需保留原界址点中合并后新形成宗地的界址点位置,原则上可不重新进行变更测量。

1)用解析法进行变更测量

原为解析法,依据检查的原界址点,丈量新增界址点对原界址点的距离,用内分法或距离交会法计算新增界址点坐标,必要时依据新布设的活原图根点,用极坐标或支导线法测定其坐标。

原为部分解析法,依据图根点增测的若干解析界址点或原界址点,用经检查的界址边长与补量的界址点间距,运用各种解算坐标的方法,解算新增的和需保留的原图解界址点的解析坐标。必要时,还需增设图根导线。

原为图解法,一般需要建立图根控制,甚至恢复或改造首级控制网,然后按解析法要求测定新增界址点坐标。

解析界址点坐标册的变更,用红色细线划去废弃或错误的坐标,注出正确坐标值,编入新增界址点的坐标。原为图解法则需增编界址点坐标册。并将新界址点展绘在着墨二底图上。

2)用图解法进行变更测量

原为图解法或原为部分图解法的街坊内部用图解法测定界址点,在暂不具备条件时,采用图解法变更。根据经检查的原界址点在着墨二底图上的位置、界址边长和新增界址点对原界址点的勘丈距离,用图解内分法、距离交汇法确定新增界址点在图上的位置,或用给定条件确定分割点的实地和图上位置。

3)用部分解析法进行便跟测量

原为部分解析法,应道路拓宽等使街坊外层宗地发生变更,需用解析法测定新增的街坊外围界址点。街坊内部原用图解法测定的,仍用图解法变更。

4. 地籍图的变更

地籍铅笔原图作为永久性保存资料,不随宗地变更而更改。地籍二底图随宗地变更而更改,以保持地籍图的现势性,在未发生变更前应将二底图复制两份,根据变更界址点在图上的位置,对照变更后宗地草图修改二底图,刮去废弃的点位、线条、注记,绘上变更后的地籍要素,并将其中一份复制件记录变更情况,作为历史档案保存,但当其上同一宗地将发生第二次变更前,应用二底图再复制两份,以保证辩证情况的连续。

5. 宗地图的变更

将原宗地图复制两份归档备查。依据变更后的地籍图或宗地草图,按《规程》有关规定重新制作宗地图。

6. 宗地面积、宗地面积汇总表、城镇土地分类面积统计表的变更

1)宗地面积的变更。

变更测量精度高于原测量精度时,则以变更后面积为准,如原图为图解法,采用解析法进行变更测量。

原界址点、界址线错位或原面积计算错误,用改正后的面积取代原面积。

不更改界址情况下,变更前后均相应用解析法或实丈规则图形计算面积时,原面积与检查计算的面积相等则采用原面积。变更前后均采用图解法,检查面积与原面积较差在限差内以原面积为准。

更改界址的情况下,变更前后均相应采用解析法或实丈规则图形计算面积时,合并后的宗地面积与被合并宗地面积之和得较差应小于凑整误差影响,边界调整或分割后个宗地面积与新增界址点有关的原相邻宗地重新计算的面积之和同相应宗地的原面积之和的较差应小于凑整误差影响。以变更后计算面积为准。否则应查明原因。

更改界址情况下,变更前后均采用图解法量算面积,合并宗地与被合并宗地面积之和的较差在限差内,以被合并宗地面积之和为准。各分割或边界调整后宗地面积之和与被分割或边界调整的原宗地面积的较差在限差内,将较差按面积大小进行配赋。

由此产生的街坊内宗地面积之和与计算的街坊面积不符可不做处理。

2)宗地面积汇总表、城镇土地分类面积统计表,按有关规定要求定期进行变更。

四、土地分割测量

1. 概述

1）土地分割测量的含义

土地分割测量（也称土地划分测量）是一种确定新的地块边界的测量作业。土地分割测量是土地管理工作中一项重要的工作内容，必须依法进行，在得到有关主管部门的批准和业主的同意后，才能重新划定地块的界线。通常遇到以下情况时需要进行土地分割测量：

①用地范围的调整，或相邻地块间的界线调整。

②城市规划的实施和按规划选址。

③土地整理后的地块或宗地的重划。

④因规划的实施或其他原因引起的地块或宗地内包含几种地价而需要明确界线的。

⑤地块或宗地需要根据新的用途划分出新的地块或宗地。

⑥由于不在上述之列的原因引起的土地分割或重划。

2）土地分割的方法

土地分割测量中确定分割点的方法可以归纳为图解法和解析法。所谓图解法土地分割，是指从图纸上图解相关数据计算土地分割元素的方法；所谓解析法土地分割，是指利用设计值或实地量测得到的数据计算土地分割元素的方法。这两种方法在实际工作中，可以单独使用，也可根据具体情况结合使用，即用于土地分割元素计算的数据既有图解的，也有解析的。但不论图解法还是解析法，均可采用几何法分割和数值法分割，以适应不同条件的分割业务。

新地块的边界在土地分割测量时，可以在实地临时用篱笆或由参加者以简单的方式标出，例如离建筑物和其他边界的距离，与道路平行并相隔一定的距离等。有时新的地块边界线是由给定的面积条件或图形条件，采用几何法或数值法分割计算出相应的土地分割元素后，在实地标定。

3）土地分割测量程序

土地分割测量的程序为准备工作、实地调查检核和土地分割测量。

①准备工作。一般包括资料收集和土地分割测量原图的编制。收集的资料应包括申请文件、审批文件，相关的地籍（形）图、宗地图以及已有的桩位放样图件和坐标册等。根据所收集的资料，在满足给定的图形和面积条件下，定出分割点的位置，绘制出土地分割测量原图，以备分割测量时使用。

②实地调查检核。土地分割测量的外业工作离不开检核、复测或对被划分地块的周围边界进行调查。

③土地分割测量。在实地作业时，全面征求土地权属主的意见，充分利用岩石、树桩、田埂、荆棘、篱笆等标示被划分地块的周围边界。否则，须在实地埋设界桩。

2. 几何法分割

几何法土地分割是指依据有关的边、角元素和面积值，利用数学公式，求得地块分割点位置的方法。土地分割的图形条件和面积条件不同，分割点的计算方法也不同。在下面的公式推导过程中，如无特殊说明，则 F 代表整个地块的面积，f 代表预定分割面积，P 及其下标代表三角形或多边形的面积，后面将不再重述。

1）三角形的土地分割

①过三角形一边的定点 P，作一条直线，分割为预定面积 f。

如图 4.1 所示，自定点 P 作 $PD \perp AC$，并量出 PD，则 $PD \times AQ = 2f$，故

$$AQ = \frac{2f}{PD} \tag{4.2}$$

若 $\angle A$ 为已知数据或用经纬仪测得，则

$$AQ = \frac{2f}{AP \sin A} \tag{4.3}$$

即得分割点 Q 的位置。

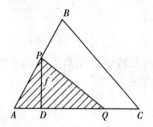

图 4.1 过边上定点分割三角形

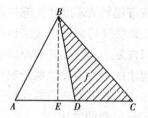

图 4.2 过顶点分割三角形

②过三角形一顶点 B 作一条直线，分割为预定面积 f。

如图 4.2 所示，$\triangle ABC$ 与 $\triangle DBC$ 为两同高三角形，其面积分别为 F 与 f。如果已知 $\triangle ABC$ 的底边 AC，则

$$P_{ABC} : P_{DBC} = AC : DC = F : f$$

所以

$$DC = AC \times \frac{f}{F} \tag{4.4}$$

如果已知 $\triangle ABC$ 的高 BE，则 $DCBE/2 = f$，所以

$$DC = \frac{2f}{F} \tag{4.5}$$

即得分割点 D 的位置。

③分割线平行于一边（AC），分割为预定面积 f。

如图 4.3 所示，根据两相似三角形面积比，等于相应边平方的比。则

$$P_{ABC} : P_{PBQ} = AC^2 : PQ^2 = AB^2 : PB^2 = BC^2 : BQ^2 = F : f$$

即

$$PB = AB \sqrt{\frac{f}{F}} \qquad BQ = BC \sqrt{\frac{f}{F}} \tag{4.6}$$

其中，B 为已知顶点，则根据 $PB，BQ$ 即可求得分割点 $P，Q$ 的位置。

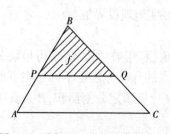

图 4.3 平行于一边的三角形分割

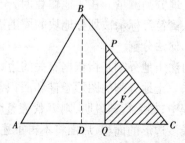

图 4.4 与一边正交的三角形分割

④分割线与一边正交,分割为预定面积 f。

如图 4.4 所示,作 $BD \perp AC$,则 $\triangle BDC$ 与 $\triangle PQC$ 相似,$PQ:BD = CQ:CD$,所以

$$PQ = \frac{BD \times CQ}{CD} \tag{4.7}$$

但 $PQ \times CQ = 2f$,则 $\frac{BD \times CQ^2}{CD} = 2f$,即

$$CQ = \sqrt{\frac{2f \times CD}{BD}} \tag{4.8}$$

自 C 量 CQ,作 $PQ \perp AC$,则 PQ 为所求分割线,并以 $PQ \times CQ = 2f$ 进行核验。

2)梯形的平行分割

分割线应平行底边,分割为预定面积 f。分割方法有垂线法与比例法。

①垂线法

如图 4.5 所示,延长 AB,DC 相交于 E,作 $BG /\!/ CD$,$BI \perp AD$,$EH \perp AD$,则 $AG:BI = AD:EH$,又 $AG = AD - BC$,所以

$$EH = \frac{BI \times AD}{AD - BC} \tag{4.9}$$

又

$$P_{EDA} = F = \frac{AD \times EH}{2} \tag{4.10}$$

$$P_{EAD} - P_{APQD} = P_{EPQ} = F - F$$

但

$$P_{EPQ} : P_{EAD} = EK^2 : EH^2$$

$$EK^2 = \frac{P_{EPQ} \times EH^2}{P_{EAD}} = \frac{F - f}{F} \times EH^2$$

即

$$EK = EH\sqrt{1 - \frac{f}{F}}$$

所以

$$h = EH - EK = EH\left(1 - \sqrt{1 - \frac{f}{F}}\right) \tag{4.11}$$

由式(4.9)与式(4.10)求得 EH 及 F 后代入式(4.11)可得分割出之梯形的高 h,则 P,Q 即可确定了。

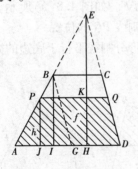

图 4.5　垂线法分割

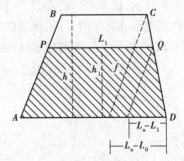

图 4.6　比例法分割

②比例法

如图 4.6 所示,已知原梯形上底为 L_0,下底为 L_n,高为 h,分割梯形上底为 L_1,下底为 L_n,高为 h_1,其中 L_1 平行于 L_n,试求分割点 P,Q 的位置。

分割梯形与原梯形面积的比:

$$M = \frac{f}{F} = \frac{(L_1 + L_n)h_1}{(L_0 + L_n)h} \tag{4.12}$$

分割梯形与原梯形侧边边长的比:

$$m = \frac{AP}{AB} = \frac{DQ}{DC} = \frac{h_1}{h} = \frac{L_n - L_1}{L_n - L_0} \tag{4.13}$$

以式(4.13)代入式(4.12),则

$$M = \frac{f}{F} = \frac{(L_n^2 - L_1^2)}{(L_n^2 - L_0^2)}$$

即

$$L_1 = \sqrt{L_n^2 - M(L_n^2 - L_0^2)} \tag{4.14}$$

将 L_1 代入式(4.13),可求得 m,同时可知

$$h_1 = m \times h \quad AP = m \times AB \quad DQ = m \times DC \tag{4.15}$$

AP, DQ 既已求得,则分割线自可定出。如未量测 AB, CD,仅量测 h,则可用 h_1 决定 PQ 的位置。PQ 既定,则可用下式来检核:

$$2f = (L_1 + L_n) h_1 \tag{4.16}$$

如欲将一梯形平行分割为数个梯形时,因 f 值不同,由此计算的 L_1 也不同,导致 m 也不相同,此时分割点 P, Q 的位置将随之而移动。

3)任意四边形的分割

①分割线过四边形一边上任一定点,分割为预定面积 f。

如图 4.7 所示,连接 PD,并计算 $\triangle PAD$ 的面积设为 F,如 $f > F$,则以 $\triangle PQD$ 补足的,Q 点定位法如下:过 P 作 $PE \perp CD$,今 $f - F = P_{PQD} = \frac{1}{2} DQ \cdot PE$,故

$$DQ = \frac{2(f - F)}{PE} \tag{4.17}$$

如 $f < F$,可依三角形土地分割中,过三角形的一个顶点作一条直线,分割为预定面积 f 的方法处理。

②分割线平行于四边形一边,分割面积预定为 f。

如图 4.8 所示,过 B 作 $BE // AD$,计算 $\triangle BCE$ 的面积,设为 F。如图 4.8(a)所示,$f > F$,则分割线应在四边形 $ABED$ 内,可依梯形的平行分割法,求出分割线 PQ 的位置。

如图 4.8(b)所示,$f < F$,则分割线在 $\triangle BCE$ 内,可按三角形分割线平行于底边的方法加以分割。

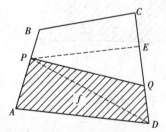

图 4.7　过四边形一边上定点分割面积

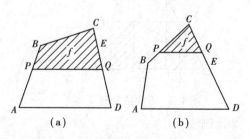

(a)　　　　　　(b)

图 4.8　四边形的平行分割

4) 地价不等的土地分割

如图 4.9 所示,已知 △ABC 的总面积为 F,其中 △BAD 与 △BCD 的地价单价分别为 U 与 V,则 △ABC 的总地价为

$$W = P_{BAD} \cdot U + P_{BCD} \cdot V$$

今欲将 △ABC 分割 BPQ,分割线 PQ // AC,面积设为 f,则分割面积 △BPQ 的地价为

$$\omega = P_{BPE} \cdot U + P_{BQE} \cdot V$$

由图可知:

$$\frac{BP}{BA} = \frac{BQ}{BC} = \frac{PQ}{AC} = \frac{h_1}{h} = m$$

但 $PQ \cdot h_1 = 2f$ $AC \cdot h = 2f$

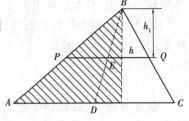

图 4.9 地价不等的土地分割

则

$$\frac{f}{F} = \frac{PQ}{AC} \times \frac{h_1}{h} = m^2 \quad \text{或} \quad m = \sqrt{\frac{f}{F}}$$

今因需按地价分割(即分割其总价应等于预定的 ω),故应以地价代替面积,从而得下式:

$$M = \sqrt{\frac{\omega}{W}} = \sqrt{\frac{\omega}{P_{BAD} \times U + P_{BCD} \times V}} = \sqrt{\frac{2\omega}{(AD \times U + CD \times V)H}} \tag{4.18}$$

依式(4.18)算得 m 后,再依下式求得分割面积的边长与高:

$$BP = m \times BA \quad PE = m \times AD \quad BQ = m \times BC \tag{4.19}$$
$$h_1 = m \times h \quad QE = m \times CD$$

从而决定 P,Q 的点位,并以下式核验:

$$2\omega = (PE \times U + QE \times V)h_1 \tag{4.20}$$

3. 数值法土地分割

数值法土地分割,是指以地块的界址点坐标作为分割面积的依据,利用数学公式,求得分割点坐标的方法。这种方法精度较高,且可长久保存,常用于地域较大及地价较高的地块划分。

已知任意四边形 ABCD,其各角点的坐标已知,四边形的总面积为 F,现有一直线分割四边形 ABCD,如图 4.10 所示,与 AB 边的交点为分割点 P,与 CD 边的交点为分割点 Q,已知 APQD 的面积为 f,求分割点 P,Q 的坐标 (X_P, Y_P),(X_Q, Y_Q)。

由上面列出的条件可得到两个三点共线方程:

A,P,B 点的共线方程为

$$\frac{Y_P - Y_A}{X_P - X_A} = \frac{Y_B - Y_A}{X_B - X_A} \tag{4.21}$$

C,Q,D 点的共线方程为

$$\frac{Y_Q - Y_C}{X_Q - X_C} = \frac{Y_D - Y_C}{X_D - X_C} \tag{4.22}$$

又分割面积 f 为已知,则可依据各角点坐标列出面积公式为

$$2f = \sum_{i=1}^{n} (X_i + X_{i+1})(Y_{i+1} - Y_i) \tag{4.23}$$

其中,i 为测量坐标系中,图形按顺时针方向所编点号,$i=1,2,3,\cdots,n$,本例中的 $1,2,3,4$ 对应 A,B,C,D。

上述 3 个方程不能解求 4 个未知数,必须再给出一个已知条件并列出方程与上述 3 个方程构成方程组,从而结算出 P,Q 点的坐标。现分述如下:

1)当 P,Q 两点所在的直线过一定点 K(见图 4.11),已知 K 点的坐标为 (X_K,Y_K),此时,有 P,K,Q 三点共线方程:

$$\frac{Y_K-Y_P}{X_K-X_P}=\frac{Y_Q-Y_P}{X_Q-X_P} \tag{4.24}$$

联立方程(4.21)、(4.22)、(4.23)、(4.24),即可求得 P 和 Q 点的坐标。

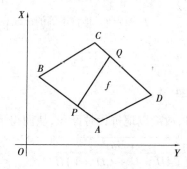 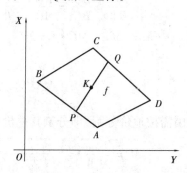

图 4.10　四边形分割图示　　　　图 4.11　过定点分割图示

如果 K 点在 AB 边上,则 K 点与 P 点重合,联立方程(4.22)和(4.23),即可求得 P 和 Q 点的坐标。

如果 K 点在 CD 边上,则 K 点与 Q 点重合,联立方程(4.21)和(4.23),即可求得 P 和 Q 点的坐标。

2)当 PQ 平行多边形一边时,即已知 PQ 所在的直线方程的斜率。如图 4.12 所示,$PQ \parallel AD$,则 $K_{PQ}=K_{AD}$,故

$$\frac{Y_Q-Y_P}{X_Q-X_P}=\frac{Y_D-Y_A}{X_D-X_A} \tag{4.25}$$

联立方程(4.21)、(4.22)、(4.23)、(4.25),即可求得 P 和 Q 点的坐标。

3)当 PQ 垂直于多边形一边时,即已知 PQ 所在的直线方程的斜率。如图 4.13 所示,$PQ \perp AB$,则 $K_{PQ}=\dfrac{1}{K_{AB}}$,故

$$\frac{Y_Q-Y_P}{X_Q-X_P}=\frac{X_B-X_A}{Y_B-Y_A} \tag{4.26}$$

联立方程(4.21)、(4.22)、(4.23)、(4.26),即可求得 P 和 Q 点的坐标。

上述结论适用于不同形状地块的土地分割计算,包括三角形、四边形以及多边形地块。

运用数值法进行土地分割计算时,应注意如下 3 个问题:

①坐标系的转换:上述方程组是在测量坐标系中给出的。当所给出的坐标系为数学坐标系或施工坐标系时,应先将坐标系转换为测量坐标系。

②点的编号顺序:由于方程组中含有坐标法面积公式,此时需注意点的编号顺序应为顺时针,以保证面积值为正。如果采用逆时针编号,则应取绝对值。

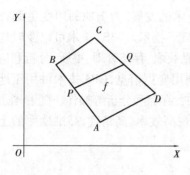

图 4.12　平行分割图示

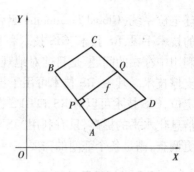

图 4.13　垂直分割图示

③当地块边数较多时,可将其划分为几个简单图形分别计算。若无法定出分割点 P,Q 所在的边,则可将邻近边的直线方程尽皆列出,分别参与方程组的计算,并依据面积条件进行取舍,以求得最终的分割点坐标。

土地分割及界线调整的案例很多,每个案例条件各不相同,只要灵活应用上述方程组,并做到具体问题具体分析,则对于一般的分割业务均能应付自如。

子情境 2　"3S"集成技术与土地利用变更调查

由于土地在利用过程中,其用途会发生变化,为保持原有土地利用调查资料的现势性,必须进行土地利用变更调查。土地利用变更调查是指在完成土地利用现状初始调查之后,为满足日常土地管理工作的需要而进行的土地权属、位置、数量的变更调查。通过变更调查,不仅可以使地籍资料保持现势性,还可以提高数据精度,修正以前的错误,逐步完善地籍内容。

土地利用变更调查的基本技术和方法与学习情境 2 中的土地利用调查讲述的一致。在进行土地利用变更调查时,可以收集和运用日常积累的丰富资料,充分应用测绘新技术和信息管理技术,使调查工作更快捷、更方便。

目前国内土地利用现状变更调查普遍采用的常规方法是在土地详查成果的基础上,参照年度建设用地、农业结构调整、土地开发整理、生态退耕以及灾毁等土地利用变化信息,以土地利用现状图结合地形图或航片到现场,采用人工判读及简易测量方法,将变化图斑边界勾绘到土地利用图上,并填写土地变更调查记录表,室内通过清绘整饰、面积量算、统计,然后汇总成年度土地利用变化数据。

这种方法明显存在缺点:

①难以准确地获取变化图斑边界的准确位置,仅从相邻(明显地物)关系进行外推判读和量测,难以准确获取变化边界的空间位置,从而导致地类图斑形状变形和面积不准确。

②传统的变更调查、统计,过程复杂、工作量大,既要外业调查,又要面积量算、更新图件、统计、编写文字报告,主要依靠人工操作,很难保证调查成果质量。

③各种统计数据是通过基层上报而得,受地方利益和行政干预大,存在瞒报、错报、漏报。

因此,利用新技术,实现土地利用变更调查实时的、高精度数据的获取,简单、数字化的作业手段,才可以满足现代化土地资源管理的需要,提高土地资源管理的科技水平。

遥感(Remote Sensing,简称 RS)、地理信息系统(Geographic Information System,简称 GIS)

和全球定位系统(Global Positioning System,简称 GPS)技术的发展,为土地利用变更调查提供了新的技术手段,RS 技术、GIS 技术和 GPS 技术统称为"3S"技术。"3S"技术可以及时地反映土地利用中存在的问题,是目前对地观测系统中空间信息获取、存储管理、更新、分析和应用的三大支撑技术。其中,RS 技术可用于提供宏观的土地利用变更信息,GPS 技术可用于地块的精确定位,GIS 技术可以对 RS 和 GPS 提供的空间数据进行存储和分析等操作。随着国土资源管理信息化水平的提高,只有利用"3S"集成技术才能实现高效率、高精度、高准确率的土地利用变更调查,满足各个部门的需要。

一、"3S"集成技术及其模式

1. "3S"技术

1)RS 技术简介

RS(Remote Sensing)通常是指通过某种传感器装置,在不与研究对象直接接触的情况下,获得其特征信息,并对这些信息进行提取、加工、表达和应用的一门科学技术。对遥感的概念,有狭义和广义两种不同的理解。狭义遥感是指空对地的遥感,即在离开地面的遥感平台上(包括卫星、飞机、气球、高塔等),装上遥感仪器,以电磁波为媒介,包括从紫外—可见光—红外—微波的范围,对地球进行观测,狭义遥感把遥感作为对地球表面进行探测的一种立体观测系统。广义遥感包括空对地、地对空、空对空遥感,不仅把整个地球系统作为研究对象(地球遥感),而且把探测范围扩大到地球以外的日地空间(宇宙遥感)。

遥感技术可应用于气象、地质、地理、农业、林业、陆地水文、海洋测绘、污染监测及军事侦察等领域。

2)GPS 技术简介

GPS 全称是 NAVSTAR(NAVigation Satellite Timing And Ranging)/GPS,由美国军方组织研制建立,从 1973 年开始实施,到 20 世纪 90 年代初完成。GPS 是以空中卫星为基础的无线电导航系统。该系统能为全球提供全天候、连续、实时、高精度的三维位置、三维速度和时间信息。利用 GPS 进行静态定位或动态定位,可满足多方面的需要,因此,GPS 用户遍布全世界。其他的卫星定位导航系统有俄罗斯的 GLONASS,欧洲空间局的 NAVSAT,国际移动卫星组织的 INMARSAT,等等。

目前,GPS 技术已广泛应用于土地测绘、城镇规划、地球资源调查与管理、石油地质勘测等领域,并发挥着巨大作用。GPS 以其速度快、精度高、效益好等优点,在土地领域应用中取得了良好效果,并且随着我国土地使用制度改革的不断深化,GPS 应用前景更加广阔。

3)GIS 技术简介

GIS(Geographic Information System)是以地理空间数据库为基础,在计算机软硬件的支持下,用于空间和地理有关的数据的采集、存储、提取、检索、分析、显示、制图,实现综合管理和分析应用的技术系统。GIS 始于 20 世纪 60 年代的加拿大与美国,而后各国相继投入了大量的研究工作。1963 年,加拿大学者 Tomlinson 首先提出了地理信息系统这一概念,并开发了世界上第一个地理信息系统。随着计算机软硬件和通讯技术的不断进步,GIS 的理论和技术方法已得到了飞速的发展,其研究和应用已渗透到自然科学及应用技术的很多领域,并日益受到各国政府和产业部门的重视。

自 20 世纪 80 年代末以来,GIS 的处理、分析手段日趋先进,GIS 技术日臻成熟,已广泛地应用于环境、资源、石油、电力、土地、交通、公安、急救、航空、市政管理、城市规划、经济咨询、灾害损失预测、投资评价、政府管理和军事等与地理坐标相关的几乎所有领域。

4)"3S"技术在土地利用变更调查中的应用方法

①RS 技术在土地利用变更调查中的应用方法

RS 资料具有反映地面信息丰富、覆盖面积大、实时性强、可周期性获得、费用相对较低等特点。在实际应用中,RS 用于提供大面积地物及其周边环境的几何与物理信息及各种变化参数,其对地观测的海量波谱信息为目标识别及科学规律的探测提供了精确的定性和定量数据,RS 是获取土地信息的主要手段。利用 RS 进行土地利用变更调查的步骤为:首先进行 RS 影像的处理,然后将 RS 影像与基础数据叠加发现变化,最后通过 GIS 平台进行变更。土地利用变更调查中应用 RS 发现变化地块的流程如图 4.14 所示。

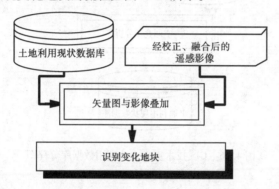

图 4.14　土地利用变更调查中应用 RS 发现变化地块的方法

②GPS 技术在土地利用变更调查中的应用方法

在土地利用变更调查中,遥感技术的精度不能满足对所有的变化区域进行定性和定量量测,部分图斑在利用遥感发现其土地利用类型发生变化之后,需要用 GPS 准确测定其边界。GPS 数据对遥感信息是一个必要的、有益的补充。对土地利用变更调查来说,明显的、大面积的变化区域可以通过遥感影像来确定。而对于变更速度比较快的或小面积的地块,遥感影像上或反映不出来,或没必要购买遥感影像。这时就可用 GPS 接收机到实地获取变化地块的数据,方便、快捷、经济。GPS 在土地利用变更调查中的应用方式如图 4.15 所示。

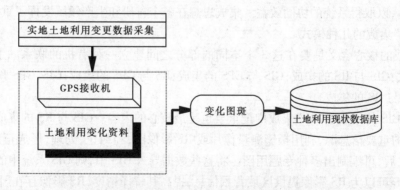

图 4.15　GPS 在土地利用变更调查中采集变更图斑方法

③GIS 技术在土地利用变更调查中的应用方法

GIS 在土地方面应用的主要方式是建设土地信息系统来对一定地域内的土地利用和规划

进行管理。它具有强大的空间分析功能,利用各种空间分析技术,通过对数据库中原始数据的处理,用户可以获取新的数据集,以此作为空间决策的依据。由于土地利用变化具有明显的时间、空间特性,因此,对土地利用变化的研究离不开 GIS 的空间分析方法,GIS 的空间分析功能可用于分析和揭示地理特征间的相互关系及空间模式,用户可以从中获取很多派生的信息和新的知识,可用来实现土地调查、土地规划、土地评价、土地利用动态监测中的综合评价、规划、决策、预测等各种任务。在土地利用变更调查中应用 GIS 技术更新土地利用数据库的流程如图 4.16 所示。

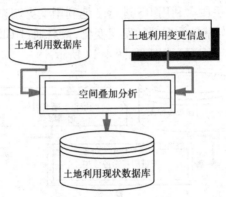

图 4.16　GIS 技术更新土地利用数据库流程图

2."3S"集成

1)集成的概念

集成(Integration)的概念始于 1961 年的集成电路,其思想主要是降低各种组成部分连接的复杂性,提高设计和实现效率。英国拉夫堡大学 Weston 教授给集成下的定义为:"集成是将基于信息技术的资源及应用(计算机硬件/软件、接口及机器)积聚成一个协同工作的整体,继承包含功能交互(FI)、信息共享(IS)及数据通信(DC)。"1989 年,著名科学家钱学森提出了开放的复杂的巨系统及其理论方法论,即从定性到定量的综合集成方法。王家耀对集成的概念强调"一种有机的结合,在线的连接、实时的处理和系统的整体性"。

综上所述,集成的核心思想在于组成系统各部分之间的有机结合,将分散的子系统集合成为一个整体,以取得系统的协同效益。集成思想在各个科研和生产领域发挥了重要的作用。

2)"3S"集成的几种模式

3S 集成的核心含义是要在这 3 个不同的部分之间建立一种有机的联系。主要表现为 4 种集成方式:GIS 与 RS 的集成;GIS 与 GPS 的集成;RS 与 GPS 的集成;GIS,GPS 和 RS 的集成。

①GIS 与 RS 的集成

RS 与 GIS 的集成是"3S"集成中最重要也是最核心的内容。GIS 与 RS 的集成主要表现为 RS 是 GIS 的重要信息源,利用摄影测量像片或 RS 影像图,经纠正、处理,形成正射影像图,进一步判读之后,可编制出多种专题用图。将这些数据导入 GIS 中,则 GIS 系统中的信息具有现势性;而 GIS 可以为 RS 影像提供区域背景信息,提高其解译精度,RS 影像存在"同物异谱"和"同谱异物"的问题,将 GIS 与 RS 结合起来,有助于解决此类问题,张继贤在国内较早提出综合 GIS 信息中的地学知识和遥感数据可以提高遥感分类的精度,消除应用单一遥感图像判读所存在的若干弊端。

GIS 与 RS 各种可能的结合方式,包括:分开但是平行的结合(不同的用户界面,不同的工具库和不同的数据库),表面无缝的结合(同一用户界面,不同的工具库和不同的数据库)和整体的集成(同一个用户界面,工具库和数据库)。整体的集成是未来的发展趋势和要求。

GIS 和 RS 之间的集成主要用于变化监测和实时更新,它涉及计算机模式识别和图像理解。RS 与 GIS 联合使用,可作为环境模拟和空间分析的强大工具,"虚拟地理环境"可以把 RS 和 GIS 工具融合为一体,成为环境模拟、仿真和虚拟的强大工具。在海湾战争中,这种集成方式用于战场实况的快速勘测和变化检测以及作战效果的快速评估;在科学研究中,这种集成方式被广泛地用于全球变化和环境监测。

②GIS 与 GPS 的集成

这种集成的基本思想是把差分 GPS(Difference GPS,DGPS)的实时数据通过串口实时导入 GIS 中,可使 GPS 的定位信息在电子地图上获得实时、准确而又形象的显示,利用它可以进行漫游查询、定位、纠正,以及线长、面积等参数的实时计算及显示、记录。GPS 可以为 GIS 及时采集、更新或修正数据。二者的集成可利用地面与空间的 GPS 数据进行载波相位差分测量以满足 GIS 不同比例尺数据库的要求。

将高精度的 GPS 定位技术与计算机技术相结合,使 GIS 的数据采集更为精确、快速、可靠。与其他 GIS 数据采集手段(如地图数字化、航空摄影测量、遥感等)相比,利用 GPS 采集 GIS 数据具有独特的优势:

a. GPS 能为 GIS 提供高精度的空间信息,采用先进的 GPS 接收机技术并利用差分 GPS 能在一二分钟内提供厘米级精度的定位,这样的高精度是其他手段难以达到的。

b. 使用其他的 GIS 数据采集方法,空间数据的采集和属性数据的采集往往是分开的,而将 GPS 与计算机结合能在定位的同时采集详细的属性数据,提高了 GIS 数据的完整性和准确性。

c. GPS 用于 GIS 数据采集使 GIS 系统的局部更新更为方便、快速、灵活。

d. GPS 用于 GIS 数据采集使 GIS 数据采集的数字化程度更高、速度更快、成本更低。

GIS 与 GPS 的集成存在几种复杂程度不同,价格也不同的集成模式:

a. GPS 单机定位与栅格式电子地图集成应用。该集成系统可以实时地显示移动物体(如车、船、飞机)所在位置,从而进行辅助导航。优点是价格便宜,不需要实时通讯;缺点是精度不高,自动化程度也不高。

b. GPS 单机定位与矢量电子地图集成应用。该系统可根据目标位置(工作时输入)和移动站现在位置(由 GPS 测定)自动计算和显示最佳路径,引导驾驶员最快地到达目的地。并可用多媒体方式向驾驶员提示。但矢量地图(交通图)数据库需要花较大成本。

c. GPS 差分定位与矢量/栅格电子地图集成应用。该系统通过固定站与移动站之间两台 GPS 的差分技术,可使定位精度达到很高,此时需要通讯联系,可以是单向的,也可以是双向的。

二者的集成在实时数据采集和更新、电子导航、自动驾驶、公安侦破等既需要空间点动态绝对位置又需要地表地物静态相对位置的应用领域发挥了重要的作用。

③RS 与 GPS 的集成

RS 与 GPS 都是数据源获取系统,二者分别具有独立的功能,又可以互相补充完善对方,这就是 RS 与 GPS 结合的基础。GPS 的精确定位功能解决 RS 定位精度不高的问题。另外,利用将 GPS 接收机安置于遥感平台上,可以测定摄影或扫描时遥感平台的瞬时位置与飞行姿态,利用设在地面固定点上和在飞机上的 GPS 接收机可以测定航摄飞行中摄站相对于该地面已知点的三位坐标。

④GIS,GPS 和 RS 的集成

"3S"技术为科学研究、政府管理、社会生产提供了新一代的观测手段、描述语言和思维工具。"3S"的结合应用,取长补短,是一个自然的发展趋势,三者之间的相互作用形成了"一个大脑,两只眼睛"的框架,即 RS,GPS 向 GIS 提供或更新区域信息以及空间定位,GIS 进行相应的空间分析,并从 RS 和 GPS 提供的海量的数据中提取有用信息,进行综合集成,使之成为决策的科学依据。三者之间的相互作用和关系如图 4.17 所示。

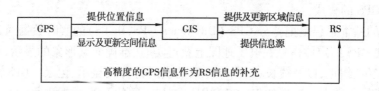

图 4.17   "3S"之间的相互作用和关系

目前,"3S"技术的结合与集成研究经历了一个从低级向高级的发展和完善过程,其低级阶段,是系统之间相互调用一些功能;高级阶段,则直接共同作用,形成有机的一体化系统,以快速准确地获取定位的实时信息,对数据进行动态变更,实时分析和查询。RS,GIS,GPS 集成的方式可以在不同的技术水平上实现,最简单的办法是 3 种系统分开而由用户综合使用,进一步是三者有共同的界面,做到表面上无缝的集成,数据传输则在内部通过特征码相结合,最好的办法是整体的集成,成为统一的系统。

GPS,RS 和 GIS 技术的整体集成,无疑是人们追求的目标。这种集成系统不仅能自动、实时地采集、处理和更新数据,而且能智能式的分析和运用这些数据,为各种应用提供科学的决策咨询,并回答用户可能提出的各种复杂问题。在这个系统内,GIS 相当于中枢神经,RS 相当于传感器,GPS 相当于定位器,三者的共同作用将使地球能实时感受到自身的变化,使其在资源环境与区域管理等众多领域中发挥巨大作用。加拿大的车载"3S"集成系统(VISAT)和美国的机载/星载"3S"集成系统是"3S"集成比较成功的两个实例。

3S 集成技术的发展,形成了综合的、完整的对地观测系统,提高了人类认识地球的能力;相应地,它拓展了传统测绘科学的研究领域。同时,它也推动了其他一些相联系的学科的发展,如地球信息科学、地理信息科学等,它们成为"数字地球"这一概念提出的理论基础。

二、基于"3S"集成技术的土地利用变更调查技术

土地利用变更调查中,地块发生变更的类型包括新增、萎缩、消失、合并、分割等情况,但是一类地块的新增必然发生另一类地块的萎缩或消失,因此,总体来说,地块的变更包括地块分割、地块简单合并、地块综合合并 3 种类型。

地块分割:指原来一个地块分割成 N 个地块($N \geq 2$),如图 4.18 所示。

地块简单合并:指原来 N 个地块($N \geq 2$)合并成一个地块,如图 4.19 所示。

地块综合合并:指原来 N 个地块($N \geq 2$)经合并、分割操作后重新划分成新的 M 个地块($M \geq 2$),如图 4.20 所示。

在以上的 3 种变更类型中,利用传统的方法可以比较简单地对地块分割和地块简单合并

图 4.18 地块分割示意图   图 4.19 地块简单合并示意图

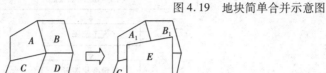

图 4.20 地块综合合并示意图

进行界址点的测量,但是对于地块综合合并的情况,传统方法就难以简单、快捷地获取高精度的变更图斑界址点,因此,需要采用新的技术对传统的调查方法进行改进。RS,GPS,GIS 技术的出现可以解决这样的问题,"3S"技术的应用可以方便的对变更图斑进行界址点的获取和数据库的变更,而"3S"集成技术则可以弥补单一的 RS,GPS 和 GIS 技术的不足,更好地发挥它们的优点,实现更加快捷、简单、全面地获取高精度的土地利用变更调查数据。

在土地资源管理科学中,"3S"技术的数据信息主要有以下特征:

①定位,土地资源管理需要准确信息,定位准确是信息准确不可缺少的内容之一,精确定位是由全球定位系统技术来完成的。

②定性,土地资源管理工作中,信息量大,种类繁多,由于研究对象不同,定性则要求各有各的指标限定。通常,做定性判断是由专业技术人员结合遥感影像资料做出的。

③定量,进行管理工作,要抓住各种决策机会,需要定量的信息。

1.基于"3S"技术不同集成模式的土地利用变更调查方法

1)GIS 与 RS 集成的土地变更调查方法

基于 RS 与 GIS 技术的土地利用变更调查方法主要是在 GIS 的支持下,采用计算机或人机交互方法对遥感图像进行处理或解释,用同一地区不同年份的遥感影像间存在着光谱特征差异的原理来识别土地利用状态或现象的变化,或者是利用遥感影像与土地利用现状图叠加来识别土地利用状态的变化,因而可以在大范围地区内迅速地发现土地利用变化的区域。从而实现对土地利用变化的动态监测和管理。图 4.21 总结了利用 GIS 技术对遥感影像进行叠加分析,发现变化并进行土地利用变更调查的技术流程。

2)GIS 与 GPS 集成的土地变更调查方法

GPS 因其操作简便、精度高,在土地利用变更调查中有着广泛的应用,以往的调查中,GPS 与 GIS 的应用方法主要为:土地调查人员根据搜集的变更图斑的信息,到实地利用 GPS 采集图斑的拐点坐标,在纸图上画出变更图斑的草图、记录变更图斑的属性信息,在表格中记录变更图斑的相关情况(如是否是未批先建、土地证号等),内业将图斑的坐标导入 GIS 中,参照外业时的记录完成对该图斑的变更。随着计算机、通讯等技术的发展,实现了 GPS 与 GIS 的集成,在土地利用变更调查的数据采集工作中,GPS 与 GIS 集成的方法为把 DGPS 的实时数据通过串口实时导入 GIS 中,从而可以在调查现场完成图形的生成、属性的记录、图斑的编辑等一系列操作。图 4.22 总结了传统的 GPS 与 GIS 的应用方法,图 4.23 总结了 GIS 与 GPS 集成在土地利用变更调查中的应用方法。在传统的方法中,GPS 用于外业采集数据,GIS 用于内业处

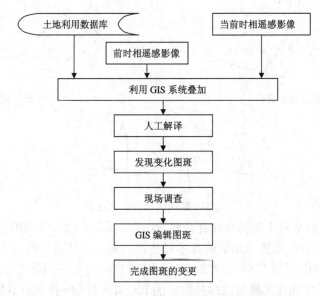

图 4.21   GIS 与 RS 集成进行土地利用变更调查的方法

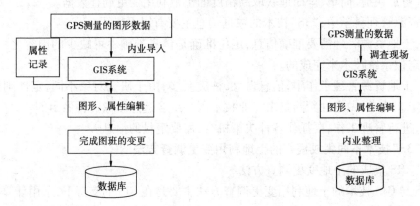

图 4.22   传统的 GPS 与 GIS 应用方法   图 4.23   GIS 与 GPS 集成的应用方法

理数据,两者是分开的,而且图斑的空间信息和属性信息也是分开存放的,空间信息从 GPS 导入 GIS 系统中,属性信息记录在草纸上。但是将二者集成后,可以在调查现场对图斑进行必要的处理和相关信息的存储,避免了传统方法中,图斑的空间信息和属性信息分离的缺点,并可以减少手工操作,简化中间过程,降低错误率,提高土地利用变更调查的质量和效率。

3)RS 与 GPS 集成的土地变更调查方法

在土地利用变更调查中,RS 与 GPS 并没有实现真正的集成,只是将二者的功能结合应用,使之可以实现互补。RS 侧重从宏观上反映图像信息、几何特征,可以发现大面积的土地利用变化,省时、省力,但 RS 数据量大,内业判读的准确率无法达到100%,而且对于遥感影像的成图时间之后的土地利用变化则无能为力;GPS 定位精度高,可以随时、随地进行测量,得到准确的结果,但是其效率却远远不及利用 RS 影像。因此,将二者结合使用,既能提高土地利用变更调查的效率,也能保证结果的精度和准确性。图 4.24 总结了在土地利用变更调查中,RS 与 GPS 之间的作用关系。

4)GIS,GPS 和 RS 集成的土地利用变更调查方法

"3S"技术在土地利用变更调查中有着广泛的应用,虽然不同的地区采用的集成的模式不

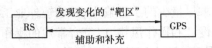

图 4.24　RS 与 GPS 的作用关系

尽相同,但 GIS,RS,GPS 这 3 种技术手段的工作原理基本上是一致的:利用 RS 发现变更地块,GPS 作为 RS 的辅助手段进行野外测量,二者所获取的变更信息导入 GIS,利用 GIS 强大的叠加分析功能实现土地利用数据库的变更,如图 4.25 所示。

图 4.25　"3S"技术在土地利用变更调查中的结合应用

2.基于 GIS/GPS 技术集成的土地利用变更调查内外业一体化系统

随着科学技术的不断进步,GPS 在土地利用变更调查中的使用越来越广泛,代替了传统的外业利用皮尺和全站仪等测绘仪器进行调查的技术手段,可以灵活地获取图斑的坐标数据;GIS 数据库的建立改变了从前在纸质图上记录变更图斑信息的传统作业方式,可以实现对图斑的变更、存储、编辑和管理。这两种技术在土地利用变更调查中的应用是土地利用变更调查技术的一个巨大的进步,但是,目前在我国 GPS 技术和 GIS 技术的应用是分开的,利用 GPS 在外业采集变更图斑的坐标信息,回到内业将坐标导入 GIS 并利用 GIS 进行编辑、分析等操作,实现土地利用现状图的变更。这种作业方式相对于传统方式来说,主要利用了 GPS 野外采集数据方便灵活、精度高的优点。

但是这种方式具有以下的缺点:

①人工干预过多,外业采集图斑时需要记录的信息比较多,作业周期长,使得外业工作效率大打折扣。

②如果内、外业工作不是由同一个人来做,由于内业工作人员对实地情况不够了解或人的习惯不同等原因,可能会对外业绘制的草图产生错误的理解,造成图斑的错误变更。

随着科技的进步,计算机、通讯、网络等技术的发展,土地利用变更调查的内外业一体化操作方法已经成为可能,这种方法的应用,将简化土地利用变更调查的程序,从数据采集、数据储存、数据传输直至数据处理均实现数字化的方式,使人从繁重的操作中解脱出来,减少内外业工作中人工操作造成的错误,提高土地利用变更调查的工作效率。

1)土地利用变更调查内外业一体化系统的设计目标

土地利用变更调查内外业一体化系统系统设计的目标是实现数据采集和数据处理的一体化管理,实现外业、内业工作有效、合理的衔接和整合,提高土地利用变更调查的工作效率和数据精度,主要体现在以下 5 个方面:

①选择合理的硬件设备,主要依据土地利用变更调查的精度要求、硬件的性能和价格等方面的因素。

②利用 GPS 和 GIS 技术的集成,建立土地利用变更调查内外业一体化模式,实现土地利用变更调查流程数字化、规范化。

③外业实现变更图斑空间信息和属性信息统一的、实时的、数字化的采集和存储,外业工作与内业工作连接紧密流畅。

④外业数据采集操作力求尽量少的手工输入，以缩短外业工作时间，提高工作效率。

⑤追求标准的 Windows 设计和操作风格，以符合常规的操作习惯，数据的录入、存储、编辑和管理简洁快速，图形绘制直观准确，图形输出简便易行。

2)土地利用变更调查内外业一体化系统组成

土地利用变更调查内外业一体化系统由监控中心、GPS 基准站和数据采集子系统组成。其中，基准站的功能为接收卫星信号，提供移动站的差分改正信息；监控中心负责基准站与移动站之间的数据传输以及监控移动站的位置；数据采集子系统在土地利用变更调查的现场进行变化图斑的数据采集。这 3 个组成部分之间并不是孤立的，而是通过通讯系统进行数据的传输，土地利用变更调查内外业一体化系统实质上是移动 GIS 系统。移动 GIS 的定义有狭义与广义之分，狭义的移动 GIS 是指运行于移动终端(如 PDA)并具有桌面 GIS 功能的 GIS，它不存在与服务器的交互，是一种离线运行模式；广义的移动 GIS 是一种集成系统，是 GIS、GPS、移动通信、互联网服务、多媒体技术等的集成。本文的土地利用变更调查内外业一体化系统即属于广义的移动 GIS 系统的范畴。下面详细介绍该系统的组成和各组成部分的功能。

①监控中心

监控中心由计算机、差分数据传输软件构成。计算机可以通过拨号、连接宽带等方式接入 Internet 外部数据网。监控中心接收移动站上传的移动站的位置信息，进行相应数据转换处理后，在计算机的电子地图上实时显示；同时，计算机通过 Internet 将差分信息实时的传输给移动站，使得移动站可以实现实时差分，得到高精度的数据。

②基准站

影响 GPS 实时单点定位精度的因素很多，其中主要的有卫星星历误差、大气延迟误差和卫星钟的误差等。这些误差从总体上讲有较好的空间相关性，因而相距不太远的两个测站在同一时间分别进行单点定位时，上述误差对两站的影响就大体相同。如果我们能在已知点上也配备一台 GPS 接收机并和用户一起进行 GPS 观测，就可以求得每个观测时刻由于上述误差而造成的影响(例如将 GPS 单点定位所求得的结果与已知站坐标比较就能求得上述误差对观测站坐标的影响)。假如该已知点还能通过数据通讯链将求得的偏差改正数及时发送给附近工作的用户，那么，这些用户在施加上述改正数后其定位精度就能大幅度提高，该已知点则称为基准站。

基准站的作用是进行差分数据的传输，它的工作原理是，在位置已知的固定点安装 GPS 接收机，它连续对 GPS 卫星进行观测，与已知坐标数据比较，获得该点观测值与已知位置数据之间的差值，得到该地区的差分改正信息，然后通过监控中心不断的将差分改正信息传递给该有限范围区域内各个 GPS 接收机移动站，使得移动站可以得到高精度的实时定位信息。

基准站一定要选在没有任何遮挡视野十分开阔的地方，因为只有基准站和流动站都观测到的卫星才能用于流动站定位。为了防止多路径效应，基准站位置附近应没有大的反射物，如建筑物、汽车等，也要远离大面积水域，更要远离发射塔。而多基准站差分系统和虚拟参考站系统需要根据基准站需要覆盖的差分范围来选择合适的位置和基准站的数量。如果在基准站上进行基准坐标转换，则应让它位于当地地方基准网中。基准站最好能设在高处，如大的建筑物顶上。

③数据采集子系统

数据采集子系统主要由地理信息系统、定位系统、移动终端和移动通信 4 个部分组成，该系统能够实现实时的获得地物的空间信息和属性信息,同时储存、处理这些信息。数据采集子系统具备以下功能:接收 GPS 定位数据并接收监控中心传来的基准站提供的差分纠正信号,利用 GPS 接收机进行土地利用变更调查数据的采集,利用 GIS 将数据储存在移动计算设备中,对其编辑、计算并向基准站发送移动站的坐标数据。

数据采集子系统的硬件部分由 GPS 接收机和移动计算设备组成,GPS 的选择根据土地利用变更调查的精度要求而不同,对于 1∶10 000 比例尺的土地利用变更调查,采用 1 米精度的 GPS 接收机,大比例尺的土地利用变更调查采用高精度的 GPS 接收机。移动计算设备的选择根据土地利用变更调查采集的数据量,数据处理速度等需要而定。

数据采集子系统是基于 GIS 技术与 GPS 技术的集成系统,GIS 技术与 GPS 技术的集成是通过 GPS 接收机与移动计算设备的集成来实现的。在土地利用变更调查中,将移动计算设备通过串口线与 GPS 连接,实现了 GPS 数据实时地导入移动计算设备中,利用运行于移动计算设备上的 GIS 系统,能浏览、查询、漫游、缩放底图,实时的存储 GPS 数据,编辑、修改、删除观测数据,绘制图斑,录入图斑属性,实现野外实时成图,减少传统方法中繁重的内业编辑工作,在土地利用变更调查中使用具有直观性和便携性等优点。

3)GPS 基准站的建设方案选择

在基准站的建设中,按照差分 GPS 工作原理及数学模型大体可分为以下几种类型:单基准站差分 GPS(Single Reference-station DGPS,SRDGPS),具有多个基准站的局部区域差分 GPS(Local Area DGPS With Multi-reference station,LADGPS)和广域差分 GPS(Wide Area DGPS,WADGPS),以及在 20 世纪 90 年代中期时,人们提出的网络 RTK 技术,即虚拟参考站系统(Virtual Reference System,VRS),下面对这几种类型分别进行介绍。

①单基准站差分 GPS

仅仅根据一个基准站所提供的差分改正信息进行改正的差分 GPS 系统称为单基准站差分 GPS 系统,简称单站差分 GPS 系统。单站差分 GPS 系统是由基准站、无线电数据通讯链和用户 3 个部分组成的。

基准站的坐标事先已精确测定,基准站上一般需配备能同时跟踪视场中所有 GPS 卫星的接收机以及能计算差分改正数和编码的软件。无线数据通讯链将编码后的差分改正数传送给用户的无线电通讯设备称为无线电数据通讯链,它是由安设在基准站上的信号调制器、无线电发射机和发射天线及用户的差分信号接收机和信号调制器等部件组成的。

采用单站差分 GPS 系统时,用户一般只能收到一个基准站的改正信号并用它来进行定位,因而系统的可靠性较差。基准站出现故障时其覆盖区域内的用户便无法进行差分定位,基准站的改正信号出现错误时用户的定位结果就可能出错。单站差分 GPS 系统的优点是结构和算法都较为简单,技术上也较为成熟。但是由于该方法是建立在用户误差和基准站误差相关的基础上的,因此,精度将随着用户与基准站之间的距离的增加而迅速降低。此外由于用户只是依据一个基准站所提供的改正信息来进行改正,故其精度和可靠性都较差。

②局部区域的差分 GPS

在某一局部区域中布设一个差分 GPS 网,该网由若干个差分 GPS 基准站组成,通常还包含一个或数个监控站,位于该局部区域中的用户根据多个基准站所提供的改正信息经平差计算后求得自己的改正数,这么一种差分 GPS 定位系统称为具有多个基准站的局部区域差分 GPS 系统,简称局部区域差分 GPS 系统。

LADGPS 系统中含有若干个基准站,每个基准站与用户间均有无线电数据通信链,基准站的设备与单站差分 GPS 系统大体相同,为了使用户设备尽可能简单,各基准站与用户间的无线电数据通信方式应尽可能一致,可采用不同的标识符或不同的编码方法使用户能识别来自不同基准站的差分改正信号。

在 LADGPS 中虽然系统的可靠性和精度有所提高,但是在处理过程中都把各种误差源所造成的影响合并在一起来加以考虑。实际上不同的误差源对定位结果或观测值的影响方式是不同的。因而如果不把各种误差源的影响分离开来,用一个统一的模式一并进行处理就必然会产生矛盾影响最终的精度。随着用户离基准站的距离的增加,这种矛盾会变得越来越明显,使差分定位的精度迅速下降,因而对 LADGPS 系统而言,用户只有在距离基准站不很远的情况下才能获得较好的精度。

③广域差分 GPS

各基准站不单独地将自己所求得的距离改正数播发给用户,而是将它们送往广域差分 GPS 网的数据处理中心进行统一处理,以便将卫星星历误差,大气传播延迟误差以及卫星钟和接收机钟的钟误差等各种误差分离开来。然后再将各种误差的估值播发给用户,由用户分别进行改正,这种差分 GPS 系统称为广域差分 GPS 系统。

由于目前所使用的各种电力层延迟模型一般都有 8 个参数,因此,WADGPS 至少应包含 8 个基准站。此外为了保证整个系统的可靠运行,WADGPS 中还应有一些监测站。一般而言,一个广域差分 GPS 系统应包含 10 个以上的基准站。

④虚拟参考站系统

RTK(Real Time Kinematic)技术可以实时的解算差分信息,实时地获取高精度位置信息,但是它存在以下的缺点:用户需要架设本地的参考站,误差随距离增长而增长,流动站和参考站距离受到限制(<15 km),以及可靠性和可行性随距离增长而降低等。

为了克服传统 RTK 技术的缺陷,在 20 世纪 90 年代中期,人们提出了网络 RTK 技术。在网络 RTK 技术中,线性衰减的单点 GPS 误差模型被区域型的 GPS 网络误差模型所取代,即用多个参考站组成的 GPS 网络来估计一个地区的 GPS 误差模型,并为网络覆盖地区的用户提供校正数据。而用户收到的也不是每一个参考站的观测数据,而是一个虚拟参考站的数据,网络 RTK 技术被称为虚拟参考站系统(VRS)。VRS 所代表的是 GPS 的网络 RTK 技术。它的出现将使一个地区的所有测绘工作成为一个有机的整体,结束以前 GPS 作业单打独斗的局面。它不仅可以实现实时差分,而且将大大扩展 RTK 的作业范围,使 GPS 的应用更广泛,精度和可靠性将进一步提高,使从前许多 GPS 无法完成的任务成为可能。在具备了上述优点的同时,建立 GPS 网络会使成本极大的降低。

虚拟参考站系统是利用基准站网进行 GPS 测量的一种方式,该参考站实际上是不存在的而是虚拟的。VRS 网络中,各固定参考站不直接向移动用户发送任何改正信息,而是将所有的原始数据通过数据通信线发给控制中心。同时,移动用户在工作前,先通过 GPRS 或 CDMA 向控制中心发送一个概略坐标,控制中心收到这个位置信息后,根据用户位置,由计算机自动选择最佳的一组固定基准站,根据这些站发来的信息,整体的改正 GPS 的轨道误差,电离层,对流层和大气折射引起的误差,将高精度的差分信号发给移动站。这个差分信号的效果相当于在移动站旁边,生成一个虚拟的参考基站,从而解决了 RTK 作业距离上的限制问题,并保证了用户的精度。其工作原理如图 4.26 所示。

VRS 系统集 GPS、INTERNET、无线通讯和计算机网络管理等高新技术于一身。整个系统是由若干连续运行的 GPS 基准站和一个 GPS 网络控制中心构成。它由控制中心、GPS 固定参考站系统和用户系统 3 个部分组成。

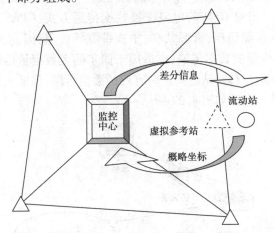

图 4.26　VRS 的工作原理示意图

控制中心由 VRS 管理软件、计算机、路由器和通讯服务器组成,是整个 VRS 系统的神经中枢。它负责连接网络中所有的 GPS 接收机,进行数据处理、分析、差分及 RTK 修正数据计算,进行数据分发数据管理,系统可靠性、安全性管理等。它接收由固定参考站发来的所有的数据,也接收从流动站发来的概略坐标,根据用户位置,计算机自动选择最佳的一组固定站数据,整体地改正 GPS 的轨道误差、电离层和对流层以及大气折射所带来的误差,将高精度的改正过的 RTCM 差分信号发给用户,从而解决了 RTK 作业距离限制上的问题,并使用户得到高精度定位信息。固定参考站系统负责实时采集 GPS 卫星观测数据并传送给控制中心,参考站系统一般包括 3 个或 3 个以上的参考站,各参考站相邻站间距离应在 50～70 km。参考站包括的主要设备有:GPS 卫星接收机、电源保障设备和工控计算机。用户系统由 GPS 接收机、移动电话加上调制解调器等构成。它的作用是按照不同的用户需求,进行不同精度的定位。接收机通过无线网络将自己初始位置发给控制中心,并接受控制中心的差分信号,生成高精度的位置信息。

VRS 是目前国内外研究的前沿,在国内尚无将其用于土地变更调查的先例,但是可以肯定的是,利用 VRS 进行变更测量,将大大提高调查的效率、数据的精度和可靠性,并降低成本。

根据上文所介绍的差分 GPS 的原理和分类,基准站的建设可以采用单基准站、多基准站以及虚拟参考站的任何一种方式,可根据调查所需覆盖的范围、成果的精度、建设基站的成本、其他功能需要等实际情况来选择。一般来说,多基准站及虚拟参考站能够保证得到更翔实准确的数据,但是其成本也高于单基准站差分系统。

4)无线通讯方案选择

通用分组无线业务(General Packet Radio Service,GPRS)是在现有的 GSM 系统上发展起来的用于在移动电话网络中进行数据传送的一种新型非语音增值服务。作为 GSM 中现有电路交换系统与短消息服务的补充,它提供给移动用户无线分组数据接入的服务。GPRS 在移动用户和远端的数据网络之间提供一种连接,在有 GPRS 承载业务支持的标准化网络协议的基础上,GPRS 网络管理可以提供(或支持)一系列的交互式电信业务。相对于 GSM 的 9.6

kbit/s 的访问速度而言,GPRS 拥有 171.2 kbit/s 的访问速度;在连接建立时间方面,GSM 需要 10 ~ 30 s,而 GPRS 只需要极短的时间就可以访问到相关请求,其技术也日臻完善,彻底解决了 GSM 电路交换数据业务速率低和频率利用率低的问题。对于大量具有突发性的分组数据提供更加有效的传输手段。相对 GSM 的电路交换数据传送方式,GPRS 具有实时在线、按量计费、快捷登录、高速传输、自如切换、资源共享、丰富带宽等优点,因此,GPRS 特别适用于间断的、突发性的或频繁的、少量的数据传输,也适用于偶尔的大数据量传输。采用 GPRS 技术来传送数据,能够保证基准站与移动站之间及时有效的数据传输,保证土地利用变更调查野外作业快速、准确地完成。其示意图如图 4.27 所示。

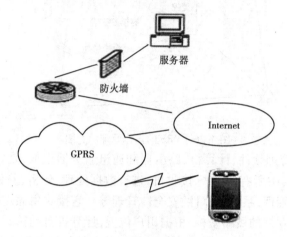

图 4.27　利用 GPRS 传输数据示意图

5)土地利用变更调查内外业一体化系统功能模块设计

土地利用变更调查内外业一体化系统是以 GPS、移动计算设备等硬件为基础,以通信、网络等技术为支撑,基于 GIS 与 GPS 技术集成的系统,通过对新增地物空间几何数据测量及图斑属性的现场采集,实现高效的土地利用变更调查的技术手段,为土地利用现状数据库更新和国土资源管理提供可靠数据源,提高土地管理基础数据的现势性和促进国土资源管理各项工作。

土地利用变更调查内外业一体化系统软件分为外业数据采集系统和内业数据处理系统两个部分。其中,外业数据采集系统包括数据采集、数据管理、数据通信三大模块;内业数据处理系统包括数据交换、图斑变更、成果输出三大模块。功能模块是系统功能的执行单元,彼此之间相对独立,合理的模块划分有助于系统功能的实现。系统功能结构如图 4.28 所示,下面介绍系统各功能模块的设计及其作用。

①外业数据采集系统

a. 数据采集模块

土地利用变更调查内外业一体化系统数据采集模块的主要功能是实现对土地利用变更数据的采集和存储,即利用 GPS 接收机采集变更图斑的位置信息,利用移动计算设备记录图斑的属性信息。它包括两个子模块,分别为空间信息采集子模块和属性信息采集子模块,前者实现空间信息的采集,后者实现属性信息的采集。下面详细介绍这两个子模块的设计和作用。

空间数据采集:采用实时的数据采集方式,该方式方便、灵活,可实时得到高精度的土地变更数据。

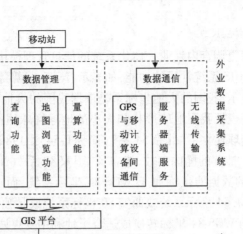

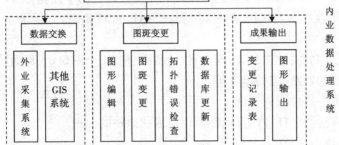

图 4.28　土地利用变更调查内外业一体化系统总体设计

　　该模块主要实现在移动计算设备中存储并显示 GPS 采集的空间数据。GPS 与移动计算设备之间以串口线相连,实现实时的信号接收和地图定位功能,串行端口的本质功能是作为 Intel PXA250 芯片和串行设备之间的编码转换器。当数据从 Intel PXA250 芯片经过串行端口发送出去时,字节数据被转换为串行的位,在接收数据时,串行的位将被转换为字节数据。

　　属性数据采集:针对土地利用变更调查所需要的属性信息开发,在调查现场录入并保存变更图斑的属性信息,并记录所调查图斑的一些相关信息。在土地利用变更调查外业采集数据时,可在内外业一体化系统上进行操作,对所采集的数据直接处理,减少土地利用变更调查的内业工作量。如图 4.29 所示,图中阴影部分为变化的图斑边界,GPS 采集点位数据后,可通过内外业一体化系统将其图形和属性信息记录在移动计算设备中。

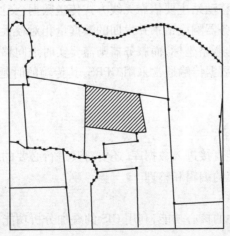

图 4.29　内外业一体化系统对变化图斑的处理

b. 数据管理模块

土地利用变更调查内外业一体化系统的信息管理模块主要是实现对数据的简单的操作和管理,它包括了 GIS 系统常用的功能,如显示、浏览、量算等。

定位数据显示:我国的大地坐标系是依据我国的大地测量、天文测量和重力测量成果,所推求的一个最能表征我国地球形状和大小的地球椭球体而建立的。1954 年我国采用前苏联的克拉索夫斯椭球建立了"北京 54 系"(简称 P-54)。1980 年开始,我国改用 1975 年国际大地测量协会(IAG)推荐的椭球参数,建立了"国家 80 系"(NGS-80)。外业空间数据采集的过程中,GPS 所采集的数据的坐标属于 WGS-84 坐标系统,而土地利用现状图采用的是平面坐标(坐标系统为北京 54 坐标系统或西安 80 坐标系统或是独立坐标系统)。对于这种情况,需要将 GPS 所采集的 WGS-84 坐标转换成适合土地利用变更调查的平面坐标。通常先求出当地的转换参数,然后利用该参数将 GPS 测量得到的坐标进行转换,得到需要的坐标系统下的坐标值。

地图显示和处理功能:地图放大、缩小、快速漫游、拖动、全图显示、鸟瞰图、北方向指示、图形元素的选择、地图的刷新、点的删除等。

查询功能:图形—属性双向查询。

量算功能:量算地图上任意两点间距离以及面状地物的面积。

c. 数据通信模块

系统的数据通信是指控制中心计算机发出信息到数据转换器,由数据转换器通过 GPRS 数字移动通信网发送到移动站,以及移动站通过 GPRS 通信网发回信息到控制中心的双向传递过程。土地利用变更调查内外业一体化系统的信息通信模块的主要功能是实现基准站与移动站之间的通讯和数据传输。

GPS 与移动计算设备间通信:GPS 通过串口和移动计算设备实现数据通信,利用 GPS 传来的数据,可以在移动计算设备上得到物体的实时位置、速度等参数。通过与 GIS 系统的集成,可以在移动计算设备上很直观地在地图上了解所处的位置等信息。

服务器端服务:服务器端的软件系统要能够响应来自各处移动站的服务请求,并启动空间数据管理引擎,依据系统的要求,实时地将数据发送至各移动站。其主要作用是监控和管理系统的基站与移动站的工作情况、移动站的位置信息等。

无线传输:服务器端和移动站主要依靠无线方式传送数据,交换信息。从终端向服务器端发送请求数据量较小,但服务器响应请求并发回的数据量相对较大。在本系统中,移动站向服务器发送的主要是移动站的概略坐标,而服务器则需要实时地向移动站发送差分数据等信息。目前第 2.5 代移动通信中,数据传输通常采用 GPRS,其传输的时延以及速度完全可以满足土地利用变更调查的要求。

②内业数据处理系统

a. 数据管理模块

外业采集的数据并不能直接进入数据库,还要对其进行必要的编辑,该模块的主要功能是对外业采集的数据进行简单的编辑和整理。

b. 图斑变更模块

该模块是内业处理软件的核心功能,利用 GIS 的叠加分析功能,将发生变化的图斑进行变更,并导入数据库。

c. 数据交换模块

由于现在各个部门单位使用的 GIS 产品很多,其数据格式亦不同,因此,数据交换模块起到了与其他类 GIS 产品的数据可以互相转换的作用。

6)土地利用变更调查内外业一体化系统优点

土地利用变更调查内外业一体化的调查方法是传统调查方法的一种改革和创新,与传统方法相比,土地利用变更调查内外业一体化具有如下一些优点,如表 4.3 所示。

表 4.3　传统调查方法与土地利用变更调查内外业一体化方法特点对照表

传统方法	内外业一体化方法
内、外业分离	内、外业有效衔接
图形、属性数据分离	图形、属性数据统一记录
外业工作简单,内业工作繁重	内、外业合理分配
手工操作多	手工操作少

土地利用变更调查内外业一体化系统并不是简单地将从前的外业和内业工作放到一起来做,而是通过综合的考虑,将外业和内业工作衔接起来,合理地分配以达到提高工作效率、降低错误率的目的。土地利用变更调查内外业一体化系统是 GPS 与 GIS 的集成系统,综合利用 GPS 的定位功能和 GIS 的数据存储和管理功能,打破了传统方法的外业和内业的界线,是土地利用变更调查方法的革新和发展趋势。

3. 基于"3S"集成技术的农村地区土地利用变更调查方法

我国农村地区的土地利用现状图标准为 1∶10 000 比例尺地图,由于我国农村经济发展不均衡,土地利用管理的技术现状不同,土地利用变更情况不同,例如经济发达城市周边的农村地区经济发展比较快,用地类型变化也相应比较快,而偏远部分的农村经济发展较缓慢,相应的用地类型的变化也较缓慢,因此,对于农村地区的土地利用变更调查不能采用同一个模式一刀切。对于土地利用类型变化较快的地区,可以采用 GIS,GPS,RS 这 3 种技术的集成,以实现对土地实时的、有效的监控和变更;对于用地类型变化较缓慢的地区,则应考虑不用 RS 影像,采用 GIS 与 GPS 集成的模式进行土地利用变更调查,GPS 灵活便捷的特点适合于变化少的地区的变更调查,并且节省资源。

1)土地利用类型变化快的地区的应用方法

对于土地利用类型变化快的地区,适合采用 RS,GPS,GIS 这 3 种技术集成的技术手段,因为在土地利用类型变化快的地区,上一年的土地利用变更调查之后,大片的土地利用类型发生了变化,如果每一块发生变化的图斑都依靠现场调查,完成变更调查将会耗费较长的周期,浪费人力物力;由于种种原因,会有部分发生了变化的图斑无法被发现,从而导致了漏变,部分不能到达现场调查的图斑还可能造成错变,给土地管理带来极大的不便,因此,使用 RS 影像是非常有必要的。目前,RS 影像的精度逐渐提高,法国 SPOT5 遥感影像的分辨率为 2.5 m,IKNOS 影像的分辨率为 1 m,而美国 QUICKBIRD 影像的分辨率达到了 0.61 m,这为土地利用变更调查提供了非常有力的资料。目前我国农村地区的土地利用现状图都是 1∶10 000 比例尺的,适合其精度的遥感影像是 SPOT5 多光谱与全色影像融合后的影像。但是遥感影像尽管有较高的分辨率,仍然有部分图斑无法清晰、准确地辨别其边界或属性。因此,需要利用 GPS

到部分变化图斑的现场进行实地调查,前文叙述了土地利用变更调查内外业一体化系统与单一的 GPS 实地测量相比较的优势,因此,采用土地利用变更调查内外业一体化系统完成该项工作。

应用"3S"集成技术进行土地利用变更调查,其工作流程可分为以下 3 步:

第 1 步:数据的处理和准备,数据的处理包括对遥感影像的几何校正、正射影像图的制作、坐标的转换、影像的融合等,并准备好变更调查中可能用到的资料,例如上年度土地利用现状数据库、土地台账等。

第 2 步:变更信息的获取,数据源来自于 RS 影像和土地利用变更调查内外业一体化系统,将 RS 影像与土地利用现状图叠加,通过人工解译或人机交互等手段,可以提供变化图斑的信息,这些信息可以分为两类:边界和属性可以确定的变更图斑信息,边界或属性不确定的变更图斑信息,其中第 1 类信息可以直接通过 GIS 对其编辑、分析,进而更新数据库,第 2 类信息则作为参考信息,根据这些参考信息以及其他的土地利用变更信息,利用土地利用变更调查内外业一体化系统到实地观测,提供 RS 所不能确定的和没有的变更图斑信息。

第 3 步:数据入库,利用 GIS 对获得的数据源进行编辑处理,最后导入土地利用现状数据库。其技术路线如图 4.30 所示。

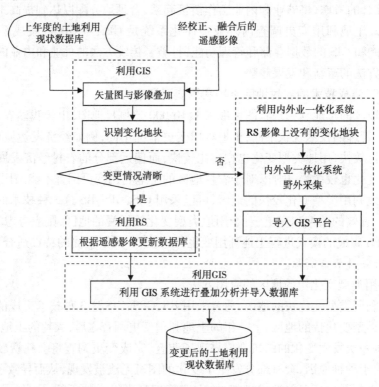

图 4.30 "3S"集成用于土地利用变更调查流程图

2)土地利用类型变化慢的地区的应用方法

土地利用类型变化慢的地区则没有必要使用遥感影像,因为 RS 影像覆盖面积很大,而在所覆盖的区域之内,变化的图斑只是零星的几块,极大的浪费了资源。这种情况比较适合利用土地利用变更调查内外业一体化系统进行变更数据的采集。其技术路线为首先收集变更图斑的相关信息,如变化图斑的概略位置,变更情况等,然后根据这些信息,利用土地利用变更调查内外业一体化系统在变更现场采集和处理变更图斑的信息,内业将采集的信息导入 GIS,通过 GIS 对其进行整理并实现数据库的更新。

3)数据采集设备选择

①GPS 接收机的选择

随着 GPS 使用的普及,人们对 GPS 的要求越来越高,更多的人希望能充分地提取 GPS 的每一个信息,把导航、测量、时间等信息和自己本行业的特点有效地结合起来,既降低成本,又最大限度地满足用户本身的专业需求。这就需要生产厂家提供完善的、可靠的、高性能的 GPS 开发平台。GPS OEM 板就成了这类用户关注的焦点。

在土地利用变更调查中,GPS 不仅提供对待测点定位的作用,还要与土地利用变更调查的特点相结合,正是基于此原因开发了内外业一体化系统,因此,在该系统中要选择 GPS OEM 板。OEM 是 Original Equipment Manufacture(原始设备制造商)的缩写,它是指一种"代工生产"方式,其含义是生产者不直接生产产品,而是利用自己掌握的"关键的核心技术",负责设计和开发、控制销售渠道,具体的加工任务交给别的企业去做的方式。这种方式是在电子产业大量发展起来以后才在世界范围内逐步生成的一种普遍现象,微软、IBM 等国际上的主要大企业均采用这种方式。

Jupiter 021/031 系列 GPS OEM 板是美国 Conexant 公司(前 Rockwell 通信部)公司继极有声望的 Jupiter 221/231 系列,371/381 系列之后开发出的又一高性能的 GPS 接收板,其强大的功能和无与伦比的可靠性、稳定性比著名的 221/231 系列更有过之而无不及。021/031 保持了 371/381 原有的 12 个并行通道和高灵敏度 RF 部分,再加上其独具特色的内部 DSP 及控制处理软件,使 Jupiter 捕捉和重捕卫星的能力更加迅速,航迹平滑和高效率导航更可靠,即使在城市和树林中,Jupiter 021/031 也能定位自如。Jupiter 021/031 系列 GPS OEM 板是低价位、高性能 GPS OEM 的首选。图 4.31 显示了该 OEM 板,表 4.4 显示了该 OEM 板的特点。

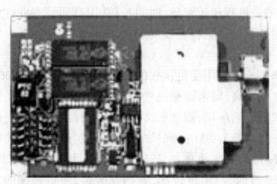

图 4.31　Jupiter021/031 系列 GPS OEM 板

表 4.4　Jupiter 021/031 系列 GPS OEM 板特点

并行 12 通道	小于 1 m 差分精度
首次定位时间(TTFF)短	动态性能好
抗多路径抑制	提供载波相位输出
自动检测天线状态	可人工选择卫星,设置可见星屏蔽角
体积仅 71 mm×41 mm×11 mm	加强的内部算法使定位更精确,漂移更小
增强的弱信号捕获能力	高性价比

②移动计算设备的选择

移动计算设备多种多样,考虑到土地利用变更调查的需求,采用 PDA(Personal Digital Assistant)做终端,因为它的空间信息表达与处理方面功能较强,而且部分 PDA 支持 GPRS(General Packet Radio Service)功能,便于数据的传输。PDA 集中了个人信息管理、计算、电话和网络等多种功能,尤为重要的是,这些功能都可以通过无线方式实现。根据农村地区土地利用变更调查的实际情况,以及 PDA 的实用性、性能、价格等因素,本系统选择 dopod 696 型 PDA,其相关参数如表4.5所示。

表4.5　dopod 696 型 PDA 参数

名　称	参　数
dopod PDA 696	操作系统:Windows Mobile 2003 CPU:400 MHz RAM 容量:128MB SDRAM 通信端口:蓝牙,USB,串口,红外 显示屏:3.5 英寸 240×320,65536 色,半透半反式 TFT LCD

4. 基于"3S"集成技术的城市地区大比例尺土地利用变更调查方法

我国第一次土地详查后,大部分地区调绘了 1∶10 000 的土地利用现状图,近年来经济的飞速发展,对土地利用的规划提出了更高的要求,经济发达地区纷纷在城市地区建立 1∶2 000,1∶1 000 及 1∶500 比例尺的土地利用数据库。城市地区高楼林立,致使 GPS 常常无法接收卫星信号。对于某些大比例尺地区,遥感影像无法满足土地利用变更调查的精度要求,这些使得目前城市地区的土地利用变更调查需要依赖于专业测绘部门。目前城市地区变更调查采用的主要技术手段是利用全站仪测量,全站仪测量要求两点间通视,在建筑物密集的城镇地区往往需要布设密集的控制点,测量过程比较繁琐、时间长、费用高而且专业性强,因此,采用新的技术手段进行城区土地利用变更调查具有重要的意义。

1)技术路线

城市地区的大比例尺土地利用变更调查的技术手段要针对城市地区的特点来制订,这些特点包括调查数据精度要求高、城市地区高楼林立、图斑较小、用地类型变化较快等。这些特点直接限制了一些技术手段的应用,例如前文所述的农村地区的变更调查部分图斑可以利用 RS 影像图在室内变更,而对于 1∶500 比例尺的地区来说,遥感影像的精度达不到其土地利用变更调查的精度要求;城市地区高楼林立,导致 GPS 接收机在某些图斑的拐点(如两个大楼之间的小路处)接收不到卫星信号;图斑较小,遮挡物较多,使得传统的方法——全站仪也面临着多处观测点无法通视的困境。图斑变化快,需要依靠遥感影像来进行监测,否则部分变化的图斑无法发现,而导致漏变。

综合考虑上述的特点,城市地区的土地利用变更调查的技术路线如下:传统的技术方法专业性强,过程繁琐,因此放弃采用全站仪进行野外调查,而是采用"3S"集成技术进行土地利用变更调查。RS 影像作为土地利用变更调查的底图的一部分,与矢量图(土地利用现状图)叠加,作为发现变化的数据源,为实地测量导航;土地利用变更调查内外业一体化系统采集变更图斑的信息,对于建筑物等遮挡造成 GPS 接收不到卫星信号而无法测量的拐点,采用测边交会定点的方法,或者采用钢尺辅助测量。需要说明的是:在这种"3S"集成方法中,内外业一体化系统的移动终端使用的是 RS 与矢量图叠加的底图,由于遥感影像的数据量过大,移动设备选用笔记本电脑,GPS 接收机与笔记本电脑集成,将 GPS 采集的数据实时的导入笔记本电脑中,利用运行于笔记本电脑上的 GIS 系统储存并编辑这些数据。

应用"3S"集成技术进行城市地区大比例尺土地利用变更调查,其工作流程可分为 3 步:

第 1 步:数据的处理和准备,数据的处理包括对遥感影像的几何校正、正射影像图的制作、坐标的转换、影像融合等。

第 2 步:实地调查,通过 RS 影像与土地利用现状图叠加,确定发生了变化的图斑的位置,然后利用内外业一体化系统进行实地的数据采集,由于内外业一体化系统采用的测量仪器是 GPS,有的观测点会因为遮挡而无法定位,这时采用测边交会或钢尺辅助测量方法,在测边交会定点的测量中,测量距离采用激光测距仪。

第 3 步:数据库变更,将内外业一体化系统采集的数据导入 GIS 平台,并在 GIS 平台上实现钢尺测量数据的变更,最终更新数据库的数据。技术路线如图 4.32 所示。

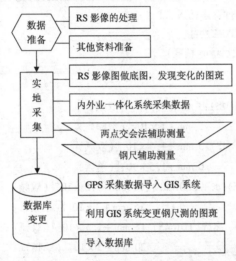

图 4.32 "3S"集成应用于城区大比例尺土地利用变更调查技术路线

2)数据采集设备选择

①GPS 接收机

JNS20 板是继 EUROCARD 之后,JAVAD 公司推出的又一款高品质 OEM 板。它是一个双系统单频 OEM。它在继承了 EURO CARD 的所有功能基础上,体积更小,只有欧式板的三分之一大小,功耗更低,价格也较便宜。它的援时精度高达 20 ns,位置保持功能使它的精度非常稳定。JGG20 具有共同跟踪环专利技术,能实现信号的瞬时重捕,能很好地跟踪低仰角卫星,因而在城市和森林中的定位

图 4.33 JNS20 高精度 GPS\GLONASS OEM 板

性能远远高于采用其他技术的接收机。如图 4.33 所示为 JNS20 OEM 板,表 4.6 列出了 JNS20 OEM 板的一些相关参数。

表 4.6　JNS20 高精度 GPS\GLONASS OEM 板参数

定位时间	冷启动:小于 60 s 热启动:小于 10 s 重新捕获:小于 1 s
动态性能	速度:515m/s 加速度:30g/s 高度:18 000 m
数据特性	定位数据(含 RTK)和原始数据的输出速率最大可达 20 Hz 4 个 RS232 串行口,通信速率最高可达 460.8 KB RTCM SC104 格式 2.1 和 2.2 版本输入/输出 NMEA 0183 格式 2.1,2.2,2.3 和 3.0 版本输出 有两个事件标志输入 多基站 RTCM 功能 1PPS 输出(20 ns 精度)
精度	位置精度: 水平(2DRMS):3 mm $+1 \times 10^{-6}$(双频) 　　　　　　 5 mm $+1 \times 10^{-6}$(单频) 高程(1DRMS):5 mm $+1.5 \times 10^{-6}$(双频) 　　　　　　 6 mm $+1.5 \times 10^{-6}$(单频) RTK(OTF) 水平(2DRMS):10 mm $+1.5 \times 10^{-6}$(双频) 　　　　　　　　　　 15 mm $+2 \times 10^{-6}$(单频) 　　　　高程(1DRMS):15 mm $+1.5 \times 10^{-6}$(双频) 　　　　　　　　　　 20 mm $+2 \times 10^{-6}$(单频) 时间精度:20 ns
物理特性	尺寸:108 mm × 57.1 mm ×15.8 mm 重量:75 g 电压:4 ~ 14 VDC 功耗:1.5 W 典型值 工作温度: − 30 ~ 80 ℃ 储存温度: − 40 ~ 85 ℃ 在板备用电池有效期 10 年

②激光测距仪

根据城镇土地利用变更调查的现场特点和情况,选用瑞士莱卡激光测距仪标准 A5(多面手型),见图 4.34,它的产品特性及优点见表 4.7。

图 4.34　瑞士莱卡激光测距仪标准 A5(多面手型)

表 4.7　瑞士莱卡激光测距仪标准 A5(多面手型)特性及优点

产品特性	应用优点
测程 0.05 m 至 200 m,精度为到 ± 2 mm	快速精确地测量长短距离
有 Softgrip 的工效学设计	握持仪器时手感良好
2 倍内置望远镜瞄准器	理想适用于远距离测量
拥有自动识别功能的可翻转式底座	自边缘或角落起毫无困难的稳定测量
空间计算	按动按钮即可获取空间范围、墙壁及天花板面积等数值
间接高度/宽度测量	测量难以接近的部位
直接键	操作极其简便

三、土地利用动态监测

土地资源是人类赖以生存和发展的物质基础。自 20 世纪 80 年代初以来,随着经济的快速发展,土地利用结构发生了明显的变化,耕地资源数量减少,非农业用地大量增加,人多地少矛盾日益突出。及时、准确地掌握土地资源的数量、质量、分布及其变化趋势,管理土地权属,是地籍工作的重要任务,它直接关系到国民经济的持续发展与规划的制定。由此,土地管理逐渐提到国家重要的议事日程上来,地籍工作受到高度的重视。国务院从 1984 年开始组织了全国范围内以县为单位的土地利用现状调查(简称详查),拉开了现代地籍工作的序幕。到 1996 年,基本摸清了我国土地资源的数量和利用方式。整个详查工作跨 10 余年之久,其间土地利用格局又发生了不小的变化。国家为了及时掌握土地资源的利用现状,保持土地利用数据的现势性,各县(市)每年都要进行土地利用变更调查和动态监测(以下简称土地利用动态监测),向国家土地管理局上报变更后的数据和监测结果。因此,如何准确快速地发现土地利用的变化并获取变化的数据,科学有效地掌握土地信息和管理土地权属,进行动态监测与更新是一个不能回避的问题。

1.传统土地利用动态监测方法存在的问题

在历时 10 余年的详查工作中,土地利用数据获取的主要技术手段为航空摄影测量技术,这种方法对大面积的初始土地利用数据的获取非常有效和经济。同许多测量技术都存在两面性一样,如将该方法用于每年的土地利用动态监测,就显得成本高,周期长。传统的土地利用动态监测一般依靠人工野外调查发现变化信息,运用传统测量方法(如简易补测法和平板仪测量法)进行变化信息的空间测量和面积量算。传统方法的缺点是明显的:

1)不能主动监测变化。

2)测量方法落后且人为干扰大。

3)变更数据获取速度慢,存在多次清绘误差累积。

4)一旦发现变化,原来的图件即失去现实性。

5)土地利用图斑多为不规则多边形,运用平板仪等测量工具只能测量拐点,不能连续测量整个边界,而且难于精确标绘到原样底图上。

2.土地利用动态遥感监测的含义

近年来,遥感、地理信息系统和全球定位系统技术的发展与日益成熟,给土地管理部门提供了土地利用动态监测新的思路与方法。利用遥感技术进行土地利用变更调查和动态监测称为土地利用动态遥感监测。

土地利用动态遥感监测是以土地利用调查的数据及图件为基础,运用遥感图像处理与识别技术,从遥感图像上提取变化信息,从而达到对土地利用变化情况进行及时的、直接的、客观的定期监测,核查土地利用总体规划及年度用地计划的执行情况,并重点检查每年土地变更调查汇总数据,为国家宏观决策提供比较可靠、准确的土地利用变化情况,同时对违法或涉嫌违法用地的地区及其他特定目标等进行快速的日常监测,从而为违法用地的查处以及突发事件的处理提供依据。

与其他监测手段相比,遥感监测具有速度快、精度高、范围广等特点,并且能为国土资源管理工作提供基于事实影像的、可精确测量的、可作为基础信息的土地利用动态监测结果。近年来,随着遥感技术的不断发展,影像分辨率的不断提高,以及计算机技术和信息处理技术的不断增强,土地利用动态遥感监测技术不断完善并得到越来越广泛地应用。

1999 年,国土资源部首次利用高分辨遥感资料,对全国 66 个 50 万人口以上城市在 1998 年 10 月—1999 年 10 月期间各类建设占用耕地情况进行了监测,引起了各级土地管理部门的高度重视。1999 年土地利用动态遥感监测的数据源选择的是 1998 年(8—11 月)美国 Landsat TM,ETM + 30 m 多光谱数据,法国 SPOT 全色数据;重点地区使用了 1∶3.5 万比例尺的航空像片;充分利用当时成熟的技术方法,选取两个时相的 SPOT,TM 为主要数据源,对其进行纠正、配准和数据融合,以提高地物的光谱识别能力和空间分辨率。2002 年,土地利用动态监测的主要数据源是数据质量更高的 10 m SPOT5 卫星多光谱数据和 2.5 m 全色数据。

除了国土资源部利用遥感技术动态监测土地利用状况以外,一些大中城市也进行了相关的尝试,并取得了一定的成果。沈阳市勘测院利用航空遥感图像,辅以实地判读,内业利用立体测图仪进行航片的解译,直接量取相关的数据,生成图形与数据文件,使地籍调查工作中的权属调查与地籍测量全部应用遥感图像一次处理完成,取得了令人满意的效果。中国科学院武汉测量与地球物理研究所利用遥感技术,对武汉市的土地利用类型变化进行了动态监测,得到了武汉市土地利用变化的专题图,得到 47 处变化图斑,经过野外抽样调查,正确率在 95%

以上。之后在地理信息系统软件 ARC/INFO 的支持下,以全数字化的方式量算各图斑的面积,得到了武汉市近年来土地利用类型的变化情况。

3. 土地利用动态遥感监测的技术流程

土地利用动态遥感监测的主要思路是:对多元数据(包括多时相、多源遥感)进行纠正、配准、融合等预处理,通过图像处理和影像判读来确定变化属性及进行统计分析,结合人工判读目视解译,发现和提取土地利用的变化信息,实地核查并建立土地利用动态监测数据库。根据本思路所形成的土地利用动态监测系统的技术框图如图 4.35 所示。

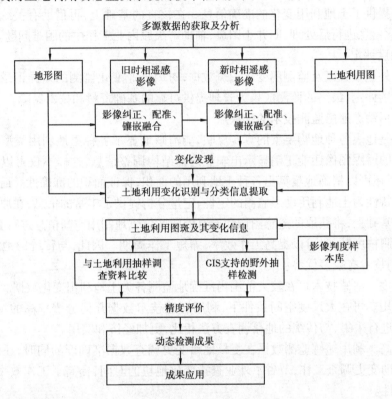

图 4.35　土地利用动态遥感监测系统

1)多源数据的选取

根据地籍管理所具有的连贯性、系统性、高精度等特点并结合当前遥感数据的具体情况,目前对数据源的选取主要采用的是美国的 Landsat TM 和法国的 SPOT 这两种卫星数据。此外,为提高监测精度,还要结合使用已有的地形图、土地利用调查图等图件资料,注意收集当地的人文、地质、作物生长信息;为实现对重点区域进行监测的需要,还要借助航片或更高分辨率卫星影像数据资料。

2)数据预处理

多源数据的预处理包括辐射校正、影响增强、几何校正、影响配准、镶嵌及影响融合等工作。数据预处理能减少非变化因素的干扰,增强影像的可判读性,有效地提高监测的精度。

3)变化信息提取及变化类型确定

变化信息是指在确定的时间段内,土地利用发生变化的位置、范围、大小和类型。进行变化信息提取时,要对两个时相的遥感影像作点对点的直接运算,经变化特征的发现、分类处理

287

以及人工辅助判读解译,获取土地利用的变化位置、范围,确定变化的类型。

4)外业核查

若在变化信息提取之后进行土地变更调查,可以根据变化信息提取的结果缩小核查的范围,减少野外土地变更调查的工作量,而核查的结果可以提高遥感监测的精度;若在变化信息提取之前已经有土地变更调查资料时,则可根据调查资料定性指导、定量判读,支持并确认变化信息提取结果。内外业相互验证,从而提高遥感监测的精度和可靠性。

5)变化信息后处理

外业核查提供了土地利用变化的准确信息。在核查的基础上,再借助有关统计资料和专题资料,对变化信息进行后处理,归并小图斑,辅助解决原内业工作中的困难问题。

6)监测精度评定

利用实地外业核查以及监测的变化图斑数据,对内外业变化监测的差异记录核实并进行统计分析及精度评定,最终的监测成果为管理提供可靠的基础资料和技术保障。

4. 土地利用动态遥感监测技术的优缺点

遥感信息是地表各种地物要素的真实反映,能清晰地显示各种土地利用类型的特征与分布。高分辨率的遥感图像还能正确显示出农业内部结构调整信息,这样不仅可以减少外业调查工作量,同时还可以精确地量算出各种土地利用的面积,保证面积的准确性。遥感图像的多光谱及多时相特性为土地利用动态监测的定性、定量分析提供了丰富的信息,在原有土地详查图件和数据的基础上,将获取的遥感图像和原有的同区位土地利用空间信息进行叠加分析,不仅可以保证监测精度,同时可以提高工作效率,缩短工作周期。因此,与传统的地籍调查方法相比,遥感监测技术有较多优势:

1)保证精度。遥感技术可在较大范围内准确地监测各类土地利用变化数据。

2)经济实用。可在大尺度空间条件下,利用遥感技术数据几何分辨率高的特点,对土地利用变化数据进行采集,与传统的地籍调查方法相比,更加经济和实用。

3)效率更高。利用遥感监测数据在复核地籍变更调查数据准确度的同时,还可以有针对性地指导和辅助变更调查工作,节省了外业查找变化地块的时间,提高了工作效率,保证了调查结果的可靠性。

4)直观实时。卫星遥感监测技术为配合土地执法检查,强化国土资源执法监察、贯彻"预防为主、防范和查处相结合"的国土资源执法监察新思路提供了强有力的科技支撑,为国土资源规划、管理、保护的快速决策提供了技术保证。

但就土地利用动态遥感监测来讲,还有不少问题:首先,数据预处理在实际工作中达不到要求,其有效算法和技术影响了动态监测成果的精度;其次,由于变化监测算法的差异性,所有变化监测算法的能力受空间、光谱、时域和专业内容的限制,所采用的方法在一定程度上影响了变化监测的精度。甚至对于同一环境,由于采用的方法不同,所产生的结果也会不同。同时,土地利用动态变化遥感监测有多种方法,各方法都有其优缺点。因此,选择合适的土地利用变化监测方法,也显得尤为重要。总之,今后还需对土地利用动态变化遥感监测技术和方法进行深入研究,以建立起我国宏观土地利用动态遥感监测体系,为我国国土资源管理提供技术支持。

子情境 3　日常地籍测量与建设项目勘测定界

一、日常地籍测量工作

1. 日常地籍测量的目的及内容

1) 日常地籍测量的目的

及时掌握土地利用现状的变化情况,以便于土地管理部门科学地进行日常地籍管理工作并使之制度化、规范化。

2) 日常地籍测量的内容

日常地籍测量的内容包括界桩放点、界址点测量、制作宗地图和房地产证书附图、房屋调查、建设工程验线、竣工验收测量等,主要内容是变更土地登记和年度土地统计。

其具体内容如下:

①土地出让中的界址点放桩、制作宗地图。

②房地产登记发证中的界址测量、房屋调查、制作宗地图。

③房屋预售和房改的房屋调查。

④建筑工程定位的验线测量。

⑤竣工验收测量。

⑥征地拆迁中的界址测量和房屋调查。

地籍测量成果不仅具有法律效力而且具有行政效力,因此,必须由行政部门完成测量工作和出具成果资料。如某种特殊原因,需委托测量单位承担的,必须事先向主管部门提出申请,经同意才可安排测量单位承担任务,但测量单位必须满足如下两个条件:

①测绘队伍必须在当地注册登记,具有地籍测绘资质,从事测量的人员具有地籍测绘上岗证。

②所有测量成果资料以国土管理部门的测绘主管部门的名义出具,经审核签名和盖章后生效。

2. 土地出让中的界桩放点和制作宗地图

在办理用地手续后,由测绘部门实施界址放桩和制作宗地图及其附图。其工作步骤如下:

1) 测绘部门受理用地方案图

用地方案确定后,将用地方案图送到所属的测绘部门办理界址点放桩和制作宗地图手续。受理界桩放点和制作宗地图的依据是:必须有当地行政主管部门提供的盖有印章、编号、在有效期内的红线图或宗地图。

2) 测绘部门处理用地方案图

测绘部门收到用地方案图后在规定时间内,根据如下两种不同情况进行工作:

①用地方案图有明确界址点及红线的,按图上标示的坐标实地放点。放出的点位如与实地建筑物、构筑物和其他单位用地无明显矛盾,则埋设界桩,向委托单位交验桩位。若放出的点位与已建的建筑物(构筑物)或其他单位单位用地有明显矛盾的,则在实地标示临时性记号,并将矛盾情况记录后,通知地政部门。由地政部门重新确定用地方案后,再按上述程序,通

289

知测量部门放桩。如用地红线范围确实需要调整界址点的,则应由地政部门通知业主调整。

②用地方案中无界桩点坐标的,测量部门可根据用地方案的文字要求实地测量有关数据或测算所需界址点坐标后,返回地政部门确认。经确认后,把标有明显界桩点坐标的红线图,再送交测绘部门,测绘部门将根据情况决定是否再到实地放点埋桩。

3)宗地编号和界址点编号

红线图上界址点经实地放桩确认后,进行宗地编号和界址点编号。

4)编写界址界桩放点报考

界桩放点报告是截止放桩的成果资料,它包括实地放桩过程的说明,所使用的起算数据和测量仪器的说明,界址放桩略图,界址点坐标成果表等。界址放桩报告时建设工程验线的基础资料之一,在申请开工验线时要出示,同时也是征地、拆迁的基础资料。

对未平整土地、未拆迁宗地的测量放桩,若实在放桩困难,测量精度难以保证,应在放桩报告的备注栏中说明"本界桩点仅供拆迁、平整土地使用,不能用于施工放样"等字样。此类界桩点只能作为临时点,待后要补放。界址放桩报告在规定时限内完成。

5)制作宗地图

制作宗地图和编写放点报告同时进行。在界址点实地放桩完成后,应立即着手制作宗地图。宗地图一式 15 份交地政科签订土地使用使用合同时使用。

宗地图主要反映本宗地的基本情况,包括宗地权属界线、界址点位置、宗地内建筑物位置与性质、与相邻宗地的关系等。宗地图要求界址线走向清楚,面积准确,四至关系明确,各项注记正确齐全,比例尺适当。宗地图图幅规格为 18 cm×22 cm(深圳的要求),界址点用 1.0 mm 直径的圆圈表示,界址线粗 0.3 mm,用红色表示。

3. 房地产登记发证中的测量工作

房地产登记发证中的地籍测量包括宗地确权后的界址测量、宗地上附属建筑的面积调查、宗地图的制作等工作。

凡原来没有红线,或实际用地与红线不符,或者宗地分割合并引起权属界线发生变化等情况,在申请登记发证时,要进行界址测量。对出让的土地,建筑物建好后,进行房地产登记时要进行现状测量和建筑面积的丈量。

界址测量、房屋调查以及宗地图由测绘部门负责。其具体程序如下:

1)地籍测量申请

由房地产管理部门通知业主向测量部门申请地籍测量,并要求业主提交如下资料:用地红线图或用地位置略图。申请房屋调查时需提供房屋位置略图和经批准的建筑施工图(必要时还需提供剖、立面图或结构设计图)。填写地籍测量任务登记表。

2)土地权属调查

接到测量任务委托后,在规定时间内,由房地产管理部门负责权属调查的人员会同业主和测绘人员一起到实地核定权属界线走向,确定界址点位置。界址点位置确定后,测量人员现场绘制宗地草图,有关人员要签字盖章。

3)实地测绘

实地测量工作如下:

①埋设标志。

②测量已标定的界址点坐标。

③检查宗地周围的地形地物的变化情况,如有变化,做局部修测补测。

外业测量完成后,内业进行资料整理与计算,对测量坐标,要根据周围已确定的宗地坐标进行调查,相邻两宗地之间不能重叠、交叉,如果内业的坐标调整值较大,应及时更正实地的界址点标志。

如需要进行房屋调查,在接到测量申请后的规定时间内完成房屋调查工作。房屋调查的过程是:线审核建筑设计图,然后持图纸到实地抽查部分房屋建筑,验证图上尺寸与实地丈量尺寸是否相符,如符合精度要求,可按图上数量计算建筑面积;如不相符,误差超过规定的,应全部实地丈量。

已进行竣工复核的房屋,以复核后的竣工面积为准进行登记。已进行过预售调查,仅竣工复核,未更改设计的,不再进行调查,以预售面积作为竣工面积进行登记。竣工复核时,如发现房屋现状与预售时不一致,则应重新调查。

界址测量、房屋调查时所使用的仪器设备要通过检定,符合精度方可使用。

4)宗地编号和界址点编号

宗地编号和界址点标号的方法与土地出让中的规定相同。如登记发证时的宗地和土地出让时的宗地边界完全相同,则无需再编号,原有宗地号即为发证时的宗地号,界址点编号也是原来的编号。

原来没有宗地号的宗地,按新增加宗地办法编号;对宗地的分割合并,编号应按要求进行。

5)编写界址测量报告、房屋建筑面积汇总表

界址测量、房屋调查完成以后,要编写界址测量报告和房屋建筑面积汇总表。界址测量报告的主要内容如下:

①界址测量说明,主要说明界址点确定的过程(包括时间、参加人员、定界依据等),界址测量的一般规定(包括依据的规范、精度要求等)。

②界址测量过程叙述,包括起算成果、测量方法、使用的仪器等。

③界址测量略图。

④坐标成果表。

⑤宗地位置略图。

房屋建筑面积汇总表中包括建筑面积计算和建筑面积分层(分户)汇总。

6)绘制宗地图

房地产登记发证中的宗地图和土地使用权出让中的宗地图绘制方法和基本要求完全相同,内容基本相同,但用途不同。土地出让中的宗地图附在土地使用合同书后作为合同的组成部分,房地产登记中的宗地图是房地产登记卡的附图。

对于签订土地使用合同,仅进行土地登记时,可以把原土地使用合同书中的宗地图复制后作为登记时使用,无须重新制作。

在制作宗地图时,要对宗地范围经比准登记的建筑物进行统一编号,宗地图上的编号应与登记时的编号一致,建筑物的编号用圆括号注记在建筑物左上角,建筑物的层数用阿拉伯数字注记在建筑物中间。

宗地附图即房地产证后的附图,是房地产证重要的组成部分。

7)提交资料

提交的资料有界址测量报告、房屋调查报告和宗地图。其中,界址测量和房屋调查,用地

单位与测量单位各留存1份,宗地图交付登记发证使用,用地单位不留。

4. 房屋预售调查和房改中的房屋调查

作业流程如下:

1)调查申请

凡需要调查的,由有关单位向测绘部门提出申请,填写地籍测量任务登记表。申请房屋调查时应提交房屋建筑设计图(包括平、立、剖面图,发证时还需提供结构设计图)和房屋位置略图。

2)预售调查

对在建的房屋进行预售(楼花)的调查,使用经批准的设计图计算面积,计算完毕后,必须在所使用的设计图纸上加盖"面积计算用图"印章。

3)房改中的房屋调查

房改中的房屋调查以实地调查结果为准。原进行过预售调查的需要到实地复核,凡在限差范围内的维持原调查结果,不作改变。否则,重新丈量并计算。

4)提交资料

房屋调查的成果资料是:房屋调查报告,一份交申请单位,一份原件由测量部门存档。

5. 工程验线

工程验线是指经批准的建筑设计方案,在实地放线定位以后的复核工作。工程验线时,主要检查建筑物定位是否与批准的建筑设计图相符,检查建筑物红线是否符合规划设计要求。

建筑单位申请开工验线时,先进行预约登记,确定验线的具体时间。申请开工验线需提供的资料如下:用地红线图,经批准的建筑物总平面布置图,界址界桩放点报告,《建设工程规划许可证》(基础先开工的提交基础开工许可证)。在正式验线前,建设单位应在现场把建筑物总平面布置图上的各轴线放好,撒上白灰或钉桩拉好线,各红线点界桩必须完好,并露出地面。

在建设单位提交的资料齐全、准备工作完善的情况下,验线人员必须在规定时间内给予验线,并制作开工验线测量报告,如特殊原因,无法依约进行,一方应提前一天通知另一方,并重新商定验线日期。

验线人员到实地验线时应做以下工作:

1)查看地籍图或地籍总图。

2)查看界桩点情况,在条件允许的情况下,最好能复核界桩位置。

3)实地对照建筑物的放线形状与地籍图或地籍总图是否相符。

4)测量建筑的放线尺寸与图上的数据是否相符。

5)测量建筑物各外沿边线和红线是否符合规划设计要点。

在验线结束后,建设单位交付验线费用,验线人员在《建设工程规划许可证》上签署验线意见,加盖"建筑工程验线专用章"。只有验线合格者,工程方可开工。

6. 竣工验收测量

竣工测量是规划验收的重要环节,同时也是更新地形图内容的重要途径。竣工验收测量成果供竣工验收和房地产登记使用,同时也用于地形图、地籍图内容的更新。竣工测量的主要内容包括军工现状图测绘、建筑物与红线关系的测量和房屋竣工调查。竣工测量程序如下:

1)测绘部门在接到《竣工测量通知书》后,根据通知书中的竣工验收项目和有关技术规定在规定时间内完成测量工作。

2)竣工现状图比例尺为1∶500,采用全数字化法或一般测量方法测量,竣工图上必须标出宗地红线边界和界址点,测出建筑物与红线边的距离、室内外地坪标高、建筑物的形状以及宗地范围内和四至范围的主要地形地物。

建筑面积复核以实地调查为准。原进行过预售调查的,对预售调查结果进行复核,凡在限差范围内的,维持原调查结果,不做改变,超出限差的,重新丈量计算。

3)竣工测量提交的成果资料包括建设工程竣工测量报告一式3份和房屋调查报告一式两份。

建设工程竣工测量报告书一份交建设单位,一份交规划验收部门,一份由测绘部门存档;房屋调查报告交一份给建设单位,一份交测绘部门存档。

4)测绘部门根据竣工现状图及时修改更新地形图、地籍图。

7. 征地拆迁中的界址测量和房屋调查

由征地拆迁管理部门向测绘部门下达测量调查任务,或由用地单位提出申请。申请界址测量的由征地部门提供征地范围图或由征地人员到现场指界,申请房屋调查的提供房屋平面图和位置略图。测量方法同上,但对即将拆除的房屋拍照存档。

二、土地勘测定界

1. 概述

1)勘测定界的目的与工作质量

①目的和依据

为了使建设用地审批工作科学化、制度化和规范化,加强土地管理,根据《中华人民共和国土地管理法》的有关规定,来进行建设用地的勘测定界。

②工作质量

建设项目用地的勘测定界(以下简称勘测定界)是指对采用、划拨、使用等方式提供用地的各类建设项目,实际划定土地使用范围、测定界桩位置、标定用地界线、调绘土地利用现状,并计算出用地面积以供土地管理部门审查报批建设项目用地的测绘技术工作。

当勘测定界成果已经所在地县以上人民政府土地管理部门确认并依法批准后,则该建设项目用地便具有法律效力。

具体的勘测定界工作可在各级土地管理部门的组织下,并由取得"土地勘测许可证"及"测绘资格证书"的土地勘测单位来承担。

2)勘测定界的工作程序

对已取得"土地勘测许可证"和"测绘资格证书"的土地管理部门,在接受了用地单位的勘测的境界委托后,即可进行工作。具体的工作程序如下:

①接受委托并查阅有关文件及图件。

②现场踏勘、实地放样。

③界址测量、面积量算。

④编绘建设项目用地勘测定界图。

⑤编绘建设项目用地管理图。

⑥编制土地勘测定界报告等。

⑦成果检查验收、提交资料。

勘测定界工作须利用比例尺不小于1:2 000的地籍图或地形图进行,对于大型工程、线性工程,则可利用比例尺不小于1:10 000的土地利用现状调查图或地形图进行。应该指出,在利用地形图时,则应事先补充权属调查。

但现有地图不满足勘测定界工作要求时,则应对界址线范围内的地形地物进行修测或补测。

3)勘测定界的准备工作

勘测定界的准备工作包括以下4个方面:

①接受委托

经审核后,具备勘测定界资格的单位,须持有用地单位或有权批准该建设项目用地的人民政府土地管理部门的勘测定界委托书,方可开展工作。

②查阅相关文件

其文件主要有:用地单位提交的城市规划区域内建设用地规划许可证或选址意见书;经审批的初步设计方案及有关资料;土地管理部门在前期对项目用地的审查意见等。

③查阅图件及勘测资料

需查阅的文件及勘测资料有:市、县人民政府土地管理部门提供的辖区内用地管理图;用地单位提供用地范围的地籍图、土地利用现状调查图或地形图;专业设计单位承担设计的比例尺不小于1:2 000的建设项目工程总平面布置图。对于大型工程或线性工程的总平面布置图的比例尺不小于1:10 000。收集或查阅项目建址附近原有的平面控制点及道路中线点等的坐标成果。

④现场踏勘

依据建设项目工程总平面布置图上的用地范围及用地要求,进行实地踏勘,调查用地范围内的行政界线、地类界线以及地下埋藏物,用铅笔绘在地图上,并了解勘测定界的通视条件及控制点标石的完好情况。

2.建设项目用地放样

1)确定放样数据

经现场踏勘后确定界址点坐标或关系两种放样数据。

①界址点坐标

确定界址点坐标一般采用两种方法:一是在初步设计图纸上通过图解而获得;二是利用建设项目工程总平面布置图上已有的界址点坐标。

②界址点与邻近地物的关系距离

它是通过对图纸上的图解或根据实地踏勘等方式而获得的关系数据。在确定了放样数据后,可根据实地踏勘及边界界址点的具体分布情况,拟定合理的平面控制及施测方案。

2)解析法及关系距离法放样

①基本要求

勘测定界或放样界址一般采用极坐标法。其角度观测使用精度不低于J6级的经纬仪,采用半测回测定,距离丈量则应采用钢尺或测距仪二次读数。

②平面控制图

勘测定界的平面控制坐标系统应采用国家或城市平面控制网的坐标系。对于条件不具备的地区,亦可采用任意坐标系统,可用图解法在地形图或土地利用现状图上直接量取。

③解析法放样

利用已确定的界址点坐标及控制点坐标数据,计算出放样所需的元素,再利用界址点的邻近控制点来放样界址点的桩位。

④关系距离放样

根据用地界址点、界址线与邻近地物之间的关系距离,在实地确定出关系地物及地界,可利用钢尺量距,采用交会方法,放样出界址点的桩位。

3)线性工程与大型工程放样

①线性工程的放样

线性工程包括公路、铁路、河道、输水渠道、输电线路、地上和地下管线等。线性工程的勘测定界,放样方法可根据工程的具体情况,采用图解法或解析法进行。

a.图解法

在线性工程线路不太长而且线路基本呈直线时,可采用图解法进行放样。

根据设计图纸上所给出的定线条件,即现状物中线与线状地物的相对位置关系,在现场利用有关地物点作为基准点,采用经纬仪、测距仪、钢尺测出线状地物的中线位置。对于直线应每隔150 m确定一个中线点位置。

b.解析法

在线性工程比较长而且有折点或曲线时,则应采用解析法进行放样。

首先应沿线性工程布设测量控制点。依据设计图纸所给出的定线条件,线路中线的断点、中点、折点、交点以及长直线的加点坐标,反算出这些点与控制点之间的距离。然后以控制点为基准,采用经纬仪、钢尺或测距仪放样出线路的中线。亦可采用全站仪来放样出线路中线的具体位置。

平曲线测设可采用偏角法、切线支距法、中心角放射法或极坐标法等。圆曲线及复曲线则应定出起点、中点及终点;对于同心曲线则应定出半径、圆心、起点和终点。

②大型工程的放样

大型工程放样则应根据具体的情况,利用比例尺不小于1∶10 000的土地利用现状调查图或地形图,依据设计图纸上的折点及曲线点,在实地进行判读,并确定桩位。

4)界址点的设置

界址点是两相邻界址线的交点,界址桩则是埋设于界址点的标志。

①界址桩的类型

在勘测定界中,界址桩的主要类型有混凝土界址桩、戴帽钢钉桩和喷器界桩等。

界桩的设置要依据实地情况而定,在一般的情况下埋设的要求如下:在用地范围内建筑物或界址点位置处于空地上时,则应埋设混凝土界桩;若在坚硬的路面、地面或埋设混凝土界桩困难地区,则可钻孔或直接将戴帽的钢钉钉入地面;当界址点位于永久明显地物上(如房角、墙角等)时,则可采用喷漆界址桩。

②界址点的编号及点之记

a.界址桩的编号与直线距离

用地单位的界址桩在图纸上须从左到右、自上而下统一按顺序编号。当新用的界址点同原来的界址点重合时,则采用原界址桩的编号,界址之间的距离,直线长度不超过150 m。

b.界址点的点之记

每一个界址点都应做点之记,格式如图 4.36 所示。

界址点点之记一式 3 份,分别存于用地单位、批准用地机关和县级人民政府土地管理部门。

界址点点之记　　　　　　　　　　　　　　图号:

点号		界标材料		点号		界标材料	
略图:				略图:			
点号		界标材料		点号		界标材料	
略图:				略图:			

制图者:　　　　年　月　日

图 4.36　界址点点之记

3.勘测定界图

1)勘测定界图的含义

①界址测量

为了办证界址放样的可靠性及界址坐标的精度,在界址桩放样埋设之后,还须进行界址测量,以保证界桩放样的准确无误。

界址测量必须在已知点上设置,并按坐标法测量。测量的基本要求是:角度采用半测回测定,经纬仪对中误差不得超过 ±3 mm,一测站结束后必须检查后视方向,其偏差不得大于±30″;距离测量可用电磁波测距仪或钢尺,使用电磁波测距仪时,距离一般不超过 200 m,个别放宽至 300 m,使用钢尺测量时一般不得超过 2 尺段。相邻测站至少应检测一界址点。解析法测定界址点坐标相邻控制点的点位中误差应控制在 ±5 cm 范围内。

②勘测定界图

勘测定界图是集各项地籍要素、土地利用现状要素和地形、地物要素为一体的区域性专业图件。勘测定界图是利用实测界址点坐标和实地调查测量的权属、土地利用类型等要素在地籍图或地形图上编绘或直接测绘。

勘测定界图的主要内容包括:用地界址点和线、用地总面积;用地范围内各权属单位名称及土地利用类型代号;用地范围内各地块编号及土地利用类型面积;用地范围内的行政界线、各权属单位的界址线、基本农田界线、土地利用总体规划确定的城市和村庄集镇建设用地规模范围内农用地转为建设用地的范围线、土地利用类型界线;地上物、文字注记、数学要素等。勘测定界图的比例尺不小于1:2 000,大型工程勘测定界图比例尺不小于1:10 000。勘测定界图上项目用地边界线可根据用地范围的大小用 0.3 mm 红色实线表示,界址点用直径为 1 mm 的圆圈表示;基本农田界线使用绿色绘制,并注明基本农田;农用地转为建设用地范围线使用黄色绘制;土地利用类型界线用直径 0.3 mm、点间距 1.5 mm 的点线表示。勘测定界图上用地范围内每个权属单位均应在适当位置注记权属单位名称和面积;每个地块均应在适当的位置注记地块编号、土地利用类型号和面积。其注记方式如:

$$\frac{01}{131} \, 0.235 \, 6$$

分母表示土地利用类型编号,分子表示该地块的编号,右侧表示该地块的面积。

勘测定界图的平面位置精度,界址点或明显地物点相对于邻近图根点的点位中误差及相邻平面点的间距中误差,在图上不得大于表 4.8 规定。

表 4.8 勘测定界图的平面位置精度 单位:mm

图纸类型 比例尺	1:500	1:1 000 1:2 000
薄膜图	±0.8	±0.6
计算机绘图、蓝晒图	±1.2	±0.8

2)土地勘测定界图实例

一般建设用地勘测定界如图 4.37 所示。

4.土地勘测定界成果的检查与验收

勘测定界成果实行二级检查一级验收制。一级检查为过程检查,在全面自检、互查的基础上,由作业组的专职或兼职检查人员承担。二级检查由施测单位的质量检查机构和专职检查人员在一级检查的基础上进行。检查验收工作应在二级检查合格后由勘测定界单位的主管机关实施。二级检查和验收工作完成后应分别写出检查、验收报告。

1)提交的成果

①勘测定界图(见图 4.37)。

②勘测定界技术报告书(见表 4.9)。

③勘测定界用地范围图。

④检查验收报告。

2)检查、验收项目及内容

①控制测量

控制测量网的布设和标志埋设是否符合要求;各种观测记录和计算是否正确;各类控制点的测定方法、扩展次数及各种限差、成果精度是否符合要求;起算数据和计算方法是否正确,平差的成果精度是否满足要求。

②外业调查

权属调查的内容与填写是否齐全、正确;土地面积汇总表中的土地利用类型与土地利用现状图上是否一致。

③地籍要素测量

地籍要素测量的测量方法、记录和计算是否正确;各项限差和成果精度是否符合要求;测量的要素是否齐全、准确,对有关地物的取舍是否合理。

④勘测定界图绘制

勘测定界图的规格尺寸、技术要求、表述内容、图廓整饰等是否符合要求;勘界要素的表述是否齐全、正确,是否符合要求;对有关地形要素的取舍是否合理;图面精度和图边处理是否符合要求。

⑤面积测算

勘测定界面积的计算方法是否正确,精度是否符合要求;用地面积的测算是否正确,精度

勘测定界图 I50 G 044052

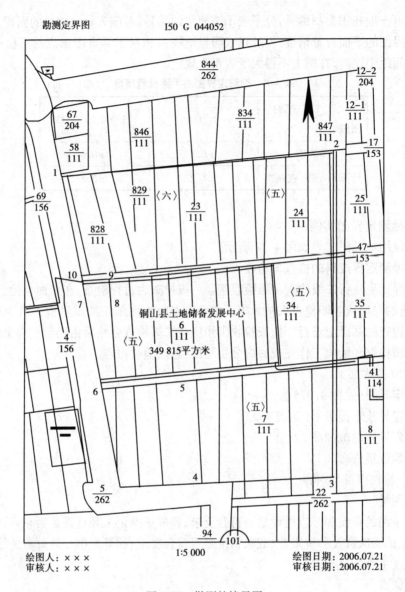

绘图人：×××
审核人：×××

1:5 000

绘图日期：2006.07.21
审核日期：2006.07.21

图 4.37　勘测的境界图

是否符合要求。

⑥变更与修测成果的检查

变更与修测的方法，测量基准、测绘精度等是否符合要求；变更与修测后房地产要素编号的调整与处理是否正确。

表4.9　土地勘测定界表

编号(××××—××)

土地勘测定界技术报告书(示例)

用 地 单 位:

项目用地名称:

勘测定界单位:

年　月　日(指内外业完成时间)

目 录

1. 土地勘测定界技术说明

2. 土地勘测定界表

3. 土地分类面积表

4. 界址点坐标成果表

5. 界址点点之记

6. 项目用地地理位置图

土地勘测定界技术说明

（一）勘测定界的目的和依据

注：勘测定界的目的和依据。包括项目立项批复、技术依据等。

（二）施测单位及日期

注：施测单位及日期。包括勘测单位、施测起止时间、内业完成时间。

（三）勘测定界外业调查情况

注：勘测定界外业调查情况。包括权属、土地利用类型调查的依据、方法；基本农田界线的转绘等。

（四）勘测定界外业测量情况

注：勘测定界外业测量情况。包括测量仪器的选择、坐标系统的选择、首级控制选择、控制网布设情况及埋设界标个数等情况。

（五）勘测定界面积量算与汇总情况

注：勘测定界面积量算与汇总情况：面积量算的方法、实测用地总面积、占用基本农田面积等。

（六）相关情况说明

注：相关情况说明。工作底图的选择、勘测定界图编绘（测量）方法、对成果资料的说明以及自检情况等。

土地勘测定界表

单位名称[1]			经办人	
单位地址[2]			电 话	
主管部门[3]			土地用途[4]	
土地坐落[5]				
相关文件[6]				
图幅号[7]				

勘测面积（平方米或公顷）[8]	地类／所有权	农用地						建设用地				未利用地			合计
		耕地	园地	林地	牧草地	其他农用地	小计	工矿及居民点	交通运输用地	水利设施用地	小计	未利用地	其他土地	小计	
	国有														
	集体														
	合计														
占用基本农田面积															

勘测定界单位签注[9]
单位主管： 审核人： 项目负责人： 盖章：（土地勘测定界专用章）   年　月　日

注：1. 用地单位全称（即该单位公章全称）、个人用地则填户主姓名。

2. 用地单位办公地址及联系电话。

3. 与单位有资产、行政等关系的上级领导部门，个人用地时此栏不填。

4. 项目用地土地用途，按全国统一的土地分类中土地分类含义填写。

5. 用地的坐落。

6. 项目可行性研究报告或项目建议书批准文件，工程初步设计或工程总平面规划批准文件、规划许可证等。

7. 勘测定界图分幅图号。

8. 按土地权属性质分，包括国有土地面积、集体土地面积；按现状土地利用类型分，包括农用地、建设用地、未利用土地；以及占用基本农田面积。

9. 勘测定界单位签注：由单位主管、审核人、项目负责人的签章，并加盖勘测定界单位土地勘测定界专用章。

土地分类面积表[11]

（本表要求填写用地范围内原不同权属，不同土地利用类型的土地面积）

权属单位	农用地						建设用地								未利用土地		合计	备注
	耕地	其中		园地	林地	牧草地	其他农用地	商服用地	工矿仓储用地	公用设施用地	公共建筑用地	住宅用地	交通运输用地	水利设施用地	特殊用地	未利用土地	其他土地		
合计																			

注：10.本表要求填写用地范围内从行政村（组）汇总到乡（镇）时，表头填写市（县）、乡（镇），权属单位栏填写行政村；当面积统计从乡（镇）汇总到市（县）时，表头填写市（县），权属单位栏填写乡（镇）。

11. 国有土地填写（国有）；集体土地填写（集体）。

10

界址点坐标成果表

点　号	距　离	纵坐标	横坐标	备　注

计算者：　　　　　　　　检查者：　　　　　　　年　月　日

界址点点之记

图号：

点号		界标材料		点号		界标材料	
略图：				略图：			
点号		界标材料		点号		界标材料	
略图：				略图：			

制图者：　　年　月　日

技能训练4　土地勘测定界

1. 技能目标

1）掌握土地勘测定界的工作流程。

2）掌握界址点的放样方法。

3）熟练掌握勘测定界表的填写及宗地图的制作。

2. 仪器工具

1）每组准备全站仪1套、对中杆2根。

2）每组记录板1块，界址点成果表1张。

3）土地勘测定界表1份。

3. 实训步骤

首先在室外分好每个组的实训地点，找到建设项目用地附近的控制点。

1）采用极坐标法放样界桩。

2）实地调查建设项目用地范围内的每一个图斑的地类和权属。

3）内业计算每一个图斑的面积。

4）绘制勘测定界图。

5）填写土地定界表。

4. 基本要求

1）如果所给区域有土地利用现状图，可以不用现场实测地形图。

2）土地勘测定界图每人绘制1份，土地勘测定界表每组上交1份。

5. 提交资料

1）每人提交实训报告1份。

2）每组提交1份土地勘测定界表。

知识能力训练

1. 什么是变更地籍调查及测量？它的目的与要求怎样？

2. 简述变更地籍调查及测量的准备工作。

3. 变更地籍资料应满足哪些要求？

4. 更改界址的变更界址测量有哪几种情况？请分别简述。

5. 为什么要进行界址的恢复？恢复界址点的放样方法有哪几种？具体是什么？

6. 日常地籍测量的内容包括哪些？

7. 简述"3S"技术在农用地变更调查中的应用。

8. 地籍变更调查与测量后，哪些资料需要随之变更，其变更的方法怎样？

9. 界址恢复与鉴定的工作内容有哪些？

10. 什么是工程验线？有何要求？实地验线的具体内容是什么？

11. 什么是土地利用动态遥感监测？一般采用哪两种方法进行监测？简述其优点。

12. 土地利用动态遥感监测包括哪些内容？

13. 试述土地利用动态监测的技术流程。

14. 试述确定土地利用变化类型的方法。

15. 简述勘测定界的工程程序及具体要求。

16. 勘测定界的详细准备工作包括哪些？

17. 界址桩有哪些类型？它的设置规定是什么？

18. 你认为勘测定界图有哪些作用？它应该有哪些具体要求？

19. 建设项目用地勘测定界有哪些主要成果？

学习情境 **5**

数字地籍成图软件的应用

知识目标

能正确陈述绘制宗地权属界线的方法和步骤;能正确陈述宗地图、界址点成果的绘制生成方法和修改打印输出方法;能够了解面积统计的菜单操作。

技能目标

能熟练进行数据文件的传输;能够在 CASS 软件中熟练进行展点、绘权属界线;能够根据地籍图熟练地绘制宗地图;能够根据宗地图熟练地生成界址点成果表。

子情境 1　绘制地籍图

一、数据通讯

1. 数据文件格式

数字地籍图与数字地形图的野外数据并无太大的区别,操作方式几乎完全相同。全站仪中记录的数据需要传输到计算机中,才能在绘图软件下使用。传输到计算机中的坐标数据,将存放到"坐标数据文件"中。坐标数据文件的后缀为"DAT",其文件名可由用户自己命名,如 20090811.dat。

坐标数据文件的数据格式如下:

总点数 N

点号 1,编码 1,Y_1,X_1,H_1

点号 2,编码 2,Y_2,X_2,H_2

点号 3,编码 3,Y_3,X_3,H_3

……

点号 n，编码 n，Y_n，X_n，H_n

由于该文件是文本文件，故可以用 Windows 中的"记事本"来编辑和修改。甚至可以将一些零散的碎部点坐标、高程，按照上述坐标数据文件的数据格式编辑生成为可供展点用的后缀为"dat"的文件，或者将 Excel 表格的坐标数据转换成后缀为"dat"的文本文件。

如果上述数据文件中可以没有编码，文件中的编码位置仍需保留，一般有两个"，"号隔开。例如：

0001，，33176.883，81194.121，195.797

0002，，33151.086，81152.030，195.401

0003，，33154.676，81165.227，194.502

……

0035，，33143.782，81129.904，191.698

2. 在 CASS 中进行数据通讯

在 CASS 中进行数据传输时，首先用数据线将全站仪和电脑连接起来，开启拓普康全站仪电源，并运行电脑中的南方 CASS 软件。

在全站仪主菜单中调用"存储管理"子菜单，如表 5.1 所示。选择数据格式、设置通讯参数，选择要发送的测量数据类型，选择要发送的数据文件后等待按键发送。

表 5.1　全站仪与电脑数据传输操作过程表

操作过程	操作	显　示
①由主菜单 1/3 按［F3］（存储管理）键	［F3］	存储管理　　　　　1/3 　F1：文件状态 　F2：查找 　F3：文件维护　　　P↓
②［F4］（P↓）键两次	［F4］ ［F4］	存储管理　　　　　3/3 　F1：数据通讯 　F2：初始化 　　　　　　　　　P↓
③选择数据格式 　GTS 格式：通常格式 　SSS 格式：包括编码	［F1］	数据传输 　F1：GTS 格式 　F2：SSS 格式
④按［F1］（数据通讯）键	［F1］	数据传输 　F1：发送数据 　F2：接收数据 　F3：通讯参数
⑤按［F1］键	［F1］	发送数据 　F1：测量数据 　F2：坐标数据 　F3：编码数据

续表

操作过程	操 作	显 示
⑥选择发送数据类型,可按[F1]至[F3]中的一个键 例:[F1](测量数据)	[F1]	选择文件 FN: 输入 调用…回车
⑦按[F1](输入)键,输入待发送的文件名,按[F4](ENT)键	[F1]	发送测量数据 >OK? [是][否]
⑧按[F3](是)键,发送数据,显示屏返回到菜单	[F1] 输入 FN [F4] [F3]	发送测量数据! 正在发送数据! > 停止

通讯参数设置的操作步骤如表5.2所示。

表 5.2　通讯参数操作过程表

操作过程	操 作	显 示
①由主菜单1/3 按[F3](存储管理)键	[F3]	存储管理 1/3 F1:文件状态 F2:查找 F3:文件维护 P↓
②[F4](P↓)键两次	[F4] [F4]	存储管理 3/3 F1:数据通讯 F2:初始化 P↓
③按[F1](数据通讯)键	[F1]	数据传输 F1:GTS 格式 F1:SSS 格式
④按[F1](GTS 格式)键	[F3]	数据传输 F1:发送数据 F2:接收数据 F3:通讯参数
⑤按[F3](通讯参数)键	[F2]	通讯参数 1/2 F1:协议 F2:波特率 F3:字符/检验 P↓

309

续表

操作过程	操　作	显　示
⑥[F2](波特率)键 [ ]表示当前波特率设置		波特率 [1200]　2400　4800 9600　19200　38400 回车
⑦按[▲]、[▼]、[▶]和[◀] 选定所需参数	[▶] [▼]	波特率 1200　2400　　4800 9600　[19200]　38400 回车
⑧按[F4](回车)键	[F4]	通讯参数 　F1:协议 　F2:波特率 　F3:字符/检验　　P↓

其中,设置传输时的通讯参数如图 5.1 所示。

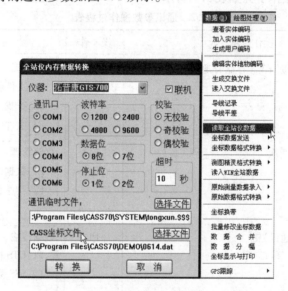

图 5.1　通讯参数

在南方 CASS 软件中,选择菜单"数据"→"读取全站仪数据",就会出现如下菜单和对话框。在此对话框中,选择仪器、设置通讯口、波特率、检验、数据位、停止位、超时、临时通讯文件、CASS 坐标文件后,单击"转换"按钮(先在全站仪上回车发送数据),即可将全站仪上的坐标数据文件传输到计算机中。

本例以拓普康全站仪为例,其他类型全站仪的数据传输方法与此相类似,在此不一一叙述。

3.用专门的软件进行数据通讯

全站仪数据通讯软件很多,功能大同小异,选择自己喜欢用的一款即可。例如,用 T-COM

V1.5 中文版进行数据传输时,首先要将该软件安装到电脑上,然后运行该软件,即可显示如图 5.2 所示的界面。

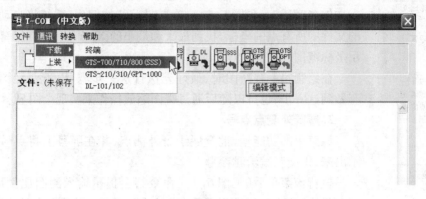

图 5.2　T-COM V1.5 中文版界面

　　在"文件"菜单中设置存储位置,在"通讯"菜单中选择全站仪型号或直接在工具栏中点击相应按钮即可弹出"通讯状态"对话框(见图 5.3)。在此对话框中,设置 COM 口、波特率、数据位、奇偶位、停止位等内容后,单击"开始"按钮即可进行数据传输(先在全站仪上回车发送数据)。

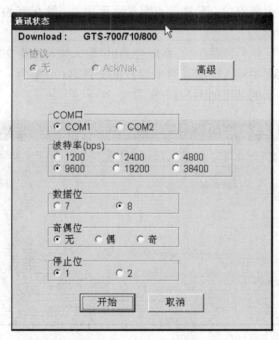

图 5.3　通讯参数设置

二、内业展点

下面以南方 CASS 软件为例,说明内业展点的步骤和方法。

1. 定显示区

定显示区的作用是,通过给定坐标数据文件定出图形的显示区域,保证所有碎部点都能显

图 5.4　定显示区

示在屏幕上。选择菜单项"定显示区"命令(见图5.4),系统提示输入数据坐标文件名,把数据输入时所存放的坐标数据文件名及其相应途径输入文件名对话框(见图5.5)。单击"打开"按钮后,系统将自动检索相应的文件中所有点的坐标,找到最大和最小的 X,Y 值,并在屏幕命令区显示坐标范围(见图5.6)。

在绘制每一幅新图时,最好先执行这一步骤,以方便绘图。如果没有做到这一步,也可以随后通过视图缩放操作来实现全图显示。

2.展野外测点点号

该菜单的功能是,批量展绘野外测点,并在屏幕上将点号和点位显示出来,供交互编辑时参考。

执行该菜单后(见图5.7),命令行会提示输入测图比例尺,并且系统会弹出"输入坐标数据文件名"对话框。在此对话框中,输入待展点的坐标数据文件名(后缀为 ∗.dat)即可,如图5.8所示。

展点号后显示的结果如图5.9所示。

3.展野外测点点位

该菜单的功能与展野外测点点号类似,批量展绘野外测点,并在屏幕上将点位(不显示点号)显示出来,供交互编辑时参考,如图5.10所示。

执行该菜单后,系统会弹出"输入坐标数据文件名"对话框。在此对话框中输入待展点的坐标数据文件名(后缀为 ∗.dat)即可。展点位后显示的结果如图5.11所示。

图5.5　定显示区时输入数据文件

4.切换展点注记

该菜单的功能是,将展绘的碎部点在显示点位、显示点号、显示代码和显示高程 4 个形式之间切换(见图5.12),并以上述 4 种方式之一显示出来,以方便交互编辑。

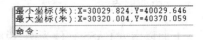

图5.6

三、图形绘制

数字地籍图中地物的绘制与数字地形图中地物的绘制方法完全相同。在此,重点介绍地籍要素的绘制方法。

1. 地籍参数设置

调用"地籍"菜单下的"地籍参数设置"子菜单,即可弹出如图 5.13 所示的对话框,在其中对街道位数、街坊位数、地号字高、小数位数、界址点前缀、界址点编号、地籍图注记内容、宗地图绘制人员、审核人员、宗地图规格、宗地图注记方法等进行设置。

2. 绘制权属界线

用前述方法展点后,选择右侧屏幕菜单上部的"点号定位"(见图 5.14),在弹出的对话框中选择坐标数据文件,即可实现用点号或对象捕捉(捕捉模式选择为"节点")绘制权属界线。

调用"地籍"菜单下的"绘制权属线"子菜单(见图 5.15),并逐点输入各点号,输入完成后,系统会弹出"宗地属性信息"的对话框(见图 5.16),在其中填写街道号、街坊号、宗地号、权利人,并选择地类号后,单击"确定"按钮,即可在指定位置绘出宗地权属线和宗地信息。

3. 复合线转换成权属界线

如图 5.17 所示,调用"地籍"菜单下的"复合线转为权属线",系统会提示选择封闭的复合线(如用多段线绘制的左下图形),在弹出的"宗地属性信息"对话框中填写街道号、街坊号、宗地号、权利人,并选择地类号后,即可在指定位置绘出宗地权属

图 5.7　展野外测点点号菜单

图 5.8　展点时输入数据文件

线和宗地信息(如右下图形)。

4. 以权属信息文件生成权属界线

权属信息文件的内容包括宗地号、宗地名、土地类别、界址点及其坐标等。可以用它来绘制权属图和出各种地籍报表。该文件的数据格式如下:

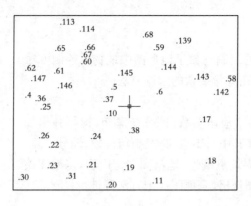

图 5.9　展点号

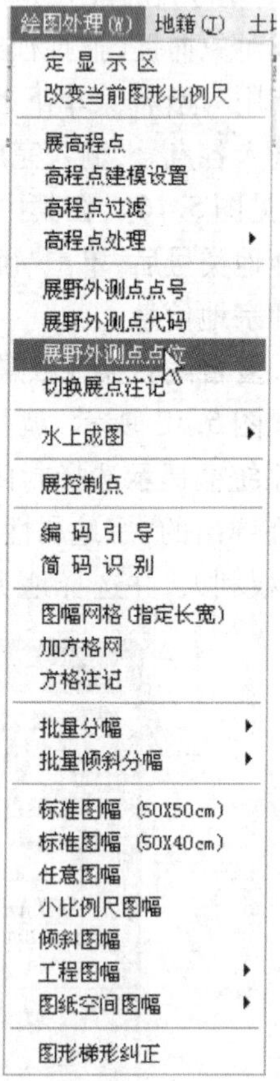

宗地号
宗地名
土地类别
界址点号
界址点坐标 Y（东方向）
界址点坐标 X（北方向）
……
界址点号
界址点坐标 Y（东方向）
界址点坐标 X（北方向）
E［，宗地面积］
……
……
宗地号
宗地名
土地类别
界址点号
界址点坐标 Y（东方向）
界址点坐标 X（北方向）
……
界址点号
界址点坐标 Y（东方向）
界址点坐标 X（北方向）
E［，宗地面积］
E

图 5.10　展野外测点点位菜单

在权属信息文件中,每一段数据表示一宗地的信息;X 坐标的下一行的字母 E 为宗地结束标志,其后括号中的内容(宗地面积)是可选项;文件的最后一行的字母 E 为文件结束标志;界址点坐标的单位为"米"。

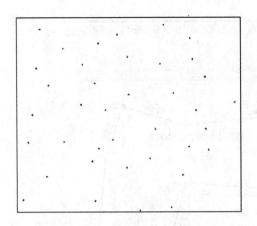

图 5.11　展野外测点点位

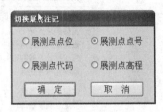

图 5.12　切换展点注记

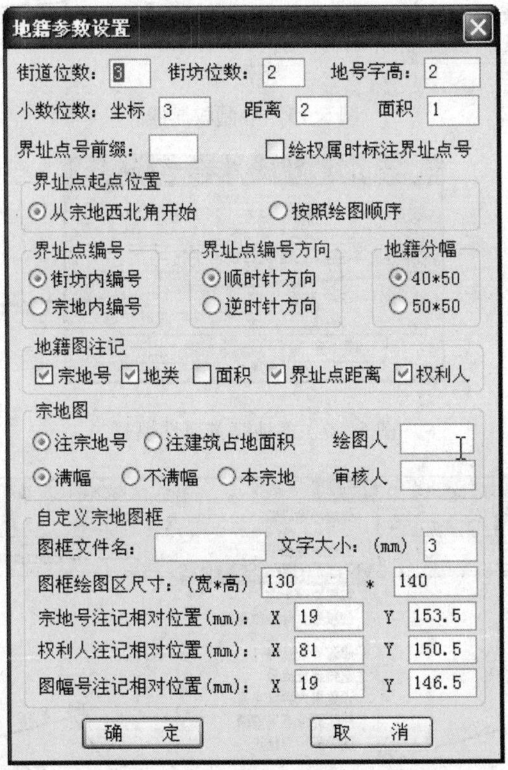

图 5.13　地籍参数设置

权属信息文件的后缀为 ＊.QS,可以通过运行 CASS 7.0 中"编辑"菜单下的"编辑文本文件"子菜单,或用 Windows 中的记事本来完成权属引导文件的编辑修改工作。

有了上述权属引导文件和权属信息文件,就可以根据它自动生成权属界线。如图 5.18 所示,调用"地籍"菜单下的"依权属文件绘权属图"子菜单,即可弹出如图 5.19 所示的对话框,在其中选择相应文件即可绘图。

图 5.14　展绘界址点

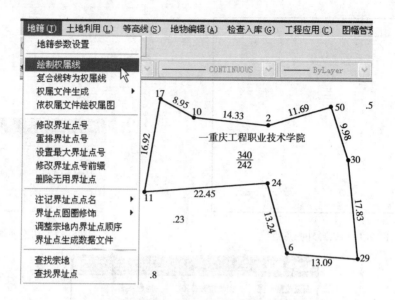

图 5.15　绘制权属线

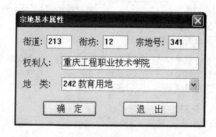

图 5.16　宗地基本属性填写

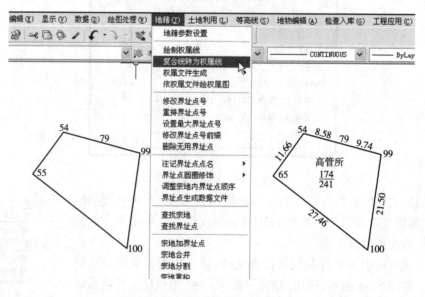

图 5.17　复合线转为权属线

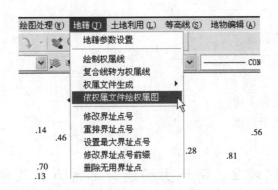

图 5.18　依权属文件绘权属图

图 5.19　打开权属文件

技能训练 5　CASS 软件的学习和使用

1.技能目标

1)了解 CASS 软件的界面。

2)掌握在 CASS 中展绘点的方法。

3)掌握根据草图绘制地籍要素的方法。

2.仪器工具

每位学生 1 台计算机。

3.实训步骤

1)每位学生独立操作计算机,完成数据传输。

2)每位学生独立操作计算机,在 CASS 中配置地籍测量的各项参数。

3)每位学生用上次传输的数据文件独立展点。

4)学生对照自己以前所绘的草图绘制权属界线。

5)学生按照本次技能训练的内容进行练习,独立完成本次技能训练的任务,教师辅导并答疑。

4. 基本要求

1）按时到实训场地训练。

2）预先准备好全站仪实测数据。

5. 提交资料

1）每人提交实训报告 1 份。

2）每人提交 1 份电子数据。

子情境 2　宗地图编绘与界址点成果输出

一、宗地图编绘

在绘制完地籍图后，即可制作宗地图。具体制作时，可采用单块宗地和批量处理两种方法（见图 5.20），它们都是基于带属性的界址线。

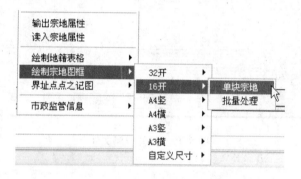

图 5.20　绘单块宗地图

1. 由地籍图生成宗地图

调用"地籍"菜单下的"绘制宗地图框"子菜单，在其中选择"16 开/单块宗地"，系统会提示：

"用鼠标器指定宗地图范围——第一角"：例如用鼠标选定左上角；

另一角"：用鼠标选定右下角。

系统将弹出"宗地图参数设置"对话框，在其中简要设置即可。系统会要求："用鼠标器指定宗地图框的定位点"：在屏幕空白处给定宗地图的左下角位置，即可绘出宗地图和界址点成果表，如图 5.21 所示。

2. 宗地图的编辑修改

通过上述方法绘制而成的宗地图可以用 CAD 的普通编辑修改方法进行编辑修改。对于宗地编号、地籍图号、权利人、界址点号、界址边长、绘图日期、审核日期、绘图员、审核员、界址点坐标表的坐标和面积等内容，均可以像修改单行文字那样进行修改。例如，用鼠标双击某文字，即可进行快速修改。

修改完成后的宗地图可以在打印设置中按区域范围打印。

二、界址点成果输出

1. 生成界址点成果表

1)在 CASS 中生成界址点成果表

调用"地籍"菜单中的"输出地籍表格"子菜单,在其中选择"界址点成果表"(见图 5.22)。系统会提示:

"用鼠标指定界址点成果表的点":给出输出界址点成果表的左下角位置;

"(1)手工选择宗地(2)输入宗地号〈1〉":例如输入"1"手工选择宗地;

"选择对象:找到 1 个":拾取封闭宗地界址线;

"选择对象":回车结束选择,则自动在指定位置绘出界址点成果表,如图 5.23 所示。

在 CASS 中自动生成的界址点成果表可以进行编辑修改,也可以打印输出。

2)在 Excel 中生成界址点成果表

调用"地籍"菜单中的"输出地籍表格"子菜单,在其中选择"界址点成果表(Excel)"。系统会提示:

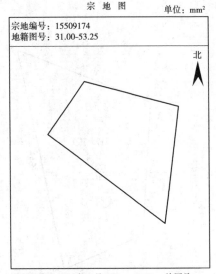

宗 地 图　　　　单位：mm²

宗地编号：15509174
地籍图号：31.00-53.25

北

绘图日期：2008 年 8 月 8 日　　1:290　　绘图员：
审核日期：　　　　　　　　　　　　　　审核员：

界址点坐标表

点号	X	Y	边长
15	31 152.456	53 258.561	
16	31 150.213	53 266.844	8.58
17	31 148.025	53 276.438	9.74
18	31 128.880	53 273.683	21.50
19	31 142.988	53 251.787	27.48
15	31 152.458	53 258.581	11.88
S=355.0 平方米　80.532 .6			

图 5.21　宗地图及界址点成果表

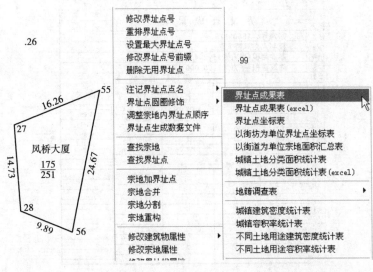

图 5.22　调用界址点成果表菜单

"(1)手工选择宗地(2)输入宗地号〈1〉":例如输入"1"手工选择宗地;

"选择对象:找到 1 个":拾取封闭宗地界址线;

"选择对象":回车结束选择,则自动在 Excel 中生成界址点成果表,如图 5.24 所示。

界 址 点 成 果 表					第1页 共1页
宗地号 15609175					
宗地名 凤桥大厦					
宗地面积（平方米） 234.6					
建筑占地（平方米） 0.0					
界 址 点 坐 标					
序号	点号	坐 标		边长	
		x(m)	y(m)		
1	20	31 137.208	53181.314		
				14.21	
2	21	31 142.986	53196.508		
				24.87	
3	22	31 118.835	53191.452		
				8.58	
4	23	31 122.512	53182.274		
				14.73	
1	20	31 137.204	53181.314		

制表：　　　　审核：　　　　年　月　日

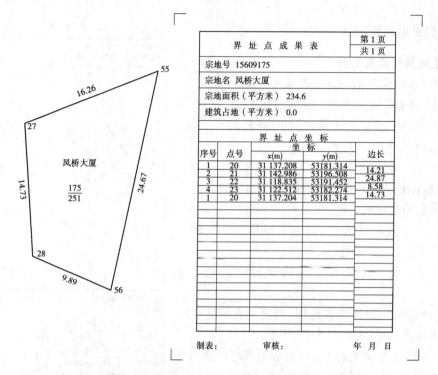

图 5.23　在 CASS 中生成的界址点成果表

界 址 点 成 果 表				第 1 页 共 1 页
宗地号：15609175				
权利人：凤桥大厦				
宗地面积(平方米)：234.550				
建筑面积(平方米)：0.000				
界 址 点 坐 标				
序 号	点 号	坐 标		边 长
		x(m)	y(m)	
1	20	31137.209	53181.314	
				16.255
2	21	31142.986	53196.508	
				24.675
3	22	31118.835	53191.452	
				9.887
4	23	31122.512	53182.274	
				14.728
1	20	31137.209	53181.314	

图 5.24　在 Excel 中生成的界址点成果表

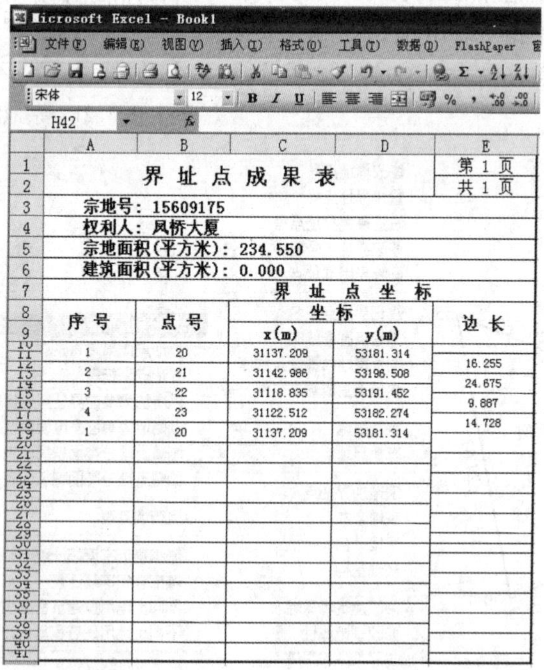

在 Excel 中自动生成的界址点成果表可以进行编辑修改，也可以像普通电子表格那样打印输出。

2. 宗地面积统计

调用"地籍"菜单中的"输出地籍表格"子菜单,如图 5.25 所示。在其中选择"以街坊为单位宗地面积汇总表""城镇土地分类面积统计表""城镇土地分类面积统计表(Excel)""面积分类统计表"等,在指定权属信息文件(∗.QS)后,系统则会自动生成所选择的相应面积统计表。

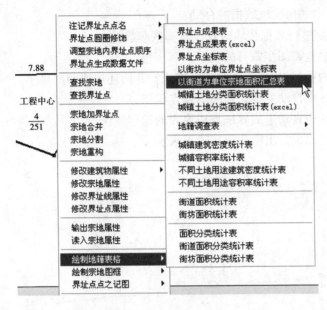

图 5.25　宗地面积统计菜单

技能训练 6　CASS 软件生成宗地图

1. 技能目标

1)掌握在 CASS 中绘制宗地图的方法。

2)掌握在 CASS 中生成宗地界址点成果表的方法。

2. 仪器工具

每位学生 1 台计算机。

3. 实训步骤

1)每位学生独立操作计算机,在 CASS 中绘制宗地图。

2)每位学生独立操作计算机,在 CASS 中输出界址点成果表。

3)学生按照本次技能训练的内容进行练习,独立完成本次技能训练的任务,教师辅导并答疑。

4. 基本要求

1)按时到达实训场地训练。

2)准备好地籍图资料。

5. 提交资料

1)每人提交 1 份实训报告。

2）每人提交 1 份宗地图电子数据。

知识能力训练

1. 在 TOPCON 中如何实现数据的存储？

2. 全站仪与电脑进行数据传输时要设置哪些参数？

3. 在 CASS 中绘地籍图步骤有哪些？

4. 在 CASS 的内业展点时，有哪些展点方式？并简述如何调用菜单。

5. 简述在 CASS 中自动生成宗地图的操作步骤。

6. 简述在 CASS 中自动生成界址点成果表的操作步骤。

7. 在 CASS 中可以统计出哪些面积成果表？

学习情境 **6**

地籍调查与测量项目实训

一、实训目的

地籍管理是土地管理部门的一项基础性工作,地籍管理的基础数据来源于地籍调查与测量。通过地籍调查与测量项目的实训,可对地籍调查与测量的理论、技术和方法有全面的了解,熟悉城镇地籍调查的工作流程、地籍测量的作业方法、地籍成图软件的应用及宗地图的制作等。从事地籍调查与测量工作不仅要有精湛的技术能力,还需要有强烈的法律意识和社会意识。这些非技术素质作为实训的一个重要组成部分,与技术素质同等重要。

地籍调查与测量教学注重培养学生理论联系实际、分析问题与解决问题及实际动手的能力,同时锻炼学生的吃苦耐劳和团结协作的精神。实训的主要目的如下:

1)掌握城镇地籍调查的工作程序及内容。

2)熟练掌握地籍调查表的填写、宗地草图绘制。

3)熟练掌握地籍测量仪器(全站仪)的操作方法。

4)掌握界址点测量的外业实施方法和界址点坐标的计算。

5)熟练掌握数字地籍成图软件的使用方法。

二、实训任务

1)几个宗地的权属调查。

2)用极坐标法测量宗地的界址点,计算出各界址点的坐标。

3)用界址点坐标计算宗地面积。

4)每个小组测绘1:500比例尺地籍图图幅(50 cm × 50 cm)中的8格(每格10 cm × 10 cm)。

三、实训组织

以班级为单位,5人一组,每组设组长1人。组长负责日常测量工作安排和本小组成员的考勤。

四、仪器和工具

每组配备的仪器和工具如表6.1所示：

表6.1 仪器设备表

设备仪器名称	数 量
全站仪	1
脚架	1
单棱镜	2
对中杆	2
充电器	1
机载电池	2
对讲机	3
电缆线	1

五、实训时间及计划

总实训时间1周，计划如下：

1）实训动员、借领仪器工具、准备图纸、熟悉图根点：1天。

2）权属调查：1天。

3）界址点测量（白天外业测量，晚上计算宗地面积）：1天。

4）测图（白天外业测图，晚上内业成图）：2天。

5）归还仪器、图纸清绘和接边：1天。

6）写实训总结报告：1天。

六、实训注意事项

1）遵照测量实训的有关规定。

2）实训期间，各小组组长应合理、公平地安排小组工作。每一位小组成员都应轮流担任每一项工种，让所有成员都得到学习和实践锻炼的机会，不能片面追求进度。

3）实训期间，要特别注意保管好仪器和工具。各小组应安排小组成员专人保管。每天出工和收工的时候都要清点好仪器和工具。在使用过程中应爱护仪器工具，不得损坏，发现问题及时向实训指导老师报告。

4）由于实训场地较为集中，各小组可能会共许多图根点用，因此各小组之间应加强合作。小组内部成员之间、小组与小组之间应加强团结，以保证共同完成实训任务。同时，还应注意自己和小组成员实训期间的安全和健康问题。

5）不得缺勤，除遵守学校的有关纪律规定外，还应严格遵守实训纪律。未经指导老师同意，不得私自外出或回家。

七、实训步骤和要求

地籍调查是土地登记工作中为确定土地权属、明晰产权的实质性调查,其成果资料是保护土地所有者和土地使用者合法权益、解决土地产权纠纷的重要凭据。同时,通过地籍调查还可全面掌握一个地区的土地类型、数量、分布和利用状况,以及土地在国民经济各部门之间、在各种经济成分之间的分配情况,从而为建立科学的土地管理体系,为合理利用和保护土地,为制定土地利用规划、计划及有关政策、实现耕地总量动态平衡、调控土地供需、规范土地市场等提供信息保障。

地籍测量是为满足地籍调查中对确定宗地的权属界线、位置、形状、数量等地籍要素的水平投影的需要而进行的测量工作,是服务于地籍管理的一种专业测量。其主要任务是根据权属调查依法认定的权属界址和使用性状,实地测量每宗土地的权属界址点及其他地籍要素的平面位置。

1. 宗地草图绘制及调查表填写

宗地草图是在权属调查时实地绘制的,描述宗地位置、界址点、界址边和相邻宗地关系的实地记录。内容包括:本宗地号、门牌号和土地使用者名称;本宗地界址点、界址点编号;相邻宗地号、门牌号和土地使用者名称;界址边长、界址点与邻近地物点相关距离和条件距离;确定宗地界址点位置、界址边方位所必需的或其他需要的建筑物、构筑物等。

宗地草图必须在实地边勘丈边绘制,不得涂改,不得复制,其内容有确定宗地界址点位置的各种丈量记录和描述,因此,宗地草图是解决土地权属纠纷、恢复宗地界址的重要凭据。

依据以上要求绘制宗地草图,明确每家每户的宗地四至,界址点,界址边长度,接着填写地籍调查表。对于老宅基地的调查表内容共用情况进行明确的描述,并且准确计算共用面积。

2. 测量方法及依据

测量宗地界址点采用极坐标法,计算宗地面积用坐标解析法面积计算公式,地籍图测绘采用全站仪测绘。

作业的技术依据如下:

①《城镇地籍调查规程》(TD 1001—93)。

②《地籍测量规范》(CH 3-202—87)。

③《1:500,1:1 000,1:2 000 地形图图式》(GB/T 7929—1995)。

④《城市测量规范》(CJJ 8—99)。

3. 界址点测量

界址点测量采用极坐标法,用全站仪。水平角、垂直角各测一测回。对于不便于直接测量的界址点可辅以下列方法:

①内(外)分点法:利用建筑物的直线性进行内分或外分插点法。

②直角坐标法:有的界址点很难直接测定,可利用建筑物的直线性推求界址点坐标。

③距离交会法:丈量界址点到已知点的距离,计算其坐标,交会角为30°~150°。界址点测量的外业完成后,应立即进行界址点的坐标计算,并汇总成"界址点成果表"。

4. 宗地面积计算

利用界址点的成果,按照如下计算公式进行面积计算:

$$P = \frac{1}{2} \sum_{i=1}^{n} x_i (y_{i+1} - y_{i-1})$$

或

$$P = \frac{1}{2} \sum_{i=1}^{n} y_i (x_{i-1} - x_{i+1})$$

式中　P——宗地面积,单位为 m^2,取位至 0.1 m^2;

x_i, y_i——宗地的第 i 个界址点的坐标;

n——宗地界址点的个数。

5. 地籍图测绘

①成图规格以及精度指标

成图比例尺为 1:500,按正方形分幅(50 cm × 50 cm),图幅编号利用西南角内图廓点坐标,以公里为单位,取小数点前后两位,X 在前,Y 在后,中间加一条短线;图名应选取图幅内较有名的地名或单位名称。

坐标系统:坐标系统采用原有控制点的坐标系统和高程系统。

基本等高距为 1.0 m。

绘制的坐标格网,其技术要求如表 6.2 所示:

表 6.2　坐标格网绘制要求

项　目	限差/mm	
	直角坐标展点仪	格网尺
方格网实际长度与名义长度之差	0.15	0.2
图廓对角线长度与理论长度之差	0.2	0.3
控制点间的图上长度与坐标反算长度之差	0.2	0.3
坐标网线粗度	0.1	0.1

②图根控制和测站点增设

由于实训时间的关系,本次实训是在已有的图根控制点上直接测图。测图过程中,应充分利用基本控制点和图根控制点作为测站点,不足时可增设测站点,并遵照下述规定:

测站点的测设除可应用内外分点法(外分点不应超过后视长度)外,还可根据具体情况采用图解交会、经纬仪导线等方法测定。

测站点测设的点位精度,即测站点相对于邻近控制点的点位中误差,不得大于图上 ±0.3 mm。

一般地区允许布设一条边的支导线。在特殊困难地区允许布设不多于两条边的支导线。

③测站上的要求

测图方法与地形测图相同。

经纬仪测图时,定向方向的归零偏差不应大于 4′。测图过程中,应随时进行定向方向的检查。

④地籍图上应表示的内容

地籍图应表示地籍要素和地形要素两部分内容。地籍要素包括境界、权属界线、界址点及其编号、宗地编号、房产情况、土地利用类别、土地等级、土地面积、权属主名称等。地形要素包括房屋及主要构筑物、道路、水系、垣栅及线状地物、地物及地理名称等。总之，凡是能依比例尺表示的必要地物，都应按比例尺将其水平投影位置的几何形状测绘至地籍图上，或者把它们的边界位置表示在图上，在边界内标绘出相应的图式符号。对不能依比例尺表示的地物，如栅栏、单线道路、沟、渠等，应以相应图式符号表示地物的中心位置。地物的综合取舍，应充分考虑土地管理的需要和地籍测图的要求，图面必须主次分明，清晰易读。

地籍图上应展绘各等级控制点、地籍图根埋石点，并按规定符号表示。

在图上应准确标定境界线、土地权属界址线及权属界址点的位置。

当权属界址线与境界线重合时，则标绘境界线；当土地的所有权与土地使用权权属界线重合时，则标绘土地使用权界线；当权属界线与线状地物重合时，可用双色重叠表示。

房屋及其他构筑物应按实地轮廓进行测绘。房屋以墙基角为准，并注记房屋结构、层数及门牌号，门牌号在图上可跳号选注。悬空建筑物，如水上房屋及骑楼等，应按实地轮廓测绘水平投影位置。

铁路、公路、街道及人行道、大车路、乡村路均应测绘。铁路、公路除按规定图式表示外，还应标绘出权属界线（征地界线）。

地籍图一般只测定地物的平面位置，一般不表示地貌要素（如等高线）。但在坡度变化大、地物较少的地方，应绘等高线表示。

⑤铅笔原图的检查和整饰

铅笔原图的检查主要是图面的审查和野外巡视检查。检查的内容主要是各行政界线、地籍编号、宗地界址点、界址线、街道名称及宗地内的编码和地类等。对于主要地物，如必要的建筑物、构筑物、河流等，也应进行检查。

除上述的检查内容外，还要检查宗地界址点间的距离与草图上的相应距离是否相符。

地籍图原图的整饰要按照《城镇地籍调查规程》中图式的规定进行。各种符号、注记字体，线号一律遵循这些规定，不足部分可对照《地形图图式》。

八、实训总结报告

实训外业完成后，每位学生应完成实训总结报告一份，记述自己实训的过程、体会、心得以及在测量知识上的收获。可参照如下格式：

1）封面：实训项目名称、实训地点、起讫日期、班级、小组编号、编写人和指导教师姓名。

2）目录。

3）前言：说明实训的目的、任务和要求。

4）内容：实训的作业方法、步骤、要求及成果等。

5）总结：实训中遇到的问题、处理的方法、心得、体会、意见和建议等。

九、实训成果资料

1）地籍调查表、宗地草图和界址点、界址边勘丈原始记录（每组一份）。

2）界址点测量原始记录（小组一份）。

3）界址点坐标成果表（每小组一份）。

4）面积计算表（每人一份）。

5)地籍图(每小组一份)。

6)实训总结报告(每人一份)。

十、实训成绩评定

1)实训成绩分为优、良、中、及格和不及格5个档次。

2)有下列情况之一者,实训成绩记为不及格:

①凡严重违反实训纪律。

②缺勤天数超过1天以上。

③实训过程中发生打架事件。

④发生较大的仪器、工具、用具事故。

⑤私自提前回家。

⑥未交实训成果资料和实训总结等。

3)评定实训成绩的依据如下:

①测、算、绘的能力,仪器操作的熟练程度。

②实训任务完成的质量和数量,仪器、工具的完好情况。

③实训总结报告的编写能力,分析问题和解决问题的能力。

④每个同学的表现,实训考勤情况,遵守实训纪律的情况,吃苦耐劳的品质,团结协作的团队精神,以及指导教师在巡视和指导过程中,所了解、观察到的情况。

⑤必要时进行的口试、笔试或仪器操作考试的成绩等。

附录 **1**
中华人民共和国土地管理法

中华人民共和国土地管理法

第一章 总 则

第一条 为了加强土地管理,维护土地的社会主义公有制,保护、开发土地资源,合理利用土地,切实保护耕地,促进社会经济的可持续发展,根据宪法,制定本法。

第二条 中华人民共和国实行土地的社会主义公有制,即全民所有制和劳动群众集体所有制。

全民所有,即国家所有土地的所有权由国务院代表国家行使。

任何单位和个人不得侵占、买卖或者以其他形式非法转让土地。土地使用权可以依法转让。

国家为了公共利益的需要,可以依法对土地实行征收或者征用并给予补偿。

国家依法实行国有土地有偿使用制度。但是,国家在法律规定的范围内划拨国有土地使用权的除外。

第三条 十分珍惜、合理利用土地和切实保护耕地是我国的基本国策。各级人民政府应当采取措施,全面规划,严格管理,保护、开发土地资源,制止非法占用土地的行为。

第四条 国家实行土地用途管制制度。

国家编制土地利用总体规划,规定土地用途,将土地分为农用地、建设用地和未利用地。严格限制农用地转为建设用地,控制建设用地总量,对耕地实行特殊保护。

前款所称农用地是指直接用于农业生产的土地,包括耕地、林地、草地、农田水利用地、养殖水面等;建设用地是指建造建筑物、构筑物的土地,包括城乡住宅和公共设施用地、工矿用地、交通水利设施用地、旅游用地、军事设施用地等;未利用地是指农用地和建设用地以外的土地。

使用土地的单位和个人必须严格按照土地利用总体规划确定的用途使用土地。

第五条 国务院土地行政主管部门统一负责全国土地的管理和监督工作。

县级以上地方人民政府土地行政主管部门的设置及其职责,由省、自治区、直辖市人民政府根据国务院有关规定确定。

第六条　任何单位和个人都有遵守土地管理法律、法规的义务,并有权对违反土地管理法律、法规的行为提出检举和控告。

第七条　在保护和开发土地资源、合理利用土地以及进行有关的科学研究等方面成绩显著的单位和个人,由人民政府给予奖励。

第二章　土地的所有权和使用权

第八条　城市市区的土地属于国家所有。

农村和城市郊区的土地,除由法律规定属于国家所有的以外,属于农民集体所有;宅基地和自留地、自留山,属于农民集体所有。

第九条　国有土地和农民集体所有的土地,可以依法确定给单位或者个人使用。使用土地的单位和个人,有保护、管理和合理利用土地的义务。

第十条　农民集体所有的土地依法属于村农民集体所有的,由村集体经济组织或者村民委员会经营、管理;已经分别属于村内两个以上农村集体经济组织的农民集体所有的,由村内各该农村集体经济组织或者村民小组经营、管理;已经属于乡(镇)农民集体所有的,由乡(镇)农村集体经济组织经营、管理。

第十一条　农民集体所有的土地,由县级人民政府登记造册,核发证书,确认所有权。

农民集体所有的土地依法用于非农业建设的,由县级人民政府登记造册,核发证书,确认建设用地使用权。

单位和个人依法使用的国有土地,由县级以上人民政府登记造册,核发证书,确认使用权;其中,中央国家机关使用的国有土地的具体登记发证机关,由国务院确定。

确认林地、草原的所有权或者使用权,确认水面、滩涂的养殖使用权,分别依照《中华人民共和国森林法》《中华人民共和国草原法》和《中华人民共和国渔业法》的有关规定办理。

第十二条　依法改变土地权属和用途的,应当办理土地变更登记手续。

第十三条　依法登记的土地的所有权和使用权受法律保护,任何单位和个人不得侵犯。

第十四条　农民集体所有的土地由本集体经济组织的成员承包经营,从事种植业、林业、畜牧业、渔业生产。土地承包经营期限为三十年。发包方和承包方应当订立承包合同,约定双方的权利和义务。承包经营土地的农民有保护和按照承包合同约定的用途合理利用土地的义务。农民的土地承包经营权受法律保护。

在土地承包经营期限内,对个别承包经营者之间承包的土地进行适当调整的,必须经村民会议三分之二以上成员或者三分之二以上村民代表的同意,并报乡(镇)人民政府和县级人民政府农业行政主管部门批准。

第十五条　国有土地可以由单位或者个人承包经营,从事种植业、林业、畜牧业、渔业生产。农民集体所有的土地,可以由本集体经济组织以外的单位或者个人承包经营,从事种植业、林业、畜牧业、渔业生产。发包方和承包方应当订立承包合同,约定双方的权利和义务。土地承包经营的期限由承包合同约定。承包经营土地的单位和个人,有保护和按照承包合同约定的用途合理利用土地的义务。

农民集体所有的土地由本集体经济组织以外的单位或者个人承包经营的,必须经村民会议三分之二以上成员或者三分之二以上村民代表的同意,并报乡(镇)人民政府批准。

第十六条　土地所有权和使用权争议,由当事人协商解决;协商不成的,由人民政府处理。

单位之间的争议,由县级以上人民政府处理;个人之间、个人与单位之间的争议,由乡级人民政府或者县级以上人民政府处理。

当事人对有关人民政府的处理决定不服的,可以自接到处理决定通知之日起三十日内,向人民法院起诉。

在土地所有权和使用权争议解决前,任何一方不得改变土地利用现状。

第三章　土地利用总体规划

第十七条　各级人民政府应当依据国民经济和社会发展规划、国土整治和资源环境保护的要求、土地供给能力以及各项建设对土地的需求,组织编制土地利用总体规划。

土地利用总体规划的规划期限由国务院规定。

第十八条　下级土地利用总体规划应当依据上一级土地利用总体规划编制。

地方各级人民政府编制的土地利用总体规划中的建设用地总量不得超过上一级土地利用总体规划确定的控制指标,耕地保有量不得低于上一级土地利用总体规划确定的控制指标。

省、自治区、直辖市人民政府编制的土地利用总体规划,应当确保本行政区域内耕地总量不减少。

第十九条　土地利用总体规划按照下列原则编制:

(一)严格保护基本农田,控制非农业建设占用农用地;

(二)提高土地利用率;

(三)统筹安排各类、各区域用地;

(四)保护和改善生态环境,保障土地的可持续利用;

(五)占用耕地与开发复垦耕地相平衡。

第二十条　县级土地利用总体规划应当划分土地利用区,明确土地用途。

乡(镇)土地利用总体规划应当划分土地利用区,根据土地使用条件,确定每一块土地的用途,并予以公告。

第二十一条　土地利用总体规划实行分级审批。

省、自治区、直辖市的土地利用总体规划,报国务院批准。

省、自治区人民政府所在地的市、人口在一百万以上的城市以及国务院指定的城市的土地利用总体规划,经省、自治区人民政府审查同意后,报国务院批准。

本条第二款、第三款规定以外的土地利用总体规划,逐级上报省、自治区、直辖市人民政府批准;其中,乡(镇)土地利用总体规划可以由省级人民政府授权的设区的市、自治州人民政府批准。

土地利用总体规划一经批准,必须严格执行。

第二十二条　城市建设用地规模应当符合国家规定的标准,充分利用现有建设用地,不占或者尽量少占农用地。

城市总体规划、村庄和集镇规划,应当与土地利用总体规划相衔接,城市总体规划、村庄和集镇规划中建设用地规模不得超过土地利用总体规划确定的城市和村庄、集镇建设用地规模。

在城市规划区内、村庄和集镇规划区内,城市和村庄、集镇建设用地应当符合城市规划、村庄和集镇规划。

第二十三条　江河、湖泊综合治理和开发利用规划,应当与土地利用总体规划相衔接。在江河、湖泊、水库的管理和保护范围以及蓄洪滞洪区内,土地利用应当符合江河、湖泊综合治理和开发利用规划,符合河道、湖泊行洪、蓄洪和输水的要求。

第二十四条　各级人民政府应当加强土地利用计划管理,实行建设用地总量控制。

土地利用年度计划,根据国民经济和社会发展计划、国家产业政策、土地利用总体规划以及建设用地和土地利用的实际状况编制。土地利用年度计划的编制审批程序与土地利用总体规划的编制审批程序相同,一经审批下达,必须严格执行。

第二十五条　省、自治区、直辖市人民政府应当将土地利用年度计划的执行情况列为国民经济和社会发展计划执行情况的内容,向同级人民代表大会报告。

第二十六条　经批准的土地利用总体规划的修改,须经原批准机关批准;未经批准,不得改变土地利用总体规划确定的土地用途。

经国务院批准的大型能源、交通、水利等基础设施建设用地,需要改变土地利用总体规划的,根据国务院的批准文件修改土地利用总体规划。

经省、自治区、直辖市人民政府批准的能源、交通、水利等基础设施建设用地,需要改变土地利用总体规划的,属于省级人民政府土地利用总体规划批准权限内的,根据省级人民政府的批准文件修改土地利用总体规划。

第二十七条　国家建立土地调查制度。

县级以上人民政府土地行政主管部门会同同级有关部门进行土地调查。土地所有者或者使用者应当配合调查,并提供有关资料。

第二十八条　县级以上人民政府土地行政主管部门会同同级有关部门根据土地调查成果、规划土地用途和国家制定的统一标准,评定土地等级。

第二十九条　国家建立土地统计制度。

县级以上人民政府土地行政主管部门和同级统计部门共同制定统计调查方案,依法进行土地统计,定期发布土地统计资料。土地所有者或者使用者应当提供有关资料,不得虚报、瞒报、拒报、迟报。

土地行政主管部门和统计部门共同发布的土地面积统计资料是各级人民政府编制土地利用总体规划的依据。

第三十条　国家建立全国土地管理信息系统,对土地利用状况进行动态监测。

第四章　耕地保护

第三十一条　国家保护耕地,严格控制耕地转为非耕地。

国家实行占用耕地补偿制度。非农业建设经批准占用耕地的,按照"占多少,垦多少"的原则,由占用耕地的单位负责开垦与所占用耕地的数量和质量相当的耕地;没有条件开垦或者开垦的耕地不符合要求的,应当按照省、自治区、直辖市的规定缴纳耕地开垦费,专款用于开垦新的耕地。

省、自治区、直辖市人民政府应当制定开垦耕地计划,监督占用耕地的单位按照计划开垦耕地或者按照计划组织开垦耕地,并进行验收。

第三十二条　县级以上地方人民政府可以要求占用耕地的单位将所占用耕地耕作层的土

壤用于新开垦耕地、劣质地或者其他耕地的土壤改良。

第三十三条 省、自治区、直辖市人民政府应当严格执行土地利用总体规划和土地利用年度计划,采取措施,确保本行政区域内耕地总量不减少;耕地总量减少的,由国务院责令在规定期限内组织开垦与所减少耕地的数量与质量相当的耕地,并由国务院土地行政主管部门会同农业行政主管部门验收。个别省、直辖市确因土地后备资源匮乏,新增建设用地后,新开垦耕地的数量不足以补偿所占用耕地的数量的,必须报经国务院批准减免本行政区域内开垦耕地的数量,进行易地开垦。

第三十四条 国家实行基本农田保护制度。下列耕地应当根据土地利用总体规划划入基本农田保护区,严格管理:

(一)经国务院有关主管部门或者县级以上地方人民政府批准确定的粮、棉、油生产基地内的耕地;

(二)有良好的水利与水土保持设施的耕地,正在实施改造计划以及可以改造的中、低产田;

(三)蔬菜生产基地;

(四)农业科研、教学试验田;

(五)国务院规定应当划入基本农田保护区的其他耕地。

各省、自治区、直辖市划定的基本农田应当占本行政区域内耕地的百分之八十以上。

基本农田保护区以乡(镇)为单位进行划区定界,由县级人民政府土地行政主管部门会同同级农业行政主管部门组织实施。

第三十五条 各级人民政府应当采取措施,维护排灌工程设施,改良土壤,提高地力,防止土地荒漠化、盐渍化、水土流失和污染土地。

第三十六条 非农业建设必须节约使用土地,可以利用荒地的,不得占用耕地;可以利用劣地的,不得占用好地。

禁止占用耕地建窑、建坟或者擅自在耕地上建房、挖砂、采石、采矿、取土等。

禁止占用基本农田发展林果业和挖塘养鱼。

第三十七条 禁止任何单位和个人闲置、荒芜耕地。已经办理审批手续的非农业建设占用耕地,一年内不用而又可以耕种并收获的,应当由原耕种该幅耕地的集体或者个人恢复耕种,也可以由用地单位组织耕种;一年以上未动工建设的,应当按照省、自治区、直辖市的规定缴纳闲置费;连续两年未使用的,经原批准机关批准,由县级以上人民政府无偿收回用地单位的土地使用权;该幅土地原为农民集体所有的,应当交由原农村集体经济组织恢复耕种。

在城市规划区范围内,以出让方式取得土地使用权进行房地产开发的闲置土地,依照《中华人民共和国城市房地产管理法》的有关规定办理。

承包经营耕地的单位或者个人连续两年弃耕抛荒的,原发包单位应当终止承包合同,收回发包的耕地。

第三十八条 国家鼓励单位和个人按照土地利用总体规划,在保护和改善生态环境、防止水土流失和土地荒漠化的前提下,开发未利用的土地;适宜开发为农用地的,应当优先开发成农用地。

国家依法保护开发者的合法权益。

第三十九条 开垦未利用的土地,必须经过科学论证和评估,在土地利用总体规划划定的可开垦的区域内,经依法批准后进行。禁止毁坏森林、草原开垦耕地,禁止围湖造田和侵占江河滩地。

根据土地利用总体规划,对破坏生态环境开垦、围垦的土地,有计划有步骤地退耕还林、还牧、还湖。

第四十条　开发未确定使用权的国有荒山、荒地、荒滩从事种植业、林业、畜牧业、渔业生产的,经县级以上人民政府依法批准,可以确定给开发单位或者个人长期使用。

第四十一条　国家鼓励土地整理。县、乡(镇)人民政府应当组织农村集体经济组织,按照土地利用总体规划,对田、水、路、林、村综合整治,提高耕地质量,增加有效耕地面积,改善农业生产条件和生态环境。

地方各级人民政府应当采取措施,改造中、低产田,整治闲散地和废弃地。

第四十二条　因挖损、塌陷、压占等造成土地破坏,用地单位和个人应当按照国家有关规定负责复垦;没有条件复垦或者复垦不符合要求的,应当缴纳土地复垦费,专项用于土地复垦。复垦的土地应当优先用于农业。

第五章　建设用地

第四十三条　任何单位和个人进行建设,需要使用土地的,必须依法申请使用国有土地;但是,兴办乡镇企业和村民建设住宅经依法批准使用本集体经济组织农民集体所有的土地的,或者乡(镇)村公共设施和公益事业建设经依法批准使用农民集体所有的土地的除外。

前款所称依法申请使用的国有土地包括国家所有的土地和国家征收的原属于农民集体所有的土地。

第四十四条　建设占用土地,涉及农用地转为建设用地的,应当办理农用地转用审批手续。

省、自治区、直辖市人民政府批准的道路、管线工程和大型基础设施建设项目、国务院批准的建设项目占用土地,涉及农用地转为建设用地的,由国务院批准。

在土地利用总体规划确定的城市和村庄、集镇建设用地规模范围内,为实施该规划而将农用地转为建设用地的,按土地利用年度计划分批次由原批准土地利用总体规划的机关批准。在已批准的农用地转用范围内,具体建设项目用地可以由市、县人民政府批准。

本条第二款、第三款规定以外的建设项目占用土地,涉及农用地转为建设用地的,由省、自治区、直辖市人民政府批准。

第四十五条　征收下列土地的,由国务院批准:

(一)基本农田;

(二)基本农田以外的耕地超过三十五公顷的;

(三)其他土地超过七十公顷的。

征收前款规定以外的土地的,由省、自治区、直辖市人民政府批准,并报国务院备案。

征收农用地的,应当依照本法第四十四条的规定先行办理农用地转用审批。其中,经国务院批准农用地转用的,同时办理征地审批手续,不再另行办理征地审批;经省、自治区、直辖市人民政府在征地批准权限内批准农用地转用的,同时办理征地审批手续,不再另行办理征地审批,超过征地批准权限的,应当依照本条第一款的规定另行办理征地审批。

第四十六条　国家征收土地的,依照法定程序批准后,由县级以上地方人民政府予以公告并组织实施。

被征收土地的所有权人、使用权人应当在公告规定期限内,持土地权属证书到当地人民政府土地行政主管部门办理征地补偿登记。

第四十七条　征收土地的,按照被征收土地的原用途给予补偿。

征收耕地的补偿费用包括土地补偿费、安置补助费以及地上附着物和青苗的补偿费。征收耕地的土地补偿费,为该耕地被征收前三年平均年产值的六至十倍。征收耕地的安置补助费,按照需要安置的农业人口数计算。需要安置的农业人口数,按照被征收的耕地数量除以征地前被征收单位平均每人占有耕地的数量计算。每一个需要安置的农业人口的安置补助费标准,为该耕地被征收前三年平均年产值的四至六倍。但是,每公顷被征收耕地的安置补助费,最高不得超过被征收前三年平均年产值的十五倍。

征收其他土地的土地补偿费和安置补助费标准,由省、自治区、直辖市参照征收耕地的土地补偿费和安置补助费的标准规定。

被征收土地上的附着物和青苗的补偿标准,由省、自治区、直辖市规定。

征收城市郊区的菜地,用地单位应当按照国家有关规定缴纳新菜地开发建设基金。

依照本条第二款的规定支付土地补偿费和安置补助费,尚不能使需要安置的农民保持原有生活水平的,经省、自治区、直辖市人民政府批准,可以增加安置补助费。但是,土地补偿费和安置补助费的总和不得超过土地被征收前三年平均年产值的三十倍。

国务院根据社会、经济发展水平,在特殊情况下,可以提高征收耕地的土地补偿费和安置补助费的标准。

第四十八条　征地补偿安置方案确定后,有关地方人民政府应当公告,并听取被征地的农村集体经济组织和农民的意见。

第四十九条　被征地的农村集体经济组织应当将征收土地的补偿费用的收支状况向本集体经济组织的成员公布,接受监督。

禁止侵占、挪用被征收土地单位的征地补偿费用和其他有关费用。

第五十条　地方各级人民政府应当支持被征地的农村集体经济组织和农民从事开发经营,兴办企业。

第五十一条　大中型水利、水电工程建设征收土地的补偿费标准和移民安置办法,由国务院另行规定。

第五十二条　建设项目可行性研究论证时,土地行政主管部门可以根据土地利用总体规划、土地利用年度计划和建设用地标准,对建设用地有关事项进行审查,并提出意见。

第五十三条　经批准的建设项目需要使用国有建设用地的,建设单位应当持法律、行政法规规定的有关文件,向有批准权的县级以上人民政府土地行政主管部门提出建设用地申请,经土地行政主管部门审查,报本级人民政府批准。

第五十四条　建设单位使用国有土地,应当以出让等有偿使用方式取得;但是,下列建设用地,经县级以上人民政府依法批准,可以以划拨方式取得:

(一)国家机关用地和军事用地;

(二)城市基础设施用地和公益事业用地;

(三)国家重点扶持的能源、交通、水利等基础设施用地;

(四)法律、行政法规规定的其他用地。

第五十五条　以出让等有偿使用方式取得国有土地使用权的建设单位,按照国务院规定的标准和办法,缴纳土地使用权出让金等土地有偿使用费和其他费用后,方可使用土地。

自本法施行之日起,新增建设用地的土地有偿使用费,百分之三十上缴中央财政,百分之七十留给有关地方人民政府,都专项用于耕地开发。

第五十六条　建设单位使用国有土地的,应当按照土地使用权出让等有偿使用合同的约定或者土地使用权划拨批准文件的规定使用土地;确需改变该幅土地建设用途的,应当经有关人民政府土地行政主管部门同意,报原批准用地的人民政府批准。其中,在城市规划区内改变土地用途的,在报批前,应当先经有关城市规划行政主管部门同意。

第五十七条　建设项目施工和地质勘查需要临时使用国有土地或者农民集体所有的土地的,由县级以上人民政府土地行政主管部门批准。其中,在城市规划区内的临时用地,在报批前,应当先经有关城市规划行政主管部门同意。土地使用者应当根据土地权属,与有关土地行政主管部门或者农村集体经济组织、村民委员会签订临时使用土地合同,并按照合同的约定支付临时使用土地补偿费。

临时使用土地的使用者应当按照临时使用土地合同约定的用途使用土地,并不得修建永久性建筑物。

临时使用土地期限一般不超过两年。

第五十八条　有下列情形之一的,由有关人民政府土地行政主管部门报经原批准用地的人民政府或者有批准权的人民政府批准,可以收回国有土地使用权:

(一)为公共利益需要使用土地的;

(二)为实施城市规划进行旧城区改建,需要调整使用土地的;

(三)土地出让等有偿使用合同约定的使用期限届满,土地使用者未申请续期或者申请续期未获批准的;

(四)因单位撤销、迁移等原因,停止使用原划拨的国有土地的;

(五)公路、铁路、机场、矿场等经核准报废的。

依照前款第(一)项、第(二)项的规定收回国有土地使用权的,对土地使用权人应当给予适当补偿。

第五十九条　乡镇企业、乡(镇)村公共设施、公益事业、农村村民住宅等乡(镇)村建设,应当按照村庄和集镇规划,合理布局,综合开发,配套建设;建设用地,应当符合乡(镇)土地利用总体规划和土地利用年度计划,并依照本法第四十四条、第六十条、第六十一条、第六十二条的规定办理审批手续。

第六十条　农村集体经济组织使用乡(镇)土地利用总体规划确定的建设用地兴办企业或者与其他单位、个人以土地使用权入股、联营等形式共同举办企业的,应当持有关批准文件,向县级以上地方人民政府土地行政主管部门提出申请,按照省、自治区、直辖市规定的批准权限,由县级以上地方人民政府批准;其中,涉及占用农用地的,依照本法第四十四条的规定办理审批手续。

按照前款规定兴办企业的建设用地,必须严格控制。省、自治区、直辖市可以按照乡镇企业的不同行业和经营规模,分别规定用地标准。

第六十一条　乡(镇)村公共设施、公益事业建设,需要使用土地的,经乡(镇)人民政府审核,向县级以上地方人民政府土地行政主管部门提出申请,按照省、自治区、直辖市规定的批准权限,由县级以上地方人民政府批准;其中,涉及占用农用地的,依照本法第四十四条的规定办理审批手续。

第六十二条　农村村民一户只能拥有一处宅基地,其宅基地的面积不得超过省、自治区、直辖市规定的标准。

农村村民建住宅,应当符合乡(镇)土地利用总体规划,并尽量使用原有的宅基地和村内空闲地。

农村村民住宅用地,经乡(镇)人民政府审核,由县级人民政府批准;其中,涉及占用农用地的,依照本法第四十四条的规定办理审批手续。

农村村民出卖、出租住房后,再申请宅基地的,不予批准。

第六十三条　农民集体所有的土地的使用权不得出让、转让或者出租用于非农业建设;但是,符合土地利用总体规划并依法取得建设用地的企业,因破产、兼并等情形致使土地使用权依法发生转移的除外。

第六十四条　在土地利用总体规划制定前已建的不符合土地利用总体规划确定的用途的建筑物、构筑物,不得重建、扩建。

第六十五条　有下列情形之一的,农村集体经济组织报经原批准用地的人民政府批准,可以收回土地使用权:

(一)为乡(镇)村公共设施和公益事业建设,需要使用土地的;

(二)不按照批准的用途使用土地的;

(三)因撤销、迁移等原因而停止使用土地的。

依照前款第(一)项规定收回农民集体所有的土地的,对土地使用权人应当给予适当补偿。

第六章　监督检查

第六十六条　县级以上人民政府土地行政主管部门对违反土地管理法律、法规的行为进行监督检查。

土地管理监督检查人员应当熟悉土地管理法律、法规,忠于职守、秉公执法。

第六十七条　县级以上人民政府土地行政主管部门履行监督检查职责时,有权采取下列措施:

(一)要求被检查的单位或者个人提供有关土地权利的文件和资料,进行查阅或者予以复制;

(二)要求被检查的单位或者个人就有关土地权利的问题作出说明;

(三)进入被检查单位或者个人非法占用的土地现场进行勘测;

(四)责令非法占用土地的单位或者个人停止违反土地管理法律、法规的行为。

第六十八条　土地管理监督检查人员履行职责,需要进入现场进行勘测、要求有关单位或者个人提供文件、资料和作出说明的,应当出示土地管理监督检查证件。

第六十九条　有关单位和个人对县级以上人民政府土地行政主管部门就土地违法行为进行的监督检查应当支持与配合,并提供工作方便,不得拒绝与阻碍土地管理监督检查人员依法执行职务。

第七十条　县级以上人民政府土地行政主管部门在监督检查工作中发现国家工作人员的

违法行为,依法应当给予行政处分的,应当依法予以处理;自己无权处理的,应当向同级或者上级人民政府的行政监察机关提出行政处分建议书,有关行政监察机关应当依法予以处理。

第七十一条　县级以上人民政府土地行政主管部门在监督检查工作中发现土地违法行为构成犯罪的,应当将案件移送有关机关,依法追究刑事责任;尚不构成犯罪的,应当依法给予行政处罚。

第七十二条　依照本法规定应当给予行政处罚,而有关土地行政主管部门不给予行政处罚的,上级人民政府土地行政主管部门有权责令有关土地行政主管部门作出行政处罚决定或者直接给予行政处罚,并给予有关土地行政主管部门的负责人行政处分。

第七章　法律责任

第七十三条　买卖或者以其他形式非法转让土地的,由县级以上人民政府土地行政主管部门没收违法所得;对违反土地利用总体规划擅自将农用地改为建设用地的,限期拆除在非法转让的土地上新建的建筑物和其他设施,恢复土地原状,对符合土地利用总体规划的,没收在非法转让的土地上新建的建筑物和其他设施;可以并处罚款;对直接负责的主管人员和其他直接责任人员,依法给予行政处分;构成犯罪的,依法追究刑事责任。

第七十四条　违反本法规定,占用耕地建窑、建坟或者擅自在耕地上建房、挖砂、采石、采矿、取土等,破坏种植条件的,或者因开发土地造成土地荒漠化、盐渍化的,由县级以上人民政府土地行政主管部门责令限期改正或者治理,可以并处罚款;构成犯罪的,依法追究刑事责任。

第七十五条　违反本法规定,拒不履行土地复垦义务的,由县级以上人民政府土地行政主管部门责令限期改正;逾期不改正的,责令缴纳复垦费,专项用于土地复垦,可以处以罚款。

第七十六条　未经批准或者采取欺骗手段骗取批准,非法占用土地的,由县级以上人民政府土地行政主管部门责令退还非法占用的土地,对违反土地利用总体规划擅自将农用地改为建设用地的,限期拆除在非法占用的土地上新建的建筑物和其他设施,恢复土地原状,对符合土地利用总体规划的,没收在非法占用的土地上新建的建筑物和其他设施,可以并处罚款;对非法占用土地单位的直接负责的主管人员和其他直接责任人员,依法给予行政处分;构成犯罪的,依法追究刑事责任。

超过批准的数量占用土地,多占的土地以非法占用土地论处。

第七十七条　农村村民未经批准或者采取欺骗手段骗取批准,非法占用土地建住宅的,由县级以上人民政府土地行政主管部门责令退还非法占用的土地,限期拆除在非法占用的土地上新建的房屋。

超过省、自治区、直辖市规定的标准,多占的土地以非法占用土地论处。

第七十八条　无权批准征收、使用土地的单位或者个人非法批准占用土地的,超越批准权限非法批准占用土地的,不按照土地利用总体规划确定的用途批准用地的,或者违反法律规定的程序批准占用、征收土地的,其批准文件无效,对非法批准征收、使用土地的直接负责的主管人员和其他直接责任人员,依法给予行政处分;构成犯罪的,依法追究刑事责任。非法批准、使用的土地应当收回,有关当事人拒不归还的,以非法占用土地论处。

非法批准征收、使用土地,对当事人造成损失的,依法应当承担赔偿责任。

第七十九条　侵占、挪用被征收土地单位的征地补偿费用和其他有关费用,构成犯罪的,依法追究刑事责任;尚不构成犯罪的,依法给予行政处分。

第八十条　依法收回国有土地使用权当事人拒不交出土地的,临时使用土地期满拒不归还的,或者不按照批准的用途使用国有土地的,由县级以上人民政府土地行政主管部门责令交还土地,处以罚款。

第八十一条　擅自将农民集体所有的土地的使用权出让、转让或者出租用于非农业建设的,由县级以上人民政府土地行政主管部门责令限期改正,没收违法所得,并处罚款。

第八十二条　不依照本法规定办理土地变更登记的,由县级以上人民政府土地行政主管部门责令其限期办理。

第八十三条　依照本法规定,责令限期拆除在非法占用的土地上新建的建筑物和其他设施的,建设单位或者个人必须立即停止施工,自行拆除;对继续施工的,作出处罚决定的机关有权制止。建设单位或者个人对责令限期拆除的行政处罚决定不服的,可以在接到责令限期拆除决定之日起十五日内,向人民法院起诉;期满不起诉又不自行拆除的,由作出处罚决定的机关依法申请人民法院强制执行,费用由违法者承担。

第八十四条　土地行政主管部门的工作人员玩忽职守、滥用职权、徇私舞弊,构成犯罪的,依法追究刑事责任;尚不构成犯罪的,依法给予行政处分。

第八章　附　则

第八十五条　中外合资经营企业、中外合作经营企业、外资企业使用土地的,适用本法;法律另有规定的,从其规定。

第八十六条　本法自 1999 年 1 月 1 日起施行。

附录 2
土地登记代理人职业资格制度暂行规定

土地登记代理人职业资格制度暂行规定
（2002 年 12 月 18 日人事部人发〔2002〕116 号发布）

第一章 总 则

第一条 为提高土地登记代理人员的业务素质,规范土地登记代理行为,促进土地市场的发展和完善,根据《中华人民共和国土地管理法》《中华人民共和国土地管理法实施条例》以及国家职业资格证书制度的有关规定,制定本规定。

第二条 本规定适用于土地登记代理机构中从事土地登记代理业务的专业技术人员。国家对从事土地登记代理业务的专业技术人员实行职业资格制度,纳入全国专业技术人员职业资格证书制度统一规划。

第三条 本规定所称土地登记代理人是指通过全国统一考试,取得《中华人民共和国土地登记代理人职业资格证书》并经登记备案的人员。

英文名称:Land Registration Agent

第四条 取得土地登记代理人职业资格是从事土地登记代理业务和发起设立土地登记代理机构的必备条件。

第五条 人事部、国土资源部共同负责全国土地登记代理人职业资格制度的实施工作。

第二章 考 试

第六条 土地登记代理人职业资格实行全国统一大纲、统一命题、统一组织的考试制度,原则上每年举行一次。

第七条 国土资源部负责编制考试科目、考试大纲、组织命题工作,统一规划培训等有关工作。

培训工作按照与考试分开、自愿参加的原则进行。

第八条　人事部负责审定考试科目、考试大纲和考试试题。会同国土资源部对土地登记代理人职业资格考试进行检查、监督、指导和确定合格标准。

第九条　凡中华人民共和国公民,具备下列条件之一的,可申请参加土地登记代理人职业资格考试。

(一)取得理工、经济、法律类大学专科学历,工作满6年,其中从事土地登记代理相关工作满4年。

(二)取得理工、经济、法律类大学本科学历,工作满4年,其中从事土地登记代理相关工作满2年。

(三)取得理工、经济、法律类双学士学位或研究生班毕业工作满3年,其中从事土地登记代理相关工作满1年。

(四)取得理工、经济、法律类硕士学位,工作满2年,其中从事土地登记代理相关工作满1年。

(五)取得理工、经济、法律类博士学位,从事土地登记代理相关工作满1年。

第十条　土地登记代理人职业资格考试合格,由各省、自治区、直辖市人事部门颁发人事部统一印制,人事部和国土资源部用印的《中华人民共和国土地登记代理人职业资格证书》。该证书全国范围有效。

第三章　登　记

第十一条　土地登记代理人实行定期登记制度。取得《中华人民共和国土地登记代理人职业资格证书》的人员,经登记后方可以土地登记代理人名义,按规定从事土地登记代理业务。

第十二条　国土资源部或其授权机构为土地登记代理人职业资格的登记管理机构。各省、自治区、直辖市国土资源管理部门或其授权机构为土地登记代理人职业资格登记的初审机构。

人事部和各级人事部门对土地登记代理人职业资格的登记和使用情况有检查、监督的责任。

第十三条　取得土地登记代理人职业资格证书,需要办理登记备案的人员,应由本人提出申请,经聘用单位同意后,送所在地省级土地代理登记初审机构,初审合格后,统一报国土资源部或其授权机构办理登记。准予登记的申请人,由国土资源部或其授权机构核发《中华人民共和国土地登记代理人登记证》。

第十四条　办理登记的人员必须同时具备下列条件:

(一)取得《中华人民共和国土地登记代理人职业资格证书》。

(二)恪守职业道德。

(三)身体健康,能坚持在土地登记代理人岗位上工作。

(四)经所在单位考核合格。

第十五条　土地登记代理人职业资格登记有效期为3年,有效期满前,持证者应按规定到指定的机构办理再次登记手续。变更职业机构者,应当及时理变更登记手续。

再次登记,除符合本规定第十四条规定外,还需提供接受继续教育和业务培训的证明。

第十六条 土地登记代理人有下列行为之一的,注销登记:

(一)不具有完全民事行为能力。

(二)脱离土地登记代理工作岗位连续 2 年以上(含 2 年)。

(三)同时在两个以上土地登记代理机构执行代理业务。

(四)允许他人以本人名义执行业务。

(五)严重违反职业道德和土地登记代理行业管理规定。

(六)违反法律、法规的其他行为。

第十七条 登记管理机构及登记初审机构应定期向社会公布土地登记代理人职业资格登记、使用及有关情况。

第四章 职 责

第十八条 土地登记代理人在土地登记代理活动中,必须严格遵守法律、法规和行业管理的各项规定,坚持公开、公平、公正的原则,恪守职业道德。

第十九条 在土地登记代理活动中,土地登记代理人应以委托人自愿委托和自愿选择为前提,独立、公正地执行业务,维护委托人合法权益。

第二十条 土地登记代理人的业务范围包括:

(一)办理土地登记申请、指界、地籍调查、领取土地证书等。

(二)收集、整理土地权属来源证明材料等与土地登记有关的资料。

(三)帮助土地权利人办理解决土地权属纠纷的相关手续。

(四)查询土地登记资料。

(五)查证土地产权

(六)提供土地登记及地籍管理相关法律咨询。

(七)与土地登记业务相关的其他事项。

第二十一条 土地登记代理人在承担土地登记代理业务时,应获得合理佣金。

第二十二条 土地登记代理人在执行土地登记代理业务时,有权要求委托人提供与土地登记代理有关的资料,拒绝执行委托人的违法指令。

第二十三条 土地登记代理人经登记备案后,只能受聘于一个土地登记代理机构,并以机构的名义从事土地登记代理活动,不得以土地登记代理人的身份从事土地登记代理活动或在其他土地登记代理机构兼职。

第二十四条 土地登记代理人必须向委托人提供相关信息,并为委托人保守商业秘密,充分保障委托人的权益。

第二十五条 土地登记代理人应对代理业务中所出具的各类文书负责,并签字盖章,承担相应的法律责任。

第二十六条 土地登记代理人必须接受职业继续教育,不断提高业务水平。

第五章 附 则

第二十七条 本规定发布前长期从事土地登记代理工作,具有较高理论水平和丰富实践经验,并按国家规定评聘高级专业技术职务的人员,可通过考核认定取得土地登记代理人职业资格。考核认定办法由国土资源部、人事部另行规定。

第二十八条 通过全国统一考试,取得土地登记代理人职业资格证书的人员,用人单位可根据工作需要聘任经济师职务。

第二十九条 经国家有关部门同意,获准在中华人民共和国境内就业的外籍人员及港、澳、台地区的专业人员,符合本规定要求的,也可报名参加土地登记代理人职业资格考试及申请登记。

第三十条 本规定由人事部和国土资源部按职责分工负责解释。

第三十一条 本规定自发布三十日后施行。

附录 3

地籍调查(城镇)技术设计书示范

××市第二次土地调查
1:500 城镇土地调查
技 术 设 计 书

××市国土资源局
2009 年 9 月

××市第二次土地调查
1:500 城镇土地调查
技 术 设 计 书

设计单位:

设 计 者:　　　　　　　审 核 者:

设计时间:2009 年 9 月 8 日　　审核时间:2009 年　　　月　　　日

审批单位:

审 批 者:　　　　　　　审批时间:　　　年　　月　　日

目　录

1. 概述

1.1　自然地理与经济概况

1.2　工作目标和主要任务

2. 已有成果资料的利用

2.1　基础控制资料

2.2　地籍调查资料及信息系统数据库

2.3　基础地形资料

3. 引用文件

3.1　城镇土地调查

3.2　数据建库标准

3.3　测绘参考标准

3.4　检查验收依据

4. 主要技术规格和精度指标

4.1　坐标系统

4.2　图幅规格和编号

4.3　主要精度指标和技术要求

4.4　土地分类

5. 准备工作

5.1　宣传、动员

5.2　技术准备

5.3　资料准备

6. 城镇土地调查技术工作流程

7. 权属调查

7.1　一般要求

7.2　原土地登记资料的利用

7.3　调查单元

7.4　调查区、街坊划分、地籍编号与预编地籍号

7.5　土地使用者申报

7.6　各类申报表格的填写

7.7　界址调查

7.8　界标设置与编号

7.9　界址边勘丈

7.10　地籍调查表填写

7.11　宗地草图绘制

7.12　其他

7.13　资料整理

7.14　权属资料录入

8. 地类调查

8.1　基本要求

8.2　地类调查

9. 地籍勘丈

9.1　一、二级图根测量

9.2　地籍勘丈

10. 数据建库和信息管理系统建设

10.1　数据入库技术路线和方法

10.2　数据质量检查

11. 汇总统计

11.1　面积计算要求

11.2　统计与汇总方法

11.3　成果的编辑与输出

11.4　专项调查统计

12. 质量保证措施

12.1　质量控制流程

12.2　质量管理机制

12.3　作业单位质量管理

13. 提交成果资料

13.1　控制测量资料

13.2　城镇土地调查资料

13.3　数据建库资料

13.4　专项调查统计资料

13.5　文档资料

××市1∶500城镇土地调查技术设计书

　　××市国土资源局在全面对照《第二次全国土地调查总体方案》和《第二次全国土地调查技术规程》的各项任务和要求,根据××省国土资源厅的统一部署,结合××市土地调查的实际情况,特制定了《××市第二次土地调查工作方案》,全面指导××市第二次土地调查工作的展开。城镇土地调查是××市第二次土地调查的组成部分。为了规范作业,根据《××市第二次土地调查工作方案》的总体要求和相关规程、规定,编制本项目技术设计书,以指导生产顺利进行。

1.概述

1.1　自然地理与经济概况

　　××市城镇土地调查比例尺为1∶500,包括溱东、时堰、后港、台南、五烈、广山、廉贻、安丰、梁垛、富安、富东、许河、唐洋、新街、南沈灶、三仓、弶港、新曹、四灶、海丰、头灶、曹厂等22个镇。地籍调查面积约55 km²。

1.2　工作目标和主要任务

1.2.1　工作目标

　　城镇土地调查是二次调查的重要组成部分,其目标是调查集镇内部工业用地、基础设施用地、商业用地、住宅用地以及农村宅基地等各行业用地的结构、权属、数量和分布;在此基础上,建立城镇土地调查信息系统及数据库,并对数据进行汇总、统计、分析,建立和完善全市土地调查、土地统计和土地登记制度,实现土地资源信息的社会化服务,满足经济社会发展及国土资源管理的需要。

1.2.2　主要任务及作业范围

　　本项目的任务包括权属调查、地类调查、地籍测量及地籍信息系统建设。

　　城镇土地调查是对城市、建制镇、工业园区及村庄宅基地内部每宗土地的位置、权属、界址和地类等的调查。按照《二次调查规程》和《细则》的要求,以宗地为单位,充分利用已经建立的地籍调查数据库和档案数据库,对调查区内的所有地块进行现场调查,核实每一宗土地的权属性质、权利人、主要用途和土地登记状况等基本信息,设立界址点标志,确定权属界线,勘丈界址间距,填写地籍调查表,绘制宗地草图。

　　地类调查是对每一宗地(包括虚拟宗地)的地类按照二次调查的土地分类(国标)进行核实和确定。

　　城镇土地调查数据库的建设利用国土资源部测评通过的软件,按照《城镇地籍数据库标准》等标准的要求建库。

1.2.3　任务完成时间

　　城镇土地调查及数据建库完成时间为2009年8月底。

2.已有成果资料的利用

2.1　基础控制资料

　　××省测绘局2000年4月至2002年4月施测的××省C级GPS网点。有WGS-84、1980

年西安坐标系和 1954 年北京坐标系三套成果。

××省测绘工程院 1999 年按每个乡镇平均分别布设施测的××市 D 级 GPS 网点,D 级点共布设了 20 个点,组成的 D 级 GPS 网。

以上资料经上级部门验收,经实地踏勘,控制点点位保存完好,可作为本次基础控制测量的起算点。

2.2　地籍调查资料及信息系统数据库

××市国土局从 1989 年开始进行集镇城镇地籍调查,建立了集镇地籍调查数据库和地籍管理信息系统。城镇地籍调查成果和历年来土地登记发证的档案资料可以作为本次调查的重要依据。已经建立地籍信息系统数据库的集镇包括:

序　号	集镇名称	电子数据	图件资料	备　注
1				
2				

2.3　基础地形资料

随着国民经济的快速发展,××市国土局、建委于 1995—2005 年进行了集镇基础测绘。本次能收集到基础测绘图件的集镇有:

序　号	集镇名称	电子数据	图件资料	比例尺
1				
2				

3. 引用文件

3.1　城镇土地调查

(1)1998 年 8 月修订的《中华人民共和国土地管理法》;

(2)1998 年 12 月通过的《中华人民共和国土地管理法实施条例》;

(3)国土资源部 2008 年 2 月《土地登记规定》;

(4)2008 年 2 月《土地调查条例》;

(5)国家土地管理局 1993 年发布的《城镇地籍调查规程》(简称《规程》);

(6)××省土地管理局 1993 年发布的《××省城镇地籍调查细则》(简称《细则》);

(7)1998 年国土[籍]字第 36 号《城镇变更地籍调查实施细则(试行)》;

(8)国家土地管理局 1995 年《关于确定土地所有权和使用权问题的若干规定》;

(9)国土资源部 2007 年《第二次全国土地调查总体方案》;

(10)国土资源部 2007 年《第二次全国土地调查技术规程》(简称《二次调查规程》);

(11)××省国土资源厅 2007 年 8 月《××省第二次土地调查实施方案》;

(12)本项目技术设计书。

3.2　数据建库标准

(1)GB/T 13923—2006《基础地理信息要素分类与代码》;

(2)TD/T 1015—2007《城镇地籍数据库标准》;

（3）TD/T 1016—2007《土地利用数据库标准》。

3.3 测绘参考标准

（1）GB/T 18314—2001《全球定位系统（GPS）测量规范》；

（2）CJJ 73—97《全球定位系统（GPS）城市测量技术规程》；

（3）CJJ 8—99《城市测量规范》；

（4）GB/T 14912—2005《1:500,1:1 000,1:2 000 外业数字测图技术规程》；

（5）GB/T 7929—1995《1:500,1:1 000,1:2 000 地形图图式》（简称《地形图图式》）。

3.4 检查验收依据

（1）GB/T 18316—2001《数字测绘产品检查验收规定和质量评定》；

（2）CH 1002—95《测绘产品检查验收规定》；

（3）CH 1003—95《测绘产品质量评定标准》；

（4）××省国土资源厅 2005 年苏国土资发〔2005〕44 号《关于开展土地变更调查成果核查的通知》；

（5）3.1,3.2,3.3 引用文件。

4. 主要技术规格和精度指标

4.1 坐标系统

坐标系统：采用××地方坐标系。是以 1980 年西安坐标系的参考椭球体参数，中央子午线为 120°30 的三度带高斯—克吕格投影。

高程系统：采用 1985 国家高程基准。

4.2 图幅规格和编号

××市城区 1:500 比例尺图幅采用 50 cm×50 cm 正方形分幅,图幅的编号采用图幅西南角坐标；X 坐标在前,Y 坐标在后,之间以短线连接,坐标值以公里为单位,取小数点前 2 位,小数点后 2 位,如 34.25-85.00；

图名以图幅内主要地理名称或单位名称取名,若图幅内无名可取时,可利用某一相邻图幅的图名加"东、西、南、北、东北、东南、西北、西南"方位命名,方位字加圆括号,如"袁巷（东北）"；一个单位或一个村庄跨几幅图时,可在单位或村庄名后加"1,2,3…",如"李庄（1）""李庄（2）"；还取不到名称的,可只注图号。

4.3 主要精度指标和技术要求

4.3.1 一、二级导线测量

一、二级导线主要技术要求

等级	附(闭)合导线长度/ km	平均边长/m	测角中误差/(")	全长相对闭合差	水平角测回数 DJ₂	垂直角测回数 DJ₂	距离测回数Ⅱ级	测距中误差/mm	方位角闭合差/(")
一级	3.6	300	≤ ±5	≤1/14 000	2	2	2	≤ ±15	$\leq \pm 10\sqrt{n}$
二级	2.4	200	≤ ±8	≤1/10 000	1	2	1	≤ ±15	$\leq \pm 16\sqrt{n}$

注：导线网中结点与高级点或结点与结点间的长度不应大于附合导线规定长度的 0.7,相邻边长之比不宜超过 1:3。

350

D,E 级 GPS 点相对于邻近高等级平面控制点的点位中误差不大于 ±5 cm。一、二级导线应在四等以上基础控制点的基础上布设。当附合导线长度短于规定长度的 1/3 时,导线全长的绝对闭合差不应大于 13 cm。

4.3.2　一、二级 GPS 测量

等级	平均距离 /km	a/mm	$b(1 \times 10^{-6})$	最弱边相对中误差	闭合环或附合线路边数(条)	观测卫星数	
						静态	快速静态
一级	0.6	≤10	≤10	1/20 000	≤10	≥4	≥5
二级	0.4	≤15	≤20	1/10 000	≤10	≥4	≥5

4.3.2.1　图根控制测量

4.3.2.2　图根平面控制测量

图根导线应在一、二级导线以上精度控制点的基础上布设。按细部测量的要求采用光电测距图根导线或 GPS-RTK 的方法施测,一、二级图根导线应符合下表要求:

等级	导线长度 / km	平均边长 /m	测回数		测回差 /(″)	测角中误差 /(″)	最弱点点位中误差 /cm	方位角闭合差 /(″)	全长相对闭合差	坐标闭合差 /cm
			J2	J6						
一级	1.56	150	1	2	18	±12	±5	±24$\sqrt{n}$	1/5 000	0.22
二级	0.9	90	1	1		±20	±5	±40$\sqrt{n}$	1/3 000	0.22

注:n 为测站数。导线总长小于 500 m 时,相对闭合差分别降为 1/3 000 和 1/2 000,但坐标闭合差不变。

4.3.3　界址点精度

图根点以上精度的控制点均可施测界址点。

类别	界址点相对于邻近图根点点位中误差		界址点间距允许误差、界址点至邻近地物点关系距离	适用范围
	中误差/cm	允许误差/cm	允许误差/cm	
一	±5	±10	±10	城镇街坊外围界址点及街坊内明显界址点
二	±7.5	±15	±15	城镇街坊内部隐蔽界址点

注:界址点对邻近图根点点位误差系指用解析法勘丈界址点应满足的精度要求;界址点间距允许误差及界址点与邻近地物点关系距离允许误差系指各种方法勘丈界址点应满足的精度要求。

4.3.4　地籍图精度

图上地物点相对于邻近平面控制点的平面位置中误差明显地物点不超过图上 ±0.3 mm,

街坊内部不超过图上 ±0.5 mm;地物点间距中误差明显地物点不超过图上 ±0.4 mm,街坊内部不超过图上 ±0.5 mm。

4.4 土地分类

城镇土地分类的编码、名称及含义,执行《二次调查规程》附录 A 表 A.1《土地利用现状分类》,采用二级分类,其中一级类 12 个,二级类 57 个。

5. 准备工作

5.1 宣传、动员

城镇土地调查涉及各行各业、千家万户的切身利益。开展调查工作时,应由政府全面动员,进行广泛深入的宣传。充分发挥广播、电视和报纸等新闻媒体的宣传作用,组织居委会、村委会、各大企事业单位、房地产开发公司召开动员大会,在主要路口、各级政府等外墙张贴土地调查工作通告,积极宣传土地调查工作的目的、意义和重要性,做到土地调查工作家喻户晓,积极争取各企事业单位和广大群众的理解、支持和配合。

5.2 技术准备

5.2.1 技术培训和试点

城镇土地调查之前,必须对参与土地调查工作的作业人员,特别是对未从事过土地调查工作的人员,进行技术培训。针对城镇土地调查工作的目的、任务、技术方法及有关政策法规,按照省、市二次调查业务技术培训的要求,对作业人员进行业务技术培训。培训的主要内容是学习"二次调查规程"和本调查区的工作(实施)方案、技术设计书,熟悉有关地籍管理政策、法规和技术要求,明确调查任务,掌握调查方法和操作要领。培训合格后方可从事城镇土地调查工作。

作业单位在全面开展城镇土地调查之前,应首先选择一定面积、具有代表性的调查区进行试点,通过试点使作业单位的作业人员了解××市土地的权属、地类用途的分布状况和利用特点,掌握调查的基本方法和要领,并总结经验,在试点调查区经过市局有关专家预检合格后才能全面开展该地区的调查工作。

5.2.2 组织业务学习

在开展调查工作之前,技术负责人要做好事先指导,项目负责人要拟定生产计划。并组织作业人员学习有关法律、法规和规定,学习讨论《二次调查规程》《细则》和本项目技术设计书,达到统一认识、思路清晰、解除疑难、方法明确之目的。

5.3 资料准备

5.3.1 收集整理已有资料

(1)原有的城镇地籍调查技术报告等;

(2)已有地籍图(或地形图)、街坊图等图件;

(3)城镇地籍调查数据库;

(4)城镇土地调查与登记档案数据库;

(5)面积量算手簿、土地统计台账、统计簿、汇总表;

(6)控制测量资料,包括成果表、控制网图、点之记、技术总结等;对已有的测量控制点成果应分析其精度,确定能否满足地籍测量的需要。

5.3.2　收集已有的土地管理文件

(1)政府和上级部门相关土地管理的法律、法规和政策规章等政策性文件,行政区代码,与城镇土地调查相关的技术性规程、规范、细则和图式等;

(2)土地的征用、划拨、出让、转让等用地文件资料;

(3)土地勘测定界资料;

(4)土地申报材料,已登记发证的地籍档案资料;

(5)建设用地审批文件等资料。

5.3.3　统一调查表格、印制表册

以土地调查标准表格为基础,针对××市土地管理实际,印刷有关调查所需要的各种表格。主要有:

(1)地籍调查表;

(2)宗地共有(用)使用权情况调查表;

(3)法人代表身份证明书;

(4)指界授权委托书;

(5)宗地边长勘丈记录表;

(6)违约缺席定界通知书;

调查作业人员按其承担的工作内容领取相应的图件和资料,对收集到的各种资料进行整理、分析,充分利用。同时拟订作业计划、办理调查工作证。

5.3.4　软件设备配置

(1)网络操作系统:Windows 2003 Sever,Windows XP/Windows 2000;

(2)数据采集平台:AutoCAD;

(3)地理信息系统平台:ARCGIS 9.2;

(4)数据库平台:Oracle 10g;

(5)根据国家规程、规定及调查区实际情况开发应用软件或经部鉴定的"二次调查"适用软件。

5.3.5　其他仪器和工具准备

(1)所用测绘仪器,需经鉴定合格后方可投入使用;

(2)绘图工具和材料;

(3)生活、交通工具及劳动保护用品等。

6. 城镇土地调查技术工作流程

城镇土地调查包括权属调查、地类调查和地籍测量。

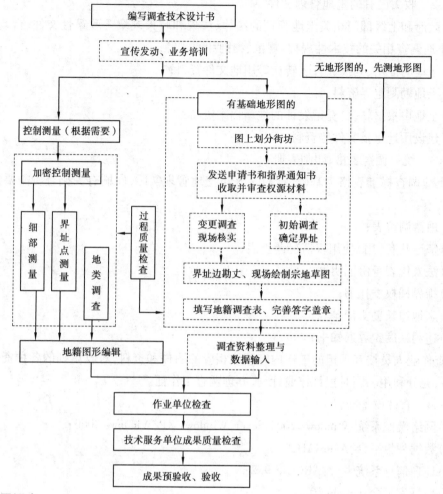

7. 权属调查

7.1 一般要求

权属调查的基本要求是：权属合法、地类合理、界址清楚、面积准确。基本原则是按照宗地实际使用范围，根据已经登记发证资料、土地使用者提供的权源和现状进行确权定界。因此，调查过程中必须严格执行有关法律、法规和规定。无论宗地是否发过土地使用证，都需要进行重新设宗调查与核实。

调查内容为国有土地、集体土地使用者的情况、宗地使用状况及他项权利；确权的依据是经过审查认为有效的权源证件；调查的主要方法是现场调查宗地的坐落位置、界线、核实权源证件；调查的目的是取得一份合格的宗地权属调查资料，为地籍勘丈提供合法、有效、可靠的依据。

7.2 原土地登记资料的利用

本次地籍调查范围是××集镇核心区，是最具有投资价值的地方。集镇于1995—1998年进行过地籍调查，极大多数宗地发过土地使用证，而且还利用这些资料建立了地籍管理信息系统数据库。数据库中可查询土地使用者、土地权属、土地坐落、土地证号等。

同时，××市十分重视国土资源档案信息化建设。到2007年为止，已将局成立以来正在使用的地籍档案通过文字录入和档案原件材料扫描的办法,建立了地籍调查和土地登记档案影像数据库。

所建立的地籍调查信息系统数据库和土地档案数据库是国土局土地管理的根本,是国土局自建局以来形成的一笔财富,是本次土地调查基础资料。

在调查过程中,根据地籍调查信息系统数据库核查用户是否发过土地使用证,对发过土地使用证的宗地,将核查原土地证所载的宗地图或原地籍调查表中宗地草图,与现状宗地进行对照。

对于界址(四至范围)、土地权属状况未发生变化的,按照《第二次全国土地调查规程》10.4.2.1条规定,启用原有地籍调查档案资料,不需要对新表格重新指界、签字盖章,但须重新实测界址点、勘丈界址边长、填写新的地籍调查表,绘制宗地草图,建立新旧地籍号的对照表。

对于界址已发生变化的宗地要进行调查,履行指界、签字手续,按照新的地籍编号规定和土地调查要求形成新的权属调查资料。

已经发证的宗地,需要收集其土地证复印件。复印件可使用数码相机拍摄。

7.3　调查单元

调查单元是宗地。凡被权属界址线封闭的地块称为宗地。一个地块内由几个土地使用者共同使用而其间又难以划清权属界线的称为一个共用宗地。大型单位用地内具有法人资格的独立经济核算单位用地或被道路、河流、围墙等明显线状地物分割成单一地类的地块应独立分宗;城镇内使用权宗地以外的土地,作为虚拟宗地,同时调查地类。

7.4　调查区、街坊划分、地籍编号与预编地籍号

(1)利用已有调查成果,在已有地形图上进行调查区、街坊划分;调查区一般以行政界线划分、街坊一般以道路、街巷、河流等为界。街坊号全部重新编制。

(2)按照《二次调查规程》的规定,对于更新调查,对于调查区内所有宗地,按照新地籍号编码规则重新编制。

(3)预编地籍号

为了将本次地籍调查成果与1995—1998年地籍调查成果衔接,原1995—1998年地籍调查区域内的宗地,如果范围与现在宗地范围一致的,则原地籍号前再冠字母A作为本次地籍调查的预编地籍号;如果范围与现在宗地范围不一致的,则按照更新调查要求编制预编地籍号。通过在预编地籍号前冠"A",以示区别。

(4)初始调查区的地籍编号以行政区域为单位,统一以辖区代码(6位)-街道(3位)-街坊(3位)-宗地(4位)四级编号。在数据库系统中使用19位编码。

(5)街坊(村坊)内,已设宗地的土地,调查宗地的地类,记录在调查表中;未设宗地的土地,按图斑调查地类,图上标注地类编码;街坊面积等于街坊内的宗地面积加地类图斑面积。

7.5　土地使用者申报

申报以街坊为单元,采用集中申报和调查员上门申报相结合的方式。主要工作内容是收取、审查权源证件,指导申报者填写有关表格,在表格上签字盖章等。

申报时对土地使用者提供的权源证件需当即审查,对持有有效证件者办理申报,填写类申报表;对权源材料不足的,应详尽了解其土地的实际使用状况和变更过程并作详细记录。

共用(有)宗地按各共用(有)权属主体分别收集权源材料(新村成套住房除外)。

土地申报按国有土地、集体土地、单位用地和个人用地分别进行申报,共同使用的土地各

自单独申报。土地权源材料是权属调查的依据,申报时应提交具有相应法律效力的文字证明材料。

这些证明材料包括宗地的主体材料和权属来源材料。宗地的主体证明材料包括:单位营业执照、机构代码证、法人身份证明书、法人身份证、户口簿等。权属材料证明文件有:

(1)国有土地使用证、集体土地使用证,土地出让合同,征(拨)用土地的批文及其附图,建房审批表、宅基地批准书等。

(2)地面建筑物产权证件。这是一种土地使用权的间接证明,包括房屋所有权证、建筑执照等。

(3)国有土地使用权发生转让、租赁、抵押,或因机构调整、企业兼并、联营、合建、房屋买卖等原因,出现土地使用权属变更时由政府或有关职能部门出具的相关批文、合同或协议等。

(4)土地使用权纠纷处理意见。包括司法部门的判决书和土地管理部门关于土地使用权纠纷的调解意见书或其他处理意见等。

(5)具结书。1982年前,单位或个人因种种原因缺少权源证件时,在查无邻宗纠纷和违法行为后,占用的土地,其土地使用者的四邻对土地使用范围没有异议的,可直接出具结书。具结书需由居委会(主管部门)和当地国土管理部门签署意见。

××市集镇城镇土地调查具结书

编号:

土地使用者		身份证号	
共用(有)权人			
土地坐落		地籍号	
土地来源、权属来源经过、土地使用现状、权属纠纷	以上情况属实,如有出入,我将承担法律责任。 责任人(签名) 年 月 日		
主管单位居(村)委员意见	情况属实。属本人出具。特此证明。 负责人:(签名) 盖公章 年 月 日		
国土所意见	情况属实 负责人(签名): 盖公章 年 月 日		

7.6 各类申报表格的填写

根据申请者的实际情况,可在现场指导填写,或协助填写,协助填写后需由权利人按手印确认。填写使用碳素墨水的钢笔(另有要求的除外),要求字迹端正清楚、术语规范、文字通顺、项目齐全正确。

7.6.1 法人代表身份证明书

该表由具有一级法人资格的单位填写,单位名称应与公章一致,不具有法人资格的用地单位应由相应主管部门申报。此外,还需注意正确区分宗地的土地坐落和单位通讯地址,抄录身份证号码时,号码应与身份证复印件一致。个人个体属于自然人,不需要填写法人身份证明书,但需要复印(或打印)户口簿。

7.6.2 户主身份证复印件

户主身份证复印件由申报人提供。

7.6.3 指界委托书

指界委托书是在合法申报人由于种种原因不能自行办理申报(或指界),需要委托他人代办时填写。委托人和代理人均需按要求如实填写各自相关的项目,加盖印章。

共用宗委托一名代表指界时也需办理指界委托书。

7.7 界址调查

7.7.1 指界约定

调查作业人员在进行实地调查的前几天应与有关土地使用者约定具体指界日期。在土地使用者指界前,调查作业人员要做好充分的准备工作,主要是熟悉土地使用情况和分析权源材料的有关内容。

7.7.2 现场界址调查与核实

调查作业人员会同村组地籍调查协调人、宗地指界人到现场按权源材料共同核实土地使用者、土地坐落、权属性质、土地用途、使用权类型、界址位置、宗地四至等内容。当有邻宗共用界址边时,还需双方到场共同指界。发过土地使用证的宗地着重核查宗地界址点是否增删,位置是否发生变动,用途、权属性质、使用权类型、土地使用者等是否发生变更。

在现场调查核实的基础上,按照"尊重历史、面对现实、实事求是"的原则确权定界。

7.7.3 界址确定原则

界址确定是宗地现场权属调查的一项关键性工作,调查作业人员应根据有关规定确界,有关事项明确如下:

(1)界址的认定必须由本宗地及相邻宗地土地使用者到现场共同指定。

(2)单位使用的土地,须由法人代表出席指界,并出具身份证和法人代表身份证明书;个人使用的土地,按照土地使用证证载土地使用者或户主出席指界,并出具身份证。

法人代表或户主不能亲自出席指界的,由委托代理人指界,并出具委托代理人身份证及委托书;两个以上土地使用者共同使用的宗地,应共同委托代表指界,并出具委托书及身份证。

(3)经双方认定的界址,必须由双方指界人在地籍调查表的签字栏内签字或盖章,确实不识字的可只按手印。

7.7.4 权属界线争议的处理

有争议的权属界线,调查现场不能处理时,按相关法律法规的规定处理。一般由当事人协商解决,协商不成的,由人民政府处理。

具体处理原则如下:

当现场调查遇到土地争议时,一般通过协商、调解或签订他项权利协议书的方式进行现场调处。当争议严重,现场无法处理时,可由调查作业人员根据争议双方各自实际用地情况,设立争议区（用阴影表示），并将实际情况记录在调查表的相应栏目。

如争议在短期内难以处理，调查作业人员可按现状在宗地草图上予以标注，具体用0.3 mm虚线表示。当争议得到处理和解决后，调查作业人员应立即进行定界，完善地籍调查表并签字盖章；在争议未得到解决之前，任何一方不得改变土地利用现状，调查作业人员应告诫争议双方不得改变争议界线及其地上附着物的现状。

7.7.5　违约缺席指界处理

违约缺席指界的，根据不同情况按如下原则处理：

（1）如一方违约缺席，其宗地界线以另一方指定界线确定。

（2）如双方违约缺席，其宗地界线由调查作业人员依现状及地方习惯确定。

（3）确界后，调查作业人员将违约缺席指界通知书和确界结果以书面形式通过邮寄的方式送达违约方或村（居）委员会。如有异议，必须在书面结果送达后15日之内向国土管理部门提出重新划界申请，并负责重新划界的全部费用。逾期不申请，上述两条确界结果自动生效。

（4）指界人出席指界、并认定界线，但拒不签字盖章的，按违约缺席指界处理。

7.7.6　界址确定要求

界址调查是权属调查的重点，依据有关确定土地权属的文件精神，在确定界址的实地位置时，参照以下方法处理：

（1）界址是使用土地的权属范围，一般以实际使用范围定界，不一定与建（构）筑物占地范围完全一致，有权源依据暂未使用且不属于代征的用地可在调查表中说明，但暂不确权定界。

（2）单位和个人用地以实际使用合法围墙或房墙（垛）外侧为界，门墩（垛）不确权定界给土地使用者。单位和个人门口的内折"八"字形以内用地可确定给该土地使用者。

（3）墙基线以外影响道路、河流等公用设施占用人行道的台阶、雨罩等构筑物用地，不确给该土地使用者；阳台也不确权定界给土地使用者。房屋走廊一般确权定界给土地使用者。

（4）墙体为界标物时，应明确墙体用地的归属，尤其要注意其公用界址点位置的确定。

（5）两个单位（个人）使用土地的界标物间的非通道夹巷，不确权定界给土地使用者。非通道夹巷实地宽度小于0.5 m时，邻宗需要进行签字盖章。

（6）在建工程项目用地的界址线，暂以勘测定界图或建设用地许可证或出让红线图所确定的界线确权，待竣工后一个月内办理变更登记手续时，按实际用地情况设宗调查、不签字盖章。

（7）由围墙封闭的小区单独设立宗地。小区内部的房屋、店铺其他共用设施不再分宗。开发性的小区以小区外围的建筑物外围边界线设定宗地。这些宗地进行设宗调查、不签字盖章。

（8）农村宅基地原则按现状确权。使用面积超过省、市规定的标准时，应在调查表备注栏内注明，不得以建筑占地面积代替宅基地面积。滴水檐不确权定界。

（9）码头、船舶停靠的场所及相应附属建筑物用地不包括常水位以下部分。经过审批、办理过用地手续的，按其用地手续确权定界。

（10）土地使用权证明文件上四至界线与实际界线一致，但实际面积与批准面积不一致的，按实际四至界线确权定界。土地使用权证明文件上的四至界线与实际界线不一致的，根据实地调查及权属争议情况进行确权，原则上以实际使用状况确权定界。

（11）存在重复征用划拨的宗地界线的确定，一般以最后一次征用、划拨的文件、图件为准。

（12）小区外的公共厕所、垃圾站等公共设施其实际使用状况单独设宗确权，不签字盖章。

（13）征而未用的土地，若权利人主动申报，则设宗调查，不签字盖章。

（14）房屋中间的天桥的投影不占据道路河流时，确权给土地使用者；否则，不予确权定界，但应作详细记录。

（15）同一单位被街、路、巷分割成几块时，根据分割状况，分块设宗调查确权。

（16）共用宗地查清各自独自使用土地面积，以及共同使用的土地面积，在调查表中阐明共同使用部分的分摊方式和分摊比例，绘制宗地草图时应将独自使用部分和共同使用部分用虚线表示出来。

（17）同一单位地块内部，存在明显不同用途且界线明确，应按不同用途分块设宗，调查确权。

（18）房屋买卖处理。国有土地使用权上的房屋买卖只要买卖双方已经办理房屋产权登记的，则将土地使用权确权给受买人。集体土地上进行房屋买卖的，则将土地使用权确权给原土地使用者。

（19）宗地界址经双方指界人认定并签章后，应立即在实地设置规定类型的界标，在工作图上表示宗地范围，正式确定地籍编号，并以街坊为单位统一编注界址点号，同一街坊内不得有重复的界址点号。

（20）无用地证明文件和房屋产权证明的居民住宅用地，要根据"尊重历史，承认现实"的原则，在不影响市政规划、交通的情况下，按实际占用范围确定界址并由村、居委会出具证明，同时需经四邻认可；对影响城市规划占用街、巷、人行道、公路、公共场地等建筑或非永久性建筑，不确权定界。

（21）长期租借房屋，而房主无法联系的由现使用者与四邻会同调查人员定界，并在地籍调查表中予以说明，原房主提出异议的，可按指界违约缺席处理。

（22）在城郊结合部调查区内的宗地，与属于农村集体用地的道路、河流、空地和公用巷道等相邻时，必须由集体土地所有者到场指界并签章认可。

（23）确权中凡涉及单位时，较为突出的问题是确权范围和征地范围不一致，多数单位原征地范围线均为公路中心或河流中心，这与确权原则相抵触，调查人员应在不超出规划红线的前提下，以实际用地范围为准确界。

7.8　界标设置与编号

宗地界址确认后，应及时设置界标，各类界标的规格详见《规程》。

（1）界标类型原则上按混凝土界桩、界址钉、红漆喷涂标志和指示标4种类型的顺序选用。混凝土界桩用于土质地面，界址钉用于铺装地面或打入墙体，较完整的墙体可选用红油漆喷涂标志，对于无法到达的界址点使用指示标。

（2）界标设置要求位置准确、埋设稳固、符号鲜明美观。混凝土标石埋设略高于地面1～3 cm，地面界址钉埋设与地面齐平，墙上界址钢钉应牢固打入墙体，有松动时需用水泥加固；喷涂采用模具作业，指示标应详细标注界址点的方向箭头和到达界址点的距离，喷涂或钢钉等界标一般情况下距地面0.7 m，当上述高度不能反映界址的真实位置或钉不牢钢钉时，可变通位置设置。

（3）在一个宗地确界、设标结束后，进行界址点统一编号。界址点点号以街坊为单位统一用阿拉伯数字表示。编号原则上从街坊西北角开始，顺时针连续编号。界址点间发生插入点时，点号在本街坊内已编的最大号后续编。同一个街坊内界址点不得出现重号。考虑到界标保存的实际情况，实地编号可不标注。

7.9 界址边勘丈

界址边采用钢尺直接丈量两次，读数至厘米。两次丈量较差：长度（L）在 50 m 以内不超过 20 mm +3 $\sqrt{2}$（L 以 m 为单位），50 m 以上者，一类不超过 10 cm，二类不超过 15 cm，两次丈量较差在允许误差范围内取中数，界址边长记录到边长勘丈记录表中，勘丈记录表必须采用铅笔在调查现场填写，记录数字不得字上改字，有错误应整齐划改，分米及厘米数字不能修改，修改处应在备注栏内注明原因，并有修改人签章。当边长超过 50 m 或因客观原因无法勘丈，可用坐标反算，同时在备注栏内注明"反算边长"。

7.10 地籍调查表填写

7.10.1 一般要求

地籍调查表必须做到图表与实地一致，各项内容用碳素墨水填写，填写应齐全，准确无误，字迹清楚整洁，文字通顺简明，填写的各项内容均不得涂改和字上改字，同一项内容划改不得超过两次，全表划改不得超过两处，划改处应加盖划改人员印章。

每宗地填写一份地籍调查表，项目栏的内容填写不下时，可另加附页。共用宗地的各土地使用者名称、性质、上级主管部门、法人代表、代理人等另填附表。

7.10.2 各栏填写内容说明

7.10.2.1 封面填写

编号——宗地的正式地籍编号，填写区及以下编号。

7.10.2.2 调查表首页

本次调查为变更调查，在调查表上应划去"初始"二字。

土地使用者名称——单位用地为具有法人资格单位的全称，个人用地以身份证姓名为准，共用宗地则填写某一土地使用者名后加"等__户"，新村成套住房统一为××新村××幢。

性质——填写全民单位、集体单位、股份制企业、外资企业、个体企业、个人住宅填个人。

上级主管部门——与单位有资产、行政关系的上级领导部门。个人、个体等性质的土地使用者此栏不填。

土地坐落——经实地核实的土地登记申请书中的宗地所在路（街、巷）及门牌号。土地坐落应注全称，数据格式符合公安部门入库标准要求，例：××区××街道××村委××街路巷××门牌号。

法人代表或户主——使用土地的具有法人资格的主要行政负责人或使用土地的个人的房产证上所载产权人的姓名。共用宗需填其所有法人代表或户主姓名。

代理人——使用土地单位的法人代表或使用土地的户主不能亲自到场指界时，受委托的指界人的姓名、身份证号码、电话号码。

土地权属性质——国有土地使用权、集体土地所有权或集体土地建设用地使用权；对国有土地使用权需填写土地使用权类型。

国有土地使用权又分为以下类型：划拨国有土地使用权、出让国有土地使用权、国家作价出资（入股）国有土地使用权、国家租赁国有土地使用权、国家授权经营国有土地使用权。

预编地籍号——见 7.4 节。

地籍号——通过实地界址调查后确定的正式地籍号。

所在图幅号——本宗地主要所在的 1∶500 图幅号,待细部测量后补填。

宗地四至——用两个界址点号表示方向,只填首末两个点号,例:北(1-2)为××路,东(2-5)为××单位。同一方向有多个邻宗时,须逐宗填写。两个以上方向的邻宗均为同一土地使用者的,也应按不同的四至分别注明土地使用者。

批准用途——权属证明材料中的批准用途,无法确定的此栏不填。

实际用途——现场调查时,宗地的一种主要实际用途,填《二次调查规程》附录 A 表 1 中的相应代码,例:教育用地(083)。

使用期限——权属证明材料中批准的宗地使用期限,没有规定暂不填此栏。

共有使用权情况——应注明共用的范围、具体由几户共用、共用面积分摊的方法、分摊系数等。一般情况下,依建筑面积比例分摊共用面积(建筑面积可从房产证中摘取),按比例进行分摊的,应收集“分摊协议书”。

说明——地籍调查结果与土地登记申请书填写不一致时,按实际情况填写,并注明原因。其他情况,如宗地只调查不确权和土地使用者姓名在不同材料上出现音同字不同的也需要说明。

7.10.2.3　调查表第二页

界址点号——界址标示栏内的界址点号应从宗地西北角的点开始,其顺序和点号与宗地草图一致。界址点号填写宗地草图上的流水号,一般是绕宗地顺时针方向顺序填写。

界标种类——指界址点上设置的界址点标志类型,只需在相应栏内打“√”。

界址间距——指相邻界址点间的勘丈距离,从界址边长勘丈记录表上抄录,其单位为 m,注至小数后两位。

界址线类别——界址线位于何种类型线状地物上,用“√”表示。

界址线位置——指界址线落在地物上的具体位置,对本宗地来说分内、中、外,用“√”表示其相应位置。落在空地上不作位置说明,双墙应在备注栏内注明。宗地较大时,请续表填写。

界址线——相邻宗地间公共界址点的起、终点号,与宗地四至相对应。

指界人姓名——法人代表或户主或指界委托代理人姓名,签名要工整,不识字的可代写,签章栏应为指界人本人或委托代理人的签名或加盖指界人的印章或按手印,签章栏不能由他人代按手印。本宗地指界人应对每条起、终点号间界址线(包括与街巷等相邻)签章。

指界日期——指邻宗地签章的日期。

界址调查员姓名——包括所有参加调查的人员均要签名,为首的应为国土管理部门的工作人员。

7.10.2.4　调查表第三页

宗地草图——对于较大宗地可另附宗地草图,并注“另附宗地草图”。宗地草图绘制方法见 7.11 条。

7.10.2.5　调查表第四页

权属调查记事及调查员意见——指手续履行、界址设置、边长丈量、争议界址最后处理等情况。调查员签名栏必须由国土管理部门和作业人员同时签字。

对于有争议的界址,现场不能处理时,应作笔录,有争议的界址地段各自的理由,调查员的处理意见,应向县级领导小组汇报。

地籍勘丈记事——检查界标设置情况,地籍勘丈方法和使用的仪器,遇到的问题与处理方法。地籍勘丈员签名即为地籍细部测量人员签名。

地籍调查结果审核意见——对权属调查、地籍勘丈成果是否合格进行评定,并由国土管理部门的地籍调查负责人签字并加盖公章。

对于上述权属调查记事、地籍勘丈记事等根据宗地调查结果的实际情况,可用字模印刻。

7.11 宗地草图绘制

宗地草图是宗地调查中的原始资料,一切数据与记录均系实地勘丈和调查,绘制应美观、清晰、数据准确。宗地草图可以根据宗地大小选择适当比例尺,概略绘出其形状,个别大宗地可另附大图,宗地草图用铅笔绘制。

宗地草图表示的内容:本宗与邻宗的土地使用者名称、宗地号,邻宗的分宗界址短线,本宗地门牌号、界址边长,本宗内各建筑物及楼层数(标注在房内右上角),本宗界址线外邻近的主要地物要素(道路、河流等),界址线通过的界标物应详细绘制,共用宗需用界址线表示使用者各自使用范围和其他必要勘丈数据。

每宗地用铅笔绘制宗地草图一份,所有边长注记(注至厘米)应为实地丈量数据,注记字头原则上向北或向西。界址边长数据注记在界址线外,分段勘丈的边长注记在界址线内。

宗地草图的右上角(或左上角)绘两厘米长的双箭头指北针,箭头上方注"N"。

宗地草图绘制完成后,应现场核实有关内容,特别是界址点数量和界址线的位置。无论宗地的四至范围发生变化没有,均需要绘制宗地草图。

7.12 其他

(1)根据权源确定土地权利人。没有权源时,依实际使用人进行权属调查。当原权利人已去世时,设宗调查不签字盖章。

(2)即将拆迁地区,作业单位出具意见,由国土部门签字认可后,宗地不作权属调查,但需要进行地籍测绘。

7.13 资料整理

权属调查资料整理贯穿于调查工作的全过程,是一项逐步完善的工作。其整理方法和要求如下:

调查资料以宗地为单位将本宗地的权源、勘丈记录表等资料,以街坊为单位集中装入档案盒中。要求认真填写资料袋上的索引,方便资料汇总和检索。

7.14 权属资料录入

经检查的地籍调查表,利用地籍管理信息系统(以下简称《系统》),键盘录入地籍调查表的全部内容。录入后,需充分利用系统的检校功能,消除录入数据的逻辑错误,修正地籍勘丈数据在互校中发现的问题,并经第二人校对,确保系统内属性数据及表报内容与实地状况的一致性。

权属资料录入的文字部分由检查员进行检查,确认合格后由录入人员录入。

8.地类调查

8.1 基本要求

地类调查按照《二次调查规程》附录 A,表 A1 的土地分类实施,调查时按照国土部门颁发的用地批文、土地使用权证书等确定土地的使用用途,当实际使用用途与批文、证书不一致时应详细记录变更原因,按街坊统计汇报到市国土资源局进行协商解决。

8.2　地类调查

8.2.1　实地核查

土地利用分类按宗地的实际用途,调查至二级分类,外业核查时按照国土部门颁发的用地批文、土地使用权证书等确定土地的使用用途,当实际使用用途与批文、证书不一致时,应详细记录变更原因,按街坊统计汇报到市(或区)国土资源局进行协商解决,并将调查情况填写到地籍调查表上。

如果申请书填写的土地分类或批准用途与实地调查不一致,则调查人员须注明原因,并将调查的实际使用用途填写到地籍调表上;如果宗地的建设用地批准用途(如综合用地)与《土地利用现状分类》规定的土地分类不对应,调查人员可将批准用途和实际用途填写到地籍调表上,并在说明栏内按《土地利用分类》规定的二级分类,说明该宗地的主要用途、其他用途。

8.2.2　补充调查

原城镇地籍数据中,对于"虚宗"没有调查土地分类,本次需要进行外业补充调查,对调查范围内已设立宗地以外的土地,设立图斑,调查地类,不调查使用权人。

9. 地籍勘丈

地籍测量包括一、二级导线(或 GPS)测量,一、二级图根测量和地籍细部测量。

9.1　一、二级图根测量

9.1.1　图根布设

图根控制网以 D,E 级 GPS 点和一、二级导线(或 GPS)为起算点进行布设;图根控制全部采用测距导线。图根导线的附合次数不超过两次。

9.1.2　选点与埋石

图根点密度应满足界址点及地籍要素的测绘,点位的选定须有利于数据采集。图根点一般采用钢钉、铁钉、十字刻痕(水泥地面上)作为标志,应尽可能地利用旧点点位。点位标志一般采用大号钢钉,在便于保存的地方应使用 $\phi 12$ mm、长 12 cm 的铁桩标志,在固定建筑物表面可在刻凿"十"后用红漆作标志。

9.1.3　图根点编号

图根点的编号,各标段分别流水编号方法。图根级别符为 T,编号不得重号,应尽量避免漏号。图根点编号以街道为单位,在街道号后顺序编号(3 位码)。图根点的密度视地区地物的复杂程度而定。

9.1.4　观测与计算

一、二级图根测量使用全站仪进行观测时,各项限差按4.3.3条的要求执行。

外业观测记录使用全站仪电子手簿进行,各项观测限差按要求预置于全站仪内。采用经鉴定合格的测量软件进行严密平差。

一、二级图根可用 RTK 方法观测。组成路线或网。使用的 GPS 接受仪器应经签订合格。RTK 接收机直接导出观测点三维坐标。

9.2　地籍勘丈

9.2.1　一般要求

1∶500 比例尺地籍、地形图测绘是对宗地界址、建筑物、构筑物、道路、河流等地籍、地形要素,使用全站仪全解析法采集坐标数据。采编后的地籍、地形数据同步进行入库处理。

9.2.2 界址点等外业采集要求

界址点和细部点尽量从测站点上采用全站仪按极坐标法测定,外业无法测到的点,结合一定的几何图形,测量若干边长,运用边长交会、内(外)分点等方法解算其坐标。

外业采集的基本要求如下:

(1)测站能直接观测到的,且距离在150 m以内的界址点、地物点,采用极坐标法直接测量。

街坊外围的界址点和街坊内部明显的界址点(一类界址点)原则上需要图根导线点以上的控制点上直接施测,距离不超过150 m;街坊内部界址点(二类界址点)大部分必须在图根导线点以上的控制点上直接施测。

(2)对于个别隐蔽地段,无法施测附合导线的地方,采用支导线法施测界址点和地物点,水平角半测回,垂直角半测回,测距两次读数(两次读数差小于10 mm),总长不超过100 m,图根点至界址点不宜超过3条边;老城区特别困难的地方,支导线总长不得超过150 m,边数放宽至5条。起始点应联测两个已知点方向。

(3)少量无法直接施测的界址点和地物点,根据已测出坐标的界址点或地物点,通过钢尺量取栓距,采用距离交会,内外分点法等多种方法求其坐标。用支导线大于两条边的图根导线点上施测的界址点(或地物点),补测界址只能发展一个层次,补测地物点只能发展两个层次;依据图根点,补测界址点和地物点一般不宜超过3个发展层次。布测的图根导线点,应保证上述发展层次的需要。

量取的栓距必须有多余条件检核,并进行误差分配。

(4)界址点观测、计算:测站点对中误差不大于3 mm,定向边宜长于测量边,定向边检测边长与坐标反算边长之差不应大于30 mm,水平角观测半测回,垂直角观测半测回,测距棱镜位置不能与界址点位重合时,应加距离改正。观测结束后(观测点数大于3个)应进行方向归零检查。斜距应作加、乘常数改正和倾斜改正。边长、坐标计算至0.01 m。

(5)重要地物点坐标的采集按二级界址点的要求执行。

9.2.3 地籍图测绘

9.2.3.1 地籍图的内容

城镇1:500地籍图上表示的主要内容包括:各级行政界线,街道线和街坊线、各等级控制点(包括Ⅰ,Ⅱ级导线点、图根点)、地籍号、宗地号、界址点、界址线、宗地面积、地类号、门牌号、街道名称和宗地内能完整注记的单位名称,河流、湖泊及其名称,必要的建、构筑物等。

9.2.3.2 数学要素

在地籍图上应表示的数学要素包括坐标系、内外图廓线、坐标格网线及坐标注记、地籍图比例尺、地籍图分幅结合表、分幅编号、图名及图幅整饰等内容。

9.2.3.3 地籍要素

(1)地籍图图面表示应主次分明,清晰易读,地籍图符号按《二次调查规程》附录J的《第二次全国土地调查图式》的规定执行。

(2)图上界址点的位置应在规定精度内与宗地草图和实地状况相符。界址线应严格位于相应界址点位中心连线上;界址边长短于图上0.3 mm时,只表示一个点;界址边长小于图上0.8 mm时,不绘界址边;界址边长大于图上0.3 mm,小于图上0.8 mm时,界址点符号圆圈重叠部分不绘。地籍图上解析界址点点号应注出,点位较密且连号时可跳注。各类单线地物与界址线重合时,只绘界址线;界址线从围墙中线通过时,围墙不绘;界址线从围墙一侧通过时,围墙应绘出。调查区范围界线,图上应明确标注。

(3)街坊界线以街道、河流中心线划分,线型线划用村界表示。行政界线与街道线、街坊线重合时,只绘行政界线。

(4)各类注记可压盖建筑物边线,但不得影响图面判读,注记不下时,可注记在宗地外适当位置,用指位线表示其所属宗地;当大面积特别密集的小宗地,可依次省略其面积、门牌号、地类号,但宗地号须保留。连续小宗地的门牌号可跳注,但应易于判读。

(5)永久性房屋应逐幢表示,标注层数和材料性质(砖瓦结构的房子图内省略注记,平房在图上不注层次),以墙基角为准进行测绘;一幢楼房的不同层次应分割表示,无法准确分割的按形状概略分割表示;落地阳台(指建房时同时建成的)、有支撑的雨篷划入宗地内的应表示,未划入宗地的不表示。室外楼梯应表示。一楼有阳台的,作为房屋的一部分表示。

(6)河流、湖泊、水库、水塘在岸边线位置绘水涯线,有加固岸的用相应符号表示。水系上桥梁、水闸、流向应表示并注记水系名称。

(7)城镇内部的耕地、园地、街心花园、小区内的绿化岛、花坛等用地类界封闭其范围,并调注地类号,宗地内部面积超过图上 1 cm^2 的水塘、草坪、花圃与假山应表示。

(8)道路、街巷均需实测表示;较大宗地内部的主要内部道路、通道、实地超过三级的阶梯应表示。正规公用厕所要表示。

(9)高大的水塔、烟囱、油库、塔吊等构筑物要表示。

10. 数据建库和信息管理系统建设

以地理信息系统为图形平台,以大型的关系型数据库为后台管理数据库,存储各类土地调查成果数据,实现对土地利用的图形、属性数据及其他非空间数据的一体化管理,借助网络技术,采用集中式与分布式相结合方式,有效存储与管理调查数据。考虑到土地变更调查需求,采用多时序空间数据管理技术,实现对土地利用数据的历史回溯。

10.1 数据入库技术路线和方法

利用二次土地调查数据建库软件,对××市的城镇地籍数据库进行数据升级建库。数据建库共分数据建库与成果制作两个阶段。

10.1.1 数据建库

首先将通过外业采集来的地形数据进行数据整理入库,在完成实施权属调查及地籍测量后需要进行数据入库再处理。

10.1.2 图件及报表成果输出

按照全国第二次土地调查的要求,调查完成后要形成一系列的报表,包括地籍调查表、界址标示表、分类面积汇总表等。图件和调查报告也是二次调查的主要成果,图件成果主要有:城镇地籍图、宗地图等;文字成果主要有:第二次土地调查工作报告、第二次土地调查技术报告、第二次土地调查数据库建设报告等。

10.2 数据质量检查

数据库检查,主要针对入库的数据进行空间和属性的检查,排除数据逻辑上的错误,并人工进行数据的整理工作,确保数据的正确性、数据的完整性和图属数据的一致性。

10.2.1 图形检查

图形检查主要包括面状要素相离检查、面状要素重叠检查、面状要素缝隙检查、线状要素封闭检查、线状要素跨越行政区划检查、点状要素冗余点检查、拓扑检查和接边检查。

10.2.2 属性检查

由于工作人员对业务理解的局限性或工作的疏忽导致录入一些错误的属性数据,属性数据的规范检查主要包括字段非空检查、字段唯一性检查、字段值范围检查和枚举字段检查。

11. 汇总统计

面积汇总与统计的内容及要求:面积量算按软件要求分别计算宗地、虚宗、街坊、调查区的面积然后对每个街坊内的宗地、虚宗之和与街坊面积检核。通过检核后方可进行宗地面积汇总和城镇土地分类面积统计。

11.1 面积计算要求

控制面积与解析法计算的面积(或平差后的被控面积)和的较差 ΔS 应在凑整误差影响限差内,即 $\Delta S \leqslant 0.06\sqrt{\gamma}$ (m²),其中,γ 值为被控制面积个数,ΔS 取到 0.1 m²。

11.2 统计与汇总方法

11.2.1 以街坊为单位进行宗地面积计算

在界址点拓扑关系建立以后,进行宗地和虚拟宗地面积的计算,并且根据街坊外围界址点拓扑关系进行街坊面积计算和宗地面积平差。

11.2.2 城镇土地分类面积统计

在完成全部街坊的面积计算并确定以街坊为单位的面积计算正确无误的基础上,进行城区土地分类面积统计。

11.2.3 各种表格的输出

各类面积计算、汇总、统计正确无误后,输出以街坊为单位的界址点坐标册,以街坊为单位的宗地面积汇总表及城镇土地分类面积统计表。

11.3 成果的编辑与输出

在城镇土地调查和基本比例尺分幅图的基础上,生成地籍街坊图、分幅图、宗地位置关系接合图、宗地图,经过内业人员的编辑、修改直接绘图仪输出。

11.3.1 街坊图的编辑与输出

考虑到地籍测绘以街坊为单位实施,地籍图的编辑以街坊单位,即先编辑街坊地籍图,应对照宗地草图将《系统》直接生成的点、线进行编辑,标注地籍图所要求的各类注记和路名、街名、巷名和河流名称,对各种注记、调查区范围线、行政界线、街道线、街坊线等进行编辑。各种地类按《第二次土地调查图式》注记,并检查各宗地相互关系是否正确。

街坊图编辑完成后,反算出界址边长,与勘丈边长进行校核,若超限,须到实地核实,确保界址边长无误后才能进行街坊图的接边和地籍图的拼接编辑。

全部街坊地籍图生成以后,按坐标分割生成分幅地籍图;街坊号、图名、图号、图廓整饰及图面内容按照《二次调查规程》和《细则》中规定执行。

按 A1 或 A0 幅面规格输出。

11.3.2 宗地图的生成与编辑

11.3.2.1 宗地图的编辑方法

街坊地籍图编辑结束后,在图形编辑器中街坊地籍图上提取宗地图,并按规程要求进行宗地图的编辑与注记,适当移动界址点号、界址边长及宗地面积的位置等,应注意图上界址点及四邻关系与调查表相吻合编辑后的宗地图应符合《二次调查规程》和《细则》规定,要求点、线清晰,各种注记清楚,宗地四至关系正确。

宗地图的比例尺根据图纸的大小(有 A3,A4 两种)确定。

11.3.2.2　宗地图的内容

宗地图的内容包括本宗地地籍号、土地使用者名称、宗地号、地类编码、宗地面积、门牌号、界址点、界址点号、界址线、界址边长(反算值)、建筑物及层数与建筑材料、构筑物、所在图幅号;邻宗地宗地号、土地使用者名称、地类编码、界址线及相关地物;界址线外相邻的道路、街道、空地、坑塘等应注记名称。比例尺、指北线、绘图员和审核员的姓名、日期等。

11.4　专项调查统计

在城镇土地调查和农村土地调查的基础上,实施专项用地调查,收集利用有关资料,在统一时点,利用××市二次调查数据库及信息系统的统计功能和抽样调查相结合的方法,统计出工业用地、基础设施用地、金融商业服务用地、开发园区、房地产和农村宅基地等用地状况。

①工业用地专项统计

工业用地是指工矿企业的生产车间、库房及其附属设施等用地,包括专用的铁路、码头和道路等用地,不包括露天矿用地。工业用地按照对居住和公共设施等环境影响程度划分为三类,一类为电子工业、缝纫工业、工艺品制造等工业用地,二类为食品工业、医药制造工业、纺织工业等工业用地,三类为采掘工业、冶金工业、大中型机械制造工业、化学工业、造纸工业、制革工业、建材工业等工业用地。结合二次调查的土地分类标准,工业用地包括 1∶5 000 农村土地调查和 1∶500 城镇土地调查中地类编码为 061(工业用地)的用地。对于城镇土地调查中的工业用地要进行专项调查,并标绘在城镇地籍图上,计算面积,并记录各地块的工业项目投资强度、容积率、工业项目建筑系数、行政办公及生活服务设施用地所占比重等指标。

工业用地的调查过程中应充分利用已有资料,结合××市国土资源局的统计发证数据,进行调查和汇总的工作。调查汇总工作过程中应注意以下几点:

独立于城市、城镇、农村以外的工业用地,在农村土地调查设计书中阐述;

"工业企业外成片成块的有独立界址的非工业附属设施"调查时候独立分出地类(如厂矿外的厂矿所属宾馆、职工住宅等);

工业和住宅、商业等混合用地按比例进行分摊。

②基础设施用地专项统计

基础设施是指为社会生产和居民生活提供公共服务的物质工程设施,它是社会赖以生存发展的一般物质条件。"基础设施"不仅包括公路、铁路、机场、通讯、水电煤气等公共设施,即俗称的基础建设,还包括教育、科技、医疗卫生、体育、文化等社会事业,即"社会性基础设施"。基础设施用地是为社会生活、工农业生产提供基础服务的用地。结合二次调查的土地分类标准,基础设施用地包括 1∶5 000 农村土地调查和 1∶500 城镇土地调查中地类编码为 101(铁路用地)、102(公路用地)、103(街巷用地)、104(农村道路)、105(机场用地)、106(港口码头用地)、107(管道运输用地)、083(科教用地)、084(医卫慈善用地)、085(文体娱乐用地)、086(公共设施用地)、087(公园与绿地)、095(殡葬用地)、117(沟渠)、118(水工建设用地)。对于城镇土地调查中的工业用地,要在二次调查过程中,进行专项调查,并标绘在城镇地籍图上,计算面积,并记录建设规模、土地详细用途等信息。

③金融商业服务用地专项统计

金融商业服务用地包括商务金融用地、批发零售用地、住宿餐饮用地及其他商服用地等。结合二次调查的土地分类标准,金融商业服务用地包括1:5 000农村土地调查和1:500城镇土地调查中地类编码为051(批发零售用地)、052(住宿餐饮用地)、053(商务金融用地)、054(其他商服用地)。

④开发园区用地专项统计

开发园区是指由国务院和省、自治区、直辖市人民政府批准在城市规划区内设立的,实行国家特定优惠政策的各类开发区。开发园区用地包括国家或地方政府在划定的区域内,通过政策、法规等手段,形成以某一主导产业为基础的企业聚集发展区用地。包括经济开发区、高新技术园区、保税区、边境经济合作区、出口加工区、旅游度假区等,这类用地外围范围按照×× 省开发区四至认定成果进行确定。调查主要通过实地调查将其位置、范围标绘在1:5 000土地利用现状图上,计算面积,并记录开发园区的产业集聚率、投资密度、土地销售产出率、土地增加值产出率、土地利润产出率、土地税收产出率等指标信息。

⑤房地产用地专项统计

房地产用地指房地产开发商在房地产开发过程中所需要使用的土地,包括正在开发的房地产用地和已批未建的房地产用地。房地产用地专项统计需要结合二次调查,进行专项调查,查清哪些土地正在进行房地产开发,哪些土地已经批准用于房地产开发,但还未进行建设,将其单独标绘在1:5 000土地利用现状图上或1:500城镇地籍图上,并计算面积,并记录房地产开发后的土地用途、建筑容积率、地价、售价等指标信息。

12. 质量保证措施

12.1 质量控制流程

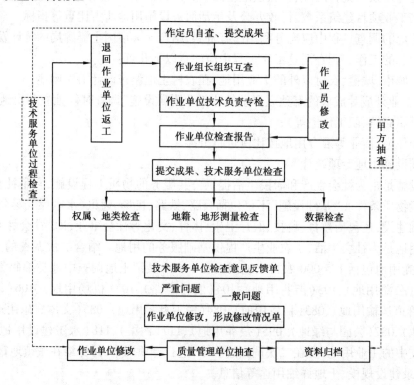

12.2 质量管理机制

国土资源局委派技术负责人一名,成立技术指导组,全面负责本工程的技术和质量工作,负责技术设计的制订、修改、解释,负责作业单位提出的技术问题的解答,并形成文件发到作业单位;根据作业中遇到的问题,及时制订补充技术规定。负责技术培训的组织和安排。

作业单位设立专职质量检查员,对作业单位完成的各项成果进行全面的检查,做好检查的全过程记录,并编写检查报告随同成果一并提交业主检查验收。

12.3 作业单位质量管理

作业单位要按 ISO 9001 质量管理体系,进行质量管理,做到作业员自检、作业组互检、作业单位设立专职质量检查员负责专检,对作业组完成的各项成果进行全面的检查,并做好检查全过程的记录,最后编写检查报告随同成果一并提交。未经作业员自查,作业组互查和作业单位专检的成果,不能提交。

作业单位自查由作业人员自己完成,采用独立元素校对、相关元素建立条件实施系统检验的方法;互查由作业人员之间完成,采用分项、分层流水检查方法;专查需由专职技术人员完成,一级检查由分队完成,二级检查由院质检部门完成,同时做好事先指导、中间辅导和产品检查 3 个阶段工作。

12.3.1 自查

自查主要是作业员对自己的产品进行全面的认真的检查,内容包括权属调查资料、地籍测量资料是否齐全,图表有无错漏,地籍图的内容及表示是否齐全、正确,首先由作业人员按街坊、图幅进行核对检查,并进行修改,确认无误后提交作业组长检查。自查的比例:内业成果 100%,外业不低于 30%。

12.3.2 互查

互查由作业组长组织作业员互查,内容包括作业员提交的所有资料,除进行必要的手工校核外,还应用系统检校功能实施属性信息和图形数据的互校,然后根据内业检查情况,有重点地进行实地检查。

互查比例:内业成果 100%,外业检查不低于 20%。

12.3.3 专查

经作业组全面自检、互查后的成果成图,提交作业单位专查。专查的主要内容包括输出各类图件及各种调查表册,由作业单位技术负责人(或专职检查员)进行全面的内业检查和重点的外业抽查,检查后形成检查记录,对查出的问题,会同作业员确认后修改。并编写检查报告,做出质量评价和结论。

专查的主要内容是:审查作业方案和方法,全面检查调查资料,提出具体修改意见,指导普遍性问题和解决特殊性问题,尽力提高成果质量,最终对调查成果进行综合质量评定。作业单位专检量不少于 20%。

13. 提交成果资料

城镇土地调查工作结束后,应提交以下成果资料:

13.1 控制测量资料

(1)图根导线计算成果;

(2)各级控制点成果表;

(3)控制点展点图;

（4）测量仪器鉴定资料（复印件）。

13.2　城镇土地调查资料

（1）街道、街坊分布图；

（2）城镇地籍调查表及相关资料；

（3）宗地界址点坐标及面积表；

（4）以街坊为单位的宗地面积汇总表；

（5）以街道为单位的土地分类面积汇总表；

（6）城镇土地分类面积统计表；

（7）1:500 分幅地籍图接合表；

（8）1:500 分幅地籍图（光盘数据）；

（9）宗地图。

13.3　数据建库资料

（1）基础控制数据成果；

（2）分幅地籍图数据库（按街坊存放）；

（3）1:500 分幅图分幅接合表数据库；

（4）宗地图数据库；

（5）界址点坐标数据库；

（6）宗地面积数据库；

（7）街坊面积数据库；

（8）街道土地分类统计数据库；

（9）地籍调查表数据库（按街坊存放）；

（10）专项调查统计数据库；

（11）地形图形数据库。

13.4　专项调查统计资料

（1）工业用地；

（2）基础设施用地；

（3）金融商业服务用地；

（4）开发园区用地；

（5）房地产用地和农村宅基地用地。

13.5　文档资料

（1）××市 1:500 城镇土地调查技术设计书；

（2）城镇土地调查工作报告；

（3）城镇土地调查技术报告；

（4）城镇土地调查查检查报告（包括自检记录）。

参考文献

[1] 詹长根,唐详云,刘丽. 地籍测量学[M]. 2版. 武汉:武汉大学出版社,2005.

[2] 王侬,廖元焰. 地籍测量[M]. 北京:测绘出版社,1996.

[3] 李天文,张友顺. 现代地籍测量[M]. 北京:科学出版社,2004.

[4] 梁玉保. 地籍调查与测量[M]. 郑州:黄河水利出版社,2006.

[5] 章书寿. 地籍测量学[M]. 南京:河海大学出版社,1996.

[6] 严星,林增杰. 地籍管理[M]. 修订本. 北京:中国人民大学出版社,1995.

[7] 张建强. 房地产测绘[M]. 北京:测绘出版社,1994.

[8] 郭玉社. 房地产测绘[M]. 北京:机械工业出版社,2007.

[9] 孙忠才. 地籍管理[M]. 北京:中国大地出版社,1999.

[10] 张绍良,顾和和. 土地管理与地籍测量[M]. 徐州:中国矿业大学出版社,2003.

[11] 杜海平,詹长根,李兴林. 现代地籍理论与实践[M]. 深圳:海天出版社,1999.

[12] 潘正凤,杨正尧,程效军,等. 数字测图原理与方法[M]. 武汉:武汉大学出版社,2004.

[13] 国家土地管理局. 城镇地籍调查规程[S]. 北京:测绘出版社,1993.

[14] 国家测绘局. 地籍测绘规范[S]. 北京:测绘出版社,1995.

[15] 国家技术质量监督局. 房产测量规范(房产测量规定)[S]. 北京:中国标准出版社,2000.

[16] 国家技术质量监督局. 房产测量规范(房产图图式)[S]. 北京:中国标准出版社,2000.

[17] 国家技术质量监督局. 房产测量规范(房产图图式)[S]. 北京:中国标准出版社,2000.

[18] 周立. GPS测量技术[M]. 郑州:黄河水利出版社,2006.

[19] 吴凤华. GPS在地籍测绘中的应用研究[D]. 武汉大学,2003.

[20] 彭琳. 全球定位系统在地籍测绘中的应用[D]. 武汉大学,2004.

[21] 付丽莉. 基于"3S"技术集成技术的土地利用变更调查及相关问题研究[D]. 中国矿业大学,2006.

[22] 邓军. 房地一体化管理信息系统构建研究[D]. 中国矿业大学,2007.

[23] 中华人民共和国质量监督检验检疫总局. 土地利用现状分类[S]. 北京:中国标准出版社,2007.

[24] 中华人民共和国国土资源部. 土地勘测定界规程[S]. 北京:中国标准出版社,2007.